U0358725

全国科学技术名词审定委员会

公　布

科学技术名词·工程技术卷（全藏版）

6

电 工 名 词

CHINESE TERMS IN ELECTRICAL ENGINEERING

电工名词审定委员会

国家自然科学基金资助项目

科学出版社

北　京

内 容 简 介

本书是全国科学技术名词审定委员会审定公布的电工基本名词,包括电工基础及通用名词,导电材料及半导体材料,绝缘材料,磁性材料,电线、电缆及光缆,绝缘子,电机,变压器、调压器、电抗器、互感器、开关设备和控制设备、熔断器,电力电容器,绝缘配合和高电压试验技术,避雷器,继电器及继电保护装置,电力电子技术,电气传动及其自动控制,工业电热设备,电焊机,电动工具,电力牵引,工业加速器,电气照明,日用电器,电化学应用,防爆电气设备,电磁测量和电离辐射测量,环境技术,产品品质,电气安全,电磁干扰和电磁兼容 30 类,共 7 432 条,是科研、教学、生产、经营以及新闻出版等部门应遵照使用的电工规范名词。

图书在版编目(CIP)数据

科学技术名词. 工程技术卷:全藏版 / 全国科学技术名词审定委员会审定. —北京:科学出版社,2016.01

ISBN 978-7-03-046873-4

I. ①科… II. ①全… III. ①科学技术–名词术语 ②工程技术–名词术语 IV. ①N-61 ②TB-61

中国版本图书馆 CIP 数据核字(2015)第 307218 号

责任编辑:郑 南 黄昭厚 / 责任校对:陈玉凤
责任印制:张 伟 / 封面设计:铭轩堂

科 学 出 版 社 出版
北京东黄城根北街 16 号
邮政编码:100717
http://www.sciencep.com

北京厚诚则铭印刷科技有限公司印刷
科学出版社发行 各地新华书店经销
*
2016 年 1 月第 一 版 开本:787×1092 1/16
2016 年 1 月第一次印刷 印张:28 3/4
字数:829 000
定价:7800.00 元(全 44 册)
(如有印装质量问题,我社负责调换)

全国科学技术名词审定委员会
第三届委员会委员名单

特邀顾问： 吴阶平　　钱伟长　　朱光亚

主　　任： 卢嘉锡

副 主 任： 路甬祥　　许嘉璐　　章　综　　林　泉　　黄　黔

　　　　　马　阳　　孙　枢　　于永湛　　张振东　　丁其东

　　　　　汪继祥　　潘书祥

委　　员 （以下按姓氏笔画为序）：

马大猷	王　夔	王大珩	王之烈	王亚辉
王树岐	王绵之	王䥽骧	方鹤春	卢良恕
叶笃正	吉木彦	师昌绪	朱照宣	仲增墉
华茂昆	刘天泉	刘瑞玉	米吉提·扎克尔	
祁国荣	孙家栋	孙儒泳	李正理	李廷杰
李行健	李　竞	李星学	李焯芬	肖培根
杨　凯	吴凤鸣	吴传钧	吴希曾	吴钟灵
吴鸿适	沈国舫	宋大祥	张　伟	张光斗
张钦楠	陆建勋	陆燕荪	陈运泰	陈芳允
范维唐	周　昌	周明煜	周定国	罗钰如
季文美	郑光迪	赵凯华	侯祥麟	姚世全
姚贤良	姚福生	夏　铸	顾红雅	钱临照
徐　僖	徐士珩	徐乾清	翁心植	席泽宗
谈家桢	黄昭厚	康景利	章　申	梁晓天
董　琨	韩济生	程光胜	程裕淇	鲁绍曾
曾呈奎	蓝　天	褚善元	管连荣	薛永兴

电工名词审定委员会委员名单

序

　　科技名词术语是科学概念的语言符号。人类在推动科学技术向前发展的历史长河中,同时产生和发展了各种科技名词术语,作为思想和认识交流的工具,进而推动科学技术的发展。

　　我国是一个历史悠久的文明古国,在科技史上谱写过光辉篇章。中国科技名词术语,以汉语为主导,经过了几千年的演化和发展,在语言形式和结构上体现了我国语言文字的特点和规律,简明扼要,蓄意深切。我国古代的科学著作,如已被译为英、德、法、俄、日等文字的《本草纲目》、《天工开物》等,包含大量科技名词术语。从元、明以后,开始翻译西方科技著作,创译了大批科技名词术语,为传播科学知识,发展我国的科学技术起到了积极作用。

　　统一科技名词术语是一个国家发展科学技术所必须具备的基础条件之一。世界经济发达国家都十分关心和重视科技名词术语的统一。我国早在1909年就成立了科技名词编订馆,后又于1919年中国科学社成立了科学名词审定委员会,1928年大学院成立了译名统一委员会。1932年成立了国立编译馆,在当时教育部主持下先后拟订和审查了各学科的名词草案。

　　新中国成立后,国家决定在政务院文化教育委员会下,设立学术名词统一工作委员会,郭沫若任主任委员。委员会分设自然科学、社会科学、医药卫生、艺术科学和时事名词五大组,聘任了各专业著名科学家、专家,审定和出版了一批科学名词,为新中国成立后的科学技术的交流和发展起到了重要作用。后来,由于历史的原因,这一重要工作陷于停顿。

　　当今,世界科学技术迅速发展,新学科、新概念、新理论、新方法不断涌现,相应地出现了大批新的科技名词术语。统一科技名词术语,对科学知识的传播,新学科的开拓,新理论的建立,国内外科技交流,学科和行业之间的沟通,科技成果的推广、应用和生产技术的发展,科技图书文献的编纂、出版和检索,科技情报的传递等方面,都是不可缺少的。特别是计算机技术的推广使用,对统一科技名词术语提出了更紧迫的要求。

　　为适应这种新形势的需要,经国务院批准,1985年4月正式成立了全国自然科学名词审定委员会。委员会的任务是确定工作方针,拟定科技名词术语审定工作计划、实施方案和步骤,组织审定自然科学各学科名词术语,并予以公布。根据国务院授权,委员会审定公布的名词术语,科研、教学、生产、经营以及新闻出版等各部门,均应遵照使用。

全国自然科学名词审定委员会由中国科学院、国家科学技术委员会、国家教育委员会、中国科学技术协会、国家技术监督局、国家新闻出版署、国家自然科学基金委员会分别委派了正、副主任担任领导工作。在中国科协各专业学会密切配合下,逐步建立各专业审定分委员会,并已建立起一支由各学科著名专家、学者组成的近千人的审定队伍,负责审定本学科的名词术语。我国的名词审定工作进入了一个新的阶段。

这次名词术语审定工作是对科学概念进行汉语订名,同时附以相应的英文名称,既有我国语言特色,又方便国内外科技交流。通过实践,初步摸索了具有我国特色的科技名词术语审定的原则与方法,以及名词术语的学科分类、相关概念等问题,并开始探讨当代术语学的理论和方法,以期逐步建立起符合我国语言规律的自然科学名词术语体系。

统一我国的科技名词术语,是一项繁重的任务,它既是一项专业性很强的学术性工作,又涉及到亿万人使用习惯的问题。审定工作中我们要认真处理好科学性、系统性和通俗性之间的关系;主科与副科间的关系;学科间交叉名词术语的协调一致;专家集中审定与广泛听取意见等问题。

汉语是世界五分之一人口使用的语言,也是联合国的工作语言之一。除我国外,世界上还有一些国家和地区使用汉语,或使用与汉语关系密切的语言。做好我国的科技名词术语统一工作,为今后对外科技交流创造了更好的条件,使我炎黄子孙,在世界科技进步中发挥更大的作用,作出重要的贡献。

统一我国科技名词术语需要较长的时间和过程,随着科学技术的不断发展,科技名词术语的审定工作,需要不断地发展、补充和完善。我们将本着实事求是的原则,严谨的科学态度作好审定工作,成熟一批公布一批,提供各界使用。我们特别希望得到科技界、教育界、经济界、文化界、新闻出版界等各方面同志的关心、支持和帮助,共同为早日实现我国科技名词术语的统一和规范化而努力。

全国自然科学名词审定委员会主任

钱 三 强

1990 年 2 月

前　　言

　　电工是一门传统的工程技术学科。电工术语在国内外早已受到广泛的重视和应用。在国外,美国电气与电子工程师学会(IEEE)早在 1884 年就出版了第一个电气与电子术语标准,以后每隔几年就出一新版,并于 1977 年起作为美国国家标准(ANSI 标准)出版。此外,国际电工委员会(IEC)自 1906 年成立至 1990 年年底已发布了近 30 个电工术语标准;在国内,至 1990 年年底已发布了近 40 个电工术语国家标准,几乎覆盖了全部电工领域。而且,这些标准术语的英文词中很大一部分已采用了国际标准术语。应该说,电工术语的统一已有较好的基础。然而,电工内部各专业术语标准之间,电工和物理、电子、电力以及其他一些相关学科之间的交叉术语不一致的情况相当普遍。另一方面,部分术语标准制定时间较早,其中有些术语已淘汰或濒临淘汰,而一些已相对稳定,反映当前电工学科发展水平的新名词又未纳入,因此,审定电工名词刻不容缓。

　　1991 年 5 月 18 日,在全国自然科学名词审定委员会(现已更名为"全国科学技术名词审定委员会",以下简称"全国名词委")和中国电工技术学会领导下成立了电工名词审定委员会,随即开始了电工名词审定工作。工作中遵循科学技术名词审定的原则及方法,从学科名词的科学概念出发,确定符合汉语习惯的规范的电工名词,以达到我国电工名词的统一。

　　鉴于大量名词已有国家标准,故在审定这类名词时,原则上应尽量采用已有的术语标准。个别确属不合理的,经慎重研究和充分协商后重新定名。

　　相应的英文术语主要选自国际电工委员会(IEC)标准、美国国家标准学会/电气与电子工程师学会(ANSI/IEEE)标准,以及其他有关资料。

　　此次名词审定是由起草组提出审定初稿,经主任、副主任、秘书和起草组成员多次讨论修改后,向顾问、委员、各专业标准化委员会、有关高校、专业研究所和有关专家征求意见。然后再由主任、副主任、秘书和起草组成员反复研究讨论。对少数争议较大的名词,又专门与有关专业标准化委员会或标准归口研究所协商、协调,或征询有关专家意见,于 1993 年 6 月提出第二稿,再按上述范围分发征求意见,并于 8 月下旬召开全体委员会认真讨论,再次进行了修改,于 1993 年年底提出第三稿并上报,全国名词委委托丁舜年、韩朔二位先生对上报稿进行了复审。

　　1994 年起又进行了电工内部以及电工与电子、物理等学科之间的多次查重和协调。1997 年作了最后一次修改,由全国名词委批准公布。

　　这次公布的是电工学科中的基本名词。即除电力工程、电子学、计算机、自动化和电信技术以外的与电有关的工程技术方面的基本名词。全文按基础及通用、材料、设备、共用技术等共分 30 类,7 432 条词。每条词都给出了相应的英文词。词条按概念、器材类型、结构、零部件、工艺、特性与参量、测试等相对集中排列。这样排列主要是为了便于审定和查阅,并非严谨的学科分类。同一词条可能与多个专业相关,但作为公布的规范词,编排时只出现一次,不重复列出。本书检索可使用正文后的索引。

这批公布的名词原则上遵照定名的单义性、科学性、系统性、简明性、习惯性(约定俗成)以及副科服从主科等原则进行审定。但其中有些情况需要加以说明:

1. 原则上尽量服从主科,如:趋肤效应,巴克豪森跳变等均按物理的定名统一。但对一些在电工界已长久习用,影响深远,又并非不科学的,则采用加又称的办法予以兼顾。如物理学中的"标势"(对应于英文 scalar potential),在此定为"标位",又称"标势"。对应于 potential 的各组合名词也同样处理。

2. 有些加又称的名词,其对应的英文词也不同。这些词一般在国际上也属同义词。如"谐波因数",又称"畸变因数",其对应英文词 harmonic factor 和 distortion factor 作为同义词并列。

3. 对个别虽经反复研究讨论仍不能协调统一的词,也用又称的办法兼顾。如"分断"(breaking),又称"开断";"接通"(making),又称"关合"。

4. "质量"(quality)一词,已沿用数十年。然而易与对应于物质的"质量"(mass)混淆,今定为"品质"。这样修改有三大好处:(1)不会再和物质的"质量"混淆。(2)对应于英文的 quality factor 的中文术语本来就是"品质因数",今改订后,单独名词就和组合名词一致。(3)台湾、香港都用"品质",修改后和港台一致,有利于祖国科技名词的统一。

5. 以外国人名命名的名词,其外国人名的译名均经全国名词委的"外国科学家译名协调委员会"讨论审定。

在本次名词的审定过程中,电工名词审定委员会的顾问、全体委员和秘书都做了认真审查,提出了修改意见和建议,秘书还承担了大量的数据库建库输录工作。许多电工界的专家也给予了热情支持,参与了审查工作,提出了许多宝贵的建议。在此谨向他们表示衷心的感谢。我们热忱欢迎各界人士在使用过程中提出宝贵意见,以便今后修订增删,使之日臻完善。

电工名词审定委员会
1998 年 3 月

编 排 说 明

一、本书公布的是电工基本名词。

二、本书正文按分支学科分为 30 类。

三、正文中的汉文词按学科的相关概念排列,每一词条后附有与该词概念对应的英文词。

四、一个汉文名词,一般只对应一个英文词。若有一个以上的英文词同义词时,其间用","号分开。

五、凡英文词的首字母大、小写均可时,一律小写。

六、对有些必须加以说明的名词,在注释栏中给出简明的定义或说明。

七、[ ]中的字为可省略的字。

八、注释栏中,"又称"为不推荐用名;"曾称"为被淘汰的旧名。

九、书末所附的英汉索引,按英文名词字母顺序排列。汉英索引按名词汉语拼音顺序排列。所示号码为该词在正文中的序码。索引中带"﹡"号的词为在注释栏内的条目。

目 录

附录

01. 电工基础及通用名词

序 码	汉 文 名	英 文 名	注 释
01.001	电工	electrotechnics, electrical engineering	
01.002	标量	scalar [quantity]	
01.003	矢量	vector [quantity]	
01.004	分量	component	
01.005	标[量]积	scalar product	
01.006	矢[量]积	vector product	
01.007	场	field	
01.008	矢量场	vector field	
01.009	均匀场	uniform field	
01.010	交变场	alternating field	
01.011	旋转场	rotating field	
01.012	通[量]	flux	
01.013	守恒通量	conservative flux	
01.014	力线	line of force	
01.015	力管	tube of force	又称"力线束"。
01.016	单位管	unit tube	
01.017	散度	divergence	
01.018	零散度场	zero divergence field, solenoidal field	
01.019	线积分	line integral	
01.020	面积分	surface integral	
01.021	体积分	volume integral	
01.022	拉普拉斯算子	Laplacian	
01.023	场线	field line	
01.024	环流量	circulation	
01.025	旋度	curl, rotation	
01.026	无旋场	irrotational field	
01.027	梯度	gradient	
01.028	标位	scalar potential	又称"标势"。
01.029	矢位	vector potential	又称"矢势"。
01.030	等位线	equipotential line	
01.031	等位面	equipotential surface	

序 码	汉 文 名	英 文 名	注 释
01.032	等位体	equipotential volume	
01.033	单位斜坡函数	unit ramp	
01.034	阶跃函数	step function	
01.035	[赫维赛德]单位阶跃函数	[Heaviside] unit step	
01.036	正负号函数	signum	
01.037	狄拉克函数	Dirac function, unit pulse	又称"单位脉冲"。
01.038	傅里叶级数	Fourier series	
01.039	傅里叶变换	Fourier transform	
01.040	傅里叶积分	Fourier integral, inverse Fourier transform	又称"傅里叶逆变换"。
01.041	拉普拉斯变换	Laplace transform	
01.042	拉普拉斯逆变换	inverse Laplace transform	
01.043	概率	probability	
01.044	概率分布	probability distribution, cumulative distribution	又称"累积分布"。
01.045	概率密度	probability density	
01.046	高斯过程	Gaussian process	
01.047	分布函数	distribution function	
01.048	取整函数	bracket function	
01.049	二进制	binary system	
01.050	[代]码	code	
01.051	模拟系统	analogue system	
01.052	数字系统	digital system	
01.053	混合系统	hybrid system	
01.054	逻辑系统	logic system	
01.055	周期	period	
01.056	周期量	periodic quantity	
01.057	脉动量	pulsating quantity	
01.058	脉冲量	pulsed quantity	
01.059	交变量	alternating quantity	
01.060	振荡量	oscillating quantity	
01.061	周期分量	periodic component	
01.062	非周期分量	aperiodic component	
01.063	对称交变量	symmetrical alternating quantity	
01.064	正弦量	sinusoidal quantity	
01.065	衰减正弦量	damped sinusoidal quantity	

序 码	汉 文 名	英 文 名	注 释
01.066	相量	phasor	.
01.067	相[位]	phase	
01.068	周	cycle	
01.069	循环	cycle	
01.070	电度	electrical degree	
01.071	频率	frequency	
01.072	频带	frequency band	
01.073	角频率	angular frequency	
01.074	截止频率	cut-off frequency	
01.075	脉冲	pulse	
01.076	冲击	impulse	用于电。
01.077	基波[分量]	fundamental [component]	
01.078	谐波[分量]	harmonics [component]	
01.079	纹波	ripple	
01.080	谐波次数	harmonic number, harmonic order	又称"谐波序数"。
01.081	瞬时值	instantaneous value	
01.082	平均值	mean value	
01.083	方均根值	root-mean-square value, RMS value, effective value	又称"有效值"。
01.084	峰值	peak [value]	
01.085	峰-峰值	peak-to-peak value, peak-to-valley value	又称"峰谷值"。
01.086	谷值	valley value	
01.087	波形因数	form factor	
01.088	峰值因数	peak factor, crest factor	
01.089	总振幅	total amplitude	
01.090	振幅	amplitude	
01.091	脉冲宽度	pulse duration, pulse width	
01.092	脉冲上升时间	pulse rise time	
01.093	谐波含量	harmonic content	
01.094	相[位]移	phase displacement	
01.095	相[位]差	phase difference	
01.096	超前	lead	
01.097	滞后	lag	
01.098	正交	in quadrature	
01.099	同相	in phase	
01.100	反相	in opposition	

序　码	汉　文　名	英　文　名	注　释
01.101	失相	out of phase	
01.102	角位移	angular displacement	
01.103	同步	synchronism	
01.104	稳态	steady state	
01.105	瞬态	transient state	
01.106	初始瞬态	subtransient state	
01.107	直轴分量	direct-axis component	
01.108	交轴分量	quadrature-axis component	
01.109	振荡	oscillation	
01.110	阻尼振荡	damped oscillation	
01.111	自由振荡	free oscillation	
01.112	强迫振荡	forced oscillation	
01.113	张弛振荡	relaxation oscillation	又称"弛豫振荡"。
01.114	过冲	overshoot	
01.115	谐振	resonance	又称"共振"。
01.116	非周期现象	aperiodic phenomenon	
01.117	非周期电路	aperiodic circuit	
01.118	行波	travelling wave	
01.119	平面波	plane wave	
01.120	前进波	progressive wave	
01.121	平面正弦波	plane sinusoidal wave	
01.122	驻波	standing wave	
01.123	纵波	longitudinal wave	
01.124	横波	transverse wave	
01.125	前向波	forward wave	
01.126	后向波	backward wave	
01.127	正半波	positive half-wave	
01.128	负半波	negative half-wave	
01.129	波形	waveform	
01.130	波节	node	
01.131	波腹	antinode	
01.132	波尾	wave tail	
01.133	波长	wave length	
01.134	波前	wave front	
01.135	波列	wave train, train of waves	
01.136	波速	velocity of wave	
01.137	波数	wave number, repetency	又称"波率"。

序　码	汉　文　名	英　文　名	注　释
01.138	相速	phase velocity	
01.139	群速［度］	group velocity	
01.140	色散媒质	dispersive medium	
01.141	拍	beat	
01.142	拍频	beat frequency	
01.143	辐射	radiation	
01.144	偏振辐射	polarized radiation	
01.145	衰减	attenuation	
01.146	阻尼	damping	
01.147	临界阻尼	critical damping	
01.148	对数减缩率	logarithmic decrement	
01.149	阻尼系数	damping coefficient	
01.150	时间常数	time constant	
01.151	传播常数	propagation constant	
01.152	畸变	distortion	
01.153	对称坐标	symmetrical co-ordinates	
01.154	对称系统	symmetrical system	
01.155	正序	positive sequence	
01.156	负序	negative sequence	
01.157	零序	zero sequence	
01.158	正序分量	positive sequence component	
01.159	负序分量	negative sequence component	
01.160	零序分量	zero-sequence component	
01.161	不平衡度	degree of unbalance, asymmetry	又称"不对称度"。
01.162	相序阻抗	cyclic impedance	
01.163	相序导纳	cyclic admittance	
01.164	相序电抗	cyclic reactance	
01.165	电	electricity	
01.166	电学	electricity	
01.167	静电学	electrostatics	
01.168	电荷	electric charge	
01.169	体电荷密度	volume [electric] charge density	
01.170	面电荷密度	surface [electric] charge density	
01.171	线电荷密度	linear [electric] charge density	
01.172	载流子	[charge] carrier	
01.173	起电	electrification	
01.174	静电感应	electrostatic induction	

序　码	汉　文　名	英　文　名	注　释
01.175	电位	electric potential	又称"电势"。
01.176	量子	quantum	
01.177	电子	electron	
01.178	正电子	positron	
01.179	[基]元电荷	elementary [electric] charge	
01.180	自由电子	free electron	
01.181	束缚电子	bound electron	
01.182	电子束	electron beam	
01.183	离子	ion	
01.184	电位差	[electric] potential difference	又称"电势差"。
01.185	接触电位差	contact potential difference	
01.186	电离	ionization	
01.187	发射	emission	
01.188	电子发射	electron emission	
01.189	热离子发射	thermionic emission	
01.190	光电发射	photoelectric emission	
01.191	场致发射	field emission	
01.192	红外辐射	infrared radiation	
01.193	库仑定律	Coulomb's law	
01.194	电场	electric field	
01.195	电场强度	electric field strength	
01.196	静电位	electrostatic potential	
01.197	静电压力	electrostatic pressure	
01.198	介质极化	dielectric polarization	
01.199	电通密度	electric flux density, electric displacement	又称"电位移"。
01.200	电通[量]	electric flux	
01.201	真空绝对电容率	absolute permittivity of vacuum, electric constant	又称"电常数"。
01.202	[绝对]电容率	[absolute] permittivity	
01.203	相对电容率	relative permittivity	
01.204	介质黏[滞]性	dielectric viscosity	
01.205	电极化	electric polarization	
01.206	电极化强度	electric polarization	
01.207	电极化率	electric susceptibility, electric polarizability	
01.208	电极化曲线	electric polarization curve	

序　码	汉　文　名	英　文　名	注　释
01.209	[介质]电滞	electric hysteresis	
01.210	电滞回线	electric hysteresis loop	
01.211	剩余电极化	residual electric polarization	
01.212	剩余电极化强度	residual electric polarization	
01.213	电致伸缩	electrostriction	
01.214	压电	piezoelectricity	
01.215	热电	pyroelectricity	
01.216	动电学	electrokinetics	
01.217	电动势	electromotive force, EMF	
01.218	接触电动势	contact electromotive force	
01.219	反电动势	back electromotive force	
01.220	电压	voltage	
01.221	低[电]压	low voltage	
01.222	中[电]压	medium voltage	
01.223	高[电]压	high voltage	
01.224	超高[电]压	extra-high voltage, EHV	
01.225	特高[电]压	ultra-high voltage, UHV	
01.226	电压降	voltage drop, potential drop	又称"电位降"。
01.227	电源电压	source voltage	
01.228	电源电流	source current	
01.229	电流	[electric] current	
01.230	电流密度	current density	
01.231	全电流	total current	
01.232	传导电流	conduction current	
01.233	运流电流	convection current	
01.234	极化电流	polarization current	
01.235	瞬态电流	transient current	
01.236	初始瞬态电流	subtransient current	
01.237	吸收电流	absorption current	
01.238	电容电流	capacitance current	
01.239	电子电流	electronic current	
01.240	离子电流	ionic current	
01.241	单向电流	unidirectional current	
01.242	涡流	eddy current	
01.243	位移电流	displacement current	
01.244	欧姆定律	Ohm's law	
01.245	基尔霍夫定律	Kirchhoff's law	

序　码	汉文名	英文名	注　释
01.246	气体导电	gas conduction	
01.247	自持气体导电	self-maintained gas conduction	
01.248	非自持气体导电	non-self-maintained gas conduction	
01.249	导电性	conductivity	
01.250	电导率	conductivity	
01.251	电阻率	resistivity	
01.252	非对称导电性	asymmetrical conductivity	
01.253	焦耳定律	Joule's law	
01.254	焦耳效应	Joule effect	
01.255	伏打效应	Volta effect	
01.256	拉普拉斯定律	Laplace's law	
01.257	毕奥－萨伐尔定律	Biot-Savart law	
01.258	楞次定律	Lenz's law	
01.259	法拉第电磁感应定律	Faraday law of electromagnetic induction	
01.260	电动力学	electrodynamics	
01.261	压电效应	piezoelectric effect	
01.262	光电效应	photoelectric effect	
01.263	光电子现象	optoelectronic phenomena	
01.264	电光效应	electro-optic effect	
01.265	泽贝克效应	Seebeck effect	
01.266	佩尔捷效应	Peltier effect	
01.267	汤姆孙效应	Thomson effect	
01.268	光生伏打效应	photovoltaic effect	
01.269	泡克耳斯效应	Pockels effect	
01.270	克尔效应	Kerr effect	
01.271	充电	[electric] charging	
01.272	放电	[electric] discharge	
01.273	火花放电	sparkover	
01.274	引燃	ignition	
01.275	[电]弧	[electric] arc	
01.276	飞弧	arcover	
01.277	磁吹	magnetic blow-out	
01.278	阳极辉光	anode glow, positive glow	
01.279	辉光放电	glow discharge	
01.280	辉光导电	glow conduction	

序 码	汉 文 名	英 文 名	注 释
01.281	刷形放电	brush discharge	
01.282	电晕	corona	
01.283	[电子]雪崩	[electron] avalanche	
01.284	击穿	breakdown, puncture	
01.285	箍缩效应	pinch effect	
01.286	趋肤效应	skin effect	又称"集肤效应"。
01.287	邻近效应	proximity effect	
01.288	磁学	magnetism, magnetics	
01.289	磁场	magnetic field	
01.290	磁位	magnetic potential	又称"磁势"。
01.291	磁矢位	magnetic vector potential	
01.292	磁标位	magnetic scalar potential	又称"磁标势"。
01.293	磁位差	magnetic potential difference	
01.294	磁矩	magnetic moment	
01.295	磁感[应]强度	magnetic induction, magnetic flux density	又称"磁通密度"。
01.296	磁极	magnetic pole	
01.297	庶极	consequent pole	
01.298	库仑磁矩	Coulomb's magnetic moment	
01.299	磁化	magnetization	
01.300	磁化强度	magnetization	
01.301	磁化场	magnetizing field	
01.302	磁化率	magnetic susceptibility	
01.303	磁化电流	magnetizing current	
01.304	饱和磁化	saturation magnetization	
01.305	饱和磁化强度	saturation magnetization	
01.306	比饱和磁化强度	specific saturation magnetization	
01.307	磁场强度	magnetic field strength, magnetic field intensity	
01.308	磁偶极矩	magnetic dipole moment	
01.309	正常磁导率	normal permeability	
01.310	[绝对]磁导率	[absolute] permeability	
01.311	相对磁导率	relative permeability	
01.312	动态中性化状态	dynamically neutralized state	
01.313	静态中性化状态	statically neutralized state	
01.314	热致中性化状态	thermally neutralized state, virgin state	又称"原状态"。

序　码	汉文名	英文名	注　释
01.315	循环磁状态	cyclic magnetic state	
01.316	无磁滞状态	anhysteretic state	
01.317	磁化曲线	magnetization curve	
01.318	静态磁化曲线	static magnetization curve	
01.319	动态磁化曲线	dynamic magnetization curve	
01.320	起始磁化曲线	initial magnetization curve	
01.321	正常磁化曲线	normal magnetization curve	
01.322	磁滞	magnetic hysteresis	
01.323	磁滞回线	hysteresis loop	
01.324	静态磁滞回线	static hysteresis loop	
01.325	动态磁滞回线	dynamic hysteresis loop	
01.326	正常磁滞回线	normal hysteresis loop	
01.327	增量磁滞回线	incremental hysteresis loop	
01.328	换向曲线	commutation curve	
01.329	正常磁感应	normal induction	
01.330	无磁滞曲线	anhysteretic curve	
01.331	饱和磁滞回线	saturation hysteresis loop	
01.332	矫顽性	coercivity	
01.333	矫顽力	coercive force, coercive field strength	又称"矫顽磁场强度"。
01.334	循环矫顽力	cyclic coercivity	
01.335	张量磁导率	tensor permeability	
01.336	复磁导率	complex permeability	
01.337	振幅磁导率	amplitude permeability	
01.338	起始磁导率	initial permeability	
01.339	磁导率上升因数	permeability rise factor	
01.340	增量磁导率	incremental permeability	
01.341	可逆磁导率	reversible permeability	
01.342	微分磁导率	differential permeability	
01.343	有效磁导率	effective permeability	
01.344	退磁磁场	demagnetizing field	
01.345	磁能积	magnetic energy product, BH product	又称"BH 积"。
01.346	回复状态	recoil state	
01.347	回复线	recoil line, recoil curve	又称"回复曲线"。
01.348	回复磁导率	recoil permeability	
01.349	漏磁因数	magnetic leakage factor	

序　码	汉　文　名	英　文　名	注　释
01.350	磁壳	magnetic shell	
01.351	磁轴	magnetic axis	
01.352	[磁]极面	pole face	
01.353	极性	polarity	
01.354	磁拉力	magnetic pull	
01.355	磁黏滞性	magnetic viscosity	
01.356	磁负荷	magnetic loading	
01.357	磁光效应	magneto-optic effect	
01.358	法拉第效应	Faraday effect	
01.359	电磁学	electromagnetism, electromagnetics	
01.360	电磁场	electromagnetic field	
01.361	真空[绝对]磁导率	[absolute] permeability of vacuum, magnetic constant	又称"磁常数"。
01.362	电中性	electric neutrality	
01.363	中性状态	neutral state	
01.364	电流元	current element	
01.365	库仑－洛伦兹力	Coulomb-Lorentz force	
01.366	磁通[量]	magnetic flux	
01.367	感应电压	induced voltage	
01.368	电矩	electric moment	
01.369	磁动势	magnetomotive force, MMF	又称"磁通势"。
01.370	磁极化	magnetic polarization	
01.371	磁极化强度	magnetic polarization	
01.372	电偶极子	electric dipole	
01.373	磁偶极子	magnetic dipole	
01.374	电偶极矩	electric dipole moment	
01.375	电感应	electric induction	
01.376	电磁感应	electromagnetic induction	
01.377	霍尔效应	Hall effect	
01.378	霍尔角	Hall angle	
01.379	自感应	self-induction	
01.380	自感[系数]	self-inductance	
01.381	互感应	mutual induction	
01.382	互感[系数]	mutual inductance	
01.383	电磁能	electromagnetic energy	
01.384	励磁	excitation	

序　码	汉 文 名	英 文 名	注　释
01.385	约瑟夫森效应	Josephson effect	
01.386	坡印亭矢量	Poynting vector	
01.387	电磁波	electromagnetic wave	
01.388	电路	electric circuit	
01.389	并联电路	parallel [electric] circuits, shunt [electric] circuits	
01.390	并联磁路	parallel [magnetic] circuits, shunt [magnetic] circuits	
01.391	串联电路	series [electric] circuit	
01.392	串联磁路	series [magnetic] circuit	
01.393	线性电路	linear [electric] circuit	
01.394	非线性电路	non-linear [electric] circuit	
01.395	感性电路	inductive circuit	
01.396	无感电路	non-inductive circuit	
01.397	端	terminal	
01.398	n 端电路	n-terminal circuit	
01.399	二端电路	two-terminal circuit	
01.400	电路元件	circuit element	
01.401	无源[电路]元件	passive [electric circuit] element	
01.402	有源[电路]元件	active [electric circuit] element	
01.403	无源电路	passive [electric] circuit	
01.404	有源电路	active [electric] circuit	
01.405	线性[电路]元件	linear [circuit] element	
01.406	理想[电路]元件	ideal [circuit] element	
01.407	集中参数电路	lumped circuit	
01.408	分布参数电路	distributed circuit	
01.409	对称[特性电路]元件	symmetric [characteristic circuit] element	
01.410	非对称[特性电路]元件	asymmetric [characteristic circuit] element	
01.411	理想电阻器	ideal resistor	
01.412	理想电容器	ideal capacitor	
01.413	理想电感器	ideal inductor	
01.414	电容	capacitance	
01.415	电感	inductance	
01.416	电阻	resistance	
01.417	等效电阻	equivalent resistance	

序 码	汉 文 名	英 文 名	注 释
01.418	有效电阻	effective resistance	
01.419	电导	conductance	
01.420	等效电导	equivalent conductance	
01.421	阻抗	impedance	
01.422	阻抗模	modulus of impedance	
01.423	复阻抗	complex impedance	
01.424	导纳	admittance	
01.425	导纳模	modulus of admittance	
01.426	复导纳	complex admittance	
01.427	电抗	reactance	
01.428	有效电抗	effective reactance	
01.429	电纳	susceptance	
01.430	导抗	immittance	
01.431	感抗	inductive reactance	
01.432	容抗	capacitive reactance	
01.433	等效电路	equivalent electric circuit	
01.434	理想电压源	ideal voltage source	
01.435	理想电流源	ideal current source	
01.436	[独立]电压源	[independent] voltage source	
01.437	[独立]电流源	[independent] current source	
01.438	受控电压源	controlled voltage source	
01.439	受控电流源	controlled current source	
01.440	耦合	coupling	
01.441	[感应]耦合因数	[inductive] coupling factor	
01.442	磁路	magnetic circuit	
01.443	主磁路	main magnetic circuit	
01.444	主磁通	main flux	
01.445	磁阻尼	magnetic damping	
01.446	磁悬浮	magnetic levitation, magnetic suspension	
01.447	磁阻	reluctance	
01.448	磁导	permeance	
01.449	漏磁通	leakage flux	
01.450	磁链	[magnetic] flux linkage	
01.451	单线电路	single-wire circuit	
01.452	单相系统	single-phase system	
01.453	单相电路	single-phase circuit	

序 码	汉 文 名	英 文 名	注 释
01.454	多频系统	multi-frequency system	
01.455	网络拓扑学	topology of networks	
01.456	网络	network	
01.457	支路	branch	
01.458	节点	node, vertex	
01.459	网络图	graph of a network	
01.460	连通网络	connected network	
01.461	非连通网络	unconnected network	
01.462	回路	loop, ring	
01.463	树	tree	
01.464	余树	co-tree	
01.465	连支	link	
01.466	割集	cut-set	
01.467	网孔	mesh	
01.468	网孔电流	mesh current	
01.469	树[枝]形系统	tree'd system	
01.470	网络平面图	planar graph	
01.471	网络分析	network analysis	
01.472	网络综合	network synthesis	
01.473	网络端	terminal of a network	
01.474	端口	port, terminal pair	又称"端对"。
01.475	一端口网络	one-port network, two-terminal network	又称"二端网络"。
01.476	二端口网络	two-port network, two-terminal-pair network	又称"二端对网络"。
01.477	n 端口网络	n-port network, n-terminal-pair network	又称"n 端对网络"。
01.478	平衡二端口网络	balanced two-port network	
01.479	对称二端口网络	symmetrical two-port network	
01.480	L 形网络	L-network	
01.481	Γ 形网络	Γ-network	
01.482	T 形网络	T-network	
01.483	Π 形网络	Π-network	
01.484	X 形网络	X-network, lattice network	又称"格形网络"。
01.485	桥接 T 形网络	bridged-T network	
01.486	梯形网络	ladder network	
01.487	双 T 形网络	twin-T network	

序 码	汉 文 名	英 文 名	注 释
01.488	对偶网络	dual network	
01.489	理想滤波器	ideal filter	
01.490	互易二端口网络	reciprocal two-port network	
01.491	端接导抗	terminating immittance	
01.492	负载导抗	load immittance	
01.493	输入导抗	input immittance	
01.494	输出导抗	output immittance	
01.495	策动点阻抗	driving point impedance	
01.496	策动点导纳	driving point admittance	
01.497	策动点导抗	driving point immittance	
01.498	理想变压器	ideal transformer	
01.499	理想回转器	ideal gyrator	
01.500	理想衰减器	ideal attenuator	
01.501	理想放大器	ideal amplifier	
01.502	传递函数	transfer function	
01.503	传递导抗	transfer immittance	
01.504	传递比	transfer ratio	
01.505	理想阻抗变换器	ideal impedance convertor	
01.506	交流电压	alternating voltage	
01.507	交流	alternating current	
01.508	基波因数	fundamental factor	
01.509	谐波因数	harmonic factor, distortion factor	又称"畸变因数"。
01.510	电压骤降	voltage collapse	
01.511	电压暂降	voltage dip	
01.512	整流[平均]值	rectified [mean] value	
01.513	脉动电压	pulsating voltage	
01.514	脉动电流	pulsating current	
01.515	直流分量	direct component	
01.516	交流分量	alternating component	
01.517	直流	direct current	
01.518	直流电压	direct voltage	
01.519	脉动因数	pulsation factor	
01.520	方均根纹波因数	RMS-ripple factor, ripple content	又称"纹波含量"。
01.521	峰值纹波因数	peak-ripple factor, peak distortion factor	又称"峰值畸变因数"。
01.522	直流波形因数	DC form factor	
01.523	瞬时功率	instantaneous power	

序　码	汉　文　名	英　文　名	注　释
01.524	表观功率	apparent power	曾称"视在功率"。
01.525	复功率	complex power	
01.526	有功功率	active power	
01.527	无功功率	reactive power	
01.528	矢量功率	vector power	
01.529	波动功率	fluctuating power	
01.530	基波功率	fundamental power	
01.531	直流功率	direct current power	
01.532	畸变功率	distortion power	
01.533	虚假功率	fictitious power	
01.534	有功电流	active current	
01.535	无功电流	reactive current	
01.536	功率因数	power factor	
01.537	位移因数	displacement factor, power factor of the fundamental	又称"基波功率因数"。
01.538	多相电路	polyphase circuit	
01.539	多相系统	polyphase system	
01.540	线[间]电压	line voltage, voltage between lines	
01.541	边电压	polygonal voltage	
01.542	径电压	diametral voltage	
01.543	相电压	phase voltage	
01.544	中性点	neutral point	
01.545	中性区	(1)neutral zone, (2)neutral region	(1)用于电机。(2)用于电力电子。
01.546	相序	phase sequence, sequential order of the phases	
01.547	多相电路基元	element of a polyphase circuit	
01.548	多相节点	polyphase node	
01.549	多相端口	polyphase port	
01.550	多相电源	polyphase source	
01.551	平衡多相电源	balanced polyphase source	
01.552	对称多相电路	symmetrical polyphase circuit	
01.553	平衡多相系统	balanced polyphase system	
01.554	多相线性量	polyphase linear quantity	
01.555	中[性]线	neutral line	
01.556	中间线	mid-line	
01.557	电气元件	electric component, electric ele-	

序 码	汉 文 名	英 文 名	注 释
		ment	
01.558	电器件	electric device	
01.559	磁器件	magnetic device	
01.560	电磁器件	electromagnetic device	
01.561	电器[具]	electric appliance	
01.562	电气装置	electric device	
01.563	电器	electric apparatus	
01.564	电气设备	electric equipment	
01.565	电气设施	electric installation	
01.566	端子	terminal	
01.567	终端	termination	
01.568	电极	electrode	
01.569	阳极	anode	
01.570	阴极	cathode	
01.571	地	earth, ground	
01.572	端子板	terminal board	
01.573	接线板	terminal block	
01.574	印制电路板	printed-circuit board	
01.575	接地电路	earthed circuit	
01.576	接地极	earth electrode	
01.577	接地端子	earth terminal, ground terminal	
01.578	外壳	enclosure	
01.579	屏蔽	screen	
01.580	电屏蔽	electric screen	
01.581	磁屏蔽	magnetic screen	
01.582	电磁屏蔽	electromagnetic screen	
01.583	分级屏蔽	grading screen	又称"均压屏蔽"。
01.584	母线	busbar	
01.585	匝	turn	又称"线匝"。
01.586	线圈	coil	
01.587	螺线管	solenoid	
01.588	[电气]绕组	[electrical] winding	
01.589	磁心	[magnetic] core	又称"铁心"。
01.590	磁轭	yoke	又称"铁轭"。
01.591	气隙	air gap	
01.592	电阻[器]	resistor	
01.593	电感[器]	inductor	

序码	汉文名	英文名	注释
01.594	电容[器]	capacitor	
01.595	分流器	shunt	
01.596	火花间隙	spark-gap	
01.597	电能转换器	electric energy transducer	
01.598	电信号转换器	electric signal transducer	
01.599	移相器	phase shifter	
01.600	[电]传感器	[electric] transducer	
01.601	[电]执行器	[electric] actuator	
01.602	电耦合器	electric coupling	
01.603	放大器	amplifier	
01.604	振荡器	oscillator	
01.605	共振器	resonator	又称"谐振器"。
01.606	电位器	potentiometer	
01.607	连接器	connector	
01.608	插头	plug	
01.609	插座	socket-outlet, socket	
01.610	插口	jack	
01.611	插销	pin	
01.612	插套	sleeve	
01.613	滤波器	filter	
01.614	光电器件	photoelectric device	
01.615	电气附件	electrical accessory	
01.616	指示器	indicating device, indicator	
01.617	闭[合电]路	closed circuit	
01.618	断开电路	open circuit	简称"开路"。
01.619	短路	short circuit	
01.620	通断	switching	
01.621	切换	switching	
01.622	联结	connection	
01.623	互联	interconnection	
01.624	串联	series connection	
01.625	并联	parallel connection	
01.626	星形联结	star connection	
01.627	三角形联结	delta connection	
01.628	曲折形联结	zigzag connection	又称"Z形联结"。
01.629	多边形联结	polygon connection	
01.630	T联结	Scott connection	又称"斯科特联结"。

序　码	汉　文　名	英　文　名	注　释
01.631	开口三角形联结	open-delta connection	
01.632	延长三角形联结	extended delta connection	
01.633	互连三角形联结	interconnected delta connection	
01.634	勒布朗克联结	Leblanc connection	
01.635	谐振电路	resonant circuit	
01.636	主电路	main circuit	又称"主回路"。
01.637	辅[助]电路	auxiliary circuit	又称"辅[助]回路"。
01.638	控制电路	control circuit	
01.639	信号电路	signal circuit	
01.640	保护电路	protective circuit	
01.641	微分电路	differentiating circuit	
01.642	积分电路	integrating circuit	
01.643	稳压电路	voltage stabilizing circuit	
01.644	冷却媒质	cooling medium	
01.645	热转移媒质	heat transfer agent	
01.646	直接冷却	direct cooling	
01.647	间接冷却	indirect cooling	
01.648	自然冷却	natural cooling, convection cooling	又称"对流冷却"。
01.649	强迫冷却	forced cooling	
01.650	风冷	forced-air cooling	
01.651	混合冷却	mixed cooling	
01.652	开路冷却	open circuit cooling	
01.653	闭路冷却	closed-circuit cooling	
01.654	备用冷却	standby cooling, emergency cooling	又称"应急冷却"。
01.655	机械结构	mechanical structure	
01.656	互换性	interchangeability	
01.657	外形尺寸	overall dimension, outline size	
01.658	模数	module	
01.659	基本模数	base module	
01.660	模数尺寸系列	modular dimension series	
01.661	模数网格	modular grid	
01.662	网格线	grid line	
01.663	网格点	grid point	
01.664	安装尺寸	installing dimension, mounting size	
01.665	配合尺寸	fit dimension	

序 码	汉 文 名	英 文 名	注 释
01.666	专用	definite purpose	
01.667	通用	general purpose	
01.668	特殊用途	special purpose	
01.669	固定式	fixed-type	
01.670	移动式	movable-type	
01.671	便携式	portable-type	
01.672	手持式	hand-held type	
01.673	内装式	built-in type	
01.674	屏式	panel-type	
01.675	嵌入安装式	flush-type	
01.676	插入式	plug-in type	
01.677	凸出安装式	protruding type	
01.678	拼装式	split mounting type	
01.679	积木式	cordwood system type	
01.680	整体式	entirety type	
01.681	密封式	sealed type	
01.682	盘式	disk type	
01.683	柱上式	pole-mounting type	
01.684	外壳防护型式	protection type of enclosure	
01.685	外壳防护代码	protection code of enclosure	
01.686	辐向通风式	radial-ventilated type	
01.687	封闭通风式	enclosed-ventilated type	
01.688	管道通风式	pipe-ventilated type	
01.689	风道通风式	duct-ventilated type	
01.690	全封闭风扇通风式	totally-enclosed fan-ventilated type	
01.691	空气冷却式	air-cooled type	
01.692	氢气冷却式	hydrogen-cooled type	
01.693	全封闭风扇通风空气冷却式	totally-enclosed fan-ventilated air-cooled type	
01.694	全封闭水冷却式	totally-enclosed water-cooled type	
01.695	闭合空气回路水冷却式	closed air-circuit water-cooled type	
01.696	强迫油循环风冷式	forced-oil and forced-air cooled type	
01.697	强迫油循环水冷式	forced-oil and water cooled type	

序　码	汉　文　名	英　文　名	注　释
01.698	强迫油循环导向风冷式	forced-directed-oil and forced-air cooled type	
01.699	强迫油循环导向水冷式	forced-directed-oil and water cooled type	
01.700	户外式	outdoor type	
01.701	户内式	indoor type	
01.702	无防护式	unprotected type	
01.703	有防护式	protected type	
01.704	封闭式	enclosed type, closed type	
01.705	全封闭式	totally enclosed type	
01.706	开启式	open type	
01.707	通风式	ventilated type	
01.708	自通风式	self-ventilated type	
01.709	强迫通风式	forced-ventilated type	
01.710	混合通风式	combined-ventilated type	
01.711	气候防护式	weather-proof type	
01.712	充压式	pressurized type	
01.713	自冷式	self-cooled type	
01.714	他冷式	separately cooled type	
01.715	风冷式	forced-air cooled type	
01.716	防尘式	dust-proof type	
01.717	尘密式	dust-tight type	
01.718	水密式	water-tight type	
01.719	防滴式	drip-proof type	
01.720	防淋式	spray-proof type	
01.721	防溅式	splash-proof type	
01.722	防喷式	jet-proof type, hose-proof type	
01.723	防雨式	rain-proof type	
01.724	防海浪式	heavy-sea-proof type	
01.725	潜水式	submersible type	
01.726	防爆式	explosion-proof type	
01.727	防腐蚀式	corrosion-proof type	
01.728	气密式	hermetic type, air-tight type	
01.729	包封式	encapsulated type	曾称"囊封式"。
01.730	罐封式	canned type	
01.731	油浸式	oil-immersed type	
01.732	干式	dry-type	

序 码	汉 文 名	英 文 名	注 释
01.733	充气式	gas-filled type	
01.734	组合式	composite type	
01.735	防护等级	degree of protection	
01.736	转换	change-over switching, transition	又称"转接"。
01.737	换向	commutation	
01.738	换位	transposition	
01.739	整定	setting	
01.740	控制	control	
01.741	自动控制	automatic control	
01.742	人力控制	manual control	又称"手动控制"。
01.743	相位控制	phase control	简称"相控"。
01.744	操作循环	cycle of operation, operating cycle	
01.745	拒动	refuse operation, failure to operate	
01.746	输入	input	
01.747	输出	output	
01.748	输出相[位]移	output phase shift	
01.749	比能量	specific energy	
01.750	负载	load	
01.751	加载	loading	
01.752	失步	out of synchronism, out of step	
01.753	有载运行	on-load operation	
01.754	空载运行	no-load operation	
01.755	开路运行	open circuit operation	
01.756	短路运行	short-circuit operation	
01.757	满载	full load	
01.758	过载	overload	
01.759	欠载	underload	
01.760	损耗	loss	
01.761	铁耗	iron loss	
01.762	铜耗	copper loss	
01.763	效率	efficiency	
01.764	过电压	overvoltage	
01.765	峰值过电压	peak overvoltage	
01.766	过电流	overcurrent	
01.767	过载电流	overload current	
01.768	欠电压	under-voltage	
01.769	电压过冲	voltage overshoot	

序　码	汉　文　名	英　文　名	注　释
01.770	调谐	tuning	
01.771	特性	characteristic	
01.772	特性曲线	characteristic curve	
01.773	比特性	specific characteristic	
01.774	绝缘体	insulant	
01.775	隔离	isolation	
01.776	绝缘	insulation	
01.777	绝缘性能	insulation property	
01.778	绝缘电阻	insulation resistance	
01.779	接地电阻	earth resistance	
01.780	损耗角	loss angle	
01.781	品质因数	quality factor, Q factor	又称"Q因数"。
01.782	持续电流	continuous current	
01.783	短路电流	short-circuit current	
01.784	剩余电流	residual current	
01.785	剩余电压	residual voltage	
01.786	泄漏电流	leakage current	
01.787	泄地电流	earth current, ground current	
01.788	[电气]间隙	clearance	
01.789	爬电距离	creepage distance	
01.790	局部放电	partial discharge	
01.791	表面放电	surface discharge	
01.792	内部放电	internal discharge	
01.793	局部放电强度	partial discharge intensity	
01.794	闪络	flashover	
01.795	电弧电压	arc voltage	
01.796	电压递减	voltage grading	
01.797	接地	earthing, grounding	
01.798	接地故障	earth fault, ground fault	
01.799	接地故障因数	earth fault factor	
01.800	故障电流	fault current	
01.801	峰值电流	peak current	
01.802	响应时间	response time	
01.803	阶跃响应	step response	
01.804	时[间程]序	time program	
01.805	采样	sampling	又称"取样"。
01.806	标称值	nominal value	

序　码	汉　文　名	英　文　名	注　释
01.807	[极]限值	limiting value	
01.808	额定值	rated value	
01.809	定额	rating	
01.810	短时定额	short-time rating	
01.811	使用条件	service condition	
01.812	工况	operating condition	
01.813	周围空气温度	ambient air temperature	又称"环境[空气]温度"。
01.814	稳定温度	stable temperature	
01.815	运行温度	operating temperature	
01.816	极限允许温度	limiting allowed temperature	
01.817	额定工况	rated condition	
01.818	工作制	duty	
01.819	工作制类型	duty type	
01.820	工作循环	duty cycle	
01.821	不间断工作制	uninterrupted duty	
01.822	连续工作制	continuous duty	
01.823	断续工作制	intermittent duty	
01.824	短时工作制	short-time duty	
01.825	周期工作制	periodic duty	
01.826	连续周期工作制	continuous periodic duty	
01.827	断续周期工作制	intermittent periodic duty	
01.828	变载工作制	varying duty	
01.829	负载比	duty ratio	
01.830	额定工作制	rated duty	
01.831	绝缘水平	insulation level	
01.832	加速	accelerating	
01.833	稳定性	stability	
01.834	额定量	rated quantity	
01.835	额定容量	rated capacity	
01.836	额定功率	rated power	
01.837	额定电流	rated current	
01.838	额定电压	rated voltage	
01.839	额定频率	rated frequency	
01.840	额定转速	rated speed	
01.841	温升	temperature rise	
01.842	稳定温升	stable temperature rise	

序　码	汉　文　名	英　文　名	注　释
01.843	极限允许温升	limiting allowed temperature rise	
01.844	温度系数	temperature coefficient	
01.845	热平衡	thermal equilibrium, thermal stability	又称"热稳定"。
01.846	热稳定性	thermal stability	
01.847	热阻	thermal resistance	
01.848	瞬变现象	transient phenomena	
01.849	端电压	terminal voltage	
01.850	负载电压	load voltage	
01.851	有载电压	on-load voltage	
01.852	电压调整率	voltage regulation	
01.853	变比	transformation ratio	
01.854	平衡负载	balanced load	
01.855	偏差	deviation	
01.856	影响量	influencing quantity, influence quantity	
01.857	饱和因数	saturation factor	
01.858	低频	low frequency	
01.859	中频	medium frequency	
01.860	高频	high frequency	
01.861	工频	power frequency	
01.862	[可测]量	[measurable] quantity	
01.863	量值	value of a quantity	
01.864	[测量]单位	unit [of measurement]	
01.865	基本量	base quantity	
01.866	导出量	derived quantity	
01.867	基本单位	base unit	
01.868	导出单位	derived unit	
01.869	单位制	system of units	
01.870	国际单位制	international system of units, SI	
01.871	SI 基本单位	SI base unit	
01.872	SI 导出单位	SI derived unit	
01.873	SI 辅助单位	SI supplementary unit	
01.874	SI 单位	SI unit	
01.875	安[培]	ampere	符号"A"。
01.876	牛[顿]	newton	符号"N"。
01.877	库[仑]	coulomb	符号"C"。

序码	汉文名	英文名	注释
01.878	伏安	volt-ampere	符号"VA"。
01.879	伏[特]	volt	符号"V"。
01.880	乏	var	
01.881	法[拉]	farad	符号"F"。
01.882	瓦[特小]时	watt-hour	符号"Wh"。
01.883	特[斯拉]	tesla	符号"T"。
01.884	韦[伯]	weber	符号"Wb"。
01.885	亨[利]	henry	符号"H"。
01.886	焦[耳]	joule	符号"J"。
01.887	瓦[特]	watt	符号"W"。
01.888	欧[姆]	ohm	符号"Ω"。
01.889	西[门子]	siemens	符号"S"。
01.890	赫[兹]	hertz	符号"Hz"。
01.891	奥斯特	oersted	符号"Oe"。
01.892	高斯	gauss	符号"Gs"。
01.893	麦克斯韦	maxwell	符号"Mx"。
01.894	开[尔文]	kelvin	符号"K"。
01.895	电子伏[特]	electronvolt	符号"eV"。
01.896	坎[德拉]	candela	符号"cd"。
01.897	流[明]	lumen	符号"lm"。
01.898	勒[克斯]	lux	符号"lx"。
01.899	分贝	decibel	符号"dB"。
01.900	奈培	neper	符号"Np"。
01.901	摩[尔]	mole	符号"mol"。
01.902	文字符号	letter symbol	
01.903	基本文字符号	basic letter symbol	
01.904	辅助文字符号	auxiliary letter symbol	
01.905	图形符号	graphic symbol	
01.906	符号要素	symbol element	
01.907	一般符号	general symbol	
01.908	限定符号	qualifying symbol	
01.909	方框符号	block symbol	
01.910	联结符号	connection symbol	
01.911	项目代号	item designation	
01.912	种类代号	kind designation	
01.913	位置代号	location designation	
01.914	高层代号	higher level designation	

序 码	汉 文 名	英 文 名	注 释
01.915	端子代号	terminal designation	
01.916	代号段	designation block	
01.917	前缀符号	prefix sign	
01.918	安全标志	safe mark	
01.919	识别标记	identification mark	
01.920	标记	mark	
01.921	接线端子标记	terminal marking	
01.922	颜色代码	color code	
01.923	字母数字符号	alphanumeric notation	
01.924	主标记	main marking	
01.925	从属标记	dependent marking	
01.926	从属本端标记	dependent local-end marking	
01.927	从属远端标记	dependent remote-end marking	
01.928	从属两端标记	dependent both-end marking	
01.929	独立标记	independent marking	
01.930	组合标记	composite marking	
01.931	补充标记	supplementary marking	
01.932	功能标记	functional mark	
01.933	相位标记	phase mark	
01.934	极性标记	polarity mark	
01.935	图	drawing	
01.936	简图	diagram	
01.937	表图	chart	
01.938	表格	table	
01.939	多线表示法	multi-line representation	
01.940	单线表示法	single-line representation	
01.941	集中表示法	assembled representation	
01.942	半集中表示法	semi-assembled representation	
01.943	分开表示法	detached representation	
01.944	功能布局法	functional layout	
01.945	实地布局法	topographical layout	
01.946	系统图	system diagram	
01.947	框图	block diagram	
01.948	功能图	function diagram	
01.949	逻辑图	logic diagram	
01.950	详细逻辑图	detail logic diagram	
01.951	纯逻辑图	pure logic diagram	

序　码	汉　文　名	英　文　名	注　释
01.952	过程流程图	process flow diagram	
01.953	功能表图	function chart	
01.954	顺序表图	sequence chart	
01.955	时序表图	time sequence chart	
01.956	电路图	circuit diagram	
01.957	等效电路图	equivalent circuit diagram	
01.958	端子功能图	terminal function diagram	
01.959	程序图	program diagram	
01.960	程序表	program table	
01.961	接线图	connection diagram	
01.962	接线表	connection table	
01.963	单元接线图	unit connection diagram	
01.964	单元接线表	unit connection table	
01.965	互连接线图	interconnection diagram	
01.966	互连接线表	interconnection table	
01.967	端子接线图	terminal connection diagram	
01.968	端子接线表	terminal connection table	
01.969	位置简图	location diagram	
01.970	位置图	location drawing	
01.971	平面图	plan, topographical plan	
01.972	布置图	layout plan	又称"平面布置图"。
01.973	数据单	data sheet	
01.974	电缆配置图	cable allocation diagram	又称"电缆敷设图"。
01.975	电缆配置表	cable allocation table	又称"电缆敷设表"。
01.976	网络地图	network map, topographical map	
01.977	元件表	parts list	
01.978	备件表	spare parts list	

02．导电材料及半导体材料

序　码	汉　文　名	英　文　名	注　释
02.001	导电材料	electric conducting material	
02.002	导体	conductor	
02.003	标准软铜	standard annealed copper	
02.004	复合金属导电材料	composite conducting metal	

序　码	汉 文 名	英 文 名	注　释
02.005	单位长度电阻	resistance per unit length	
02.006	体电阻率	volume resistivity	
02.007	质量电阻率	mass resistivity	
02.008	电阻温度系数	temperature coefficient of resistance	
02.009	高电阻率材料	high resistivity material	
02.010	电阻器元件	resistor element	
02.011	康铜	constantan	
02.012	锰铜	manganin	
02.013	镍铬合金	nichrome	
02.014	片电阻	sheet resistor	
02.015	热双金属	thermo-bimetal	
02.016	电阻型热双金属	resistance type thermo-bimetal	
02.017	高温型热双金属	high temperature type thermo-bimetal	
02.018	热双金属组元层	component of thermo-bimetal	
02.019	温曲率	flexivity	
02.020	比弯曲	specific thermal deflection	
02.021	敏感系数	coefficient of sensitivity	
02.022	弹性模数	modulus of elasticity	
02.023	线性温度范围	linearity temperature range	
02.024	使用极限	operating limit	
02.025	热偏转率	thermal deflection rate	
02.026	机械转矩率	mechanical torque rate	
02.027	横向曲率	cross curvature	
02.028	侧向弯度	camber	
02.029	纵向平直度	lengthwise flatness	
02.030	电热材料	thermo-electric material	
02.031	带状元件	ribbon element	
02.032	螺旋形元件	helical element	
02.033	可拆元件	removable element	
02.034	管状元件	tube element	
02.035	表观温度	apparent temperature	
02.036	真实温度	true temperature	
02.037	温度－电阻曲线	temperature-resistance curve	
02.038	热电偶	thermocouple	
02.039	高温热电偶	high temperature thermocouple	

序　码	汉文名	英文名	注　释
02.040	中温热电偶	medium temperature thermocouple	
02.041	低温热电偶	low temperature thermocouple	
02.042	补偿线	compensating wire	
02.043	测温接点	measuring junction	
02.044	参比接点	reference junction	
02.045	原基准热电偶	primary standard thermocouple	
02.046	副基准热电偶	secondary standard thermocouple	
02.047	佩尔捷系数	Peltier coefficient	
02.048	汤姆孙系数	Thomson coefficient	
02.049	汤姆孙电动势	Thomson EMF	
02.050	泽贝克系数	Seebeck coefficient	
02.051	泽贝克电动势	Seebeck EMF, thermal EMF	又称"热电动势"。
02.052	热电动势稳定性	thermal EMF stability	
02.053	触头	contact	又称"触点"。
02.054	弹性触头	spring contact	
02.055	复合触头	composite contact	
02.056	开槽触头	bifurcated contact	
02.057	扁形触头	blade contact	
02.058	铜触头	copper contact	
02.059	银触头	silver contact	
02.060	铜钨[合金]触头	copper-tungsten [alloy] contact	
02.061	银氧化镉触头	silver-cadmium oxide contact	
02.062	银钨[合金]触头	silver-tungsten [alloy] contact	
02.063	铜铬[合金]触头	copper-chromium [alloy] contact	
02.064	铜铋锶[合金]触头	copper-bismuth-strontium [alloy] contact	
02.065	银铁[合金]触头	silver-iron [alloy] contact	
02.066	粉末冶金	powder metallurgy	
02.067	共沉淀粉末	coprecipitated powder	
02.068	雾化粉末	atomized powder	
02.069	复合粉末	composite powder	
02.070	成型	forming	
02.071	等静压压制	isostatic pressing	
02.072	熔渗	infiltration	
02.073	烧结	sintering	
02.074	金属浸渍	metal impregnation	
02.075	火花烧结	spark sintering	

序　码	汉　文　名	英　文　名	注　　释
02.076	内氧化法	internal oxidation	
02.077	单面内氧化法	single-face internal oxidation	
02.078	双面内氧化法	double-face internal oxidation	
02.079	预氧化法	preoxidation	
02.080	粉末粒度	particle size	
02.081	粒度分布	particle size distribution	
02.082	比表面	specific surface	
02.083	孔隙度	porosity	
02.084	密度分布	density distribution	
02.085	相对密度	relative density	
02.086	表观硬度	apparent hardness	
02.087	a－斑点	a-spot	
02.088	污染物	contaminant	
02.089	碳化物沉积	carbonaceous deposits	
02.090	失泽物	tarnish	
02.091	阳极电弧	anode arc	
02.092	阴极电弧	cathode arc	
02.093	阳极材料转移	anode material transfer	
02.094	阴极材料转移	cathode material transfer	
02.095	正向材料转移	positive material transfer	
02.096	负向材料转移	negative material transfer	
02.097	桥式材料转移	bridge material transfer	
02.098	针状材料转移	needle material transfer	
02.099	电蚀	electrical erosion	曾称"电磨损"。
02.100	电碳	electrical carbon	
02.101	碳石墨制品	carbon-graphite product	
02.102	结晶碳	crystalline carbon	
02.103	无定形碳	amorphous carbon	
02.104	黏合剂	binder	
02.105	碳质黏合剂	carbon binder	
02.106	树脂黏合剂	resin binder	
02.107	添加剂	additive	
02.108	压粉	moulding powder	
02.109	糊料	paste	
02.110	压块	compact, green compact	又称"生坯"。
02.111	毛坯	block	
02.112	隔离料	packing material	

序　码	汉　文　名	英　文　名	注　释
02.113	成层	lamination	
02.114	裂缝	crack	
02.115	龟裂	crazing	
02.116	热析	sweating	
02.117	气孔	pore	
02.118	粉化	dusting	
02.119	起泡	blistering	
02.120	电刷	brush	
02.121	硬碳质电刷	hard carbon brush	
02.122	碳石墨电刷	carbon-graphite brush	
02.123	天然石墨电刷	natural graphite brush	
02.124	电化石墨电刷	electrographite brush	
02.125	金属石墨电刷	metal-graphite brush	
02.126	金属浸渍石墨电刷	metal-impregnated graphite brush	
02.127	树脂黏合石墨电刷	resin-bonded graphite brush	
02.128	径向式电刷	radial brush	
02.129	前倾式电刷	reaction brush	
02.130	后倾式电刷	trailing brush	
02.131	光谱碳棒	carbon for spectrochemical analysis	
02.132	弧光碳棒	arc carbon	
02.133	碳弧气刨碳棒	arc-air gouging carbon	
02.134	整体电刷	solid brush	
02.135	分瓣电刷	split brush	
02.136	带金属压板分瓣电刷	split brush with metal clip	
02.137	带突出压板电刷	cantilever brush	
02.138	夹层电刷	sandwich brush	
02.139	填柱电刷	cored brush	
02.140	高纯石墨制品	high purity graphite product	
02.141	核石墨	nuclear graphite	
02.142	碳[电阻片]柱	carbon [resistor] pile	
02.143	碳石墨触点	carbon-graphite contact	
02.144	金属石墨触点	metal-graphite contact	
02.145	无轨电车滑块	carbon current collector for trolley-bus	

序　码	汉　文　名	英　文　名	注　释
02.146	电力机车滑板	carbon current collector for railway	
02.147	石墨电极	graphite electrode	
02.148	柔性石墨	flexible graphite	
02.149	石墨化度	degree of graphitization	
02.150	微晶尺寸	crystallite size	
02.151	闭口气孔率	closed porosity	
02.152	开口气孔率	apparent porosity	
02.153	全气孔率	true porosity	
02.154	磨损	wear	
02.155	燃烧速度	burning rate	
02.156	联结电阻	connection resistance	
02.157	脱出拉力	pull strength	
02.158	机械变形	mechanical deformation	
02.159	常态电阻	room temperature resistance	
02.160	热态电阻	hot resistance	
02.161	研磨性	polishing property	
02.162	耐磨性	resistance to wear	
02.163	磨蚀性	abrasion	
02.164	润滑性	lubrification	
02.165	换向性能	commutation ability	
02.166	粘铜	copper picking	
02.167	滑动噪声	sliding noise	
02.168	短路换向器试验	short-circuit commutator test	
02.169	模拟试验	simulation test	
02.170	煅烧	calcination	
02.171	冷混合	cold mixing	
02.172	热混合	hot mixing	
02.173	辊压	rolling	
02.174	压制	pressing	
02.175	热压	hot pressing	
02.176	挤压	extrusion	
02.177	整形	coining	
02.178	焙烧	baking	
02.179	石墨化	graphitization	
02.180	煅烧炉	calciner	
02.181	焙烧炉	baking furnace	
02.182	烧结炉	sintering furnace	

序　码	汉　文　名	英　文　名	注　释
02.183	石墨化炉	graphitizing furnace	
02.184	浸渍罐	impregnation tank, impregnation autoclave	
02.185	切割机	cutting-off machine	
02.186	倒角机	edging machine	
02.187	填塞机	ramming machine	
02.188	半导体	semiconductor	
02.189	元素半导体	single-element semiconductor	
02.190	硅半导体	Si semiconductor	
02.191	锗半导体	Ge semiconductor	
02.192	化合物半导体	compound semiconductor	
02.193	砷化镓半导体	GaAs semiconductor	
02.194	离子半导体	ionic semiconductor	
02.195	本征半导体	intrinsic semiconductor, I-type semiconductor	又称"I型半导体"。
02.196	非本征半导体	extrinsic semiconductor	
02.197	N 型半导体	N-type semiconductor, electron semiconductor	又称"电子型半导体"。
02.198	P 型半导体	P-type semiconductor, hole semi-conductor	又称"空穴型半导体"。
02.199	补偿半导体	compensation semiconductor	
02.200	简并半导体	degenerate semiconductor	
02.201	非简并半导体	non-degenerate semiconductor	
02.202	有机半导体	organic semiconductor	
02.203	固溶体半导体	solid solution semiconductor	
02.204	镓砷磷半导体	$GaAs_{i-x}P_x$ semiconductor	
02.205	杂质	impurity	
02.206	传导电子	conduction electron	
02.207	空穴	hole	
02.208	空穴导电	hole conduction	
02.209	电子导电	electron conduction	
02.210	本征导电	intrinsic conduction	
02.211	离子导电	ionic conduction	
02.212	能带	energy band	
02.213	导带	conduction band	
02.214	价带	valence band	
02.215	能隙	energy gap	

序　码	汉　文　名	英　文　名	注　释
02.216	能级	energy level	
02.217	费米能级	Fermi level	
02.218	部分占有带	partially occupied band	
02.219	激发带	excitation band	
02.220	允带	permitted band	
02.221	禁带	forbidden band	
02.222	满带	filled band	
02.223	空带	empty band	
02.224	表面带	surface band	
02.225	局部能级	local [energy] level	
02.226	杂质能级	impurity [energy] level	
02.227	杂质带	impurity band	
02.228	施主	donor	
02.229	受主	acceptor	
02.230	施主能级	donor [energy] level	
02.231	受主能级	acceptor [energy] level	
02.232	表面能级	surface [energy] level	
02.233	施主电离能	ionizing energy of donor	
02.234	受主电离能	ionizing energy of acceptor	
02.235	理想晶体	ideal crystal	
02.236	晶格缺陷	imperfection of crystal lattice, lattice defect	
02.237	[陷]阱	trap	
02.238	多数载流子	majority carrier	
02.239	少数载流子	minority carrier	
02.240	过剩载流子	excess carrier, non-equilibrium carrier	又称"非平衡载流子"。
02.241	平衡载流子	equilibrium carrier	
02.242	扩散	diffusion	
02.243	晶格	lattice	
02.244	单晶	single crystal	
02.245	多晶	polycrystal	
02.246	非晶态半导体	amorphous semiconductor	
02.247	本征电导率	intrinsic conductivity	
02.248	N 型电导率	N-type conductivity	
02.249	P 型电导率	P-type conductivity	
02.250	电导率调制	conductivity modulation	

序 码	汉 文 名	英 文 名	注 释
02.251	表面复合速度	surface recombination velocity	
02.252	迁移率	mobility	
02.253	扩散长度	diffusion length	
02.254	扩散常数	diffusion constant	
02.255	载流子存储	charge carrier storage	
02.256	少[数载流]子寿命	minority carrier life time	

03. 绝 缘 材 料

序 码	汉 文 名	英 文 名	注 释
03.001	[电气]绝缘材料	[electrical] insulating material	
03.002	无机绝缘材料	inorganic insulating material	
03.003	有机绝缘材料	organic insulating material	
03.004	[电]介质	dielectric	
03.005	绝缘油	insulating oil	
03.006	矿物绝缘油	mineral insulating oil	
03.007	环烷基油	naphthenic oil	
03.008	石蜡基油	paraffinic oil	
03.009	聚烯烃液体	polyolefin liquid	
03.010	聚丁烯	polybutene	
03.011	烷基代芳香烃	alkyl aromatic hydrocarbon	
03.012	烷基苯	alkyl benzene	
03.013	烷基萘	alkyl naphthalene	
03.014	有机酯	organic ester	
03.015	新癸酸苄酯	benzyl neocaprate	
03.016	氯代联苯	askarel	
03.017	多氯联苯	polychlorinated biphenyl	
03.018	硅油	silicone oil	
03.019	氟油	fluorocarbon oil	
03.020	X 蜡	X-wax	
03.021	吸气液体	gas-absorbing liquid	
03.022	放气液体	gas-evolving liquid	
03.023	阻化油	inhibited oil	
03.024	非阻化油	uninhibited oil	
03.025	钝化油	passivated oil	

序 码	汉 文 名	英 文 名	注 释
03.026	电负性气体	electronegative gas	
03.027	六氟化硫	sulphur hexafluoride	
03.028	树脂	resin	
03.029	浸渍树脂	impregnating resin	
03.030	滴浸树脂	trickle resin	
03.031	沉浸树脂	dipping resin	
03.032	浇注树脂	casting resin	
03.033	清漆	varnish	
03.034	绝缘漆	insulating varnish	
03.035	浸渍漆	impregnating varnish	
03.036	有机硅浸渍漆	silicone impregnating varnish	
03.037	聚酰胺亚胺浸渍漆	polyamideimide impregnating varnish	
03.038	醇酸浸渍漆	alkyd impregnating varnish	
03.039	漆包线漆	wire enamel	
03.040	聚酯漆包线漆	polyester wire enamel	
03.041	聚氨酯漆包线漆	polyurethane wire enamel	
03.042	聚酯亚胺漆包线漆	polyesterimide wire enamel	
03.043	聚酰胺亚胺漆包线漆	polyamideimide wire enamel	
03.044	无溶剂可聚合树脂复合物	solventless polymerisable resinous compound	
03.045	包封胶	encapsulating compound	
03.046	埋封胶	embedding compound	
03.047	灌注胶	potting compound	
03.048	熔敷粉末	coating powder	
03.049	热固化漆	hot curing varnish	又称"烘干漆"。
03.050	室温固化漆	cold curing varnish	又称"气干漆"。
03.051	瓷漆	enamel	
03.052	有机硅瓷漆	silicone enamel	
03.053	胶黏漆	adhesive varnish	
03.054	叠片漆	lamination varnish	
03.055	半导电漆	semiconductive varnish	
03.056	纤维材料	fiber material	
03.057	玻璃纤维	glass fiber	
03.058	绝缘纸	insulating paper	

序 码	汉 文 名	英 文 名	注 释
03.059	浸渍纸	impregnated paper	
03.060	合成纤维纸	synthetic paper	
03.061	非织布	non-woven fabric	
03.062	电容器纸	kraft capacitor paper	
03.063	电解电容器纸	electrolytic capacitor paper	
03.064	硫化纤维纸	vulcanized fiber paper	
03.065	纸板	board	
03.066	压纸板	pressboard	
03.067	薄纸板	presspaper	
03.068	纤维板	fiber board	
03.069	浸漆织物	varnished fabric	
03.070	环氧玻璃漆布	epoxy resin-impregnated glass cloth	
03.071	预浸渍材料	pre-impregnated material	
03.072	无纬绑扎带	unidirectional binding tape	
03.073	单面上胶带	single-faced tape	
03.074	双面上胶带	double-faced tape	
03.075	聚四氟乙烯	polytetrafluoroethylene	
03.076	有机玻璃	polymethyl methacrylate plastics	又称"聚甲基丙烯酸甲酯"。
03.077	酚醛塑料	phenolic plastics	
03.078	脲醛模塑料	urea moulding material	
03.079	三聚氰胺玻璃纤维增强模塑料	glass fiber reinforced melamine moulding material	
03.080	三聚氰胺石棉塑料	asbestos-filled melamine plastics	
03.081	热固性塑料	thermoset plastics	
03.082	热塑性塑料	thermoplastics	
03.083	塑料片材	plastic sheet	
03.084	塑料片卷	plastic sheeting	
03.085	增强塑料	reinforced plastics	
03.086	软套管	sleeving	
03.087	塑料薄膜	plastic film	
03.088	聚酯薄膜	polyester film	
03.089	聚丙烯薄膜	polypropylene film	
03.090	聚酰亚胺薄膜	polyimide film	
03.091	聚四氟乙烯薄膜	polytetrafluoroethylene film	

序 码	汉 文 名	英 文 名	注 释
03.092	黏带	adhesive tape	
03.093	压敏黏带	pressure-sensitive adhesive tape	
03.094	[柔软]复合材料	composite [flexible] material	
03.095	层压制品	laminated product	
03.096	层压板	laminated sheet	
03.097	覆铜箔层压板	copper-clad laminate	
03.098	层压模制品	moulded laminated product	
03.099	层压管	laminated tube	
03.100	层压棒	laminated rod	
03.101	云母	mica	
03.102	合成云母	synthetic mica	
03.103	片云母	mica splitting	
03.104	粉云母纸	mica paper	
03.105	大鳞片粉云母纸	large flake mica paper	
03.106	黏合云母	built-up mica	
03.107	硬质云母板	flat micanite	
03.108	塑型云母板	heat formable micanite	
03.109	柔软云母材料	flexible mica material	
03.110	云母带	mica tape	
03.111	云母玻璃	glass-bonded mica	
03.112	弹性体	elastomer	
03.113	陶瓷绝缘材料	ceramic insulating material	
03.114	玻璃绝缘材料	glass insulating material	
03.115	玻璃陶瓷材料	glass-ceramic material	
03.116	胶黏剂	adhesive	
03.117	增塑剂	plasticizer	
03.118	稳定剂	stabilizer	
03.119	抗静电剂	antistatic agent	
03.120	增强材料	reinforcing material	
03.121	脱模剂	release agent	
03.122	阻燃剂	fire retardant	
03.123	介电性能	dielectric property	
03.124	[表]面电阻	surface resistance	
03.125	面电阻率	surface resistivity	
03.126	体电阻	volume resistance	
03.127	电化电流	electrification current	
03.128	去极化电流	depolarization current	

序码	汉文名	英文名	注释
03.129	去电化电流	de-electrification current	
03.130	相对复电容率	relative complex permittivity	
03.131	介质损耗	dielectric loss	
03.132	[介质]损耗指数	[dielectric] loss index	
03.133	介质损耗因数	dielectric dissipation factor, [dielectric] loss tangent	又称"[介质]损耗角正切"。
03.134	耐电弧性	arc resistance	
03.135	电解腐蚀	electrolytic corrosion	
03.136	[漏电]起痕	tracking	
03.137	电痕	track	
03.138	[漏电]起痕蚀损	tracking erosion	
03.139	起痕时间	time-to-tracking	
03.140	起痕指数	tracking index	
03.141	相比起痕指数	comparative tracking index	
03.142	介质强度	dielectric strength	又称"电气强度"。
03.143	击穿电压	puncture voltage, breakdown voltage	
03.144	闪点	flash point	
03.145	燃点	kindling point	
03.146	冷凝点	condensation point	
03.147	酸值	acid number	
03.148	皂化值	saponification value	
03.149	氧化稳定性	oxidation stability	
03.150	气体含量	gas content	
03.151	水解稳定性	hydrolytic stability	
03.152	黏度	viscosity	
03.153	动力黏度	dynamic viscosity	
03.154	运动黏度	kinematic viscosity	
03.155	表观密度	apparent density	
03.156	透气度	air permeability	
03.157	相容性	compatibility	
03.158	弹性压缩	elastic compression	
03.159	浸润度	wettability	
03.160	透水性	water penetration	
03.161	吸湿性	moisture absorption	
03.162	吸水性	water absorption	
03.163	吸油性	oil absorption	

序 码	汉 文 名	英 文 名	注 释
03.164	耐油性	oil resistance	
03.165	耐化学性	chemical resistance	
03.166	耐燃性	flame resistance	
03.167	自熄	self-extinguishing	
03.168	分层	delamination	
03.169	软化温度	softening temperature, softening point	又称"软化点"。
03.170	马丁温度	Martens temperature	曾称"马丁耐热（Martens thermal endurance）"。
03.171	极限工作温度	working temperature limit	
03.172	热变形温度	heat distortion temperature	
03.173	湿润张力	wetting tension	
03.174	硬挺度	stiffness	
03.175	收缩率	shrinkage	
03.176	表面粗糙度	surface roughness	
03.177	冲击强度	impact strength	
03.178	抗撕强度	tear strength	
03.179	屈服强度	yield strength	
03.180	线膨胀系数	coefficient of linear expansion	
03.181	断裂伸长率	elongation at break	
03.182	耐摺性	folding endurance	
03.183	耐热性	thermal endurance	
03.184	热寿命	thermal life	
03.185	热寿命图	thermal life graph	
03.186	耐热等级	thermal endurance class	
03.187	温度指数	temperature index	
03.188	相对温度指数	relative temperature index, RTI	
03.189	耐热概貌	thermal endurance profile	
03.190	耐放电击穿性	resistance to breakdown by discharge	
03.191	耐气候性	weatherability	
03.192	耐电离辐射性	ionized radiation resistance	
03.193	辐射照射剂量	exposure dose of radiation	
03.194	适用期	pot life, working life	又称"有效使用期"。
03.195	酸处理	acid treatment	
03.196	氢处理	hydrogen treatment	

序 码	汉 文 名	英 文 名	注 释
03.197	再处理	reconditioning	
03.198	再生	reclaiming	
03.199	固体吸附剂处理	solid adsorbent treatment	
03.200	真空处理	vacuum treatment	
03.201	固化	curing	
03.202	固化温度	curing temperature	
03.203	固化时间	curing time	
03.204	室温固化	cold curing	
03.205	热固化	hot curing	
03.206	胶化	gelling	
03.207	胶化时间	gel time	
03.208	层压	laminating	
03.209	卷绕	rolling	
03.210	塑料成形加工	plastic processing	
03.211	薄膜流延	film casting	
03.212	双向拉抻	biaxial stretching	
03.213	模塑	moulding	
03.214	注塑	injection moulding	
03.215	压延	calendering	
03.216	浸渍	impregnating	
03.217	滴浸	trickle impregnating	
03.218	浇铸	casting	
03.219	流延	casting	
03.220	涂敷	coating	
03.221	包封	encapsulating	
03.222	埋封	embedding	
03.223	灌注	potting	
03.224	粉末涂敷	powder coating	
03.225	流化床涂敷	fluidized bed coating	
03.226	预处理	preconditioning	
03.227	条件处理	conditioning	
03.228	[加速]老化试验	[accelerated] ageing test	
03.229	热老化试验	thermal ageing test	
03.230	机械老化试验	mechanical ageing test	
03.231	电老化试验	electrical ageing test	
03.232	热失重法	thermogravimetry	
03.233	差热分析	differential thermal analysis	

序　码	汉　文　名	英　文　名	注　　释
03.234	差示扫描量热法	differential scanning calorimetry	
03.235	热冲击试验	thermal shock test	又称"热震试验"。
03.236	动态力学试验	dynamic test	
03.237	试验模型	test model	
03.238	功能性评定	functional evaluation	
03.239	绝缘结构	insulation system	
03.240	运行条件	service conditions	
03.241	运行要求	service requirement	
03.242	运行能力	serviceability	
03.243	操作状态	mode of operation	

04．磁　性　材　料

序　码	汉　文　名	英　文　名	注　　释
04.001	磁性材料	magnetic material	
04.002	软磁材料	soft magnetic material	
04.003	永磁材料	permanent magnetic material, hard magnetic material	又称"硬磁材料"。
04.004	半永磁材料	semi-permanent magnetic material	
04.005	旋磁材料	gyromagnetic material	
04.006	超晶格磁性材料	super-lattice magnetic material	
04.007	脱溶硬化合金	precipitation hardened alloy	
04.008	粉末烧结磁性材料	powder sintered magnetic material	
04.009	磁致伸缩材料	magnetostrictive material	
04.010	磁滞材料	hysteresis material	
04.011	非晶态磁性合金	amorphous magnetic alloy	
04.012	硅钢片	silicon steel sheet	
04.013	磁性薄膜	magnetic thin-film	
04.014	铁磁液体	ferrofluid	
04.015	铁氧体	[magnetic] ferrite	
04.016	[磁]记录媒质	[magnetic] recording medium	
04.017	磁体	magnet	
04.018	永磁[体]	permanent magnet	
04.019	电磁体	electromagnet	
04.020	粉末黏结永磁	powder bonded magnet	

序　码	汉　文　名	英　文　名	注　释
	［体］		
04.021	稀土永磁［体］	rare earth permanent magnet	
04.022	磁有序结构	magnetic ordering structure	
04.023	［磁］畴结构	[magnetic] domain structure	
04.024	畴壁	domain wall	
04.025	布洛赫壁	Bloch wall	
04.026	奈尔壁	Néel wall	
04.027	畴壁钉扎	domain wall pinning	
04.028	反磁化核	nuclei of reversed domain	
04.029	磁畴热激活	thermal activation of magnetic do-main	
04.030	单畴颗粒	single-domain particle	
04.031	磁泡	magnetic bubble	
04.032	泡畴记忆	bubble domain memory	
04.033	磁晶各向异性等效场	effective field of magnetocrys-talline anisotropy	
04.034	磁弛豫	magnetic relaxation	
04.035	磁谱	magnetic spectrum	
04.036	磁［性］相变	magnetic phase transition	
04.037	场致相变	field induced phase transition	
04.038	热磁处理	thermomagnetic treatment	
04.039	磁退火	magnetic anneal	
04.040	磁稳定性	magnetic stability	
04.041	磁老化	magnetic ageing	
04.042	定向结晶	oriented crystallization	
04.043	自发磁化	spontaneous magnetization	
04.044	技术磁化	technical magnetization	
04.045	磁正常状态化	magnetic conditioning	
04.046	可逆磁化	reversible magnetizing	
04.047	不可逆磁化	irreversible magnetizing	
04.048	磁化过程	magnetization process	
04.049	反磁化过程	reverse magnetization process	
04.050	巴克豪森跳变	Barkhausen jump, Barkhausen effect	又称"巴克豪森效应"。
04.051	动态磁化	dynamic magnetization	
04.052	磁化时间效应	time effect of magnetization	
04.053	磁滞性时间效应	time effect of magnetic hysteresis	

序　码	汉　文　名	英　文　名	注　　释
04.054	涡流性时间效应	time effect of eddy current	
04.055	旋磁效应	gyromagnetic effect	
04.056	压磁效应	piezomagnetic effect	
04.057	磁后效	magnetic after-effect	
04.058	内禀磁性	intrinsic magnetic properties	
04.059	结构敏感磁性	structure-sensitive magnetic properties	
04.060	抗磁性	diamagnetism	
04.061	顺磁性	paramagnetism	
04.062	铁磁性	ferromagnetism	
04.063	反铁磁性	antiferromagnetism	
04.064	亚铁磁性	ferrimagnetism	
04.065	变磁性	metamagnetism	
04.066	螺磁性	helimagnetism	
04.067	超顺磁性	superparamagnetism	
04.068	比磁滞损耗	specific hysteresis losses	
04.069	居里点	Curie point, Curie temperature	又称"居里温度"。
04.070	奈尔点	Néel point, Néel temperature	又称"奈尔温度"。
04.071	[外斯]磁畴	[Weiss] domain	
04.072	磁化特性	characteristic of magnetization	
04.073	磁饱和	magnetic saturation	
04.074	剩余磁感应强度	remanent magnetic induction	
04.075	剩余磁极化强度	remanent magnetic polarization	
04.076	剩余磁化强度	remanent magnetization	
04.077	顽磁	magnetic remanence	
04.078	退磁曲线	demagnetization curve	
04.079	退磁	demagnetization	
04.080	饱和曲线	saturation curve	
04.081	中性化	neutralization	
04.082	自退磁磁场强度	self-demagnetization field strength	
04.083	退磁因数	demagnetization factor	
04.084	磁致伸缩	magnetostriction	
04.085	磁阻率	reluctivity	
04.086	磁各向异性	magnetic anisotropy	
04.087	磁各向同性	magnetic isotropy	
04.088	涡流损耗	eddy-current loss	
04.089	磁滞损耗	hysteresis loss	

序　码	汉　文　名	英　文　名	注　释
04.090	剩余损耗	residual loss	
04.091	旋磁谐振损耗	gyromagnetic resonance loss	
04.092	瑞利区	Rayleigh region	
04.093	磁滞常数	hysteresis constant	
04.094	比磁化强度	specific magnetization	
04.095	张量磁化率	tensor susceptibility	

05. 电线、电缆及光缆

序　码	汉　文　名	英　文　名	注　释
05.001	电线	electric wire	
05.002	裸电线	bare wire	
05.003	裸导体	bare conductor	
05.004	单线	single-conductor wire	
05.005	绞合导体	stranded conductor	
05.006	架空绞线	overhead stranded conductor	
05.007	铝绞线	aluminium stranded conductor	
05.008	铝合金绞线	aluminium alloy stranded conductor	
05.009	钢芯铝绞线	steel reinforced aluminium conductor	
05.010	铝包钢线	aluminium-clad steel wire	
05.011	自阻尼导线	self-damping conductor	
05.012	扩径导线	expanded conductor	
05.013	绕组线	winding wire, magnet wire	又称"电磁线"。
05.014	绕包线	lapped wire	
05.015	漆包线	enamelled wire	
05.016	纱包线	cotton covered wire	
05.017	丝包线	silk covered wire	
05.018	玻璃丝包线	glass fiber covered wire	
05.019	点火电线	ignition wire	
05.020	航空电线	aircraft wire	
05.021	电缆	electric cable	
05.022	绝缘电缆	insulated cable	
05.023	单导体电缆	single-conductor cable, single-core cable	又称"单芯电缆"。

序　码	汉　文　名	英　文　名	注　释
05.024	多导体电缆	multiconductor cable	
05.025	双芯电缆	twin cable	
05.026	多芯电缆	multi-core cable	
05.027	扁[多芯]电缆	flat [multicore] cable	
05.028	电力电缆	power cable	
05.029	不滴流电缆	non-draining cable	
05.030	总接地屏蔽电缆	collectively shielded cable	
05.031	同心中性线电缆	concentric neutral cable	
05.032	分芯同心电缆	split concentric cable	
05.033	带绝缘电缆	belted cable	
05.034	纸绝缘电缆	paper insulated cable	
05.035	铅包电缆	lead covered cable	
05.036	屏蔽电缆	shielded type cable	
05.037	分相屏蔽电缆	individually screened cable, radial field cable	
05.038	分相铅护套电缆	separately lead-sheathed cable, SL cable	
05.039	铠装电缆	armoured cable	
05.040	软电缆	flexible cable	
05.041	软线	cord	
05.042	压力型电缆	pressure cable	
05.043	自容式压力型电缆	self-contained pressure cable	
05.044	管式电缆	pipe-type cable	
05.045	充油电缆	oil-filled cable	
05.046	管式充油电缆	oil-filled pipe-type cable	
05.047	充气电缆	internal gas pressure cable	
05.048	压气电缆	external gas pressure cable	
05.049	地下电缆	underground cable	
05.050	架空电缆	aerial [insulated] cable	
05.051	集束架空电缆	bundle assembled aerial cable	
05.052	矿用电缆	mining cable	
05.053	船用电缆	shipboard cable	
05.054	探测电缆	exploration cable	
05.055	控制电缆	control cable	
05.056	信号电缆	signal cable	
05.057	海底电缆	submarine cable	

序　码	汉　文　名	英　文　名	注　释
05.058	通信电缆	telecommunication cable, communication cable	
05.059	耐火电缆	fire-resistant cable	
05.060	层式电缆	layered cable	
05.061	单位式电缆	unit type cable	
05.062	对称电缆	symmetrical cable	
05.063	同轴电缆	coaxial cable	
05.064	射频电缆	radio-frequency cable	
05.065	综合通信电缆	composite communication cable	
05.066	导线	conductor	
05.067	单一导线	plain conductor	
05.068	金属镀层导线	metal-coated conductor	
05.069	镀锡导线	tinned conductor	
05.070	金属包层导线	metal-clad conductor	
05.071	实心导线	solid conductor	
05.072	绞[合导]线	stranded conductor, stranded wire	
05.073	圆导线	round conductor, circular conductor	
05.074	同心绞合圆导线	concentrically stranded circular conductor	
05.075	束合导线	bunched conductor	
05.076	复绞导线	multiple stranded conductor	
05.077	软导线	flexible conductor	
05.078	异形导线	shaped conductor	
05.079	扇形导线	sector-shaped conductor	
05.080	紧压导线	compacted conductor	
05.081	分割导线	Milliken conductor	又称"米利肯导线"。
05.082	空心导线	hollow conductor	
05.083	同心导线	concentric conductor	
05.084	铜皮线	tinsel conductor	
05.085	线芯	core	
05.086	主线芯	master core	
05.087	辅助线芯	auxiliary core	
05.088	对线组	twin	
05.089	星形四线组	star quad	
05.090	复对四线组	multiple twin quad	
05.091	对称线对	symmetrical twin	

序　码	汉　文　名	英　文　名	注　释
05.092	同轴对	coaxial twin	
05.093	绝缘层	insulation	
05.094	导体绝缘	conductor insulation	
05.095	绕包绝缘	lapped insulation	
05.096	浸渍纸绝缘	impregnated paper insulation	
05.097	预浸渍纸绝缘	pre-impregnated paper insulation	
05.098	整体浸渍纸绝缘	mass-impregnated paper insulation	
05.099	整体浸渍不滴流绝缘	mass-impregnated non-draining insulation	
05.100	挤包绝缘	extruded insulation	
05.101	纤维绝缘	fiber insulation	
05.102	空气纸绝缘	air-spaced paper insulation	
05.103	橡皮绝缘	rubber insulation	
05.104	塑料绝缘	plastic insulation	
05.105	空气塑料绝缘	air-spaced plastic insulation	
05.106	泡沫塑料绝缘	cellular plastic insulation	
05.107	漆包绝缘	enamel insulation	
05.108	氧化膜绝缘	anodized insulation	
05.109	矿物绝缘	mineral insulation	
05.110	导体屏蔽	conductor screen	
05.111	绝缘屏蔽层	insulation screen, core screen	又称"线芯屏蔽"。
05.112	接地屏蔽	shield	
05.113	填充物	filler	
05.114	隔离层	separator	
05.115	内衬层	inner covering	
05.116	护套	sheath, jacket	
05.117	外护套	oversheath	
05.118	金属护套	metallic sheath	
05.119	皱纹金属护套	corrugated metallic sheath	
05.120	非金属护套	non-metallic sheath	
05.121	组合护套	composite sheath	
05.122	加强层	reinforcement	
05.123	铠装层	armour	
05.124	螺旋扎紧带	spiral binder tape	
05.125	垫层	bedding	
05.126	外被层	serving	
05.127	编织层	braid	

序　码	汉　文　名	英　文　名	注　释
05.128	滑线	skid wire	
05.129	电缆附件	electric cable accessories	
05.130	密封电缆头	sealing end pothead	曾称"终端头"。
05.131	终端盒	terminal box	
05.132	分支盒	splitter box, dividing box	
05.133	三芯分支盒	trifurcating box, trifurcator	
05.134	插塞式终端	plug-in termination	
05.135	压力型终端	pressure type termination	
05.136	电缆接头	cable joint	
05.137	直通接头	straight-joint	
05.138	分支接头	branch joint	
05.139	三芯分支接头	trifurcating joint	
05.140	塞止接头	stop joint	
05.141	过渡接头	transition joint	
05.142	分段接头	sectionalizing joint	又称"绝缘接头"。
05.143	屏蔽接头	shielded joint	
05.144	T 型接头	tee joint	
05.145	Y 型接头	breeches joint, Y joint	
05.146	接地屏蔽导体	shielding conductor	
05.147	分配箱	distributor box	
05.148	密封箱	stuffing box	
05.149	压力箱	pressure tank, pressure reservoir	
05.150	补偿器	compensator	
05.151	电缆连接器	cable connector	
05.152	电缆耦合器	cable coupler	
05.153	三叶形敷设	trifoil formation	又称"三角形敷设"。
05.154	平面敷设	flat formation	
05.155	电缆互连	cable bond	
05.156	单元段	elementary section	
05.157	紧固互连	solid bond	
05.158	单点互连	single-point bonding	
05.159	交叉互连	cross-bonding	
05.160	分段交叉互连	sectionalized cross-bonding	
05.161	均匀大段	uniform major section	
05.162	连续交叉互连	continuous cross-bonding	
05.163	埋入深度	burial depth	
05.164	弯曲比	bend ratio	

序 码	汉 文 名	英 文 名	注 释
05.165	深度控制	depth control	
05.166	接地屏蔽持续电压	shield standing voltage	
05.167	电缆敷设机	cable plow	
05.168	敷设机犁片	plow blade	
05.169	连接箱	link box	
05.170	接地屏蔽层互连引线	shield bonding lead	
05.171	输送管	feed tube	
05.172	接地导管	grounded conduit	
05.173	电缆管道	cable duct	
05.174	管道组	duct bank	
05.175	电缆沟	troughing	
05.176	百分数电导率	percent conductivity	
05.177	电压－寿命特性	voltage-life characteristic	
05.178	起始放电电压	incipient discharge voltage	
05.179	载流量	ampacity, current-carrying capacity	
05.180	传输参数	transmission parameter	
05.181	一次传输参数	primary transmission parameter	
05.182	二次传输参数	secondary transmission parameter	
05.183	衰减常数	attenuation constant	
05.184	相移常数	phase-shift constant	
05.185	特性阻抗	characteristic impedance	
05.186	固有衰减	natural attenuation	
05.187	近端串音	near-end crosstalk	
05.188	远端串音	far-end crosstalk	
05.189	串音防卫度	crosstalk ratio	
05.190	电容耦合	capacitive coupling	
05.191	对地电容不平衡	capacitive unbalance to earth	
05.192	阻抗不均匀性	impedance irregularity	
05.193	绞[合节]距	length of lay	
05.194	绞[合方]向	direction of lay	
05.195	节径比	lay ratio	
05.196	绞合常数	stranding constant	
05.197	绞合角	stranding angle	
05.198	绕包角	lapping angle	
05.199	编织角	braiding angle	

序　码	汉　文　名	英　文　名	注　释
05.200	占积率	fill-in ratio	又称"填充因数"。
05.201	绕包节距	lay of lapping	
05.202	编织节距	lay of braiding	
05.203	编织覆盖率	percentage of braiding coverage	
05.204	退火	annealing	
05.205	镀锡	tinning	
05.206	绞合	stranding	
05.207	束合	bunching	
05.208	漆包	enamelling	
05.209	绕包	lapping	
05.210	重叠绕包	overlapping	
05.211	间隙绕包	open lapping	
05.212	对绞	twinning	
05.213	星绞	quadding	
05.214	成缆	cabling	
05.215	挤塑	[plastic] extruding	
05.216	挤橡	rubber extruding	
05.217	交联	cross-linking	
05.218	硫化	vulcanization	
05.219	纵包	longitudinal covering	
05.220	编织	braiding	
05.221	压铅	lead extrusion	
05.222	压铝	aluminium extrusion	
05.223	装铠	armouring	
05.224	型线轧拉机	wire flattening and profiling machine	
05.225	多模拉线机	multi-die wire drawing machine	
05.226	多线拉线机	multi-wire drawing machine	
05.227	拉线退火机组	continuous drawing and annealing machine	
05.228	拉线挤塑机组	continuous drawing and extruding machine	
05.229	拉线漆包机组	continuous drawing and enamelling machine	
05.230	成缆机	cabler	
05.231	挤塑机	plastic extruding machine	
05.232	挤橡机	rubber extruding machine	

序　码	汉　文　名	英　文　名	注　释
05.233	硫化罐	vulcanizer	
05.234	束线机	bunching machine, buncher	
05.235	绞线机	stranding machine	
05.236	双绞机	twinning machine	
05.237	星绞机	star quadding machine	
05.238	连续交联机组	continuous cross-linking line	
05.239	连续硫化机组	continuous vulcanizing line	
05.240	压铅机	lead press	
05.241	压铝机	aluminium press	
05.242	装铠机	armouring machine	
05.243	镀锡机	tinning machine	
05.244	漆包机	enamelling machine	
05.245	纸包机	paper lapping machine	
05.246	编织机	braiding machine	
05.247	连续退火装置	continuous annealer	
05.248	电缆填充装置	cable filling applicator	
05.249	纤维光学	fiberoptics	
05.250	光导体	optical conductor	
05.251	光纤	optical fiber	
05.252	光纤束	fiber bundle	
05.253	光缆	optical [fiber] cable	
05.254	光缆捆束	fiber harness	
05.255	光通道	optical channel	
05.256	光纤传输系统	fiber-optic transmission system, FOTS	
05.257	光纤耦合	optical fiber coupling	
05.258	光纤色散	optical fiber dispersion	
05.259	光纤吸收	optical fiber absorption	
05.260	光纤散射	optical fiber scattering	
05.261	光纤衰减	optical fiber attenuation	
05.262	单模光纤	monomode fiber	
05.263	多模光纤	multimode fiber	
05.264	突变折射率光纤	step index fiber	
05.265	渐变折射率光纤	gradient-index fiber, graded index fiber	
05.266	单偏振态光纤	single-polarization fiber	
05.267	一次被覆光纤	primary coating fiber	

序 码	汉 文 名	英 文 名	注 释
05.268	二次被覆光纤	secondary coating fiber	
05.269	自聚焦光纤	self-focusing fiber	
05.270	裸光纤	bare fiber	
05.271	石英光纤	silicon fiber	
05.272	塑料光纤	plastic fiber	
05.273	拉制玻璃光纤	drawn glass fiber	
05.274	激活光纤	active fiber	
05.275	补偿光纤	compensated fiber	
05.276	包层光纤	cladded fiber	
05.277	紧套光纤	tight tube fiber	
05.278	松套光纤	loose tube fiber	
05.279	低损耗光纤	low-loss fiber	
05.280	高损耗光纤	high-loss fiber	
05.281	对称光纤	symmetrical fiber	
05.282	相干光纤束	coherent fiber bundle, aligned fiber bundle	又称"定位光纤束"。
05.283	非相干光纤束	incoherent fiber bundle, unaligned fiber bundle	又称"不定位光纤束"。
05.284	单芯光缆	single-fiber cable, monofiber cable	
05.285	多芯光缆	multi-fiber cable	
05.286	管道光缆	duct fiber cable	
05.287	直埋光缆	direct burial fiber cable	
05.288	架空光缆	aerial fiber cable	
05.289	海底光缆	submarine fiber cable	
05.290	多通道光缆	multi-channel fiber cable	
05.291	综合光缆	composite fiber cable	
05.292	光纤软线	optical fiber cord	
05.293	单束光缆	single-bundle fiber cable	
05.294	多束光缆	multi-bundle fiber cable	
05.295	分支光缆	branched optical cable	
05.296	光缆组件	fiber cable assembly	
05.297	光缆捆束组件	fiber harness assembly	
05.298	纤芯	fiber core	
05.299	[光纤]包层	[fiber] cladding	
05.300	一次被覆层	primary coating	
05.301	二次被覆层	secondary coating	
05.302	光纤缓冲层	fiber buffer	

序 码	汉 文 名	英 文 名	注 释
05.303	光纤束护套	fiber bundle jacket	
05.304	光缆护套	fiber cable jacket	
05.305	光缆主干	fiber cable run	
05.306	光缆捆束主干	fiber harness run	
05.307	光缆分支	fiber cable branch	
05.308	光缆捆束分支	fiber harness branch	
05.309	光缆接头	fiber cable joint	
05.310	光纤耦合器	fiber coupler	
05.311	光纤连接器	optical fiber connector	
05.312	光纤集中器	optical fiber concentrator	
05.313	光纤转接器	optical fiber adaptor	
05.314	光纤接头	optical fiber splice	
05.315	折射率分布	refraction index profile	
05.316	突变折射率分布	step index profile	
05.317	渐变折射率分布	gradient-index profile, graded index profile	
05.318	抛物线型分布	parabolic profile	
05.319	数值孔径	numerical aperture, NA	
05.320	理论数值孔径	theoretical numerical aperture	
05.321	有效数值孔径	effective numerical aperture	
05.322	稳态数值孔径	equilibrium numerical aperture	
05.323	有效纤芯直径	effective core diameter	
05.324	冲击响应	impulse response	
05.325	边缘响应	edge response	
05.326	内反射	internal reflection	
05.327	临界角	critical angle, total internal reflection angle	又称"全内反射角"。
05.328	光纤应变	fiber strain	
05.329	基带频率响应	baseband response	
05.330	衰减光谱特性	attenuation spectral dependency	
05.331	截止波长	cut-off wavelength	
05.332	工作波长	operation wavelength	
05.333	光纤基准面	fiber reference surface	
05.334	同心度误差	concentricity error	
05.335	纤芯不圆度	fiber core non-circularity	
05.336	包层不圆度	cladding non-circularity	
05.337	光纤耦合功率	fiber coupled power	

序　码	汉　文　名	英　文　名	注　　释
05.338	光纤束传递函数	fiber bundle transfer function	
05.339	光纤串扰	fiber crosstalk	
05.340	光纤尺寸稳定性	fiber dimensional stability	

06. 绝 缘 子

序　码	汉　文　名	英　文　名	注　　释
06.001	绝缘子	insulator	
06.002	[绝缘]套管	[insulating] bushing	
06.003	户外－户内套管	outdoor-indoor bushing	
06.004	户内浸入式套管	indoor-immersed bushing	
06.005	户外浸入式套管	outdoor-immersed bushing	
06.006	完全浸入式套管	completely immersed bushing	
06.007	刚性绝缘子	rigid insulator	
06.008	线路柱式绝缘子	line-post insulator	
06.009	拉紧绝缘子	strain insulator	
06.010	支柱绝缘子	post insulator	
06.011	针式支柱绝缘子	pedestal post insulator	
06.012	圆柱形支柱绝缘子	cylindrical post insulator	
06.013	穿通[式]套管	throughway bushing	
06.014	横担绝缘子	cross-arm insulator	
06.015	棒形支柱绝缘子	solid-core post insulator	
06.016	拉杆绝缘子	link insulator	
06.017	支柱绝缘子叠柱	post insulator stack	
06.018	实心绝缘子	solid-core insulator	
06.019	多元件绝缘子	multi-element insulator	
06.020	耐污绝缘子	anti-pollution insulator	
06.021	稳定化绝缘子	stabilized insulator	
06.022	空心绝缘子	hollow insulator, insulating envelope	又称"绝缘套"。
06.023	瓷绝缘子	porcelain insulator	
06.024	玻璃绝缘子	glass insulator	
06.025	复合绝缘子	composite insulator	
06.026	电容[式]套管	capacitance graded bushing, capacitor bushing	

序　码	汉　文　名	英　文　名	注　释
06.027	穿缆[式]套管	draw lead bushing	
06.028	盘形悬式绝缘子	cap and pin insulator	
06.029	长棒形绝缘子	long rod insulator	
06.030	绝缘子串单元	stringinsulator unit	
06.031	绝缘子串	insulator string	
06.032	绝缘子组	insulator set	
06.033	针式绝缘子	pin insulator	
06.034	蝶式绝缘子	shackle insulator	
06.035	叠锥体绝缘子	multiple cone insulator	
06.036	瓷套管	porcelain bushing	
06.037	玻璃套管	glass bushing	
06.038	无机材料套管	inorganic material bushing	
06.039	浇铸树脂套管	cast-resin bushing	
06.040	油浸纸套管	oil-impregnated paper bushing	
06.041	胶[黏]纸套管	resin-bonded paper bushing	
06.042	胶浸纸套管	resin-impregnated paper bushing	
06.043	液体绝缘套管	liquid insulated bushing	
06.044	气体绝缘套管	gas insulated bushing	
06.045	充液套管	liquid-filled bushing	
06.046	充气套管	gas-filled bushing	
06.047	复合套管	composite bushing	
06.048	内胶装绝缘子	insulator with internal fittings	
06.049	外胶装绝缘子	insulator with external fittings	
06.050	联合胶装绝缘子	insulator with internal and external fittings	
06.051	线轴式绝缘子	spool insulator	
06.052	鼓形绝缘子	knob insulator	
06.053	瓷夹板	porcelain cleat	
06.054	瓷管	porcelain tube	
06.055	可互换套管	interchangeable bushing	
06.056	充油套管	oil-filled bushing	
06.057	悬式绝缘子	suspension insulator	
06.058	拉线绝缘子	guy insulator	
06.059	杆体	core	
06.060	裙	shed	又称"伞"。
06.061	球窝连接	ball and socket coupling	
06.062	槽型连接	clevis and tongue coupling	

序　码	汉　文　名	英　文　名	注　释
06.063	脚球	pin ball	
06.064	帽窝	socket	
06.065	扁脚	tongue	
06.066	帽槽	clevis	
06.067	污[秽]层	pollution layer	
06.068	套管电压分接	bushing potential tap	
06.069	套管试验分接	bushing test tap	
06.070	引弧环	arcing ring	
06.071	均压罩	grading shield	
06.072	消弧角	arcing horn	
06.073	保护爬电距离	protected creepage distance	
06.074	结构高度	spacing	
06.075	弯曲度	camber	
06.076	弯曲负荷下的偏移	deflection under bending load	
06.077	污[秽]层电导	pollution layer conductance	
06.078	形状因数	form factor	
06.079	污[秽]层电导率	pollution layer conductivity	
06.080	等值附盐量	equivalent salt deposit	
06.081	等值附盐密度	equivalent salt deposit density	
06.082	盐度	salinity	
06.083	污闪	pollution flashover	
06.084	机械破坏负荷	mechanical failure load	
06.085	机电破坏负荷	electromechanical failure load	
06.086	电弧距离	arcing distance, dry arcing distance	又称"干弧距离"。
06.087	临界冲击闪络电压	critical impulse flashover voltage	
06.088	冲击闪络电压	impulse flashover voltage	
06.089	机械冲击强度	mechanical impact strength	
06.090	时间－负荷耐受强度	time-load withstand strength	
06.091	机－电联合强度	combined mechanical and electrical strength	
06.092	冲击闪络电压－时间特性	impulse flashover voltage-time characteristic	
06.093	冲击闪络时间	time to impulse flashover	

序　码	汉　文　名	英　文　名	注　释
06.094	釉	glaze	
06.095	[半]导电釉	semiconducting glaze	
06.096	钢化玻璃	toughened glass	
06.097	退火玻璃	annealed glass	
06.098	缓冲层	resilient coating	
06.099	胶装	cementing	
06.100	卡装	clamping	
06.101	金属－陶瓷密封焊接	ceramic-to-metal sealing	
06.102	黏接	adhesion	
06.103	火花试验	sparking test	
06.104	套管热稳定试验	thermal stability test for bushing	
06.105	一小时机电试验	one-hour electromechanical test	
06.106	温度循环试验	temperature cycle test	
06.107	热机[械性能]试验	thermal-mechanical performance test	
06.108	蜂音检验棒	buzz stick	

07. 电　机

序　码	汉　文　名	英　文　名	注　释
07.001	电机	electric machine	
07.002	旋转电机	electric rotating machine	
07.003	同极电机	homopolar machine	
07.004	异极电机	heteropolar machine	
07.005	单极电机	acyclic machine	
07.006	交流电机	alternating current machine	
07.007	交流换向器电机	AC commutator machine	
07.008	凸极电机	salient pole machine	
07.009	隐极电机	non-salient pole machine	
07.010	圆柱形转子电机	cylindrical rotor machine	
07.011	锥形转子电机	conical rotor machine	
07.012	发电机	generator	
07.013	交流发电机	alternating current generator	
07.014	恒压发电机	constant-voltage generator	
07.015	永磁发电机	permanent magnet generator	

序　码	汉　文　名	英　文　名	注　释
07.016	恒流发电机	constant-current generator	
07.017	励磁机	exciter	
07.018	主励磁机	main exciter	
07.019	副励磁机	pilot exciter	
07.020	无刷励磁机	brushless exciter	
07.021	电动机	motor	
07.022	交流电动机	alternating current motor	
07.023	交流换向器电动机	AC commutator motor	
07.024	多相换向器电动机	Schrage motor	又称"施拉革电动机"。
07.025	通用电动机	general purpose motor	
07.026	专用电动机	definite purpose motor	
07.027	特殊用途电动机	special purpose motor	
07.028	恒速电动机	constant-speed motor	
07.029	变速电动机	varying speed motor	
07.030	多速电动机	multi-speed motor	
07.031	多级恒速电动机	multi-constant speed motor	
07.032	多级变速电动机	multi-varying speed motor	
07.033	调速电动机	adjustable-speed motor	
07.034	可调恒速电动机	adjustable constant speed motor	
07.035	可调变速电动机	adjustable varying speed motor	
07.036	起动电动机	starting motor	
07.037	直线电动机	linear motor	
07.038	电动发电机组	motor-generator set	
07.039	热力发电机组	thermal generating set	
07.040	汽轮发电机组	turbo-generator set	
07.041	内燃机发电机组	internal combustion set	
07.042	燃气轮发电机组	gas turbine set	
07.043	水轮发电机组	hydroelectric set	
07.044	同步电机	synchronous machine	
07.045	感应子电机	inductor machine	
07.046	同步发电机	synchronous generator	
07.047	汽轮发电机	turbo-generator, turbine-type generator	
07.048	水轮发电机	hydraulic generator	
07.049	双绕组同步发电	double-wound synchronous genera-	

序　码	汉　文　名	英　文　名	注　释
	机	tor	
07.050	感应子发电机	inductor generator	
07.051	同步电动机	synchronous motor	
07.052	实心磁极同步电动机	solid-pole synchronous motor	
07.053	笼型同步电动机	cage synchronous motor	
07.054	同步感应电动机	synchronous induction motor	
07.055	凸极同步感应电动机	salient pole synchronous induction motor	
07.056	感应子同步电动机	inductor type synchronous motor	
07.057	永磁同步电动机	permanent magnet synchronous motor	
07.058	磁阻电动机	reluctance motor	
07.059	亚同步磁阻电动机	subsynchronous reluctance motor	
07.060	磁滞电动机	hysteresis motor	
07.061	异步电机	asynchronous machine	
07.062	双馈异步电机	double-fed asynchronous machine	
07.063	感应电机	induction machine	
07.064	异步发电机	asynchronous generator	
07.065	感应发电机	induction generator	
07.066	异步电动机	asynchronous motor	
07.067	感应电动机	induction motor	
07.068	笼型感应电动机	cage induction motor, squirrel-cage induction motor	
07.069	绕线转子感应电动机	wound-rotor induction motor	
07.070	推斥电动机	repulsion motor	
07.071	双套电刷推斥电动机	Deri motor	又称"德里电动机"。
07.072	补偿式推斥电动机	compensated repulsion motor	
07.073	推斥起动感应电动机	repulsion start induction motor	
07.074	推斥感应电动机	repulsion induction motor	
07.075	直流电机	direct current machine	

序　码	汉 文 名	英 文 名	注　释
07.076	直流换向器电机	DC commutator machine	
07.077	直流发电机	DC generator	
07.078	直流电动机	DC motor	
07.079	直流电动发电机	dynamotor	
07.080	他励直流电机	separately excited DC machine	
07.081	自励直流电机	self-excited DC machine	
07.082	混励直流电机	compositely excited DC machine	
07.083	并励直流电机	shunt DC machine	
07.084	串励直流电机	series DC machine	
07.085	复励直流电机	compound DC machine	
07.086	积复励直流电机	cumulative compounded DC machine	
07.087	差复励直流电机	differential compounded DC machine	
07.088	过复励直流电机	over-compounded DC machine	
07.089	平复励直流电机	flat compounded DC machine	
07.090	欠复励直流电机	under-compounded DC machine	
07.091	稳并励直流电机	stabilized shunt DC machine	
07.092	无刷直流电动机	brushless DC motor	
07.093	牵引电动机	traction motor	
07.094	双电枢电动机	double-armature motor	
07.095	三电枢电动机	triple-armature motor	
07.096	双换向器电动机	double-commutator motor	
07.097	双电枢共轴电动机	tandem motor	
07.098	电动测功机	electrical dynamometer	
07.099	升压机	booster	
07.100	直流均压机	direct current balancer	
07.101	同步调相机	synchronous condenser, synchronous compensator	又称"同步补偿机"。
07.102	进相机	phase advancer	
07.103	旋转变流机	rotary convertor	
07.104	电动变流机	motor convertor	
07.105	变频机	frequency convertor	
07.106	换向器式变频机	commutator type frequency convertor	
07.107	变频机组	frequency changer set	

序　码	汉　文　名	英　文　名	注　释
07.108	感应变频机	induction frequency convertor	
07.109	感应子变频机	inductor frequency convertor	
07.110	变相机	phase convertor	
07.111	感应耦合器	induction coupling	
07.112	同步耦合器	synchronous coupling	
07.113	磁滞耦合器	hysteresis coupling	
07.114	磁摩擦离合器	magnetic friction clutch	
07.115	磁性粉末耦合器	magnetic particle coupling	
07.116	控制电机	electric machine for automatic control system	
07.117	控制微电机	electric micro-machine for automatic control system	
07.118	自整角机	synchro, selsyn	
07.119	力矩式自整角机	torque synchro	
07.120	控制式自整角机	control synchro	
07.121	无刷自整角机	brushless synchro	
07.122	自整角发送机	synchro transmitter	
07.123	自整角接收机	synchro receiver	
07.124	自整角变压器	synchro transformer	
07.125	差动自整角发送机	synchro differential transmitter	
07.126	差动自整角接收机	synchro differential receiver	
07.127	旋转变压器	[electric] resolver	
07.128	正余弦旋转变压器	sine-cosine resolver	
07.129	线性旋转变压器	linear resolver	
07.130	比例式旋转变压器	proportional resolver	
07.131	特殊函数旋转变压器	special function resolver	
07.132	无刷旋转变压器	brushless resolver	
07.133	传输解算器	transolver	
07.134	感应移相器	induction phase shifter	
07.135	无刷感应移相器	brushless induction phase shifter	
07.136	感应同步器	inductosyn	
07.137	旋转式感应同步	rotary inductosyn	

序　码	汉　文　名	英　文　名	注　释
	器		
07.138	直线式感应同步器	linear inductosyn	
07.139	测速发电机	tachogenerator	
07.140	直流测速发电机	direct current tachogenerator	
07.141	无刷直流测速发电机	brushless DC tachogenerator	
07.142	交流测速发电机	alternating current tachogenerator	
07.143	脉冲测速发电机	pulse tachogenerator	
07.144	伺服电[动]机	servomotor	
07.145	杯型电枢直流伺服电机	moving-coil DC servomotor	
07.146	无槽电枢直流伺服电机	slotless-armature DC servomotor	
07.147	宽调速直流伺服电机	wide adjustable speed DC servomotor	
07.148	印刷绕组直流伺服电机	printed-armature DC servomotor	
07.149	两相伺服电机	two-phase servomotor	
07.150	惯性阻尼伺服电机	inertial damping servomotor	
07.151	无刷直流伺服电机	brushless DC servomotor	
07.152	步进电[动]机	stepping motor	
07.153	磁阻式步进电机	variable reluctance stepping motor	
07.154	平面步进电机	two-axis stepping motor	
07.155	直线步进电机	linear stepping motor	
07.156	控制励磁机	control exciter	
07.157	电机扩大机	rotary amplifier	
07.158	沃德－伦纳德发电机组	Ward-Leonard generator set	又称"电动机－直流发电机组"。
07.159	伊尔格纳发电机组	Ilgner generator set	
07.160	舍比乌斯电机	Scherbius machine	
07.161	磁滞同步电动机	hysteresis synchronous motor	
07.162	外转子式磁滞同步电动机	external rotor hysteresis synchronous motor	

序　码	汉　文　名	英　文　名	注　释
07.163	内转子式磁滞同步电动机	internal rotor hysteresis synchronous motor	
07.164	双速磁滞同步电动机	two-speed hysteresis synchronous motor	
07.165	多速磁滞同步电动机	multi-speed hysteresis synchronous motor	
07.166	反应式磁滞同步电动机	reaction hysteresis synchronous motor	
07.167	力矩电[动]机	torque motor	
07.168	无刷力矩电机	brushless torque motor	
07.169	直流力矩电机	direct current torque motor	
07.170	交流力矩电机	alternating current torque motor	
07.171	有限转角力矩电机	limited angle torque motor	
07.172	直流稳速电动机	DC motor with stabilized speed	
07.173	低惯量电机	low-inertia electric machine	
07.174	温度补偿电机	temperature-compensated electric machine	
07.175	小功率电动机	small-power motor	
07.176	小功率齿轮电动机	small-power gear-motor	
07.177	印制绕组直流电动机	printed-circuit direct current motor	
07.178	无槽[电枢]直流电动机	slotless[-armature] direct current motor	
07.179	磁阻[同步]电动机	reluctance [synchronous] motor	
07.180	开关磁阻电动机	switched reluctance motor	
07.181	分相电动机	split phase motor	
07.182	罩极电动机	shaded pole motor	
07.183	电阻起动分相电动机	resistance start split phase motor	
07.184	电容电动机	capacitor motor	
07.185	电容运转电动机	permanent split capacitor motor, capacitor start and run motor	
07.186	电容起动电动机	capacitor start motor	
07.187	双值电容电动机	two-value capacitor motor	

序　码	汉　文　名	英　文　名	注　释
07.188	单相串励电动机	single-phase series motor	
07.189	交直流两用电动机	universal motor	
07.190	离合器电动机	clutch motor	
07.191	制动电动机	brake motor	
07.192	半线圈	half-coil, bar	又称"线棒"。
07.193	线圈边	coil side	
07.194	开口线圈	open-ended coil	
07.195	线圈边槽部	embedded coil side	
07.196	磁极线圈	field coil	
07.197	跨越线圈	cranked coil	
07.198	死线圈	dummy coil	又称"假线圈"。
07.199	线圈节距	coil span, coil pitch	
07.200	线圈端部	end winding	
07.201	绕组端部	winding overhang	
07.202	均压线	equalizer	
07.203	抽头	tap	
07.204	齿距	tooth pitch	
07.205	极距	pole pitch	
07.206	分布因数	spread factor, distribution factor	
07.207	节距因数	pitch factor	
07.208	绕组因数	winding factor	
07.209	绕组节距	winding pitch	
07.210	整距绕组	full-pitch winding	
07.211	短距绕组	short-pitch winding	
07.212	长距绕组	long-pitch winding	
07.213	初级绕组	primary winding	
07.214	次级绕组	secondary winding	
07.215	主绕组	main winding	
07.216	定子绕组	stator winding	
07.217	转子绕组	rotor winding	
07.218	电枢绕组	armature winding	
07.219	阻尼绕组	damping winding, amortisseur winding	
07.220	起动绕组	starting winding	
07.221	励磁绕组	excitation winding	
07.222	磁场绕组	field winding	

序　码	汉　文　名	英　文　名	注　释
07.223	补偿绕组	compensating winding	
07.224	换向绕组	commutating winding	
07.225	控制绕组	control winding	
07.226	并励绕组	shunt winding	
07.227	串励绕组	series winding	
07.228	复励绕组	compound winding	
07.229	分布绕组	distributed winding	
07.230	集中绕组	concentrated winding	
07.231	笼形绕组	cage winding	
07.232	异槽绕组	split throw winding	
07.233	同心绕组	concentric winding	
07.234	框式绕组	diamond winding	
07.235	链式绕组	chain winding	
07.236	叠绕组	lap winding	
07.237	波绕组	wave winding	
07.238	蛙绕组	frog-leg winding	
07.239	单叠绕组	simplex lap winding	
07.240	单波绕组	simplex wave winding	
07.241	单蛙绕组	simplex frog-leg winding	
07.242	双叠绕组	duplex lap winding	
07.243	双波绕组	duplex wave winding	
07.244	双蛙绕组	duplex frog-leg winding	
07.245	复叠绕组	multiplex lap winding	
07.246	复波绕组	multiplex wave winding	
07.247	复蛙绕组	multiplex frog-leg winding.	
07.248	单层绕组	single-layer winding	
07.249	双层绕组	two-layer winding	
07.250	成形绕组	preformed winding	
07.251	散嵌绕组	random winding	
07.252	嵌入绕组	fed-in winding	
07.253	插入绕组	push-through winding	
07.254	拉入绕组	pull-through winding	
07.255	整数槽绕组	integral slot winding	
07.256	分数槽绕组	fractional slot winding	
07.257	整步绕组	synchronizing winding	
07.258	交轴绕组	quadrature-axis winding	
07.259	正弦绕组	sine winding	

序 码	汉 文 名	英 文 名	注 释
07.260	罩极线圈	shading coil	
07.261	股间绝缘	strand insulation	
07.262	片间绝缘	lamination insulation	
07.263	[线]匝绝缘	turn insulation	
07.264	匝间绝缘	interturn insulation	
07.265	线圈绝缘	coil insulation	
07.266	线棒绝缘	bar insulation	
07.267	槽衬	slot packing	
07.268	槽绝缘	slot liner	
07.269	端部衬垫	overhang packing	
07.270	带形绝缘	belt insulation	
07.271	相间线圈绝缘	phase coil insulation	
07.272	端箍绝缘	banding insulation	
07.273	绕组端部支架	winding overhang support	
07.274	磁极线圈框架	field spool	
07.275	电晕屏蔽	corona shielding	
07.276	电阻防晕层	resistance grading of corona shiel-ding	
07.277	绑箍	binding band	
07.278	槽楔	slot wedge	
07.279	护环	retaining ring	
07.280	磁[场]极	field pole	
07.281	叠片铁心	laminated core	
07.282	铁心端板	core end plate	
07.283	槽	slot	
07.284	齿	tooth	
07.285	铁心径向通风槽	core ventilating duct	
07.286	铁心轴向通风孔	core ventilating hole	
07.287	隐极	non-salient pole	
07.288	凸极	salient pole	
07.289	换向极	commutating pole	
07.290	极身	pole body	
07.291	极靴	pole shoe	
07.292	磁极端板	pole end plate	
07.293	机座磁轭	frame yoke	
07.294	定子磁轭	stator yoke	
07.295	转子磁轭	rotor yoke	

序　码	汉　文　名	英　文　名	注　释
07.296	斜槽因数	skew factor	
07.297	集电环	collector ring	
07.298	换向器	commutator	
07.299	刷握	brush holder	
07.300	刷架	brush rocker	
07.301	换向片	commutator segment	
07.302	换向器 V 形压圈	commutator V-ring	
07.303	换向器 V 形绝缘环	commutator V-ring insulation	
07.304	换向片升高片	commutator riser	
07.305	电子换向装置	electronic commutating device	
07.306	接线装置	termination	
07.307	接线盒	terminal box	
07.308	分相接线盒	phase separated terminal box	
07.309	隔相接线盒	phase segregated terminal box	
07.310	中间轴	jack shaft	
07.311	加伸轴	stub shaft	
07.312	间接轴	dumb-bell shaft, spacer shaft	
07.313	扭转轴	torque shaft	
07.314	套筒轴	quill shaft	
07.315	端盖式轴承	end bracket type bearing	
07.316	座式轴承	pedestal bearing	
07.317	推力轴承	thrust bearing	
07.318	导轴承	guide bearing	
07.319	轴颈轴承	journal bearing	
07.320	套筒轴承	sleeve bearing	
07.321	对开[套筒]轴承	split sleeve bearing	
07.322	瓦块轴承	pad type bearing	
07.323	油顶起轴承	oil-jacked bearing	
07.324	盒式滚动轴承	cartridge type bearing	
07.325	盒式滑动轴承	plug-in type bearing	
07.326	轴[承]衬	bearing liner	曾称"轴瓦"。
07.327	轴承座	bearing pedestal	
07.328	轴承间隙	bearing clearance	
07.329	轴承压力	bearing pressure	
07.330	起动开关	starting switch	

序 码	汉 文 名	英 文 名	注 释
07.331	热敏电阻	thermistor	
07.332	离心稳速器	centrifugal governor	
07.333	电子稳速器	electronic governor	
07.334	位置传感器	position transducer	
07.335	转差率调节器	slip regulator	
07.336	定子	stator	
07.337	转子	rotor	
07.338	电枢	armature	
07.339	磁场系统	field system	
07.340	转子支架	spider	
07.341	叠片磁轭转子	segmental rim rotor	
07.342	端盖	end bracket, end shield	
07.343	端罩	end winding cover	
07.344	机座	stator frame	
07.345	风罩	fan housing	
07.346	挡风圈	fan shroud	
07.347	导流构件	air guide	
07.348	通风导管	air trunking	
07.349	通风管道	air pipe	
07.350	通风[坑]道	air duct, ventilating duct	
07.351	共磁路式结构	common magnetic path type structure	
07.352	无刷结构	brushless structure	
07.353	直线结构	linear structure	
07.354	印制绕组结构	printed-circuit structure	
07.355	空心杯结构	drag cup structure	
07.356	外定子	external stator	
07.357	内定子	internal stator	
07.358	外转子	external rotor	
07.359	内转子	internal rotor	
07.360	实心转子	solid rotor	
07.361	定尺	scale	
07.362	滑尺	slide	
07.363	静子	stay	
07.364	动子	mover	
07.365	最大连续定额	maximum continuous rating	
07.366	等效连续定额	equivalent continuous rating	

序　码	汉　文　名	英　文　名	注　释
07.367	工作周期定额	duty-cycle rating	
07.368	加速时间	accelerating time	
07.369	堵转转矩	locked-rotor torque	
07.370	最初起动转矩	breakaway torque	
07.371	起动转矩	starting torque	
07.372	加速转矩	accelerating torque	
07.373	最小转矩	pull-up torque	
07.374	牵入转矩	pull-in torque	
07.375	最大转矩	breakdown torque, pull-out torque	又称"牵出转矩"。
07.376	失步转矩	synchronous pull-out torque	又称"最大同步转矩"。
07.377	制动转矩	braking torque	
07.378	转动惯量	moment of inertia	
07.379	储能常数	stored-energy constant	
07.380	惯性常数	inertia constant	
07.381	堵转电流	locked-rotor current	
07.382	起动电流	starting current	
07.383	最初起动电流	breakaway starting current	
07.384	闭合峰值电流	peak-switching current	
07.385	稳态短路电流	steady short-circuit current	
07.386	极化指数	polarization index	
07.387	非周期时间常数	aperiodic time constant	
07.388	开路时间常数	open circuit time constant	
07.389	短路时间常数	short-circuit time constant	
07.390	瞬态开路时间常数	transient open circuit time constant	
07.391	瞬态短路时间常数	transient short-circuit time constant	
07.392	初始瞬态开路时间常数	subtransient open circuit time constant	
07.393	初始瞬态短路时间常数	subtransient short-circuit time constant	
07.394	建压临界电阻	critical build-up resistance	
07.395	建压临界转速	critical build-up speed	
07.396	顶值电压	ceiling voltage	
07.397	励磁响应	excitation response	
07.398	励磁系统初始响	initial excitation system response	

序码	汉文名	英文名	注释
	应		
07.399	励磁响应比	excitation response ratio	
07.400	功角	load angle	
07.401	功角变化	angular variation	
07.402	临界转速	critical whirling speed	
07.403	临界扭力转速	critical torsional speed	
07.404	极限转速	limit speed	
07.405	空载转速	no-load speed	
07.406	饱和特性	saturation characteristic	
07.407	开路特性	open circuit characteristic, no-load characteristic	又称"空载特性"。
07.408	负载特性	load characteristic	
07.409	短路特性	short-circuit characteristic	
07.410	堵转阻抗特性	locked-rotor impedance characteristic	
07.411	零功率因数特性	zero power-factor characteristic	
07.412	电压调整特性	voltage regulation characteristic	
07.413	转速调整特性	speed regulation characteristic	
07.414	V形曲线特性	V-curve characteristic	
07.415	功角特性	load angle characteristic	
07.416	频率响应特性	frequency response characteristic	
07.417	圆图	circle diagram	
07.418	复励特性	compounding characteristic	
07.419	自调	self-regulation	
07.420	补偿调节	compensated regulation	
07.421	自动调节	automatic regulation	
07.422	安培导体	ampere-conductor	
07.423	安匝	ampere-turn	
07.424	电负荷	electric loading	
07.425	同步转速	synchronous speed	
07.426	转差率	slip	
07.427	电枢反应	armature reaction	
07.428	瞬态电压	transient voltage	
07.429	初始瞬态电压	subtransient voltage	
07.430	同步阻抗	synchronous impedance	
07.431	异步阻抗	asynchronous impedance	
07.432	负序阻抗	negative sequence impedance	

序　码	汉　文　名	英　文　名	注　释
07.433	零序阻抗	zero sequence impedance	
07.434	异步电抗	asynchronous reactance	
07.435	同步电抗	synchronous reactance	
07.436	瞬态电抗	transient reactance	
07.437	初始瞬态电抗	subtransient reactance	
07.438	保梯电抗	Potier reactance	
07.439	正序电抗	positive sequence reactance	
07.440	负序电抗	negative sequence reactance	
07.441	零序电抗	zero sequence reactance	
07.442	异步电阻	asynchronous resistance	
07.443	正序电阻	positive sequence resistance	
07.444	负序电阻	negative sequence resistance	
07.445	零序电阻	zero sequence resistance	
07.446	短路比	short-circuit ratio	
07.447	同步系数	synchronous coefficient	
07.448	同步功率系数	synchronous power coefficient	
07.449	励磁电压	exciting voltage	
07.450	控制电压	control voltage	
07.451	相位基准电压	phase reference voltage	
07.452	总值零位电压	total null voltage	
07.453	基波零位电压	fundamental null voltage	
07.454	静摩擦力矩	static friction torque	
07.455	励磁静摩擦力矩	exciting friction torque	
07.456	零相位误差	null phase error	
07.457	转子转角	angle of rotor	
07.458	基准电气零位	reference electrical null position	
07.459	静态输出特性	static output characteristic	
07.460	静态整步转矩特性	static synchronizing torque characteristic	
07.461	比电压	voltage gradient	
07.462	整步转矩	synchronizing torque	
07.463	静态整步转矩	static synchronizing torque	
07.464	动态整步转矩	dynamic synchronizing torque	
07.465	比整步转矩	torque gradient	
07.466	静态误差	static receiver error	
07.467	动态误差	dynamic receiver error	
07.468	自整步时间	self-aligning time	

序　码	汉　文　名	英　文　名	注　释
07.469	协调位置	aligned position	
07.470	零位电压	null position voltage	
07.471	电气误差	electrical error	
07.472	零位误差	electrical error of null position	
07.473	电气零位	electrical null position	
07.474	交轴电压	quadrature-axis voltage	
07.475	复变压比	complex transformation ratio	
07.476	正余弦函数误差	sine-cosine function error	
07.477	轴间误差	interaxis error	
07.478	补偿阻抗	compensating impedance	
07.479	线性误差	linearity error	
07.480	输出斜率	output voltage gradient	
07.481	相位误差	phase error	
07.482	相位零位	null position in phase	
07.483	移相参数	phase-shifting parameter	
07.484	补偿参数	compensating parameter	
07.485	补偿电阻	compensating resistance	
07.486	补偿电感	compensating inductance	
07.487	幅值误差	amplitude error	
07.488	输出特性	output characteristic	
07.489	相位特性	phase characteristic	
07.490	最大线性工作转速	maximum linear operation speed	
07.491	校准转速	calibration speed	
07.492	零速输出电压	zero speed output voltage, null voltage	
07.493	同相零速输出电压	in-phase null voltage	
07.494	正交零速输出电压	quadrature-phase null voltage	
07.495	速敏输出电压	speed-sensitive output voltage	
07.496	同相速敏输出电压	in-phase speed-sensitive output voltage	
07.497	正交速敏输出电压	quadrature-phase speed-sensitive output voltage	
07.498	速敏变压比	speed-sensitive transformation ratio	

序 码	汉 文 名	英 文 名	注 释
07.499	纹波系数	ripple coefficient, ripple ratio	
07.500	频率敏感性	frequency sensitivity	
07.501	电压敏感性	voltage sensitivity	
07.502	温度敏感性	temperature sensitivity	
07.503	不灵敏区	insensitive interval	
07.504	堵转特性	locked-rotor characteristic	
07.505	正反转速差	difference between CW and CCW speeds	
07.506	堵转励磁电流	locked-rotor exciting current	
07.507	堵转控制电流	locked-rotor control current	
07.508	堵转励磁功率	locked-rotor exciting power	
07.509	堵转控制功率	locked-rotor control power	
07.510	始动电压	breakaway voltage	
07.511	自制动时间	self-braking time	
07.512	滑行时间	slipping time	
07.513	反转时间	reversing time	
07.514	机电时间常数	electro-mechanic time constant	
07.515	电时间常数	electrical time constant	
07.516	矩角特性	torque-angle displacement characteristic	
07.517	起动矩频特性	starting torque-frequency characteristic	
07.518	运行矩频特性	running torque-frequency characteristic	
07.519	起动惯频特性	starting inertia-frequency characteristic	
07.520	运行惯频特性	running inertia-frequency characteristic	
07.521	起动频率	starting frequency	又称"响应频率"。
07.522	运行频率	running frequency	
07.523	步进频率	step frequency	
07.524	控制频率	control frequency	
07.525	静转矩	static torque	
07.526	保持转矩	holding torque	
07.527	步距	step pitch	
07.528	步距角	step angle	又称"步进角"。
07.529	静态步距角误差	static stepping angle error	

序 码	汉 文 名	英 文 名	注 释
07.530	拍数	number of beats	
07.531	最大空载转速	maximum no-load speed	
07.532	峰值堵转电流	peak current at locked-rotor	
07.533	连续堵转电流	continuous current at locked-rotor	
07.534	峰值堵转控制功率	peak control power at locked-rotor	
07.535	连续堵转控制功率	continuous control power at locked-rotor	
07.536	峰值堵转电压	peak voltage at locked-rotor	
07.537	连续堵转电压	continuous voltage at locked-rotor	
07.538	峰值堵转转矩	peak torque at locked-rotor	
07.539	连续堵转转矩	continuous torque at locked-rotor	
07.540	堵转转矩灵敏度	torque sensitivity at locked-rotor	
07.541	转矩波动系数	torque ripple coefficient	
07.542	反电动势系数	back EMF coefficient	
07.543	磁滞转矩	hysteresis torque	
07.544	磁阻转矩	reluctance torque	
07.545	线性化机械特性	linearizing speed-torque characteristic	
07.546	切换转矩	switching torque	
07.547	起动	starting	
07.548	始动	breakaway	
07.549	整步	synchronizing	
07.550	理想整步	ideal synchronizing	
07.551	不规则整步	random synchronizing	
07.552	自整步	motor synchronizing	
07.553	粗整步	coarse synchronizing	
07.554	磁阻整步	reluctance synchronizing	
07.555	同步运行	synchronous operation	
07.556	异步运行	asynchronous operation	
07.557	牵入同步	pulling into synchronism	
07.558	牵出同步	pulling out of synchronism	
07.559	超出同步	rising out of synchronism	
07.560	并联[运行]	paralleling	
07.561	理想并联	ideal paralleling	
07.562	不规则并联	random paralleling	
07.563	全压起动	direct-on-line starting, across-the	

序 码	汉 文 名	英 文 名	注 释
		line starting	
07.564	星－三角起动	star-delta starting	又称"Y－Δ起动"。
07.565	自耦变压器起动	auto-transformer starting	
07.566	自耦变压器断电换接起动	open [circuit] transition autotransformer starting	
07.567	自耦变压器带电换接起动	closed[-circuit] transition auto-transformer starting	
07.568	电抗器起动	reactor starting	
07.569	转子串接电阻起动	rotor resistance starting	
07.570	定子串接电阻起动	stator resistance starting	
07.571	串并联起动	series-parallel starting	
07.572	部分绕组起动	part-winding starting	
07.573	串接电动机起动	series connected starting-motor starting	
07.574	转速周期性波动	cyclic irregularity	
07.575	追逐	hunting	
07.576	相[位]摆动	phase swinging	
07.577	励磁机响应	exciter response	
07.578	建压	voltage build-up	
07.579	阻抗压降	impedance drop	
07.580	电流脉动	current pulsation	
07.581	转速调整率	speed regulation	
07.582	固有电压调整率	inherent voltage regulation	
07.583	固有转速调整率	inherent speed regulation	
07.584	负载持续率	cyclic duration factor	
07.585	无火花换向区	black band	
07.586	极距滑动	pole slipping	
07.587	单相运行	single-phasing	
07.588	点动	inching	
07.589	蠕动	crawling	
07.590	爬行	creeping	
07.591	电磁制动	electromagnetic braking	
07.592	电制动	electric braking	
07.593	能耗制动	dynamic braking	
07.594	电容器制动	capacitor braking	

序 码	汉 文 名	英 文 名	注 释
07.595	直流制动	DC injection braking, DC braking	
07.596	回馈制动	regenerative braking	又称"再生制动"。
07.597	超同步制动	over-synchronous braking	
07.598	反接制动	plug braking, plugging	
07.599	涡流制动	eddy-current braking	
07.600	自转	spinning	
07.601	开路自转	open circuit spinning	
07.602	短路自转	short-circuit spinning	
07.603	电枢控制	armature control	
07.604	磁场控制	field control	
07.605	幅值控制	amplitude control	
07.606	幅相控制	complex control, capacitance control	又称"电容控制"。
07.607	电压控制	voltage control	
07.608	两相运行	two-phase operation	
07.609	制动试验	braking test	
07.610	测功机试验	dynamometer test	
07.611	热量试验	calorimetric test	
07.612	校准电机试验	calibrated driving machine test	
07.613	对拖试验	mechanical back-to-back test	
07.614	回馈试验	electrical back-to-back test	
07.615	自减速试验	retardation test	
07.616	空载试验	no-load test	
07.617	开路试验	open circuit test	
07.618	持续短路试验	sustained short-circuit test	
07.619	突然短路试验	sudden short-circuit test	
07.620	轻载试验	light load test	
07.621	零功率因数试验	zero power-factor test	
07.622	满功率因数试验	unity power-factor test	
07.623	波形试验	waveform test	
07.624	波形测量	waveform measurement	
07.625	谐波试验	harmonic test	
07.626	堵转试验	locked-rotor test	
07.627	起动试验	starting test	
07.628	牵入转矩试验	pull-in test	
07.629	最大转矩试验	pull-out test, breakdown test	
07.630	换向试验	commutation test	

序　码	汉　文　名	英　文　名	注　释
07.631	无火花换向区试验	black-band test	
07.632	铁心[损耗]试验	core test	
07.633	超速试验	overspeed test	
07.634	平衡试验	balance test	
07.635	轴电压试验	shaft-voltage test	
07.636	转向试验	rotation test	
07.637	相序试验	phase-sequence test	
07.638	极性试验	polarity test	
07.639	换向片间电阻试验	bar-to-bar test	
07.640	匝间试验	interturn test, turn-to-turn test	
07.641	补偿点	compensation point	
07.642	测试零位	zero position of testing	
07.643	稳定工作温度	stabilized operating temperature	
07.644	稳定非工作温度	stabilized non-operating temperature	
07.645	接触可靠性检查	contact reliability inspection	
07.646	磁稳定性试验	magnetic stability test	
07.647	噪声试验	noise test	
07.648	绕线机	coil winding machine	
07.649	自动绕线机	automatic coil winding machine	
07.650	卧式绕线机	horizontal coil winding machine	
07.651	立式绕线机	vertical coil winding machine	
07.652	扁绕机	strip-on-edge winding machine	
07.653	线圈涨形机	coil spreading machine	
07.654	线圈包带机	coil taping machine	
07.655	电热卷包机	electrically heated mica wrapping machine	
07.656	定子绕嵌机	stator winding machine	
07.657	转子绕嵌机	rotor winding machine	
07.658	电枢绕嵌机	armature winding machine	
07.659	真空-压力浸渍设备	vacuum-pressure impregnation plant	
07.660	树脂浇注设备	resin-casting installation	
07.661	环氧喷涂机	epoxy spray coating machine	
07.662	滴漆机	trickle impregnation machine	

序 码	汉 文 名	英 文 名	注 释
07.663	电热烘房	electrical drying oven	
07.664	冲槽机	notching press	
07.665	铁心叠压机	stacking machine	
07.666	硅钢片涂漆机	silicon steel sheet insulating machine	
07.667	硅钢片连续退火炉	continuous annealing oven for silicon steel sheet	
07.668	转子压铸机	diecasting machine for rotor	
07.669	转子离心铸铝机	centrifugal casting machine for rotor	
07.670	换向器下刻机	commutator undercutting machine	
07.671	换向器焊接机	commutator welding machine	

08. 变压器、调压器、电抗器、互感器

序 码	汉 文 名	英 文 名	注 释
08.001	变压器	transformer	
08.002	调压器	voltage regulator	
08.003	电抗器	reactor	
08.004	互感器	instrument transformer	
08.005	声功率级	sound power level	
08.006	声压级	sound pressure level	
08.007	声强级	sound intensity level	
08.008	背景噪声	background noise	
08.009	电力变压器	power transformer	
08.010	配电变压器	distribution transformer	
08.011	升压变压器	step-up transformer	
08.012	降压变压器	step-down transformer	
08.013	增压变压器	booster transformer	
08.014	联络变压器	system interconnection transformer	
08.015	有载调压变压器	on-load-tap-changing transformer	
08.016	无励磁调压变压器	off-circuit-tap-changing transformer	
08.017	电站变压器	station service transformer	
08.018	发电机变压器	generator transformer	

序 码	汉 文 名	英 文 名	注 释
08.019	电炉变压器	furnace transformer	
08.020	电弧炉变压器	arc furnace transformer	
08.021	中频变压器	medium frequency transformer	
08.022	工频感应炉变压器	power-frequency induction furnace transformer	
08.023	电阻炉变压器	resistance furnace transformer	
08.024	盐浴炉变压器	salt bath furnace transformer	
08.025	变流变压器	convertor transformer	
08.026	整流变压器	rectifier transformer	
08.027	矿用变压器	mining transformer	
08.028	试验变压器	testing transformer	
08.029	串级试验变压器	cascaded [testing] transformer	
08.030	船用变压器	marine transformer	
08.031	起动自耦变压器	starting auto-transformer	
08.032	牵引变压器	traction transformer	
08.033	控制变压器	control transformer	
08.034	电子变压器	electronic transformer	
08.035	接地变压器	grounding transformer, earthing transformer	
08.036	点火变压器	ignition transformer	
08.037	相间变压器	interphase transformer	
08.038	主变压器	main transformer	
08.039	移相变压器	phase-shifting transformer	
08.040	串联路灯用变压器	series street-lighting transformer	
08.041	电铃变压器	bell transformer	
08.042	地铁变压器	subway transformer	
08.043	窨室变压器	vault-type transformer	
08.044	交流弧焊变压器	alternating current arc welding transformer	
08.045	隔离变压器	isolating transformer	
08.046	安全隔离变压器	safety isolating transformer	
08.047	双绕组变压器	two-winding transformer	
08.048	多绕组变压器	multi-winding transformer	
08.049	自耦变压器	auto-transformer	
08.050	分裂式变压器	dual-low-voltage transformer	
08.051	树脂浇注式变压	cast-resin type transformer	

序 码	汉 文 名	英 文 名	注 释
	器		
08.052	独立绕组变压器	separate winding transformer	
08.053	包封绕组干式变压器	encapsulated winding dry-type transformer	
08.054	非包封绕组干式变压器	non-encapsulated winding dry-type transformer	
08.055	恒流变压器	constant-current transformer	
08.056	恒压变压器	constant-voltage transformer	
08.057	有效接地变压器	effectively grounded transformer, effectively earthed transformer	
08.058	高功率因数变压器	high power-factor transformer	
08.059	低功率因数变压器	low power-factor transformer	
08.060	高电抗变压器	high reactance transformer	
08.061	中性点接地变压器	neutral grounded transformer, neutral earthed transformer	
08.062	全自保护变压器	completely self-protected distribution transformer	
08.063	耐短路变压器	short-circuit-proof transformer	
08.064	非耐短路变压器	non-short-circuit-proof transformer	
08.065	无危害变压器	fail-safe transformer	又称"保安变压器"。
08.066	电阻接地变压器	resistance grounded transformer, resistance earthed transformer	
08.067	基座安装式变压器	pad-mounted transformer	
08.068	并联变压器	shunt transformer	
08.069	心式变压器	core type transformer	
08.070	壳式变压器	shell type transformer	
08.071	额定电压组合	combination of various rated voltages	
08.072	电流调整率	current regulation	
08.073	等效双绕组千伏安额定值	equivalent two-winding kVA rating	
08.074	最热点温度	hottest spot temperature	
08.075	交错阻抗电压	interlacing impedance voltage	
08.076	短路输入额定值	short-circuit input rating	

序　码	汉　文　名	英　文　名	注　释
08.077	一次电压	primary voltage	
08.078	二次电压	secondary voltage	
08.079	一次电流	primary current	
08.080	二次电流	secondary current	
08.081	网侧表观功率	apparent power on line side	
08.082	阀侧表观功率	apparent power on valve side	
08.083	网侧电流	current on line side	
08.084	阀侧电流	current on valve side	
08.085	网侧电压	voltage on line side	
08.086	阀侧电压	voltage on valve side	
08.087	电压比	voltage ratio	
08.088	电流比	current ratio	
08.089	换相阻抗	commutating impedance	
08.090	换相电抗	commutating reactance	
08.091	换相电阻	commutating resistance	
08.092	过渡电阻	transition resistance	
08.093	百分数阻抗	percent impedance	
08.094	绝缘功率因数	insulation power factor	
08.095	负载损耗	load loss	
08.096	空载损耗	no-load loss, excitation loss	又称"励磁损耗"。
08.097	损耗比	loss ratio	
08.098	附加损耗	supplementary load loss	
08.099	阻抗电压	impedance voltage	
08.100	电抗电压	reactance voltage	
08.101	电阻电压	resistance voltage	
08.102	短时电流	short-time current	
08.103	匝[数]比	turn ratio	
08.104	单相单柱旁轭式铁心	single-phase three-limb core	
08.105	单相二柱式铁心	single-phase two-limb core	
08.106	三相三柱式铁心	three-phase three-limb core	
08.107	三相三柱旁轭式铁心	three-phase five-limb core	
08.108	多框铁心	multiframe core	
08.109	卷绕铁心	wound core	
08.110	渐开线铁心	involute core	
08.111	稳定绕组	stabilizing winding	

序　码	汉　文　名	英　文　名	注　释
08.112	平衡绕组	balancing winding	
08.113	耦合绕组	coupling winding	
08.114	网侧绕组	line side winding	
08.115	阀侧绕组	valve side winding	
08.116	相绕组	phase winding	
08.117	串联绕组	series winding	
08.118	公共绕组	common winding	
08.119	饼式线圈	disc coil	
08.120	连续线圈	continuous coil	
08.121	螺旋线圈	helical coil	
08.122	纠结线圈	interleaved coil	
08.123	纠结连续线圈	interleaved and continuous coil	
08.124	交叠纠结线圈	sandwich-interleaved coil	
08.125	交叠线圈	sandwich coil	
08.126	过渡线圈	transition coil	
08.127	[插入]电容线圈	capacitor shield coil	
08.128	箔式线圈	foil coil	
08.129	层式线圈	layer coil	
08.130	开口绕组	open winding	
08.131	一次绕组	primary winding	
08.132	二次绕组	secondary winding	
08.133	三次绕组	tertiary winding	
08.134	同心式线圈	concentric coil	
08.135	均匀绝缘	uniform insulation	
08.136	分级绝缘	non-uniform insulation	
08.137	功率控制绕组	control power winding	
08.138	直流绕组	direct current winding	
08.139	气－油密封系统	gas-oil sealed system	
08.140	惰性气体压力系统	inert gas pressure system	
08.141	分接	tapping	
08.142	分接参数	tapping quantities	
08.143	分接工况	tapping duty	
08.144	分接因数	tapping factor	
08.145	分接范围	tapping range	
08.146	分接级	tapping step	
08.147	分接容量	tapping power	

序 码	汉 文 名	英 文 名	注 释
08.148	分接电流	tapping current	
08.149	分接电压	tapping voltage	
08.150	分接电压比	tapping voltage ratio	
08.151	主分接	principal tapping	又称"额定分接"。
08.152	正分接	plus tapping	
08.153	负分接	minus tapping	
08.154	满容量分接	full-power tapping	
08.155	降容量分接	reduced power tapping	
08.156	循环电流	circulating current	
08.157	通过电流	through-current	
08.158	级电压	step voltage	
08.159	过渡阻抗	transition impedance	
08.160	固有分接位置数	number of inherent tapping positions	
08.161	工作分接位置数	number of service tapping positions	
08.162	分接变换操作	tap-change operation	
08.163	逐级控制	step-by-step control	
08.164	有载分接开关	on-load tap-changer	
08.165	无励磁分接开关	off-circuit tap-changer	
08.166	切换开关	diverter switch	
08.167	分接选择器	tap-selector	
08.168	转换选择器	change-over selector	
08.169	粗调选择器	coarse change-over selector	
08.170	通断触头	switching contact	
08.171	过渡触头	transition contact	
08.172	分接位置指示器	tap position indicator	
08.173	驱动机构	driving mechanism	
08.174	电动机构	motor-drive mechanism	
08.175	分接转换指示器	tap-change in progress indicator	
08.176	机械端位止动装置	mechanical end stop	
08.177	并联控制装置	parallel control device	
08.178	紧急脱扣装置	emergency tripping device	
08.179	过电流闭锁装置	overcurrent blocking device	
08.180	操作计数器	operation counter	
08.181	储油柜	oil conservator	
08.182	油箱	transformer tank	

序　码	汉　文　名	英　文　名	注　释
08.183	桶式油箱	barrel type tank	
08.184	钟罩式油箱	bell type tank	
08.185	带散热管油箱	tank with bend pipe	
08.186	气体继电器	gas relay, Buchholz relay	
08.187	散热器	radiator	
08.188	冷却器	cooler	
08.189	风冷却器	forced-air cooler	
08.190	水冷却器	water cooler	
08.191	[虹吸]净油器	[siphon] oil filter	
08.192	吸湿器	dehydrating breather	
08.193	油位计	oil level indicator	
08.194	铁心柱	core limb	
08.195	旁轭	return yoke	
08.196	器身	core and winding assembly	
08.197	线段	section	
08.198	段间绝缘	section insulation	
08.199	层间绝缘	layer insulation	
08.200	屏蔽线	shielding conductor	
08.201	静电环	electrostatic ring	
08.202	静电屏	electrostatic shielding	
08.203	观察孔	inspection hole	
08.204	线路端子	line terminal	
08.205	中性点端子	neutral terminal	
08.206	串联单元	series unit	
08.207	变压比试验	transformation voltage ratio test	
08.208	绕组电阻测定	determination of winding resistance	
08.209	绝缘电阻测定	determination of insulation resistance	
08.210	吸收比测定	determination of absorption ratio	
08.211	负载试验	load test	
08.212	温升试验	temperature-rise test	
08.213	短路试验	short-circuit test	
08.214	比值误差校验	ratio error verification	
08.215	相位移校验	phase displacement verification	
08.216	局部放电测量	measurement of partial discharge	
08.217	声级试验	sound level test	

序　码	汉　文　名	英　文　名	注　释
08.218	外施电压试验	applied voltage test	
08.219	感应电压试验	induced voltage test	
08.220	电阻法测温	resistance method of temperature determination	
08.221	温度计法测温	thermometer method of temperature determination	
08.222	恒磁通调压	constant-flux voltage regulation	
08.223	变磁通调压	variable flux voltage regulation	
08.224	混合调压	combined voltage regulation	
08.225	感应调压器	induction voltage regulator	
08.226	动圈调压器	moving-coil voltage regulator	
08.227	接触调压器	variable-voltage transformer	
08.228	动绕组	moving winding	
08.229	附加绕组	auxiliary winding	
08.230	线路压降补偿器	line-drop compensator	
08.231	调压绕组	regulating winding	
08.232	励磁－调压绕组	excitation-regulating winding	
08.233	变压器式调压器	transformer type voltage regulator	
08.234	调压范围	range of regulation	
08.235	三相中性点电抗器	three-phase neutral reactor	
08.236	起动电抗器	starting reactor	
08.237	平波电抗器	smoothing reactor	
08.238	平衡电抗器	interphase reactor	
08.239	消弧电抗器	arc-suppression reactor	曾称"消弧线圈"。
08.240	换相电抗器	commutating reactor	
08.241	滤波电抗器	filter reactor	
08.242	中性点接地电抗器	neutral earthing reactor	
08.243	整步电抗器	synchronizing reactor	
08.244	限流电抗器	current-limiting reactor	
08.245	串联电抗器	series reactor	
08.246	并联电抗器	shunt reactor	
08.247	阻尼电抗器	damping reactor	
08.248	牵引电抗器	traction reactor	
08.249	空心电抗器	air-core type reactor	
08.250	心式电抗器	core type reactor	

序 码	汉 文 名	英 文 名	注 释
08.251	壳式电抗器	shell type reactor	
08.252	饱和电抗器	saturable reactor	
08.253	负荷	burden	用于互感器。
08.254	误差补偿	error compensation	
08.255	匝数补偿	turn compensation	
08.256	磁分路补偿	magnetic shunt compensation	
08.257	短路匝补偿	short-circuited turn compensation	
08.258	直流互感器	direct current instrument transformer	
08.259	组合式互感器	combined instrument transformer	
08.260	自耦式互感器	instrument auto-transformer	
08.261	电流互感器	current transformer	
08.262	保护电流互感器	protective current transformer	
08.263	保护电压互感器	protective voltage transformer	
08.264	测量电流互感器	measuring current transformer	
08.265	测量电压互感器	measuring voltage transformer	
08.266	剩余电流互感器	residual current transformer	
08.267	电压互感器	voltage transformer, potential transformer	
08.268	剩余电压互感器	residual voltage transformer	
08.269	全绝缘电流互感器	fully insulated current transformer	
08.270	母线式电流互感器	bus type current transformer	
08.271	绕线式电流互感器	wound-primary type current transformer	
08.272	树脂浇注式互感器	cast-resin type instrument transformer	
08.273	支柱式电流互感器	support type current transformer	
08.274	串级式互感器	cascade type instrument transformer	
08.275	穿贯式电流互感器	through type current transformer	
08.276	套管式电流互感器	bushing type current transformer	
08.277	钳式电流互感器	split core type current transformer	

序　码	汉　文　名	英　文　名	注　释
08.278	速饱和电流互感器	rapidly saturable current transformer	
08.279	接地电压互感器	earthed voltage transformer	
08.280	不接地电压互感器	unearthed voltage transformer	
08.281	倒立式电流互感器	inverted type current transformer, top type current transformer	
08.282	复绕式电流互感器	compound-wound current transformer	
08.283	双功能电压互感器	dual-purpose voltage transformer	
08.284	三线式电流互感器	three-wire type current transformer	
08.285	棒式电流互感器	bar-type current transformer	
08.286	低剩磁电流互感器	low remanence current transformer	
08.287	多二次绕组互感器	multi-secondary instrument transformer	
08.288	励磁电流	exciting current	
08.289	电流误差	current error	
08.290	电压误差	voltage error	
08.291	复合误差	composite error	
08.292	短时热电流	short-time thermal current	
08.293	连续热电流	continuous thermal current	
08.294	动稳定电流	dynamic current	
08.295	二次极限感应电势	secondary limiting EMF	
08.296	额定电压因数	rated voltage factor	
08.297	仪表保安因数	instrument security factor	
08.298	准确度限值因数	accuracy limit factor	
08.299	标定比	marked ratio, nominal ratio	又称"标称比"。
08.300	变比校正因数	ratio correction factor	
08.301	变比校正百分数	percent ratio correction	
08.302	剩余电压绕组	residual voltage winding	
08.303	磁分路	magnetic shunt	
08.304	短路匝	short-circuited turn	
08.305	膨胀器	expander	

序 码	汉 文 名	英 文 名	注 释
08.306	环形线圈绕线机	toroidal coil winding machine	
08.307	横向[定尺]剪切线	cut-to-length line	
08.308	绝缘管卷制机	insulating-tube winding machine	
08.309	脱管机	winding arbor extraction press	
08.310	波纹油箱生产线	corrugated sheet tank production line	

09. 开关设备和控制设备

序 码	汉 文 名	英 文 名	注 释
09.001	气体电弧	gaseous arc	
09.002	真空电弧	vacuum arc	
09.003	分离	segregation	
09.004	分隔	separation	
09.005	固定联结	fixed connection	
09.006	可拆联结	removable connection	
09.007	软联结	flexible connection	
09.008	电流零点	current zero	
09.009	[电弧]电流零区	[arc] current zero period	
09.010	半波	loop	
09.011	大半波	major loop	
09.012	小半波	minor loop	
09.013	复燃	re-ignition	
09.014	重击穿	re-strike	
09.015	电接触	electric contact	
09.016	固定电接触	stationary electric contact	
09.017	可动电接触	movable electric contact	
09.018	点接触	point contact	
09.019	线接触	line contact	
09.020	面接触	surface contact	
09.021	对接接触	butt contact	
09.022	滚动接触	rolling contact	
09.023	滑动接触	sliding contact	
09.024	近区故障	short-line fault, SLF	
09.025	近区故障开断	short-line fault breaking	

序　码	汉　文　名	英　文　名	注　释
09.026	对称分断	symmetrical breaking	又称"对称开断"。
09.027	短路分断	short-circuit breaking	又称"短路开断"。
09.028	非对称分断	asymmetrical breaking	又称"非对称开断"。
09.029	短路接通	short-circuit making	又称"短路关合"。
09.030	截断	cut-off, chopping	
09.031	电流截断	current chopping	
09.032	开关设备	switchgear	
09.033	控制设备	controlgear	
09.034	开关装置	switching device	
09.035	高压开关设备	high voltage switchgear	
09.036	高压开关装置	high voltage switching device	
09.037	金属封闭开关设备	metal-enclosed switchgear	
09.038	绝缘封闭开关设备	insulation-enclosed switchgear	
09.039	金属铠装开关设备	metal-clad switchgear	
09.040	间隔式金属封闭开关设备	compartmented switchgear	
09.041	箱式金属封闭开关设备	cubicle switchgear	
09.042	充气式金属封闭开关设备	gas-filled switchgear	
09.043	封闭式组合电器	gas insulated metal-enclosed switchgear, GIS	又称"气体绝缘金属封闭开关设备"。
09.044	箱式充气开关设备	cubicle gas-insulated switchgear	
09.045	站用柜式开关设备	station type cubicle switchgear	
09.046	低压开关设备	low voltage switchgear	
09.047	低压开关装置	low voltage switching device	
09.048	组合电器	composite apparatus	
09.049	低压电器	low voltage apparatus	
09.050	配电电器	distribution apparatus	
09.051	控制电器	control apparatus	
09.052	机械开关装置	mechanical switching device	
09.053	固定脱扣机械开	fixed trip mechanical switching de-	

序　码	汉　文　名	英　文　名	注　释
	关装置	vice	
09.054	自由脱扣机械开关装置	trip-free mechanical switching device	
09.055	中间开断开关装置	center-break switching device	
09.056	半导体开关装置	semiconductor switching device	
09.057	空气开关装置	air switching device	
09.058	油浸开关装置	oil-immersed switching device	
09.059	真空开关装置	vacuum switching device	
09.060	环网柜	ring main unit	
09.061	断路器	circuit-breaker	
09.062	空气断路器	air circuit-breaker	
09.063	压缩气体断路器	gas-blast circuit-breaker	
09.064	压缩空气断路器	air-blast circuit-breaker	
09.065	油断路器	oil circuit-breaker	
09.066	六氟化硫断路器	SF_6 circuit-breaker	
09.067	真空断路器	vacuum circuit-breaker	
09.068	接地箱壳断路器	dead tank circuit-breaker	又称"落地罐式断路器"。
09.069	带电箱壳断路器	live tank circuit-breaker	又称"瓷柱式断路器"。
09.070	少油断路器	oil-minimum circuit-breaker	
09.071	多油断路器	bulk oil circuit-breaker	
09.072	产气断路器	gas-evolving circuit-breaker	
09.073	磁吹断路器	air-break circuit-breaker, magnetic blow-out circuit-breaker	
09.074	限流断路器	current-limiting circuit-breaker	
09.075	联络断路器	network interconnecting circuit-breaker	
09.076	频繁操作断路器	increased operating frequency circuit-breaker	
09.077	保护断路器	backup circuit-breaker	
09.078	防闭合锁定断路器	circuit-breaker with lock-out preventing closing	
09.079	重合器	automatic circuit-recloser	
09.080	分段器	sectionalizer	
09.081	模压外壳断路器	moulded case circuit-breaker	曾称"塑料外壳式断

序　码	汉　文　名	英　文　名	注　释
			路器"。
09.082	插入式断路器	plug-in circuit-breaker	
09.083	抽屉式断路器	withdrawable circuit-breaker	
09.084	快速断路器	high-speed circuit-breaker	
09.085	直流断路器	DC circuit-breaker	
09.086	灭磁断路器	field discharge circuit-breaker	
09.087	带熔断器断路器	integrally-fused circuit-breaker	
09.088	剩余电流断路器	residual current circuit-breaker	
09.089	泄漏电流断路器	leakage current circuit-breaker	
09.090	隔离器	disconnector, isolator	曾称"隔离开关"。
09.091	分别支承隔离器	divided support disconnector	
09.092	中间开断隔离器	center-break disconnector	
09.093	双断口隔离器	double-break disconnector	
09.094	带熔断器隔离器	disconnector-fuse	
09.095	熔断体－隔离器	fuse-disconnector	
09.096	开关	switch	
09.097	接地开关	earthing switch, grounding switch	
09.098	分别支承接地开关	divided support earthing switch	
09.099	油开关	oil switch	
09.100	电容器开关	capacitor switch	
09.101	转换开关	change-over switch, selector switch	又称"选择开关"。
09.102	快断开关	quick-break switch	
09.103	接通开关	making switch	
09.104	隔离器式开关	switch-disconnector	
09.105	产气开关	gas-evolving switch	
09.106	剩余电流[动作]保护器	residual current operated protective device	
09.107	延时型剩余电流[动作]保护器	time-delay residual current operated protective device	
09.108	漏电[动作]保护器	leakage current operated protective device	
09.109	延时型漏电[动作]保护器	time-delay leakage current operated protective device	
09.110	带熔断器的隔离器式开关	switch-disconnector-fuse	

序　码	汉　文　名	英　文　名	注　释
09.111	熔断体－隔离器式开关	fuse-switch-disconnector	
09.112	刀开关	knife switch	
09.113	带熔断器开关	switch-fuse	
09.114	熔断体－开关	fuse-switch	
09.115	双向开关	two-direction switch	
09.116	配电开关板	distribution switchboard	
09.117	配电板	distribution panelboard	
09.118	封闭式开关板	enclosed switchboard	
09.119	控制器	controller	
09.120	凸轮控制器	cam controller	
09.121	平面控制器	face plate controller	
09.122	鼓形控制器	drum controller	
09.123	主令控制器	master controller	
09.124	控制站	control station	
09.125	接触器	[mechanical] contactor	
09.126	电磁接触器	electromagnetic contactor	
09.127	电磁气动接触器	electromagnetic pneumatic contactor	
09.128	锁扣接触器	latched contactor	
09.129	空气接触器	air contactor	
09.130	气动接触器	pneumatic contactor	
09.131	电气气动接触器	electropneumatic contactor	
09.132	继电式接触器	contactor relay	
09.133	真空接触器	vacuum contactor	
09.134	半导体接触器	semiconductor contactor	
09.135	起动器	starter	
09.136	电磁起动器	electromagnetic starter	
09.137	直接起动器	direct-on-line starter	
09.138	自耦变压器起动器	auto-transformer starter	
09.139	星－三角起动器	star-delta starter	
09.140	人力[操作]起动器	manual starter	
09.141	真空起动器	vacuum starter	
09.142	n 级起动器	n-step starter	
09.143	转子变阻起动器	rheostatic rotor starter	

序　码	汉　文　名	英　文　名	注　释
09.144	变阻起动器	rheostatic starter	
09.145	可逆起动器	reversing starter	
09.146	气动起动器	pneumatic starter	
09.147	电气气动起动器	electropneumatic starter	
09.148	综合起动器	combined starter	
09.149	电动机操作起动器	motor operated starter	
09.150	按钮	push-button	
09.151	拉钮	pull-button	
09.152	按－拉钮	push-pull button	
09.153	旋[转按]钮	turn button	
09.154	锁扣式按钮	latched push-button	
09.155	定位式按钮	locked push-button	
09.156	导向按钮	guided push-button	
09.157	自持按钮	self-maintained push-button	
09.158	自由按钮	free push-button	
09.159	延时复位按钮	delayed reset push-button	
09.160	发光按钮	illuminated push-button	
09.161	钥匙操作按钮	key operated push-button	
09.162	延时动作按钮	delayed action push-button	
09.163	控制开关	control switch	
09.164	指示控制开关	indicating control switch	
09.165	监控开关	pilot switch	
09.166	主令开关	master switch	
09.167	限位开关	limit switch	
09.168	接近开关	proximity switch	
09.169	微动开关	sensitive switch	又称"灵敏开关"。
09.170	旋转[控制]开关	rotary [control] switch	
09.171	倒向开关	reversing switch	
09.172	脚踏开关	foot switch	
09.173	行程开关	travel switch	
09.174	位置开关	position switch	
09.175	辅助开关	auxiliary switch	
09.176	热延时开关	thermal time-delay switch	
09.177	定温开关	thermostatic switch	
09.178	可调定温开关	adjustable thermostatic switch	
09.179	拨动开关	toggle switch	

序 码	汉 文 名	英 文 名	注 释
09.180	放电电阻器	discharge resistor	
09.181	变阻器	rheostat	
09.182	滑线式变阻器	slider type rheostat	
09.183	起动变阻器	starting rheostat	
09.184	频敏变阻器	frequency-sensitive rheostat	
09.185	调速变阻器	speed regulating rheostat	
09.186	励磁变阻器	field rheostat	
09.187	电磁铁	electromagnet	
09.188	制动电磁铁	braking electromagnet	
09.189	牵引电磁铁	tractive electromagnet	
09.190	起重电磁铁	lifting electromagnet	
09.191	电力液压推动器	electro-hydraulicthruster	
09.192	控制台	control desk	
09.193	控制板	control board	
09.194	控制柜	control cubicle	
09.195	[电]压敏变阻器	varistor	
09.196	热敏电阻器	thermistor	
09.197	扼流圈	choke, smoothing inductor	又称"平滑电感器"。
09.198	变感器	variometer	
09.199	单元变电站	unit substation	
09.200	可移动单元变电站	mobile unit-substation	
09.201	组合装置	assembly	
09.202	封闭式组合装置	enclosed assembly	
09.203	工厂组装式组合装置	factory-built assembly, FBA	
09.204	自动重合机构	automatic reclosing device	
09.205	操作机构	operating mechanism	又称"操动机构"。
09.206	人力操作机构	dependent manual operating mechanism	
09.207	动力操作机构	dependent power operating mechanism	
09.208	储能操作机构	stored-energy operating mechanism	
09.209	人力储能操作机构	independent manual operating mechanism	
09.210	保持闭合机构	hold-closed device	

序　码	汉　文　名	英　文　名	注　释
09.211	往复机构	reciprocating device	
09.212	扭转机构	torsional device	
09.213	计数机构	counting device	
09.214	复位机构	resetting device	
09.215	防跳机构	anti-pumping device	
09.216	锁扣机构	latching device	
09.217	联锁机构	interlocking device	
09.218	脱扣机构	tripping device	
09.219	脱扣器	release	
09.220	瞬时脱扣器	instantaneous release	
09.221	延时脱扣器	delayed release	
09.222	过[电]流脱扣器	overcurrent release	
09.223	定时延过[电]流脱扣器	definite time-delay overcurrent release	
09.224	反时延过[电]流脱扣器	inverse time-delay overcurrent release	
09.225	直接过[电]流脱扣器	direct overcurrent release	
09.226	间接过[电]流脱扣器	indirect overcurrent release	
09.227	过载脱扣器	overload release	
09.228	热过载脱扣器	thermal-overload release	
09.229	磁过载脱扣器	magnetic-overload release	
09.230	分励脱扣器	shunt release	
09.231	欠电压脱扣器	under-voltage release	
09.232	逆电流脱扣器	reverse-current release	
09.233	接通电流脱扣器	making current release	
09.234	双脱扣器	dual release	
09.235	选择性脱扣器	selective release	
09.236	断相保护热过载脱扣器	phase failure sensitive thermal-overload release	
09.237	灭弧装置	arc-control device, arc-extinguishing chamber	又称"灭弧室"。
09.238	灭弧栅	arc-chute	
09.239	自能灭弧室	self-energy extinguishing chamber	
09.240	外能灭弧室	external-energy extinguishing chamber	

序　码	汉　文　名	英　文　名	注　释
09.241	纵吹灭弧室	axial-blast extinguishing chamber	
09.242	横吹灭弧室	cross-blast extinguishing chamber	
09.243	纵横吹灭弧室	mixed-blast extinguishing chamber	
09.244	灭弧管	arc-extinguishing tube	
09.245	吹弧线圈	blow-out coil	
09.246	主触头	main contact	
09.247	弧触头	arcing contact	
09.248	动触头	moving contact	
09.249	静触头	fixed contact	
09.250	动合触头	make contact, a-contact	又称"常开触头"，"a 触头"。
09.251	动断触头	break contact, b-contact	又称"常闭触头"，"b 触头"。
09.252	转换触头	change-over contact	
09.253	控制触头	control contact	
09.254	辅助触头	auxiliary contact	
09.255	滑动触头	sliding contact	
09.256	滚动触头	rolling contact	
09.257	对接触头	butt contact	
09.258	楔形触头	wedge contact	
09.259	快动作触头	quick-action contact	
09.260	慢动作触头	slow-action contact	
09.261	单断点触头组	single-break contact assembly	
09.262	双断点触头组	double-break contact assembly	
09.263	分磁环	divided magnetic ring, short-circuit ring	又称"短路环"。
09.264	操作线圈	operating coil	
09.265	极	pole	
09.266	操动件	actuator	
09.267	可卸件	removable part	
09.268	可抽件	withdrawable part	
09.269	位置指示器	position indicating device	
09.270	开关钩棒	switch stick, switch hook	
09.271	接通电流	making current	又称"关合电流"。
09.272	短路接通电流	short-circuit making current	又称"短路关合电流"。
09.273	分断电流	breaking current	又称"开断电流"。

序 码	汉 文 名	英 文 名	注 释
09.274	短路分断电流	short-circuit breaking current	又称"短路开断电流"。
09.275	短路[持续]时间	duration of short-circuit	
09.276	约定不脱扣电流	conventional non-tripping current	
09.277	约定脱扣电流	conventional tripping current	
09.278	最低[闭]合操作电压	minimum closing voltage	
09.279	外施电压	applied voltage	
09.280	峰值电弧电压	peak arc voltage	
09.281	恢复电压	recovery voltage	
09.282	瞬态恢复电压	transient recovery voltage, TRV	
09.283	工频恢复电压	power-frequency recovery voltage	
09.284	预期瞬态恢复电压	prospective transient recovery voltage	
09.285	起始瞬态恢复电压	initial transient recovery voltage, ITRV	
09.286	瞬态恢复电压时延	time-delay of transient recovery voltage	
09.287	瞬态恢复电压振幅因数	amplitude factor of transient recovery voltage	
09.288	线路瞬态恢复电压峰值因数	peak factor of line transient recovery voltage	
09.289	瞬态恢复电压上升率	rate of rise of transient recovery voltage, RRRV	
09.290	预期分断电流	prospective breaking current	又称"预期开断电流"。
09.291	临界开断电流	critical breaking current	
09.292	失步开断电流	out-of-phase breaking current	
09.293	充电线路开断电流	line-charging breaking current	
09.294	充电电缆开断电流	cable-charging breaking current	
09.295	近区故障开断电流	short-line fault breaking current	
09.296	单电容器组开断电流	single capacitor bank breaking current	
09.297	背对背电容器组	back-to-back capacitor bank brea-	

序　码	汉　文　名	英　文　名	注　　释
	开断电流	king current	
09.298	小电感开断电流	small inductive breaking current	
09.299	峰值接通电流	peak making current	又称"峰值关合电流"。
09.300	电容器组关合涌流	capacitor bank inrush making current	
09.301	交接电流	take-over current	
09.302	吸合电流	attract current	
09.303	释放电流	release current	
09.304	短时耐受电流	short-time withstand current	
09.305	峰值耐受电流	peak withstand current	又称"动稳定性电流"。
09.306	动作剩余电流	residual operating current	
09.307	动作泄漏电流	leakage operating current	
09.308	不动作剩余电流	residual non-operating current	
09.309	不动作泄漏电流	leakage non-operating current	
09.310	预期短路电流	prospective short-circuit current	
09.311	条件短路电流	conditional short-circuit current	
09.312	截断电流	cut-off current, let-through current	又称"允通电流"。
09.313	预期电流	prospective current	
09.314	预期峰值电流	prospective peak current	
09.315	预期对称电流	prospective symmetrical current	
09.316	预期接通电流	prospective making current	又称"预期关合电流"。
09.317	最大预期峰值电流	maximum prospective peak current	
09.318	电流整定值	current setting	
09.319	电流整定值范围	current setting range	
09.320	动作电流	operating current	
09.321	截断电流特性	cut-off [current] characteristic	
09.322	触头开距	clearance between open contacts	
09.323	触头超[额行]程	contact over-travel	
09.324	触头预行程	contact pre-travel	
09.325	触头初压力	contact initial pressure	
09.326	触头终压力	contact terminate pressure	
09.327	负载因数	on-load factor	

序 码	汉 文 名	英 文 名	注 释
09.328	首开极因数	first-pole-to-clear factor	
09.329	分断时间	break-time	又称"开断时间"。
09.330	接通时间	make-time	又称"关合时间"。
09.331	[固有]断开时间	[inherent] opening time	又称"[固有]分时间"。
09.332	[固有]闭合时间	[inherent] closing time	又称"[固有]合时间"。
09.333	接通－分断时间	make-break time	又称"关合－开断时间"。
09.334	燃弧时间	arcing time	
09.335	预击穿时间	pre-arcing time	
09.336	开－合时间	open-close time	又称"分－合时间"。
09.337	无电流时间	dead time	
09.338	重接通时间	re-make time	又称"重关合时间"。
09.339	重[闭]合时间	reclosing time	
09.340	闭合－断开时间	close-open time	又称"合－分时间"。
09.341	燃弧时差	difference of arcing time	
09.342	[闭]合同期性	closing simultaneity	
09.343	断开同期性	opening simultaneity	又称"分同期性"。
09.344	分断能力	breaking capacity	又称"开断能力"。
09.345	接通能力	making capacity	又称"关合能力"。
09.346	短路接通能力	short-circuit making capacity	又称"短路关合能力"。
09.347	短路分断能力	short-circuit breaking capacity	又称"短路开断能力"。
09.348	机械耐久性	mechanical endurance	曾称"机械寿命"。
09.349	电耐久性	electrical endurance	曾称"电寿命"。
09.350	弧后电流	post-arc current	
09.351	畸变电流	distortion current	
09.352	非对称电流	asymmetrical current	
09.353	集总容性负载	lumped capacitive load	
09.354	时间－行程特性	time-travel diagram	
09.355	操作	operation	
09.356	操作顺序	operating sequence	
09.357	人力操作	dependent manual operation	
09.358	动力操作	dependent power operation	
09.359	储能操作	stored-energy operation	

序 码	汉 文 名	英 文 名	注 释
09.360	人力储能操作	independent manual operation	
09.361	[闭]合操作	closing operation	
09.362	断开操作	opening operation	又称"分操作"。
09.363	接通操作	making operation	又称"关合操作"。
09.364	分断操作	breaking operation	又称"开断操作"。
09.365	多极操作	multipole operation	
09.366	闭合－延时－断开操作	close-time delay-open operation	又称"合－延时－分操作"。
09.367	保持[闭]合操作	hold-closed operation	
09.368	分极操作	individual pole operation	
09.369	保持操作	lockout operation	
09.370	合－开操作	close-open operation	又称"合－分操作"。
09.371	自动重合操作	auto-reclosing operation	
09.372	不成功自动重合操作	unsuccessful auto-reclosing operation	
09.373	肯定断开操作	positive opening operation	又称"肯定分操作"。
09.374	肯定驱动操作	positive driven operation	
09.375	操作频率	frequency of operation	
09.376	操动力	actuating force	
09.377	操动力矩	actuating torque	
09.378	恢复力	restoring force	
09.379	恢复力矩	restoring torque	
09.380	单极切换	single-pole switching	
09.381	瞬时动作	instantaneous operation	
09.382	延时动作	time-delay operation	
09.383	定时延动作	definite time-delay operation	
09.384	反时延动作	inverse time-delay operation	
09.385	误动作	misoperation	
09.386	就地控制	local control	
09.387	[闭]合位置	closed position	又称"合位"。
09.388	断开位置	open position	又称"分位"。
09.389	休止位置	position of rest	
09.390	工作位置	service position	
09.391	卸出位置	removed position	
09.392	接地位置	earthing position	
09.393	试验位置	test position	
09.394	分开位置	disconnected position	又称"隔离位置"。

序　码	汉　文　名	英　文　名	注　释
09.395	[闭]合	closing	
09.396	断开	opening	又称"分"。
09.397	接通	making	又称"关合"。
09.398	分断	breaking	又称"开断"。
09.399	开合	switching	
09.400	触头刚分速度	speed at instant of contacts separating	
09.401	触头刚合速度	speed at instant of contacts touching	
09.402	选择性断开	selective opening	又称"选择性分"。
09.403	自动重[闭]合	auto-reclosing	
09.404	可逆转换	reversible change over	
09.405	自锁	autolocking	
09.406	联锁	interlocking	
09.407	吸合	attracting	
09.408	脱扣	tripping	
09.409	行程	travel	
09.410	接触行程	contacting travel	
09.411	自由脱扣	trip-free	
09.412	闭路转换	closed[-circuit] transition	
09.413	开路转换	open [circuit] transition	
09.414	试验方式	test duty	
09.415	试验系列	test series	
09.416	直接试验	direct test	
09.417	短路发电机回路试验	short-circuit generator circuit test	
09.418	网络试验	network test	
09.419	振荡回路试验	oscillating circuit test	
09.420	合成试验	synthetic test	
09.421	电流回路	current circuit	
09.422	电压回路	voltage circuit	
09.423	电流引入	current injection	
09.424	电压引入	voltage injection	
09.425	单元试验	unit test	
09.426	分断能力试验	breaking capacity test	又称"开断能力试验"。
09.427	接通能力试验	making capacity test	又称"关合能力试

序　码	汉　文　名	英　文　名	注　释
			验"。
09.428	机械特性试验	mechanical characteristic test	
09.429	机械耐久性试验	mechanical endurance test	曾称"机械寿命试验"。
09.430	电耐久性试验	electrical endurance test	曾称"电寿命试验"。
09.431	短时耐受电流试验	short-time withstand current test	又称"热稳定性试验"。
09.432	峰值耐受电流试验	peak withstand current test	又称"动稳定性试验"。

10．熔　断　器

序　码	汉　文　名	英　文　名	注　释
10.001	熔断器	fuse	
10.002	有填料管式熔断器	powder-filled cartridge fuse	
10.003	无填料管式熔断器	non-powder-filled cartridge fuse	
10.004	螺旋式熔断器	screw type fuse	
10.005	插入式熔断器	plug-in type fuse	
10.006	快速熔断器	fast-acting fuse	
10.007	自复熔断器	self-mending fuse	
10.008	双熔体熔断器	dual-element fuse	
10.009	电力熔断器	power fuse	
10.010	重合熔断器	reclosing fuse	
10.011	通风式熔断器	vented fuse	
10.012	跌落[式]熔断器	drop-out fuse	
10.013	喷射式熔断器	expulsion fuse	
10.014	撞击熔断器	striker fuse	
10.015	指示熔断器	indicating fuse	
10.016	管式熔断器	cartridge fuse	
10.017	限流熔断器	current-limiting fuse	
10.018	隔离熔断器	disconnecting fuse	
10.019	多极熔断器	multipole fuse	
10.020	后接熔断器	back-connected fuse	
10.021	前接熔断器	front-connected fuse	

序 码	汉 文 名	英 文 名	注 释
10.022	后备熔断器	backup fuse	
10.023	充粒熔断器	granular-filled fuse	
10.024	熔断器组合单元	fuse combination unit	
10.025	熔件	fuse-element	
10.026	熔断体	fuse-link	
10.027	通用熔断体	universal fuse-link	
10.028	限流熔断体	current-limiting fuse-link	
10.029	封闭式熔断体	enclosed fuse-link	
10.030	可更换熔断体	renewable fuse-link	
10.031	不可更换熔断体	non-renewable fuse-link	
10.032	模拟熔断体	dummy fuse-link	
10.033	熔管	cartridge	
10.034	熔断体载体	fuse-carrier	
10.035	熔断器底座	fuse-base, fuse-mount	
10.036	熔断器支持件	fuse-holder	
10.037	更换件	refill-unit	
10.038	限弧件	muffler	
10.039	撞击器	striker	
10.040	熔断器插片	fuse-blade	
10.041	约定熔断电流	conventional fusing current	
10.042	约定不熔断电流	conventional non-fusing current	
10.043	允许连续电流	allowable continuous current	
10.044	弧前时间	pre-arcing time	
10.045	熔断时间	operating time	
10.046	焦耳积分	Joule-integral	
10.047	弧前焦耳积分	pre-arcing Joule-integral	
10.048	熔断焦耳积分	operating Joule-integral	
10.049	焦耳积分特性	I^2t characteristic	又称"I^2t 特性"。
10.050	时间－电流特性	time-current characteristic	
10.051	过[电]流鉴别	overcurrent discrimination, selective protection	又称"选择性保护"。
10.052	过[电]流保护配合	overcurrent protective coordination	
10.053	熔断短路电流	fused short-circuit current	
10.054	时间－电流区	time-current zone	
10.055	时间－电流区限值	time-current zone limits	

序　码	汉　文　名	英　文　名	注　释
10.056	最小分断电流	minimum breaking current	又称"最小开断电流"。
10.057	最大分断电流	maximum breaking current	又称"最大开断电流"。
10.058	开断电压	switching voltage	
10.059	过载特性	overload characteristic	
10.060	熔化速度比	melting-speed ratio	
10.061	限流特性	current-limiting characteristic	
10.062	阈值比	threshold ratio	
10.063	限流范围	current-limiting range	
10.064	阈值电流	threshold current	

11. 电力电容器

序　码	汉　文　名	英　文　名	注　释
11.001	电容器单元	capacitor unit	
11.002	电容器叠柱	capacitor stack	
11.003	电容器组	capacitor bank	
11.004	电容器成套装置	capacitor installation	
11.005	电力电容器	power capacitor	
11.006	电力电子电容器	power electronic capacitor	
11.007	并联电容器	shunt capacitor	
11.008	串联电容器	series capacitor	
11.009	直流电容器	direct current capacitor	
11.010	标准电容器	standard capacitor	
11.011	电动机起动电容器	motor starting capacitor	
11.012	电动机运转电容器	motor running capacitor	
11.013	滤波电容器	filter capacitor	
11.014	储能电容器	energy storage capacitor	
11.015	断路器电容器	circuit-breaker capacitor	
11.016	电容分压器	capacitor voltage divider	
11.017	带熔断器电容器	fused capacitor	
11.018	耦合电容器	coupling capacitor	
11.019	保护电容器	capacitor for voltage protection	

序　码	汉　文　名	英　文　名	注　释
11.020	电热电容器	capacitor for electric induction heating system	
11.021	电容式电压互感器	capacitor voltage transformer	
11.022	充气式电容器	gas-filled capacitor	
11.023	复合介质电容器	composite dielectric capacitor	
11.024	纸介电容器	paper capacitor	
11.025	薄膜电容器	film capacitor	
11.026	金属箔电容器	metal foil capacitor	
11.027	金属化电容器	metallized capacitor	
11.028	自愈式电容器	self-healing capacitor	
11.029	脉冲电容器	impulse capacitor	
11.030	封闭式电容器	enclosed capacitor	
11.031	金属封闭式电容器	metal-enclosed capacitor	
11.032	电缆耦合电容器	cable coupling capacitor	
11.033	移相电容器	phase-shifting capacitor	
11.034	电容器元件	capacitor element	
11.035	电容器心子	capacitor packet	
11.036	电容器器身	capacitor body	
11.037	电容器外壳	capacitor case	
11.038	内部熔丝	internal fuse	
11.039	高电压端子	high voltage terminal	
11.040	中间电压端子	intermediate voltage terminal	
11.041	低电压端子	low voltage terminal	
11.042	电磁单元	electromagnetic unit	
11.043	保护器件	protective device	
11.044	载波耦合装置	carrier-frequency coupling device	
11.045	电容器放电装置	discharge device of a capacitor	
11.046	电容器节段	capacitor section	
11.047	真空脱气	vacuum degassing	
11.048	真空储存	vacuum storage	
11.049	后备间隙	backup gap	
11.050	电容不平衡保护装置	capacitance unbalance protection device	
11.051	电容器指示熔断器	capacitor indicating fuse	

序　码	汉　文　名	英　文　名	注　释
11.052	电容器切换级	capacitor switching step	
11.053	放电电流限制器件	discharge-current-limiting device	
11.054	充电电流	charging current	
11.055	放电电流	discharging current	
11.056	参比温度范围	reference range of temperature	
11.057	参比频率范围	reference range of frequency	
11.058	中间电压	intermediate voltage	
11.059	开路中间电压	open circuit intermediate voltage	
11.060	电容－温度特性	capacitance-temperature characteristic	
11.061	电容－频率特性	capacitance-frequency characteristic	
11.062	电容电压系数	voltage coefficient of capacitance	
11.063	等效串联电阻	equivalent series resistance	
11.064	固有电感	inherent inductance	
11.065	高频电容	high frequency capacitance	
11.066	电压试验	voltage test	
11.067	短时电压试验	short-duration voltage test	
11.068	放电试验	discharge test	
11.069	热稳定试验	thermal stability test	
11.070	损耗－温度特性测定	determination of loss-temperature characteristic	
11.071	自持放电试验	self-sustained discharge test	
11.072	振荡放电试验	oscillating discharge test	
11.073	电容允[许偏]差	capacitance tolerance	
11.074	极限电压	limiting voltage	
11.075	最高允许电压	maximum permissible voltage	
11.076	短时电压	short-time voltage	
11.077	极限电流	limiting current	
11.078	最大允许电流	maximum permissible current	
11.079	插入电流	insertion current	
11.080	再插入	reinsertion	
11.081	再插入电流	reinsertion current	
11.082	再插入电压	reinsertion voltage	
11.083	旁路电流	by-pass current	
11.084	旁路开关	by-pass switch	

序 码	汉 文 名	英 文 名	注 释
11.085	操作组段	operational grade	
11.086	阻尼装置	damping device	
11.087	锁定保护装置	lockout protection device	
11.088	触发间隙	trigger gap	
11.089	外壳鼓胀	swelling of case	
11.090	过压力隔离器	overpressure disconnector	
11.091	外部熔断器	fuses for external protection	
11.092	外壳爆裂	rupture of case	
11.093	次谐波保护器	subharmonic protector	
11.094	持续间隙电弧保护	sustained gap-arc protection	
11.095	热过载保护	thermal-overload protection	
11.096	保护电力间隙	protection power gap	
11.097	铁磁谐振	ferro-resonance	
11.098	并联[电容]补偿	parallel capacitive compensation	
11.099	串联[电容]补偿	series capacitive compensation	

12. 绝缘配合和高电压试验技术

序 码	汉 文 名	英 文 名	注 释
12.001	绝缘配合	insulation co-ordination	
12.002	中性点有效接地系统	system with effectively earthed neutral	
12.003	中性点非有效接地系统	system with non-effectively earthed neutral	
12.004	谐振接地系统	resonant earthed system	
12.005	中性点直接接地系统	solidly earthed neutral system	
12.006	阻抗接地系统	impedance earthed system	
12.007	中性点绝缘系统	isolated neutral system	
12.008	雷电流	lightning current	
12.009	持续[工频]电压	continuous [power-frequency] voltage	
12.010	代表性过电压	representative overvoltage	
12.011	暂态过电压	temporary overvoltage	
12.012	缓波前过电压	slow-front overvoltage, switching	又称"操作过电压"。

序　码	汉 文 名	英 文 名	注　释
		overvoltage	
12.013	快波前过电压	fast-front overvoltage, lightning overvoltage	又称"雷电过电压"。
12.014	陡波前过电压	very-fast-front overvoltage	
12.015	联合过电压	combined overvoltage	
12.016	瞬态过电压	transient overvoltage	
12.017	惯用最大过电压	conventional maximum overvoltage	
12.018	统计过电压	statistical overvoltage	
12.019	相对地过电压标幺值	phase-to-earth overvoltage per unit	
12.020	相间过电压标幺值	phase-to-phase overvoltage per unit	
12.021	保护水平	protection level	
12.022	保护因数	protection factor	
12.023	高压电力设备	high voltage electric power equipment	
12.024	输配电设备	equipment for power transmission and distribution	
12.025	设备最高电压	highest voltage for equipment	
12.026	外绝缘	external insulation	
12.027	内绝缘	internal insulation	
12.028	纵绝缘	longitudinal insulation	
12.029	自恢复绝缘	self-restoring insulation	
12.030	非自恢复绝缘	non-self-restoring insulation	
12.031	耐受电压	withstand voltage	
12.032	工频耐受电压	power-frequency withstand voltage	
12.033	冲击耐受电压	impulse withstand voltage	
12.034	惯用冲击耐受电压	conventional impulse withstand voltage	
12.035	统计冲击耐受电压	statistical impulse withstand voltage	
12.036	短时工频耐受电压	short-duration power-frequency withstand voltage	
12.037	干耐受电压	dry-withstand voltage	
12.038	湿耐受电压	wet-withstand voltage	
12.039	凝露耐受电压	dew-withstand voltage	
12.040	基本雷电冲击绝	basic lightning impulse insulation	

序 码	汉 文 名	英 文 名	注 释
	缘水平	level, BIL	
12.041	基本操作冲击绝缘水平	basic switching impulse insulation level, BSL	
12.042	标准绝缘水平	standard insulation level	
12.043	统计安全因数	statistical safety factor	
12.044	惯用安全因数	conventional safety factor	
12.045	绝缘故障率	risk of failure of insulation	
12.046	绝缘配合惯用法	conventional procedure of insulation co-ordination, deterministic procedure of insulation co-ordination	又称"绝缘配合的确定性法"。
12.047	绝缘配合统计法	statistical procedure of insulation co-ordination	
12.048	绝缘配合简化统计法	simplified statistical procedure of insulation co-ordination	
12.049	高[电]压试验	high voltage test	
12.050	耐[受电]压试验	withstand voltage test	
12.051	[介质]损耗因数试验	dissipation factor test, loss tangent test	又称"损耗角正切试验"。
12.052	介质试验	dielectric test	又称"绝缘试验"。
12.053	高电压技术	high voltage technique	
12.054	冲击电压试验	impulse voltage test	
12.055	冲击电流试验	impulse current test	
12.056	破坏性放电	disruptive discharge	
12.057	介质击穿	dielectric breakdown	
12.058	局部放电试验	partial discharge test	
12.059	放电起始试验	discharge inception test	
12.060	局部放电起始试验	partial discharge inception test	
12.061	放电能量试验	discharge energy test	
12.062	标准大气条件	standard atmospheric conditions	
12.063	修正因数	correction factor	
12.064	大气条件修正因数	atmospheric correction factor	
12.065	空气密度修正因数	air density correction factor	
12.066	湿度修正因数	humidity correction factor	

序 码	汉 文 名	英 文 名	注 释
12.067	表观电荷	apparent charge	
12.068	局部放电重复率	partial discharge repetition rate	
12.069	局部放电起始电压	partial discharge inception voltage	
12.070	局部放电熄灭电压	partial discharge extinction voltage	
12.071	标准电压波形	standard voltage shape	
12.072	[冲击]截波	chopped impulse	
12.073	截断瞬间	instant of chopping	
12.074	截断时间	time to chopping	
12.075	雷电冲击	lightning impulse	
12.076	雷电冲击全波	full lightning impulse	
12.077	雷电冲击截波	chopped lightning impulse	
12.078	标准雷电冲击	standard lightning impulse	
12.079	标准雷电冲击截波	standard chopped lightning impulse	
12.080	雷电冲击试验	lightning impulse test	
12.081	雷电冲击全波试验	full lightning impulse test	
12.082	雷电冲击截波试验	chopped lightning impulse test	
12.083	操作冲击试验	switching impulse test	
12.084	联合电压试验	combined voltage test	
12.085	视在原点	virtual origin	
12.086	冲击半峰值时间	time to half value of an impulse	
12.087	电压骤降持续时间	duration of voltage collapse	
12.088	电压骤降陡度	steepness of voltage collapse	
12.089	线性上升波前截断冲击	linearly rising front chopped impulse	曾称"斜角冲击截波"。
12.090	冲击波伏秒特性曲线	voltage/time curve for impulse	
12.091	线性上升冲击伏秒特性曲线	voltage/time curve for linearly rising impulse	
12.092	操作冲击	switching impulse	
12.093	操作冲击波前时间	time to peak of switching impulse	

序 码	汉 文 名	英 文 名	注 释
12.094	标准操作冲击	standard switching impulse	
12.095	冲击电流	impulse current	
12.096	方波冲击电流	rectangular impulse current	
12.097	冲击电流波前时间	front time of impulse current	
12.098	峰值持续时间	duration of peak value	
12.099	干试验	dry test	
12.100	湿试验	wet test	
12.101	人工污秽试验	artificial pollution test	
12.102	污秽耐压试验	withstand pollution test	
12.103	污闪试验	pollution flashover test	
12.104	预沉积污层法	pre-deposited pollution method, solid layer method	又称"固体污层法"。
12.105	盐雾法	saline fog method	
12.106	高电压试验设备	high voltage testing equipment	
12.107	分压器	voltage divider	
12.108	分压比	voltage ratio	
12.109	球隙	sphere-gap	
12.110	工频试验变压器	power-frequency testing transformer	
12.111	串级工频试验变压器	cascade power-frequency testing transformers	
12.112	保护电阻器	protective resistor	
12.113	串联谐振试验设备	series-resonant testing equipment	
12.114	冲击电压发生器	impulse voltage generator	
12.115	高压标准电容器	high voltage standard capacitor	
12.116	直流高压发生器	high voltage direct current generator	
12.117	冲击电流发生器	impulse current generator	
12.118	刻度因数	scale factor	
12.119	单位阶跃响应	unit-step response	
12.120	局部放电测试仪	instrument for measuring partial discharge	

13. 避 雷 器

序 码	汉 文 名	英 文 名	注 释
13.001	避雷器	surge arrester, lightning arrester	
13.002	阀式避雷器	non-linear resistor type arrester, valve type arrester	
13.003	排气式避雷器	expulsion type arrester	
13.004	空气间隙避雷器	air gap arrester	
13.005	空气间隙浪涌保护器	air gap surge protector	
13.006	碳化硅阀式避雷器	silicon carbide valve type arrester	
13.007	金属氧化物避雷器	metal oxide arrester	
13.008	氧化锌避雷器	zinc oxide arrester	
13.009	无间隙避雷器	arrester without gaps	
13.010	串联间隙避雷器	arrester with series gaps	
13.011	并联间隙避雷器	arrester with shunt gaps	
13.012	避雷器元件	unit of an arrester	
13.013	避雷器比例单元	section of an arrester	
13.014	阀片	non-linear resistor, valve element	又称"非线性电阻"。
13.015	串联放电间隙	series spark gap	
13.016	并联放电间隙	parallel spark gap	
13.017	磁吹放电间隙	magnetic blow-out spark gap	
13.018	限流间隙	active gap	
13.019	均压电阻	grading resistor	
13.020	压力释放装置	pressure-relief device	
13.021	动作计数器	operation counter, discharge counter	又称"放电计数器"。
13.022	避雷器脱离装置	arrester disconnector	
13.023	均压环	grading ring, control ring	
13.024	隔离间隙	external series gap	又称"外间隙"。
13.025	灭弧间隙	gap in arcing chamber	又称"内间隙"。
13.026	放电指示器	discharge indicator	
13.027	排气元件	expulsion element	
13.028	后备间隙装置	backup air gap device	

序　码	汉　文　名	英　文　名	注　释
13.029	灭弧腔	arcing chamber	
13.030	侧向放电	sideflash	
13.031	允通火花放电	let-through sparkover	
13.032	热崩溃	thermal runaway	
13.033	电离电流	ionization current	
13.034	雷电冲击电流	lightning impulse current	
13.035	操作冲击电流	switching impulse current	
13.036	陡波冲击电流	steep impulse current	
13.037	电离电压	ionization voltage	
13.038	续流	follow current	
13.039	残压	residual voltage	
13.040	冲击放电电压	impulse sparkover voltage	
13.041	工频放电电压	power-frequency sparkover voltage	
13.042	波前冲击放电电压	front of wave impulse sparkover voltage	
13.043	残压－电流特性	residual voltage-current characteristic	
13.044	放电电压－时间曲线	discharge voltage-time curve	
13.045	标准雷电冲击放电电压	standard lightning impulse sparkover voltage	
13.046	操作冲击放电电压	switching impulse sparkover voltage	
13.047	雷电浪涌	lightning surge	
13.048	击穿预放电时间	time to sparkover	
13.049	冲击放电伏秒特性曲线	impulse sparkover voltage-time curve	
13.050	持续运行电压	continuous operating voltage	
13.051	冲击因数	impulse factor	
13.052	电弧[状态]电流	arc [mode] current	
13.053	电弧[状态]电压	arc [mode] voltage	
13.054	辉光[状态]电流	glow [mode] current	
13.055	辉光[状态]电压	glow [mode] voltage	
13.056	辉光到电弧过渡电流	glow-to-arc transition current	
13.057	浪涌击穿电压	surge breakdown voltage	
13.058	保护特性	protective characteristics	

序 码	汉 文 名	英 文 名	注 释
13.059	保护范围	protective range	
13.060	切断比	interruptive ratio	
13.061	冲击方波	rectangular impulse	
13.062	非线性系数	non-linear coefficient	
13.063	通流容量	discharge capacity	
13.064	过冲持续时间	overshoot duration	
13.065	过冲响应时间	overshoot response time	
13.066	直流延缓电压	direct current holdover voltage	
13.067	冲击通流能力	impulse discharge capacity	
13.068	断流上限额定值	maximum current interrupting rating	
13.069	断流下限额定值	minimum current interrupting rating	
13.070	剩余压力	residual pressure	
13.071	冲击机械强度	impulse mechanical strength	
13.072	产气率	factor of created gas	
13.073	最大排气范围	maximum zone of expulsion	
13.074	保护比	protective ratio	
13.075	保护裕度	protective margin	
13.076	直接雷击保护	direct [lightning] stroke protection	
13.077	间接雷击保护	indirect [lightning] stroke protection	
13.078	冲击惯性	impulse inertia	
13.079	冲击比	impulse ratio	
13.080	耐受浪涌电流	withstand surge current	
13.081	动作负载试验	operating duty test	

14. 继电器及继电保护装置

序 码	汉 文 名	英 文 名	注 释
14.001	[电气]继电器	[electrical] relay	
14.002	[继电]保护装置	[relaying] protection equipment	
14.003	释放状态	release condition	
14.004	动作状态	operate condition	
14.005	初始状态	initial condition	

序　码	汉文名	英　文　名	注　释
14.006	终止状态	final condition	
14.007	未激励状态	unenergized condition	
14.008	激励状态	energized condition	
14.009	双稳态继电器状态	condition of a bistable relay	
14.010	退出	disengaging	
14.011	复归	resetting	又称"返回"。
14.012	动作	operating	
14.013	释放	releasing	
14.014	回复	reverting	
14.015	反向回复	reverse-reverting	
14.016	正确动作	correct operation	
14.017	不正确动作	incorrect operation	
14.018	误动	unwanted operation	
14.019	[触点]回跳	[contact] bouncing	
14.020	触点抖动	contact chatter	
14.021	触点滑动	contact wipe	
14.022	触点滚动	contact roll	
14.023	选择性	selectivity	
14.024	继电保护	relaying protection	
14.025	主保护	main protection	
14.026	后备保护	backup protection	
14.027	闭锁式保护	blocking protection	
14.028	允许式保护	permissive protection	
14.029	欠范围保护	underreaching protection	
14.030	过范围保护	overreaching protection	
14.031	纵联保护	pilot protection	
14.032	距离保护	distance protection	
14.033	变化率保护	rate-of-change protection	
14.034	载波继电保护	carrier-relaying protection	
14.035	载波纵联保护	carrier-pilot protection	
14.036	微波纵联保护	microwave-pilot protection	
14.037	相位比较保护	phase-comparison protection	
14.038	电流方向保护	directional current protection	
14.039	相间电流平衡保护	current phase-balance protection	
14.040	故障母线保护	fault bus protection	

序 码	汉 文 名	英 文 名	注 释
14.041	定时欠电压保护	time-undervoltage protection	
14.042	接地故障保护	earth fault protection, ground fault protection	
14.043	继电保护系统	relaying protection system	
14.044	单元保护系统	unit protection system	
14.045	非单元保护系统	non-unit protection system	
14.046	有或无继电器	all-or-nothing relay	
14.047	量度继电器	measuring relay	又称"测量继电器"。
14.048	保护继电器	protection relay	
14.049	控制继电器	control relay	
14.050	一次继电器	primary relay	
14.051	二次继电器	secondary relay	
14.052	分流继电器	shunt relay	
14.053	定时限继电器	specified-time relay	
14.054	非定时限继电器	non-specified-time relay	
14.055	自定时限量度继电器	independent-time measuring relay	
14.056	他定时限量度继电器	dependent-time measuring relay	
14.057	单稳态继电器	monostable relay	
14.058	双稳态继电器	bistable relay	
14.059	[自]保持继电器	latching relay	
14.060	极化继电器	polarized relay	
14.061	非极化继电器	non-polarized relay	
14.062	机电[式]继电器	electromechanical relay	
14.063	电磁[式]继电器	electromagnetic relay	
14.064	磁电[式]继电器	magneto-electric relay	
14.065	感应[式]继电器	induction relay	
14.066	电动[式]继电器	electromotive relay	
14.067	电动机式继电器	motor-driven relay	
14.068	舌簧继电器	reed relay	
14.069	静电继电器	electrostatic relay	
14.070	静态继电器	static relay	
14.071	整流式继电器	rectifying relay	
14.072	电热继电器	thermal electrical relay	
14.073	温度继电器	temperature relay	
14.074	光电继电器	photoelectric relay	

序 码	汉 文 名	英 文 名	注 释
14.075	带输出触点的静态继电器	static relay with output contact	
14.076	无输出触点的静态继电器	static relay without output contact	
14.077	中间继电器	auxiliary relay	又称"辅助继电器"。
14.078	时间继电器	time-delay relay	
14.079	信号继电器	signal relay	
14.080	反时限继电器	inverse-time relay	
14.081	电压继电器	voltage relay	
14.082	欠电压继电器	under-voltage relay	
14.083	过电压继电器	overvoltage relay	
14.084	过载继电器	overload relay	
14.085	电流继电器	current relay	
14.086	欠电流继电器	under-current relay	
14.087	逆电流继电器	reverse-current relay	
14.088	过电流继电器	overcurrent relay	
14.089	电流平衡继电器	current-balance relay	
14.090	频率继电器	frequency relay	
14.091	变化率继电器	rate-of-change relay	
14.092	阻抗继电器	impedance relay	
14.093	电阻继电器	resistance relay	
14.094	电抗继电器	reactance relay	
14.095	电纳继电器	susceptance relay	
14.096	功率继电器	power relay	
14.097	方向继电器	directional relay	
14.098	功率方向继电器	directional power relay	
14.099	断相继电器	open-phase relay	
14.100	选相继电器	phase-selector relay	
14.101	相位比较继电器	phase-comparator relay	
14.102	相序继电器	phase-sequence relay	
14.103	负序继电器	negative-phase-sequence relay	
14.104	零序继电器	zero-phase-sequence relay	
14.105	正序继电器	positive-phase-sequence relay	
14.106	监控继电器	monitoring relay	
14.107	调节继电器	regulating relay	
14.108	机械复归继电器	mechanically reset relay	
14.109	手动复归继电器	hand-reset relay	

序　码	汉　文　名	英　文　名	注　释
14.110	自动复归继电器	automatically reset relay	
14.111	慢动继电器	slow-operate relay	
14.112	快动继电器	fast-operate relay	
14.113	快动快释继电器	fast-operate fast-release relay	
14.114	快动慢释继电器	fast-operate slow-release relay	
14.115	重[闭]合继电器	reclosing relay	
14.116	闭锁继电器	blocking relay	
14.117	平衡继电器	balance relay	
14.118	中介继电器	interposing relay	
14.119	高速继电器	high-speed relay	
14.120	程序继电器	programing relay	
14.121	增量继电器	increment relay	
14.122	偏置继电器	biased relay	
14.123	差动继电器	differential relay	
14.124	接地继电器	earth fault relay	
14.125	距离继电器	distance relay	
14.126	整步继电器	synchronizing relay	
14.127	联锁继电器	interlocking relay	
14.128	惯性继电器	inertia relay	
14.129	数字继电器	digital relay	
14.130	主保护装置	main protection equipment	
14.131	后备保护装置	backup protection equipment	
14.132	变压器保护装置	protection equipment for transformer	
14.133	发电机保护装置	protection equipment for generator	
14.134	母线保护装置	protection equipment for bus-bar	
14.135	断路器失效保护装置	circuit-breaker failure protection equipment	
14.136	距离保护装置	distance protection equipment	
14.137	载波[纵联]保护装置	carrier-pilot protection equipment	
14.138	微波[纵联]保护装置	microwave-pilot protection equipment	
14.139	数字式保护装置	digital protection equipment	
14.140	备用电源保护装置	automatic switching-on equipment of standby power supply	
14.141	电磁系统	electromagnetic system	

序 码	汉 文 名	英 文 名	注 释
14.142	输入电路	input circuit	
14.143	输出电路	output circuit	
14.144	动断输出电路	output break circuit	
14.145	动合输出电路	output make circuit	
14.146	触点电路	contact circuit	
14.147	触点组件	contact assembly	
14.148	静触点	fixed contact	
14.149	动触点	moving contact	
14.150	转换触点	change-over contact	
14.151	瞬接触点	snap-on contact	
14.152	动合触点	make contact	曾称"常开触点"。
14.153	动断触点	break contact	曾称"常闭触点"。
14.154	先通后断转换触点	change-over make before break contact	
14.155	先断后通转换触点	change-over break before make contact	
14.156	中位转换触点	change-over contact with neutral position	
14.157	双断触点	double-break contact	
14.158	滑过触点	passing contact	
14.159	舌簧触点	reed contact	
14.160	衔铁	armature	
14.161	动作指示器	operation indicator	
14.162	起动元件	starting element	
14.163	判别元件	discriminating element	
14.164	测量元件	measuring element	
14.165	起动值	starting value	
14.166	切换值	switching value	
14.167	退出值	disengaging value	
14.168	复归值	resetting value	
14.169	动作值	operating value	
14.170	不动作值	non-operating value	
14.171	释放值	releasing value	
14.172	不释放值	non-releasing value	
14.173	回复值	reverting value	
14.174	不回复值	non-reverting value	
14.175	反向回复值	reverse-reverting value	

序　码	汉　文　名	英　文　名	注　释
14.176	反向不回复值	non-reverse-reverting value	
14.177	适时值	just value	
14.178	必须值	must value	
14.179	整定值	setting value	
14.180	正确动作率	performance factor	
14.181	动作特性	operating characteristic	
14.182	触点间隙	contact gap	
14.183	接触力	contact force	
14.184	触点行程	contact travel	
14.185	触点跟随	contact follow	又称"触点超行程"。
14.186	临界冲击	critical impulse	
14.187	接触电阻	contact resistance	
14.188	接触压降	contact voltage drop	
14.189	触点负载	contact load	
14.190	触点耐久性	contact endurance	曾称"触点寿命"。
14.191	连续极限电流	limiting continuous current	
14.192	短时极限电流	limiting short-time current	
14.193	极限接通容量	limiting making capacity	
14.194	极限分断容量	limiting breaking capacity	
14.195	极限循环容量	limiting cycling capacity	
14.196	临界电流	critical current	
14.197	临界电压	critical voltage	
14.198	影响因素	influencing factor	
14.199	影响量基准值	reference value of an influencing quantity	
14.200	激励量	energizing quantity	
14.201	输入激励量	input energizing quantity	
14.202	辅助激励量	auxiliary energizing quantity	
14.203	动作安匝	operating ampere-turns	
14.204	释放安匝	release ampere-turns	
14.205	基本电流	basic current	
14.206	特性量	characteristic quantity	
14.207	整定范围	setting range	
14.208	整定比	setting ratio	
14.209	复归比	resetting ratio	又称"返回比"。
14.210	复归百分数	resetting percentage	
14.211	退出比	disengaging ratio	

序　码	汉　文　名	英　文　名	注　释
14.212	退出百分数	disengaging percentage	
14.213	特性角	characteristic angle	
14.214	定时限	specified time	
14.215	闭合时间	closing time	
14.216	断开时间	opening time	
14.217	动作时间	operate time	
14.218	释放时间	release time	
14.219	转换时间	change-over time	
14.220	回跳时间	bounce time	
14.221	桥接时间	bridging time	又称"过渡时间"。
14.222	接触时差	contact time difference	
14.223	恢复时间	recovery time	
14.224	复归时间	reset time	又称"返回时间"。
14.225	退出时间	disengaging time	
14.226	一致性	consistency	
14.227	基准一致性	reference consistency	
14.228	等级指数	class index	
14.229	保护动作时间	operate time of protection	
14.230	制动电流	restraint current	
14.231	制动系数	restraint coefficient	
14.232	差动电流	differential current	
14.233	死区	dead zone	用于继电器。
14.234	潜动	creeping	
14.235	鸟啄	unfirm closing	
14.236	系统阻抗比	system impedance ratio	

15．电力电子技术

序　码	汉　文　名	英　文　名	注　释
15.001	电力电子技术	power electronic technology	
15.002	PN 界面	PN boundary	
15.003	过渡区	transition region	
15.004	杂质浓度过渡区	impurity concentration transition region	
15.005	势垒	potential barrier	
15.006	结	junction	

序　码	汉　文　名	英　文　名	注　释
15.007	突变结	abrupt junction	
15.008	缓变结	progressive junction	
15.009	键合结	bonding junction	
15.010	PN 结	PN junction	
15.011	合金结	alloy junction	
15.012	扩散结	diffused junction	
15.013	生长结	grown junction	
15.014	外延结	epitaxy junction	
15.015	欧姆接触	ohmic contact	
15.016	空间电荷区	space charge region	
15.017	反型层	inversion layer	
15.018	耗尽层	depletion layer	
15.019	沟道	channel	
15.020	P 沟[道]	P channel	
15.021	N 沟[道]	N channel	
15.022	隧道效应	tunnel effect	
15.023	内建电场	internal electric field	
15.024	反向偏置 PN 结击穿	breakdown of a reverse-biased PN junction	
15.025	雪崩击穿	avalanche breakdown	
15.026	雪崩电压	avalanche voltage	
15.027	热击穿	thermal breakdown	
15.028	齐纳击穿	Zener breakdown, tunnel breakdown	又称"隧道击穿"。
15.029	拉制生长	growing by pulling	
15.030	区熔生长	growing by zone melting	
15.031	区熔提纯	zone refining	
15.032	区熔夷平	zone levelling	
15.033	掺杂	doping	
15.034	杂质补偿	impurity compensation	
15.035	合金工艺	alloy technique	
15.036	扩散工艺	diffusion technique	
15.037	平面工艺	planar technique	
15.038	微合金工艺	micro-alloy technique	
15.039	台面工艺	mesa technique	
15.040	外延	epitaxy	
15.041	表面钝化	surface passivation	

序　码	汉　文　名	英　文　名	注　　释
15.042	离子注入	ion implantation	
15.043	基极端	base terminal	
15.044	集电极端	collector terminal	
15.045	发射极端	emitter terminal	
15.046	发射极	emitter [electrode]	
15.047	集电极	collector [electrode]	
15.048	基极	base [electrode]	
15.049	发射区	emitter region	
15.050	集电区	collector region	
15.051	基区	base region	
15.052	发射结	emitter junction	
15.053	集电结	collector junction	
15.054	源极	source electrode	
15.055	漏极	drain electrode	
15.056	门极	gate [electrode]	又称"栅极"。
15.057	源区	source region	
15.058	漏区	drain region	
15.059	门区	gate region	又称"栅区"。
15.060	衬底	substrate	
15.061	等效温度	virtual temperature, internal equivalent temperature	
15.062	[等效]结温	virtual junction temperature	
15.063	储存温度	storage temperature	
15.064	热降额因数	thermal derating factor	
15.065	参比点温度	reference point temperature	
15.066	瞬态热阻抗	transient thermal impedance	
15.067	脉冲条件热阻抗	thermal impedance under pulse conditions	
15.068	热容	thermal capacitance	
15.069	[等效]热网络	equivalent thermal network	
15.070	[等效]热网络热容	equivalent thermal network capacitance	
15.071	[等效]热网络热阻	equivalent thermal network resistance	
15.072	螺栓形结构	stud-mounted construction	
15.073	平底形结构	flat base construction	
15.074	平板形结构	disk construction	

序　码	汉　文　名	英　文　名	注　释
15.075	散热件	heat sink	
15.076	散热体	radiator	
15.077	管壳	case	
15.078	管座	base	
15.079	管帽	cap	
15.080	管芯	die	
15.081	主端子	main terminal	
15.082	正向	forward direction	
15.083	反向	reverse direction	
15.084	通态	on-state	
15.085	断态	off-state	
15.086	截止	cut-off	
15.087	反向阻断状态	reverse blocking state	
15.088	负[微分电]阻区	negative differential resistance region	
15.089	转折点	breakover point	
15.090	正向转折	forward breakover	
15.091	电力电子器件	power electronic device	
15.092	半导体器件	semiconductor device	
15.093	电力半导体器件	power semiconductor device	
15.094	[电力]半导体二极管	[power] semiconductor diode	
15.095	半导体整流[二极]管	semiconductor rectifier diode	
15.096	半导体整流堆	semiconductor rectifier stack	
15.097	雪崩整流管	avalanche rectifier diode	
15.098	高压整流堆	high voltage rectifier stack	
15.099	可控雪崩整流管	controlled avalanche rectifier diode	
15.100	快恢复整流管	fast-recovery rectifier diode	
15.101	高温整流管	high temperature rectifier diode	
15.102	开关二极管	switching diode	
15.103	隧道二极管	tunnel diode	
15.104	肖特基势垒二极管	Schottky barrier diode	
15.105	晶闸管	thyristor	
15.106	单向晶闸管	unidirectional thyristor	
15.107	反向阻断二极晶	reverse blocking diode thyristor	

序　码	汉　文　名	英　文　名	注　释
	闸管		
15.108	反向阻断[三极]晶闸管	reverse blocking triode thyristor	
15.109	普通[三极]晶闸管	triode thyristor	
15.110	快速[三极]晶闸管	fast-switching triode thyristor	
15.111	门极关断晶闸管	gate turn-off thyristor, GTO	
15.112	逆导二极晶闸管	reverse conducting diode thyristor	
15.113	逆导[三极]晶闸管	reverse conducting triode thyristor	
15.114	不对称[三极]晶闸管	asymmetrical triode thyristor	
15.115	P 门极晶闸管	P-gate thyristor	
15.116	N 门极晶闸管	N-gate thyristor	
15.117	光控晶闸管	photo thyristor, light activated thyristor	
15.118	双向二极晶闸管	bidirectiohal diode thyristor, diac	
15.119	双向[三极]晶闸管	bidirectional triode thyristor, triac	
15.120	静电感应晶闸管	static induction thyristor, SITH	
15.121	MOS 门控晶闸管	MOS controlled thyristor, MCT	
15.122	电力晶体管	power transistor, giant transistor, GTR	
15.123	电力 MOS 场效晶体管	power metal-oxide-semiconductor field effect transistor, power MOSFET	
15.124	[电力]双极晶体管	[power] bipolar transistor, [power] junction transistor	又称"[电力]结型晶体管"。
15.125	[电力]单极晶体管	[power] unipolar transistor	
15.126	绝缘栅双极晶体管	insulated gate bipolar transistor, IGBT	
15.127	场效[应]晶体管	field effect transistor, FET	
15.128	绝缘栅场效[应]晶体管	insulated gate field effect transistor, IGFET	

序 码	汉 文 名	英 文 名	注 释
15.129	N 沟[道]场效 [应]晶体管	N-channel field effect transistor	
15.130	P 沟[道]场效 [应]晶体管	P-channel field effect transistor	
15.131	双向晶体管	bidirectional transistor	
15.132	静电感应晶体管	static induction transistor, SIT	
15.133	MOS 栅控晶体 管	MOS gate bipolar transistor, MGT	
15.134	[半导体]模块	semiconductor module	
15.135	[半导体]组件	semiconductor assemble	
15.136	电力晶体管模块	power transistor module	又称"GTR 模块"。
15.137	晶闸管模块	thyristor module	
15.138	门极关断晶闸管 模块	gate turn-off thyristor module	又称"GTO 模块"。
15.139	门极关断晶闸管 组件	gate turn-off thyristor assemble	又称"GTO 组件"。
15.140	正向电压	forward voltage	
15.141	正向峰值电压	peak forward voltage	
15.142	反向电压	reverse voltage	
15.143	反向直流电压	direct reverse voltage	
15.144	反向工作峰值电 压	peak working reverse voltage	
15.145	反向重复峰值电 压	repetitive peak reverse voltage	
15.146	反向不重复峰值 电压	non-repetitive peak reverse voltage	
15.147	正向电流	forward current	
15.148	正向重复峰值电 流	repetitive peak forward current	
15.149	正向浪涌电流	surge forward current	
15.150	反向电流	reverse current	
15.151	反向重复峰值电 流	repetitive peak reverse current	
15.152	反向恢复电流	reverse recovery current	
15.153	总耗散功率	total power dissipation	
15.154	正向耗散功率	forward power dissipation	
15.155	反向耗散功率	reverse power dissipation	

序　码	汉　文　名	英　文　名	注　　释
15.156	伏安特性	voltage-current characteristic, V-I characteristic	
15.157	正向特性	forward characteristic	
15.158	正向特性近似直线	straight line approximation of forward characteristic	
15.159	[正向]阈值电压	[forward] threshold voltage	曾称"[正向]门槛电压"。
15.160	[正向]斜率电阻	[forward] slope resistance	
15.161	反向恢复时间	reverse recovery time	
15.162	正向恢复时间	forward recovery time	
15.163	正向恢复电压	forward recovery voltage	
15.164	开通耗散功率	turn-on power dissipation	
15.165	关断耗散功率	turn-off power dissipation	
15.166	恢复电荷	recovered charge	
15.167	反向浪涌耗散功率	surge reverse power dissipation	
15.168	主电压	principal voltage	
15.169	阳极电压	anode-to-cathode voltage, anode voltage	
15.170	阳极[电压－电流]特性	anode [voltage-current] characteristic	
15.171	主[电压－电流]特性	principal [voltage-current] characteristic	
15.172	转折电压	breakover voltage	
15.173	通态电压	on-state voltage	
15.174	通态峰值电压	peak on-state voltage	
15.175	断态电压	off-state voltage	
15.176	断态直流电压	direct off-state voltage	
15.177	断态工作峰值电压	peak working off-state voltage	
15.178	断态重复峰值电压	repetitive peak off-state voltage	
15.179	断态不重复峰值电压	non-repetitive peak off-state voltage	
15.180	反向击穿电压	reverse breakdown voltage	
15.181	门极电压	gate voltage	
15.182	门极正向电压	forward gate voltage	

序 码	汉 文 名	英 文 名	注 释
15.183	门极正向峰值电压	peak forward gate voltage	
15.184	门极反向电压	reverse gate voltage	
15.185	门极反向峰值电压	peak reverse gate voltage	
15.186	门极触发电压	gate trigger voltage	
15.187	门极不触发电压	gate non-trigger voltage	
15.188	门极关断电压	gate turn-off voltage	
15.189	主电流	principal current	
15.190	通态电流	on-state current	
15.191	转折电流	breakover current	
15.192	维持电流	holding current	
15.193	擎住电流	latching current	
15.194	通态重复峰值电流	repetitive peak on-state current	
15.195	通态浪涌电流	surge on-state current	
15.196	断态电流	off-state current	
15.197	断态重复峰值电流	repetitive peak off-state current	
15.198	反向阻断电流	reverse blocking current	
15.199	门极电流	gate current	
15.200	门极正向电流	forward gate current	
15.201	门极正向峰值电流	peak forward gate current	
15.202	门极反向电流	reverse gate current	
15.203	门极触发电流	gate trigger current	
15.204	门极不触发电流	gate non-trigger current	
15.205	门极关断电流	gate turn-off current	
15.206	断态电压临界上升率	critical rate of rise of off-state voltage	
15.207	通态电流临界上升率	critical rate of rise of on-state current	
15.208	[门极控制]开通时间	gate controlled turn-on time	
15.209	[门极控制]关断时间	gate controlled turn-off time	
15.210	[门极控制]延迟	gate controlled delay time	

序 码	汉 文 名	英 文 名	注 释
	时间		
15.211	[门极控制]上升时间	gate controlled rise time	
15.212	反向击穿电流	reverse breakdown current	
15.213	最大关断电流	maximum turn-off current	
15.214	反向阻断阻抗	reverse blocking impedance	
15.215	通态耗散功率	on-state power dissipation	
15.216	门极峰值功率	peak gate power	
15.217	通态特性	on-state characteristic	
15.218	通态特性近似直线	straight line approximation of on-state characteristic	
15.219	[通态]阈值电压	[on-state] threshold voltage	曾称"[通态]门槛电压"。
15.220	[通态]斜率电阻	[on-state] slope resistance	
15.221	储存时间	storage time	
15.222	发射极－基极饱和电压	emitter-base saturation voltage	
15.223	发射极－基极电压	emitter-base voltage	
15.224	集电极－发射极电压	collector-emitter voltage	
15.225	最大集电极峰值电流	maximum peak collector current	
15.226	集电极－发射极饱和电压	collector-emitter saturation voltage	
15.227	集电极－基极截止电流	collector-base cut-off current	
15.228	发射极－基极截止电流	emitter-base cut-off current	
15.229	集电极－发射极截止电流	collector-emitter cut-off current	
15.230	集电极连续电流	continuous collector current	
15.231	基极连续电流	continuous base current	
15.232	发射极耗尽层电容	emitter depletion layer capacitance	
15.233	集电极耗尽层电容	collector depletion layer capacitance	

序 码	汉 文 名	英 文 名	注 释
15.234	栅－源电压	gate-source voltage	
15.235	漏－源电压	drain-source voltage	
15.236	截止电压	cut-off voltage	
15.237	跨导	transconductance	
15.238	沟道－管壳热阻	channel-case thermal resistance	
15.239	输入电容	input capacitance	
15.240	[电力电子]变流	[electronic power] conversion	又称"[电力电子]变换"。
15.241	[电力电子]整流	[electronic power] rectification	
15.242	[电力电子]逆变	[electronic power] inversion	
15.243	[电力电子]交流变流	[electronic power] AC conversion	
15.244	[电力电子]直流变流	[electronic power] DC conversion	
15.245	[电力电子]通断	[electronic power] switching	
15.246	[电力电子]电阻控制	[electronic power] resistance control	
15.247	稳定	stabilization	
15.248	电力电子设备	power electronic equipment	
15.249	电力半导体设备	power semiconductor equipment	
15.250	[电力电子]变流设备	[electronic power] convertor equipment	
15.251	[电力电子]变流器	[electronic power] convertor	
15.252	[电力电子]整流器	[electronic power] rectifier	
15.253	[电力电子]逆变器	[electronic power] inverter	
15.254	交流变流器	[electronic] AC convertor	
15.255	交－交变流器	direct AC convertor	
15.256	交－直－交变流器	indirect AC convertor	
15.257	[电力电子]变频器	[electronic] frequency convertor	
15.258	[电力电子]变相器	[electronic] phase convertor	
15.259	交流电压变换器	[electronic] AC voltage convertor	

序 码	汉 文 名	英 文 名	注 释
15.260	周波变流器	cycloconvertor	
15.261	直流变流器	[electronic] DC convertor	
15.262	直流斩波器	DC chopper convertor, direct DC convertor	又称"直接直流变流器"。
15.263	间接直流变流器	indirect DC convertor	
15.264	单象限变流器	one-quadrant convertor	
15.265	双象限变流器	two-quadrant convertor	
15.266	四象限变流器	four quadrant convertor	
15.267	可逆变流器	reversible convertor	
15.268	不可逆变流器	non-reversible convertor	
15.269	串级变流器	cascade convertor	
15.270	多重变流器	multiple convertor	
15.271	单变流器	single convertor	
15.272	双变流器	double convertor	
15.273	自换相变流器	self-commutated convertor	
15.274	外部换相逆变器	externally commutated inverter	
15.275	自换相逆变器	self-commutated inverter	
15.276	半导体变流器	semiconductor convertor	
15.277	[电力]电子开关	electronic [power] switch	
15.278	交流[电力]电子开关	electronic AC [power] switch	
15.279	直流[电力]电子开关	electronic DC [power] switch	
15.280	硅单向开关	silicon unidirection switch	
15.281	硅双向开关	silicon bidirection switch	
15.282	不对称硅双向开关	asymmetrical silicon bidirection switch	
15.283	电子交流电力控制器	electronic AC power controller	
15.284	电子直流电力控制器	electronic DC power controller	
15.285	稳定电源	stabilized power supply	
15.286	线性电源	linear power supply	
15.287	变频电源	variable frequency power supply	
15.288	不间断电源	uninterrupted power supply, UPS	
15.289	[电子]阀器件	[electronic] valve device	
15.290	[电子]阀	[electronic] valve	

序　码	汉　文　名	英　文　名	注　释
15.291	双向[电子]阀	bidirectional [electronic] valve	
15.292	单向[电子]阀	unidirectional [electronic] valve	
15.293	半导体阀器件	semiconductor valve device	
15.294	[阀器件]堆	[valve device] stack	
15.295	阀器件装置	valve device assembly	
15.296	变流装置	convertor assembly	
15.297	双变流器的变流组	convertor section of double conver-tor	
15.298	换相组	commutating group	
15.299	阀电抗器	valve reactor	
15.300	系统控制设备	system control equipment	
15.301	保护开关设备	protective switchgear	
15.302	上升率抑制器	rate-of-rise suppressor	
15.303	反向分压器	reverse voltage divider	
15.304	过[电]压抑制器	overvoltage suppressor	
15.305	电压浪涌抑制器	voltage surge suppressor	
15.306	信号器	annunciator	
15.307	电流平衡器	current balancing device	
15.308	[电路]阀	[circuit] valve	
15.309	[阀]臂	[valve] arm	
15.310	主臂	principal arm	
15.311	变流臂	convertor arm	
15.312	开关臂	switch arm	
15.313	臂对	pair of arms	
15.314	反并联臂对	pair of antiparallel arms	
15.315	辅助臂	auxiliary arm	
15.316	臂对中心端子	center terminal of a pair of arms	
15.317	臂对外接端子	outer terminal of a pair of arms	
15.318	导通方向	conducting direction	
15.319	不导通方向	non-conducting direction	
15.320	旁路臂	by-pass arm	
15.321	续流臂	freewheeling arm	
15.322	关断臂	turn-off arm	
15.323	再生臂	regenerative arm	
15.324	变流联结	convertor connection	
15.325	基本变流联结	basic convertor connection	
15.326	开关联结	switch connection	

序 码	汉 文 名	英 文 名	注 释
15.327	基本开关联结	basic switch connection	
15.328	整流联结	rectifier connection	
15.329	单拍联结	single-way connection	
15.330	双拍联结	double-way connection	
15.331	桥式联结	bridge connection	
15.332	均一联结	uniform connection	
15.333	非均一联结	non-uniform connection	
15.334	不可控联结	non-controllable connection	
15.335	可控联结	controllable connection	
15.336	全控联结	fully controllable connection	
15.337	半控联结	half controllable connection	
15.338	升压补偿联结	boost and buck connection	
15.339	多重联结	multiple connection	
15.340	串联联结的级	stage of series connection	
15.341	换相	commutation	
15.342	外部换相	external commutation	
15.343	电网换相	line commutation	
15.344	负载换相	load commutation	
15.345	强迫换相	forced commutation	
15.346	谐振负载换相	resonant load commutation	
15.347	自换相	self-commutation	
15.348	直接耦合式电容换相	direct coupled capacitor commutation	
15.349	电感耦合式电容换相	inductively coupled capacitor commutation	
15.350	器件换相	device commutation	
15.351	直接换相	direct commutation	
15.352	间接换相	indirect commutation	
15.353	换相电路	commutation circuit	
15.354	换相缺口	commutation notch	
15.355	换相重复瞬变	commutation repetitive transient	
15.356	对称相控	symmetrical phase control	
15.357	非对称相控	asymmetrical phase control	
15.358	顺序相控	sequential phase control	
15.359	终止控制	termination control	
15.360	脉宽控制	pulse width control, pulse duration control	

序　码	汉　文　名	英　文　名	注　释
15.361	脉冲频率控制	pulse frequency control	
15.362	多周控制	multicycle control	
15.363	门极控制	gate control	
15.364	脉宽调制	pulse width modulation, PWM, pulse duration modulation, PDM	
15.365	峰值负载工作制	peak load duty	
15.366	重复负载工作制	repetitive load duty	
15.367	环流故障	circulating current fault	
15.368	换相失败	commutation failure	
15.369	穿通	break through	
15.370	触发	triggering	
15.371	开通	firing	
15.372	误通	false firing	
15.373	失通	firing failure	
15.374	失触发	triggering failure	
15.375	误触发	false triggering	
15.376	直通	conduction through	
15.377	正向击穿	forward breakdown	
15.378	反向击穿	reverse breakdown	
15.379	阀闭锁	valve blocking	
15.380	门极保护作用	gate protection action	
15.381	门极抑制	gate suppression	
15.382	平衡温度	equilibrium temperature	
15.383	断续流通	intermittent flow	
15.384	连续流通	continuous flow	
15.385	脉波数	pulse number	
15.386	换相数	commutation number	
15.387	功率效率	power efficiency	
15.388	变流因数	conversion factor	
15.389	整流因数	rectification factor	
15.390	逆变因数	inversion factor	
15.391	理想空载直流电压	ideal no-load direct voltage	
15.392	相控理想空载直流电压	controlled ideal no-load direct voltage	
15.393	约定空载直流电	conventional no-load direct voltage	

序　码	汉文名	英文名	注　释
	压		
15.394	相控约定空载直流电压	controlled conventional no-load direct voltage	
15.395	实际空载直流电压	real no-load direct voltage	
15.396	相控功率	phase control power	
15.397	过渡电流	transition current	
15.398	阻性直流电压调整值	resistive direct voltage regulation	
15.399	感性直流电压调整值	inductive direct voltage regulation	
15.400	稳定电压调整值	stabilized voltage regulation	
15.401	纹波电压	ripple voltage	
15.402	重叠角	angle of overlap	
15.403	触发延迟角	gating delay angle	
15.404	触发超前角	gating advance angle	
15.405	固有延迟角	inherent delay angle	
15.406	裕度角	[commutation] margin angle	
15.407	滞后角	angle of retard	
15.408	电路角	circuit angle	
15.409	相控范围	phase control range	
15.410	相控因数	phase control factor	
15.411	多周控制因数	multicycle control factor	
15.412	脉冲控制因数	pulse control factor	
15.413	开关控制因数	switch control factor	
15.414	传递因数	transfer factor	
15.415	关断间隔	hold-off interval	
15.416	导通间隔	conduction interval	
15.417	不导通间隔	idle interval, non-conduction interval	
15.418	导通比	conduction ratio	
15.419	电路反向阻断间隔	circuit reverse blocking interval	
15.420	电路断态间隔	circuit off-state interval	
15.421	电路断态工作峰值电压	circuit peak working off-state voltage	
15.422	电路断态重复峰	circuit repetitive peak off-state	

序 码	汉 文 名	英 文 名	注 释
	值电压	voltage	
15.423	电路断态不重复峰值电压	circuit non-repetitive peak off-state voltage	
15.424	电路反向工作峰值电压	circuit peak working reverse voltage	
15.425	电路反向重复峰值电压	circuit repetitive peak reverse voltage	
15.426	电路反向不重复峰值电压	circuit non-repetitive peak reverse voltage	
15.427	换相电压	commutation voltage	
15.428	换相电感	commutation inductance	
15.429	换相周期	commutating period	
15.430	逆变效率	inversion efficiency	
15.431	输出频率稳定性	output frequency stability	
15.432	自然特性	natural characteristic	
15.433	强制特性	forced characteristic	
15.434	下降特性	falling characteristic	
15.435	上升特性	rising characteristic	
15.436	稳定输出特性	stabilized output characteristic	
15.437	稳压特性	stabilized voltage characteristic	
15.438	稳流特性	stabilized current characteristic	
15.439	自动连通	automatic switching on	
15.440	自动切断	automatic switching off	
15.441	跃变特性	jumping characteristic	
15.442	综合特性	composite characteristic	

16. 电气传动及其自动控制

序 码	汉 文 名	英 文 名	注 释
16.001	电气传动	electric drive	曾称"电力拖动"。
16.002	直流电气传动	direct current electric drive	
16.003	交流电气传动	alternating current electric drive	
16.004	可逆电气传动	reversible electric drive	
16.005	不可逆电气传动	non-reversible electric drive	
16.006	调速电气传动	adjustable speed electric drive, variable speed electric drive	又称"变速传动"。

序　码	汉　文　名	英　文　名	注　释
16.007	非调速电气传动	non-adjustable speed electric drive	
16.008	调压传动	variable voltage electric drive	
16.009	步进电气传动	step motion electric drive	
16.010	直线电气传动	linear motion electric drive	
16.011	沃德－伦纳德 [电气]传动	Ward-Leonard [electric] drive	
16.012	串级电气传动	tandem electric drive	
16.013	克雷默[电气]传动	Kraemer [electric] drive	
16.014	舍比乌斯[电气]传动	Scherbius [electric] drive	
16.015	主令传动	master drive	
16.016	随动传动	follower drive	
16.017	变频电气传动	variable frequency electric drive	
16.018	受控系统	controlled system	
16.019	施控系统	controlling system	
16.020	控制系统	control system	
16.021	线性系统	linear system	
16.022	非线性系统	non-linear system	
16.023	最优控制系统	optimal control system	
16.024	自适应控制系统	adaptive control system	
16.025	反馈控制系统	feedback control system	
16.026	离散[时间]系统	discrete [time] system	
16.027	多变量系统	multivariable system	
16.028	采样控制系统	sampling control system	
16.029	二进制逻辑系统	binary-logic system	
16.030	伺服系统	servo system	
16.031	直接受控系统	directly controlled system	
16.032	间接受控系统	indirectly controlled system	
16.033	监控系统	supervisory control system	
16.034	调压调速	variable voltage [speed] control	
16.035	调磁调速	variable field [speed] control	
16.036	串并联调速	series-parallel [speed] control	
16.037	串级调速	tandem [speed] control	
16.038	变频调速	frequency [speed] control	
16.039	变极调速	pole changing [speed] control	
16.040	变阻调速	rheostatic [speed] control	

序 码	汉 文 名	英 文 名	注 释
16.041	克雷默系统	Kraemer system	又称"串级调速系统"。
16.042	静止克雷默系统	static Kramer system	
16.043	沃德－伦纳德系统	Ward-Leonard system	
16.044	伊尔格纳系统	Ilgner system	
16.045	改型克雷默系统	modified Kraemer system	
16.046	自动化	automation	
16.047	过程	process	
16.048	监视	monitoring	
16.049	执行装置	final controlling element	又称"末级施控元件"。
16.050	半自动控制	partial-automatic control, semi-automatic control	
16.051	开环控制	open-loop control	
16.052	闭环控制	closed-loop control, feedback control	又称"反馈控制"。
16.053	前馈控制	feed forward control	
16.054	复合控制	compound control	
16.055	恒值控制	control with fixed set-point	
16.056	变压控制	varying-voltage control	
16.057	随动控制	follow-up control	
16.058	群控	group control	
16.059	程序	program	
16.060	程控	programed control	
16.061	顺序程序	sequential program	
16.062	顺控	sequential control	
16.063	连续控制	continuous control	
16.064	断续控制	discontinuous control	
16.065	过程控制	process control	
16.066	浮动控制	floating control	
16.067	最优控制	optimal control	
16.068	步进控制	step control	
16.069	比例控制	proportional control	
16.070	积分控制	integral control	
16.071	微分控制	derivative control	
16.072	无静差控制	astatic control	

序　码	汉　文　名	英　文　名	注　　释
16.073	串级控制	cascade control	
16.074	中性区控制	neutral zone control	
16.075	脉冲控制	pulse control, chopper control	又称"斩波控制"。
16.076	矢量控制	vector control	
16.077	转差频率控制	slip frequency control	
16.078	直接转矩控制	direct torque control	
16.079	解耦控制	decoupling control	
16.080	功能框	functional block	
16.081	功能链	functional chain	
16.082	命令	command	
16.083	指令	instruction	
16.084	中断	interruption	
16.085	测量范围	measuring range	
16.086	控制范围	control range	
16.087	正向通道	forward path	
16.088	反馈通道	feedback path	
16.089	主反馈通道	main feedback path	
16.090	控制回路	control loop	
16.091	校正范围	correcting range, manipulated range	又称"操纵范围"。
16.092	强制	forcing	
16.093	作用方式	type of action	
16.094	调制作用	modulating action	
16.095	控制作用	control action	
16.096	采样作用	sampling action	
16.097	保持作用	holding action	
16.098	连续作用	continuous action	
16.099	位式作用	step action	
16.100	多位作用	multi-step action	
16.101	通断作用	on-off action	
16.102	高低作用	high-low action	
16.103	正负作用	positive-negative action	
16.104	比例作用	proportional action, P-action	又称"P作用"。
16.105	浮动作用	floating action	
16.106	积分作用	integral action, I-action	又称"I作用"。
16.107	微分作用	derivative action, D-action	又称"D作用"。
16.108	二阶微分作用	second derivative action	又称"D^2作用"。

序 码	汉 文 名	英 文 名	注 释
16.109	校正作用	corrective action	
16.110	复合作用	composite action	
16.111	变量	variable	
16.112	复变量	complex variable	
16.113	输入[变]量	input variable	
16.114	输出[变]量	output variable	
16.115	受控[变]量	controlled variable	
16.116	操纵[变]量	manipulated variable	
16.117	参比[变]量	reference variable	
16.118	状态变量	state variable	
16.119	设定值	set-point	
16.120	扰动	disturbance	又称"骚扰"。
16.121	信号	signal	
16.122	反馈信号	feedback signal	
16.123	误差信号	error signal	
16.124	模拟信号	analogue signal	
16.125	量化	quantization	
16.126	量化信号	quantized signal	
16.127	数字信号	digital signal	
16.128	采样信号	sampled signal	
16.129	二进制信号	binary signal	
16.130	单位脉冲信号	unit-impulse signal	
16.131	单位阶跃信号	unit-step signal	
16.132	电气传动成套设备	electric-driving installation	
16.133	电气传动控制设备	electric-driving controlgear	又称"电控设备"。
16.134	模拟器件	analogue device	
16.135	数字器件	digital device	
16.136	机电器件	electromechanical device	
16.137	固态器件	solid-state device	
16.138	电路板	circuit board	
16.139	控制单元	control unit, control module	
16.140	比较元件	comparing element	
16.141	输入元件	input element	
16.142	检测元件	detecting element	
16.143	施控元件	controlling element	

序 码	汉 文 名	英 文 名	注 释
16.144	正向施控元件	forward controlling element	
16.145	反馈施控元件	feedback controlling element	
16.146	比较单元	comparing unit	
16.147	输入单元	input unit	
16.148	测量单元	measuring unit	
16.149	检测单元	detecting unit	
16.150	稳压电源	stabilized voltage power supply	
16.151	稳流电源	stabilized current power supply	
16.152	稳频电源	constant-frequency power supply	
16.153	自动控制装置	automatic control equipment	
16.154	自动控制站	automatic control station	
16.155	自动转接设备	automatic transfer equipment	
16.156	半自动转接设备	partial-automatic transfer equipment	
16.157	敏感元件	[electric] sensor	
16.158	自动控制器	automatic controller	
16.159	半自动控制器	semi-automatic controller	
16.160	自作用控制器	self-operated controller	
16.161	电控制器	electric controller	
16.162	电子控制器	electronic controller	
16.163	电–气控制器	electropneumatic controller	
16.164	可编程[序]控制器	programable controller, PC	
16.165	顺序控制器	sequential controller	
16.166	模/数转换器	analogue-to-digital converter, A/D converter	又称"A/D 转换器"。
16.167	数/模转换器	digital-to-analogue converter, D/A converter	又称"D/A 转换器"。
16.168	触发装置	trigger equipment	
16.169	处理单元	processing unit	
16.170	接口	interface	
16.171	总线	bus	
16.172	信号转换器	signal converter	
16.173	执行器	actuator	
16.174	伺服电机执行器	servomotor actuator	
16.175	磁放大器	magnetic amplifier	
16.176	过程[控制]计算	process computer	

序 码	汉 文 名	英 文 名	注 释
	机		
16.177	寄存器	register	
16.178	采样器	sampler	
16.179	均衡器	equalizer	
16.180	[测量]变送器	[measuring] transmitter	
16.181	螺线管执行器	solenoid actuator	
16.182	固有特性	inherent characteristic	
16.183	控制特性	control characteristic	
16.184	控制精度	control precision	
16.185	控制准确度	control accuracy	
16.186	饱和	saturation	
16.187	死带	dead band, dead zone	用于传动。
16.188	时间响应	time response	
16.189	脉冲响应	impulse response	
16.190	频率响应	frequency response	
16.191	强迫响应	forced response	
16.192	相角	phase angle	
16.193	建立时间	settling time	
16.194	上升时间	rise time	
16.195	纯时滞	dead time, delay	又称"延迟"。
16.196	超调	overshoot	
16.197	系统偏差	system deviation	
16.198	动态偏差	dynamic deviation	
16.199	稳态偏差	steady state deviation	
16.200	瞬态偏差	transient deviation	
16.201	偏移系数	off-set coefficient	
16.202	比例作用系数	proportional-action coefficient	
16.203	积分作用系数	integral-action coefficient	
16.204	微分作用系数	derivative-action coefficient	
16.205	积分作用时间常数	integral-action time constant	
16.206	微分作用时间常数	derivative-action time constant	
16.207	描述函数	describing function	
16.208	遥测	telemetering, remote metering	
16.209	遥控	telecontrol, remote control	
16.210	数字遥测	digital telemetering	

序 码	汉 文 名	英 文 名	注 释
16.211	遥控数据记录	remote data logging	
16.212	远距离指示	remote indication	
16.213	远距离操作	remote operation	
16.214	远距离监视	telemonitoring	
16.215	远距离计算	telecounting	
16.216	远距离命令	telecommand	
16.217	远距离调节	teleadjusting	
16.218	远距离指令	teleinstruction	
16.219	电遥测仪	electric telemeter	
16.220	频率型遥测仪	frequency type telemeter	
16.221	电流型遥测仪	current type telemeter	
16.222	数字式遥测发送器	digital telemeter transmitter	
16.223	遥控站	remote station	
16.224	遥控站监测设备	remote station supervisory equipment	

17. 工业电热设备

序 码	汉 文 名	英 文 名	注 释
17.001	电热	electroheat	
17.002	电热技术	electroheat technology	
17.003	工业电热	industrial electroheat	
17.004	电热设备	electroheat equipment	又称"电热装置"。
17.005	电热成套设备	electroheat installation	
17.006	电炉	electric furnace	
17.007	电加热	electric heating	
17.008	直接电加热	direct electric heating	
17.009	间接电加热	indirect electric heating	
17.010	表面电加热	electric surface heating	
17.011	穿透加热	through heating	
17.012	局部加热	localized heating	
17.013	储存热	stored heat	
17.014	有效热	useful heat	
17.015	回收热	recuperative heat	
17.016	热损失	thermal loss	

序 码	汉 文 名	英 文 名	注 释
17.017	积蓄热	accumulated heat	
17.018	热绝缘	thermal insulation	
17.019	绝热材料	thermal insulation	
17.020	工作温度	working temperature	
17.021	最高连续运行温度	maximum continuous operating temperature	
17.022	保温损耗	standby loss, standing loss	
17.023	热容[量]	heat capacity	
17.024	比热[容]	specific heat [capacity]	
17.025	摩尔反应热	molar reaction heat	
17.026	摩尔还原热	molar reduction heat	
17.027	潜热	latent heat	
17.028	凝固点	solidifying point	
17.029	熔点	melting point	
17.030	三相点	triple point	
17.031	露点	dew point	
17.032	传热	thermal transmission, heat transfer	
17.033	热传导	heat conduction	
17.034	热扩散	thermal diffusion	
17.035	热导率	thermal conductivity	
17.036	热扩散率	thermal diffusivity	
17.037	热对流	thermal convection	
17.038	自然热对流	thermal natural convection	
17.039	强迫热对流	thermal forced convection	
17.040	对流系数	convection coefficient	
17.041	电磁频谱	electromagnetic spectrum	
17.042	热辐射	thermal radiation	
17.043	热辐射体	thermal radiator	
17.044	全辐射体	full radiator	
17.045	辐射反射	reflection of radiation	
17.046	辐射传递	radiant transfer	
17.047	复合传热	combined thermal transmission	
17.048	传热系数	thermal transmission coefficient	
17.049	电阻加热	resistance heating	
17.050	直接电阻加热	direct resistance heating	
17.051	间接电阻加热	indirect resistance heating	
17.052	加热电阻体	heating resistor, heating conductor	

序　码	汉　文　名	英　文　名	注　释
17.053	加热元件	heating element	
17.054	嵌入式加热元件	embedded heating element	
17.055	防护式加热元件	protected heating element	
17.056	铠装式加热元件	sheathed heating element	
17.057	管状加热元件	tubular heating element	
17.058	加热器	heater	
17.059	辐射元件	radiant element	
17.060	电辐射管	electric radiant tube	
17.061	加热电缆	heating cable	
17.062	加热电阻体组	heating resistor battery	
17.063	加热垫	heating resistance pad, heating resistance mat	
17.064	加热套	heating resistance collar	
17.065	带形电阻体	ribbon resistor	
17.066	绝缘加热带	insulated tape heating element	
17.067	挠性载体	flexible carrier	
17.068	挠性表面加热器	flexible surface heater	
17.069	刚性表面加热器	rigid surface heater	
17.070	加热电缆单元	heating cable unit	
17.071	加热带单元	heating tape unit	
17.072	不发热引线	cold lead, non-heating lead	
17.073	波形电阻体	undulate resistor	
17.074	棒形电阻体	rod resistor	
17.075	针形电阻体	pin resistor	
17.076	螺旋形电阻体	spiral resistor	
17.077	加热导体表面比负荷	heating conductor surface rating	
17.078	加热导体绿蚀	heating conductor green rot	
17.079	电阻炉	resistance furnace	
17.080	电阻炉成套设备	resistance furnace installation	
17.081	间接电阻炉	indirect resistance oven, indirect resistance furnace	
17.082	间接加热电阻窑	indirect resistance kiln	
17.083	直接电阻加热设备	direct resistance heating equipment	
17.084	直接电阻炉	direct resistance furnace	
17.085	有罐炉	retort furnace	

序 码	汉 文 名	英 文 名	注 释
17.086	连续式有罐炉	continuous retort furnace	
17.087	低热惯性炉	low thermal mass furnace	
17.088	电渣重熔炉	electroslag remelting furnace	
17.089	浴炉	bath furnace	
17.090	盐浴炉	salt bath furnace	
17.091	油浴炉	oil bath furnace	
17.092	铅浴炉	lead bath furnace	
17.093	电极盐浴炉	salt bath electrode furnace	
17.094	插入式电极盐浴炉	salt bath furnace with immersed electrodes	
17.095	埋入式电极盐浴炉	salt bath furnace with submerged electrodes	
17.096	流化粒子炉	fluidized bed furnace	
17.097	冷墙	cold wall	
17.098	热面	hot face	
17.099	红外加热	infrared heating	
17.100	红外加热元件	infrared heating element	
17.101	管形透明发射器	tubular clear emitter	
17.102	红外辐射板	infrared radiation panel	
17.103	红外玻璃板发射器	infrared glass panel emitter	
17.104	红外陶瓷板发射器	infrared ceramic panel emitter	
17.105	红外炉	infrared oven	
17.106	红外加热器	infrared heater	
17.107	红外发射反射器	infrared emitter reflector	
17.108	反射式红外灯	reflector infrared lamp	
17.109	电弧加热	arc heating	
17.110	直接电弧加热	direct arc heating	
17.111	间接电弧加热	indirect arc heating	
17.112	埋弧加热	submerged arc heating, arc resistance heating	又称"电弧电阻加热"。
17.113	耐火材料热区	refractory hot spot	
17.114	强相	wild phase, leading phase	又称"超前相"。
17.115	弱相	dead phase, lagging phase	又称"滞后相"。
17.116	电极折损	electrode scrap, electrode breakage	
17.117	电极消耗率	specific electrode consumption	

序　码	汉　文　名	英　文　名	注　释
17.118	电极节圆直径	electrode pitch circle diameter	
17.119	自焙电极	self-baking electrode	
17.120	连续电极	continuous electrode	
17.121	涂层电极	coated electrode	
17.122	电极响应时间	electrode response time	
17.123	电极滞后时间	electrode dead time	
17.124	电弧炉	arc furnace	
17.125	电弧炉成套设备	arc furnace installation	
17.126	直接电弧炉	direct arc furnace	
17.127	间接电弧炉	indirect arc furnace	
17.128	映象电弧炉	image arc furnace	
17.129	埋弧炉	submerged arc furnace, submerged resistance furnace	又称"埋弧电阻炉"。
17.130	真空重熔电弧炉	vacuum remelting arc furnace	
17.131	非自耗电极精炼电弧炉	non-consumable electrode refining arc furnace	
17.132	真空自耗电弧炉	vacuum consumable electrode arc furnace	
17.133	电磁搅拌器	electromagnetic stirrer	
17.134	电极接头	electrode nipple	
17.135	电极[冷却]圈	electrode economizer	又称"电极节省器"。
17.136	电极调节器	electrode control regulator	
17.137	结晶器	mould	
17.138	电极立柱	electrode mast	
17.139	电极立柱制动器	electrode mast snubber, electrode mast brake	
17.140	电弧炉电极臂	arc furnace [electrode] arm	
17.141	平台	platform	
17.142	倾炉系统	tilting system	
17.143	旋转座	swivel gantry	
17.144	出料电极	electrode tapping	
17.145	感应加热	induction heating	
17.146	直接感应加热	direct induction heating	
17.147	纵向磁通加热	longitudinal flux heating	
17.148	横向磁通加热	transverse flux heating	
17.149	行波加热	travelling wave heating	
17.150	透入深度	depth of penetration	

序　码	汉　文　名	英　文　名	注　释
17.151	驼峰	meniscus	
17.152	加热感应器	heating inductor	
17.153	感应器线圈	inductor coil	
17.154	铁氧体感应器	ferrite inductor	
17.155	心式感应器	core type inductor	
17.156	螺线管感应器	solenoid inductor, cylindrical inductor	又称"圆筒形感应器"。
17.157	坩埚炉感应器线圈	crucible furnace inductor coil	
17.158	扁平感应器	pancake inductor	
17.159	单匝感应器	loop inductor	
17.160	内部感应器	internal inductor	
17.161	感应体	inductor assembly	
17.162	间接感应加热	indirect induction heating, induction vessel heating	又称"感应容器加热"。
17.163	感应加热装置	induction heating equipment	
17.164	高频感应加热器	high frequency induction heater	
17.165	中频感应加热器	medium frequency induction heater	
17.166	低频感应加热器	low frequency induction heater	
17.167	感应炉	induction furnace	
17.168	感应炉成套设备	induction furnace installation	
17.169	感应熔炼炉	induction melting furnace	
17.170	坩埚式感应炉	induction crucible furnace, coreless induction furnace	又称"无心感应炉"。
17.171	熔沟式感应炉	induction channel furnace, core type induction furnace	又称"有心感应炉"。
17.172	感应保温炉	induction holding furnace	
17.173	坩埚可更换的感应炉	induction "lift off coil" crucible melting furnace	
17.174	线圈冷却护套	cooling and protection shield for a coil	
17.175	倾炉架	tilting cradle	
17.176	枢轴支架	pivot support frame	
17.177	集中器	concentrator	
17.178	线圈导磁体	coil flux guide	
17.179	线圈转接开关	coil switching link	
17.180	捣结炉衬	rammed lining	

序　码	汉　文　名	英　文　名	注　释
17.181	浇铸炉衬	cast lining	
17.182	导电炉衬	susceptor lining	
17.183	熔沟	channel	
17.184	平板式感应加热器	induction platen heater	
17.185	介质加热	dielectric heating	
17.186	加热台	heating station	
17.187	电磁波加热器	wave heater	
17.188	工作电极	work electrode	
17.189	焊接电极	welding electrode	
17.190	切割电极	cutting electrode	
17.191	转盘电极	rotating disc electrode	
17.192	平板电极	plate electrode	
17.193	加热电容器	heating capacitor	
17.194	介质加热器	dielectric heater	
17.195	介质加热成套设备	dielectric heating installation	
17.196	介质加热炉	dielectric heating oven	
17.197	线圈形状因数	coil shape factor	
17.198	复辉点	recalescent point	
17.199	微波加热	microwave heating	
17.200	微波发射器	microwave emitter	
17.201	微波加热器	microwave applicator	
17.202	微波加热成套设备	microwave heating installation	
17.203	电子束加热	electron beam heating	
17.204	电子透入深度	electron penetration depth	
17.205	束加速电压	beam accelerating voltage	
17.206	电子束孔径角	electron beam aperture	
17.207	焦斑	focal spot	
17.208	焦点	focal point	
17.209	电子轰击炉	electron bombardment furnace	
17.210	外部枪	external gun, separately pumped electron gun	又称"单独抽气电子枪"。
17.211	内部枪	internal gun, vacuum gun	又称"真空电子枪"。
17.212	光学观察系统	optical viewing system	
17.213	等离子体	plasma	

序 码	汉 文 名	英 文 名	注 释
17.214	等离子加热	plasma heating	
17.215	等离子气体	plasma gas	
17.216	等离子弧	plasma arc	
17.217	等离子体稳定化	plasma stabilization	
17.218	引导电弧	pilot arc	
17.219	主电弧	main arc	
17.220	等离子流	plasma jet	
17.221	等离子枪	plasma torch	
17.222	非转移弧等离子枪	non-transferred arc plasma torch, indirect arc plasma torch	又称"间接弧等离子枪"。
17.223	转移弧等离子枪	transferred arc plasma torch, direct arc plasma torch	又称"直接弧等离子枪"。
17.224	叠加弧等离子枪	superimposed arc plasma torch	
17.225	层流等离子枪	laminar plasma torch	
17.226	紊流等离子枪	turbulent plasma torch	
17.227	等离子炉	plasma furnace	
17.228	等离子加热器	plasma heater	
17.229	喷嘴	nozzle	
17.230	高频点火装置	high frequency ignition	
17.231	加热室	heating chamber	
17.232	炉壳	[furnace] casing, [furnace] shell	
17.233	炉底	hearth	
17.234	炉底板	hearth plate	
17.235	炉门	[furnace] door	
17.236	侧门	side door	
17.237	隔热屏	heat shield	
17.238	炉衬	[furnace] lining	
17.239	炉室	[furnace] chamber	又称"炉膛"。
17.240	冷却室	cooling chamber	
17.241	预烧室	burn-off chamber, dewaxing chamber	又称"去污室"。
17.242	炉拱	arch	
17.243	炉顶	[furnace] roof	
17.244	炉顶圈	[furnace] roof ring	
17.245	悬挂炉顶	suspended roof	
17.246	前室	vestibule	
17.247	坩埚	crucible	

序　码	汉　文　名	英　文　名	注　释
17.248	炉罐	retort [chamber]	
17.249	闸室	lock chamber	
17.250	炉料	charge	
17.251	料盘	charging tray	
17.252	出料槽	spout	
17.253	出渣门	slagging door	
17.254	溜槽	chute	
17.255	推送装置	pusher	
17.256	盘式装料装置	pan charger	
17.257	震底输送装置	shaker conveyor	
17.258	振动输送装置	vibratory feed, vibratory conveyor	
17.259	链条输送装置	chain conveyor	
17.260	翻斗单轨输送装置	skip monorails	
17.261	翻斗提升装置	skip hoist	
17.262	非连续式炉	discontinuous furnace	
17.263	舀出式炉	bale out furnace	
17.264	间歇式炉	batch furnace	
17.265	箱式炉	box type furnace	
17.266	井式炉	pit furnace	
17.267	罩式炉	bell furnace	
17.268	真空炉	vacuum furnace	
17.269	冷壁真空炉	cold-wall vacuum furnace	
17.270	热壁真空炉	hot wall vacuum furnace	
17.271	升降式炉	elevator furnace	
17.272	坩埚式炉	pot type furnace	
17.273	倾倒式炉	tilting furnace	
17.274	台车式炉	bogie hearth furnace	
17.275	转罐式炉	rotary retort furnace	
17.276	炉底开槽式炉	grooved hearth furnace, slotted hearth furnace	
17.277	连续式炉	continuous furnace	
17.278	多区炉	multi-zone furnace	
17.279	隧道式炉	tunnel furnace	
17.280	链输送式炉	chain conveyor furnace	
17.281	辊底式炉	roller hearth furnace	
17.282	转底式炉	rotary hearth furnace	

序 码	汉 文 名	英 文 名	注 释
17.283	车底式炉	bogie furnace	
17.284	滑底式炉	skid hearth furnace	
17.285	步进式炉	walking beam furnace	
17.286	螺旋输送式炉	screw conveyor furnace	
17.287	传送带式炉	belt conveyor furnace	
17.288	推送式炉	pusher furnace	
17.289	牵引式炉	drawing furnace	
17.290	斜底式炉	sloping hearth furnace, gravity feed furnace	又称"重力输送式炉"。
17.291	震底式炉	shaker hearth furnace	
17.292	工艺气氛	processing atmosphere	
17.293	自然气氛	natural atmosphere	
17.294	特殊气氛	special atmosphere	
17.295	受控气氛	controlled atmosphere	
17.296	氧化性气氛	oxidizing atmosphere	
17.297	还原性气氛	reducing atmosphere	
17.298	中性气氛	neutral atmosphere	
17.299	惰性气氛	inert atmosphere	
17.300	真空熔炼	vacuum melting	
17.301	真空重熔	vacuum remelting	
17.302	悬浮熔炼	levitation melting	
17.303	区熔	zone melting and refining	
17.304	冷[炉状]态	cold state	
17.305	热[炉状]态	hot state	
17.306	热稳定状态	thermal steady state	
17.307	熔炼周期	melting cycle	
17.308	熔化时间	melt-down time, melting time	
17.309	合金化时间	alloying time	
17.310	精炼时间	refining time	
17.311	装料时间	charge time	
17.312	出料时间	pouring time	
17.313	浇注时间	pouring time	
17.314	熔炼加料量	melting charge	
17.315	周期产量	production per cycle	
17.316	熔化[速]率	melting rate, speed of melting	
17.317	熔化电耗	specific electric energy consumption for melt-down	

序码	汉文名	英文名	注释
17.318	顶部加热	hot topping	
17.319	吹氧	oxygen blow	
17.320	过热	superheating	
17.321	保温温度	holding temperature	
17.322	电渣重熔	electroslag remelting	
17.323	精炼渣	refining slag	
17.324	除气	degassing	
17.325	自耗电极	consumable electrode	
17.326	加热时间	heating time	
17.327	冷却时间	cooling time	
17.328	均热时间	soaking time	又称"保温时间"。

18. 电焊机

序码	汉文名	英文名	注释
18.001	电焊机	electric welding machine	
18.002	弧焊机	arc welding machine	
18.003	半自动弧焊机	semi-automatic arc welding machine	
18.004	自动弧焊机	automatic arc welding machine	
18.005	埋弧焊机	submerged arc welding machine	
18.006	气体保护弧焊机	gas shielded arc welding machine	
18.007	二氧化碳弧焊机	CO_2 arc welding machine	
18.008	钨极惰性气体保护弧焊机	tungsten inert-gas arc welding machine, TIG arc welding machine	
18.009	熔化极惰性气体保护弧焊机	metal inert-gas arc welding machine, MIG arc welding machine	
18.010	等离子弧焊机	plasma arc welding machine	
18.011	微束等离子弧焊机	micro-plasma arc welding machine	
18.012	单头弧焊机	single-operator arc welding machine	
18.013	多头弧焊机	multiple-operator arc welding machine	

序　码	汉 文 名	英 文 名	注　释
18.014	旋转电弧焊机	rotating arc welding machine	
18.015	带极堆焊机	strip surfacing machine	
18.016	弧焊原动机－发电机组	arc welding engine-generator	
18.017	弧焊电动发电机组	arc welding motor-generator	
18.018	电渣焊机	electroslag welding machine	
18.019	电子束焊机	electron beam welding machine	
18.020	电阻焊机	resistance welding machine	
18.021	点焊机	spot welding machine	
18.022	凸焊机	projection welding machine	
18.023	缝焊机	seam welding machine	
18.024	电阻对焊机	resistance butt welding machine	
18.025	闪光对焊机	flash butt welding machine	
18.026	电容贮能点焊机	capacitor spot welding machine	
18.027	高频电阻焊机	high frequency resistance welding machine	
18.028	点焊枪	gun welding machine	
18.029	点焊钳	pliers spot welding machine	
18.030	螺柱焊机	stud welding machine	
18.031	弧焊变压器－整流器组	arc welding transformer/rectifier set	
18.032	直流弧焊发电机	direct current arc welding generator	
18.033	交流弧焊发电机	arc welding alternator	
18.034	弧焊旋转变频机	arc welding rotary frequency convertor	
18.035	弧焊发电机－整流器组	arc welding alternator/rectifier set	
18.036	恒流弧焊电源	constant-current arc-welding power supply	
18.037	恒压弧焊电源	constant-voltage arc-welding power supply	
18.038	单头焊接电源	single-operator power source	
18.039	多头焊接电源	multiple-operator power source	
18.040	弧焊脉冲电源	arc welding pulsed power source	
18.041	引弧装置	arc-initiating device	

序　码	汉　文　名	英　文　名	注　释
18.042	维弧装置	arc-maintaining device	
18.043	直流[分量]抑制器	direct current suppressor	
18.044	焊接电流增长器	welding current growth unit	
18.045	焊接电流衰减器	welding current decay unit	
18.046	二氧化碳加热器	CO_2 heater	
18.047	送丝装置	wire feed unit	
18.048	焊钳	welding electrode holder	
18.049	割钳	cutting electrode holder	
18.050	钨极惰性气体保护焊炬	TIG torch	
18.051	熔化极惰性气体保护焊枪	MIG gun	
18.052	二氧化碳气体保护焊枪	CO_2 gun	
18.053	等离子焊炬	plasma torch	
18.054	等离子焊枪	plasma gun	
18.055	螺柱焊枪	stud welding gun	
18.056	压缩喷嘴	constriction nozzle	
18.057	熔化[弧焊电]极	consumable arc welding electrode	
18.058	不熔化[弧焊电]极	non-consumable arc welding electrode	
18.059	电弧气割和气刨电极	air arc cutting and gouging electrode	
18.060	[电焊]头罩	helmet, head shield	
18.061	[手持]面罩	face shield	
18.062	[焊接]二极枪	diode gun	
18.063	[焊接]三极枪	triode gun	
18.064	控制极	control electrode, Wehnelt electrode	又称"韦内尔特极"。
18.065	全波电阻焊电源	full-wave resistance welding power source	
18.066	斩波电阻焊电源	chopped-wave resistance welding power source	
18.067	直流电阻焊电源	direct current resistance welding power source	
18.068	相移控制器	phase-shift controller	

序　码	汉　文　名	英　文　名	注　释
18.069	电极臂	horn	
18.070	电极台板	platen	
18.071	滚轮电极	welding wheel	
18.072	电极握杆	electrode holder	
18.073	［空载］电压降低装置	voltage reducing device	
18.074	电源焊接电压	power source welding voltage	
18.075	约定焊接工况	conventional welding condition	
18.076	约定焊接电流	conventional welding current	
18.077	约定负载电压	conventional load voltage	
18.078	约定焊接工作制	conventional welding duty	
18.079	焊接电流	welding current	
18.080	静态短路比	static short-circuit ratio	
18.081	电流恢复比	current recovery ratio	
18.082	直流动态短路比	DC dynamic short-circuit ratio	
18.083	电极电压降	electrode drop	
18.084	有效电压过冲	effective voltage overshoot	
18.085	电压恢复时间	voltage recovery time	
18.086	负载转速	load speed	
18.087	外特性	external characteristic	
18.088	压降特性	drooping characteristic	
18.089	平特性	flat characteristic	
18.090	电子枪工作距离	work distance of electron gun	
18.091	焊接周期	welding cycle	
18.092	最大短路电流	maximum short-circuit current	
18.093	最大短路功率	maximum short-circuit power	
18.094	最大焊接功率	maximum welding power	
18.095	连续功率	continuous power	
18.096	空载表观功率	no-load apparent power	
18.097	电极臂间距	throat gap	
18.098	电极臂伸出长度	throat depth	
18.099	电极行程	stroke of electrode	
18.100	电极力	electrode force	
18.101	顶锻力	upsetting force	
18.102	夹紧力	clamping force	
18.103	预压时间	squeeze time	
18.104	热时间	heat time	

序　码	汉　文　名	英　文　名	注　释
18.105	冷时间	cool time	
18.106	焊接时间	weld time	
18.107	维持时间	hold time	
18.108	休止时间	off time	
18.109	同步[引弧]起动	synchronous initiation	
18.110	非同步[引弧]起动	non-synchronous initiation	

19. 电 动 工 具

序　码	汉　文　名	英　文　名	注　释
19.001	电动工具	electric tool	
19.002	手持式电动工具	hand-held electric tool	
19.003	直接传动电动工具	direct drive electric tool	
19.004	软轴传动电动工具	flexible shaft drive electric tool	
19.005	多用电动工具	multi-purpose electric tool	
19.006	绝缘外壳电动工具	insulation-encased electric tool	
19.007	金属外壳电动工具	metal-encased electric tool	
19.008	电钻	electric drill	
19.009	角向电钻	angle electric drill	
19.010	万向电钻	all-direction electric drill	
19.011	磁座钻	magnetic drill	
19.012	电剪	electric shear	
19.013	双刃电剪	electric plate shear, electric swivel shear	
19.014	电冲剪	electric nibbler	
19.015	电动往复锯	electric reciprocating saw	
19.016	电动曲线锯	electric jig saw	
19.017	电动刀锯	electric sabre saw	
19.018	电动锯管机	electric pipe cutter, electric pipe saw	
19.019	电动自进式锯管	electric pipe milling machine	

序 码	汉文名	英文名	注 释
	机		
19.020	电动攻丝机	electric tapper	
19.021	电动套丝机	electric pipe threading machine	
19.022	手持式电动坡口机	hand-held electric beveller	
19.023	电动焊缝坡口机	electric weld joint beveller	又称"电动倒角机"。
19.024	电动切割机	electric cut-off machine	
19.025	电动刮刀	electric scraper	
19.026	电动砂轮机	electric grinder	
19.027	电动砂光机	electric sander	
19.028	电动抛光机	electric polisher	
19.029	直向砂轮机	electric straight grinder	
19.030	角向砂轮机	electric angle grinder	
19.031	电扳手	electric wrench	
19.032	冲击电扳手	electric impact wrench	
19.033	定扭矩电扳手	electric definite torque wrench	
19.034	电动螺丝刀	electric screwdriver	
19.035	电动胀管机	electric tube expander	
19.036	电动拉铆枪	electric blind-riveting tool	
19.037	电圆锯	electric circular saw	
19.038	电动带锯	electric belt saw	
19.039	电链锯	electric chain saw	
19.040	电刨	electric planer	
19.041	电动木钻	electric wood drill	
19.042	电动木铣	electric router	
19.043	电动开槽机	electric groover	
19.044	电动榫孔机	electric chain mortiser	
19.045	电动截枝机	electric branch cutter	
19.046	电动修枝剪	electric shrub and hedge trimmer	
19.047	电动挤奶机	electric milking machine	
19.048	电动剪毛机	electric wool shear	
19.049	电动修蹄机	electric hoof renovation tool	
19.050	电动采茶剪	electric tea leaflet cutter	
19.051	电动粮食扦样机	electric grain sampler	
19.052	电锤	electric rotary hammer	
19.053	电动锤钻	electric hammer drill	
19.054	冲击电钻	electric impact drill	

序　码	汉　文　名	英　文　名	注　释
19.055	电镐	electric breaker	
19.056	电动混凝土振动器	electric concrete vibrator	
19.057	混凝土电钻	electric concrete drill	
19.058	电动石材切割机	electric marble cutter	
19.059	电动铲刮机	electric scaling scraper	
19.060	电动砖墙铣沟机	electric wall chaser	
19.061	电动湿式磨光机	electric wet grinder	
19.062	电动夯实机	electric rammer	
19.063	电动弯管机	electric pipe bender	
19.064	电动钢筋切断机	electric rebar cutter	
19.065	枕木电镐	electric vibrate tie tamper	
19.066	电动凿岩机	electric rock drill	
19.067	岩石电钻	electric rock rotary drill	
19.068	煤电钻	electric coal drill	
19.069	电喷枪	electric spray gun	
19.070	电动卷花机	electric picker	
19.071	电动除锈机	electric rust remover	
19.072	石膏电锯	electric plaster-bandage saw	
19.073	石膏电剪	electric plaster-bandage shear	
19.074	电动割草机	electric mower	
19.075	电动雕刻机	electric carving tool	
19.076	电动裁布机	electric fabric cutter	
19.077	电动地毯剪	electric carpet shear	
19.078	电动清管器	electric tube cleaner	
19.079	电动搅拌机	electric mixer, electric agitator	
19.080	可拆件	detachable part	
19.081	不可拆件	non-detachable part	
19.082	可及件	accessible part	
19.083	可及面	accessible surface	
19.084	手柄	handle	
19.085	内接线	internal wiring	
19.086	可拆软电缆	detachable flexible cable	
19.087	可拆软线	detachable cord	
19.088	不可拆软电缆	non-detachable flexible cable	
19.089	不可拆软线	non-detachable cord	
19.090	工作头	working head	

序 码	汉 文 名	英 文 名	注 释
19.091	夹持机构	fixture	
19.092	防护器件	protective device	
19.093	正常负载	normal load	
19.094	冲击能量	impact energy	
19.095	过转矩试验	over-torque test	
19.096	冲击强度试验	impact strength test	
19.097	拉扭试验	pull and torsion test	

20. 电力牵引

序 码	汉 文 名	英 文 名	注 释
20.001	电力牵引	electric traction	
20.002	热－电牵引	thermo-electric traction	
20.003	蓄电池电力牵引	battery electric traction	
20.004	惯性蓄能牵引	inertia storage traction	
20.005	车辆	vehicle	
20.006	电动车辆	[electric] motor vehicle	
20.007	机车	locomotive	
20.008	电力机车	electric locomotive	
20.009	整流器式电力机车	rectifier electric locomotive	
20.010	整流器式电动车辆	rectifier electric motor vehicle	
20.011	电动客车	[electric] motor coach	
20.012	电动行李车	[electric] motor luggage car	
20.013	拖车	trailer	
20.014	电动车组	[electric] motor train unit	
20.015	多动力单元列车	multiple unit train	
20.016	可逆运行列车	reversible self-propelled train	
20.017	驾驶型拖车	driving trailer	
20.018	双联机车	twin locomotive	
20.019	三联机车	triple locomotive	
20.020	独立轴机车	individual axle drive locomotive	
20.021	联轴机车	coupled axle locomotive	
20.022	驼峰调车机车	hump locomotive	
20.023	调车机车	shunting locomotive	

序 码	汉 文 名	英 文 名	注 释
20.024	工业机车	industrial locomotive	
20.025	矿山机车	mine locomotive	
20.026	采掘面机车	working face locomotive	
20.027	小功率机车	small-power locomotive	
20.028	有轨电车	tramcar, streetcar	
20.029	无轨电车	trolley bus	
20.030	飞轮车	gyrobus	
20.031	补机	assisting vehicle	
20.032	导电轨	conductor rail	
20.033	导电轨系统	conductor rail system	
20.034	中间导电轨	center conductor rail	
20.035	槽内导电轨	conduit conductor rail	
20.036	旁置导电轨	side conductor rail	
20.037	架空导电轨	overhead conductor rail	
20.038	轨道回流系统	track return system	
20.039	绝缘回流系统	insulated return system	
20.040	跨接电缆	jumper cable	
20.041	车轴电路	axle circuit	
20.042	接触网	contact line	
20.043	架空接触网	overhead contact line	
20.044	接触导线	contact wire	
20.045	回流电路	return circuit	
20.046	回流电缆	return cable	
20.047	辅助导线	pilot wire	
20.048	单架空线接触网	single overhead contact line	
20.049	双架空线接触网	double overhead contact line	
20.050	悬链	catenary suspension	
20.051	承力索	catenary [wire]	
20.052	主承力索	main catenary	
20.053	辅助承力索	auxiliary catenary	
20.054	单接触导线系统	single-contact wire system	
20.055	双接触导线系统	double-contact wire system	
20.056	单接触导线的悬链	catenary suspension with one contact wire	
20.057	双接触导线的悬链	catenary suspension with two contact wires	
20.058	双悬链	double catenary suspension	

序 码	汉 文 名	英 文 名	注 释
20.059	复式悬链	compound catenary suspension	
20.060	馈电电缆	feeder cable	
20.061	加强馈电线	line feeder	
20.062	斜悬链	inclined catenary	
20.063	折线悬链	polygonal catenary	
20.064	桥接导线	bridging conductor, by-pass conductor	又称"旁路线"。
20.065	架空线网交叉器	overhead crossing	
20.066	架空线网分线器	overhead switching	
20.067	架空线网并线器	overhead junction crossing	
20.068	架空线网线岔	overhead junction knuckle	
20.069	悬臂	bracket, cantilever	
20.070	硬横跨	rolled steel single beam	
20.071	横跨线	cross span	
20.072	软定位器	pull-off	
20.073	定位臂	registration arm	
20.074	刚性定位臂	steady arm	
20.075	旋转悬臂	hinged cantilever	
20.076	电分段器	sectioning device	
20.077	绝缘端交叠分段	insulated overlap	
20.078	分段绝缘器	section insulator	
20.079	中性区段	neutral section, phase break	又称"分相段"。
20.080	张力调整器	tensioning device	
20.081	自动张力调整器	automatic tension regulator	
20.082	馈电线夹	feeder clamp	
20.083	吊线夹	suspension clamp	
20.084	拉线	stay	用于电力。
20.085	电力牵引架空线路	electric traction overhead line	
20.086	电力牵引设备	electric traction equipment	
20.087	自控牵引设备	automatic traction equipment	
20.088	直控牵引设备	directly controlled traction equipment	
20.089	间控牵引设备	contactor controlled traction equipment	
20.090	单动式间控牵引设备	individual contactor controlled traction equipment	

序 码	汉 文 名	英 文 名	注 释
20.091	电动凸轮式间控牵引设备	motor-driven camshaft controlled traction equipment	
20.092	电动机组合	motor combination	
20.093	电气联锁	electrical interlock	
20.094	复示器	repeater	
20.095	信号复示器	signal repeater	
20.096	指示灯	indicator light	
20.097	感应分流器	inductive shunt	
20.098	分流电阻器	shunt resistor	
20.099	单线圈感应分流器	single inductive shunt	
20.100	双线圈感应分流器	double inductive shunt	
20.101	多线圈感应分流器	multiple inductive shunt	
20.102	浮动环	floating ring	
20.103	架承式电动机	frame mounted motor	
20.104	轴挂电动机	axle hung motor	
20.105	轴挂发电机	axle hung generator	
20.106	单侧齿轮机构	unilateral gearing	
20.107	双侧齿轮机构	bilateral gearing	
20.108	弹性齿轮机构	resilient gearing	
20.109	辅助发电机组	auxiliary generator set	
20.110	车轴发电机	axle driven generator	
20.111	极性反向器	polarity reverser	
20.112	主发电机	main generator	
20.113	励磁调节器	field regulator	
20.114	列车线	train line	
20.115	司机失知手柄	dead-man's handle	
20.116	接地回流电刷	earth return brush	
20.117	辅助变压器调压	auxiliary transformer regulation	
20.118	受电器	current collector	
20.119	杆形受电器	trolley	
20.120	触轮	trolley-wheel	
20.121	触靴	contact shoe, contact slipper	又称"接触滑块"。
20.122	受电头	trolley-head	
20.123	受电杆	trolley-pole boom	

序 码	汉 文 名	英 文 名	注 释
20.124	受电杆座	trolley-base	
20.125	卷绳器	ropewinder	
20.126	自动降杆器	pole retriever	
20.127	受电弓	pantograph	
20.128	电动制动系统	electrodynamic braking system	
20.129	混合制动系统	composite braking system	
20.130	均衡速度	balancing speed	
20.131	站间平均速度	average speed between stops	
20.132	表定速度	schedule speed	
20.133	车辆结构最高速度	maximum speed of vehicle	
20.134	限制速度	speed restriction	
20.135	变阻起动末级速度	speed at end of rheostatic starting period	
20.136	持续速度	speed at continuous rating, continuous speed	
20.137	小时速度	speed at one-hour rating, one-hour speed	
20.138	变阻制动临界建立速度	critical build-up speed under rheostatic braking conditions	
20.139	转动惯量系数	coefficient of rotary inertia	
20.140	换级比	notching ratio	
20.141	黏着系数	adhesion coefficient	
20.142	重量转移	weight transfer	
20.143	牵引力	tractive effort	
20.144	制动力	braking force	
20.145	恒速制动力	holding braking force	
20.146	车钩牵引力	draw-bar pull	
20.147	持续牵引力	tractive effort at continuous rating, continuous tractive effort	
20.148	小时牵引力	tractive effort at hourly rating, hourly tractive effort	
20.149	列车阻力	train resistance	
20.150	起步阻力	breakaway force	
20.151	总阻力	total resistance	
20.152	加速力	accelerative force	
20.153	减速力	decelerative force, retarding force	

序　码	汉　文　名	英　文　名	注　释
20.154	单位列车阻力	specific train resistance	
20.155	公称输出功率	dimensional output	
20.156	持续输出功率	continuous output	
20.157	小时输出功率	one-hour rated output	
20.158	轮周输出功率	output at the wheel rim	
20.159	车钩输出功率	output at the draw-bar	
20.160	换级前值	value before notching	
20.161	[磁场]减弱比	[field] weakening ratio	
20.162	有效磁场比	effective field ratio	
20.163	调磁变速比	flexibility ratio	
20.164	速度比	speed ratio	
20.165	皮重	tare weight	
20.166	整备重量	weight in working order	
20.167	容许营业载荷	permitted payload	
20.168	有效营业载荷	effective payload	
20.169	高峰载荷	crush load	
20.170	轴载重	axle load	
20.171	黏重	adhesive weight	
20.172	牵引总重	gross load hauled, trailing load	又称"牵引载荷"。
20.173	吨－公里	tonne-kilometer	
20.174	列车－公里	train-kilometer	
20.175	机车－公里	locomotive-kilometer	
20.176	营业载荷	payload, net weight hauled	又称"牵引净重"。
20.177	正常载荷	normal load	
20.178	正常超载	normal overload	
20.179	额外超载	exceptional overload	
20.180	运输量	traffic	
20.181	总运输量	total gross traffic	
20.182	牵引运输量	gross traffic hauled	
20.183	净运输量	net traffic	
20.184	能耗率	specific energy consumption	
20.185	燃料消耗率	specific fuel consumption	
20.186	空载[荷]运行	empty running	
20.187	单机运行	light running	
20.188	惰行	coasting	
20.189	双机运行	assisted running	
20.190	补机推送	pusher operation	

序 码	汉 文 名	英 文 名	注 释
20.191	推送运行	propelling movement	
20.192	推拉运行	push-pull running	
20.193	恒速制动	holding braking	
20.194	减速制动	retarding braking	
20.195	停车制动	stopping braking	
20.196	电阻制动	resistance braking	
20.197	电磁轨制动	electromagnetic track braking	
20.198	电磁螺线管制动	electromagnetic solenoid braking	
20.199	混合制动	composite braking	
20.200	车辆限界	vehicle gauge	
20.201	联运车辆限界	gauge for transit vehicles	
20.202	装载限界	loading gauge	
20.203	障碍限界	obstruction gauge limit	
20.204	接触轨限界	conductor rail gauge	
20.205	受电弓通过限界	clearance gauge for pantographs	
20.206	分路转换	shunt transition	
20.207	桥式转换	bridge transition	
20.208	平衡桥式转换	balanced bridge transition	
20.209	磁场减弱	field weakening	
20.210	磁场分流	field shunting	
20.211	磁场分接减弱	field weakening by tapping	
20.212	复合磁场减弱	combined field weakening	
20.213	自动磁场减弱	automatic field weakening	
20.214	附加极分流	auxiliary-pole shunting	
20.215	直接驱动	direct drive	
20.216	单侧传动	unilateral transmission	
20.217	双侧传动	bilateral transmission	
20.218	单独驱动	individual drive	又称"独立驱动"。
20.219	联轴驱动	coupled axle drive	
20.220	连杆驱动	rod drive	
20.221	空心轴驱动	quill drive	
20.222	空心轴电动机驱动	hollow shaft motor drive	
20.223	万向节驱动	cardan shaft drive	
20.224	弹簧传动	spring transmission	

21. 工 业 加 速 器

序 码	汉 文 名	英 文 名	注 释
21.001	谐振加速	resonance acceleration	
21.002	感应加速	induction acceleration	
21.003	粒子加速	particle acceleration	
21.004	谐波加速	harmonic acceleration	
21.005	平衡轨道	equilibrium orbit	
21.006	封闭轨道	closed orbit	
21.007	加速电子	accelerated electron	
21.008	电子剥离	electron stripping	
21.009	束流传输	beam transport	
21.010	预加速	pre-acceleration	
21.011	后加速	post-acceleration	
21.012	中子束	neutron beam	
21.013	离子束	ion beam	
21.014	负离子束	negative ion beam	
21.015	团粒束	cluster beam	
21.016	离化团粒束	ionized cluster beam	
21.017	聚焦	focusing	
21.018	等梯度聚焦	constant-gradient focusing, weak focusing	又称"弱聚焦"。
21.019	交变梯度聚焦	alternating gradient focusing, strong focusing	又称"强聚焦"。
21.020	相[位]聚焦	phase focusing	
21.021	离子聚焦	ion focusing	
21.022	边缘聚焦	edge focusing	
21.023	轴向聚焦	axial focusing	
21.024	径向聚焦	radial focusing	
21.025	横向聚焦	transverse focusing	
21.026	静电聚焦	electrostatic focusing	
21.027	磁聚焦	magnetic focusing	
21.028	散焦	defocusing	
21.029	偏转	deflection	
21.030	静电偏转	electrostatic deflection	
21.031	磁偏转	magnetic deflection	

序 码	汉 文 名	英 文 名	注 释
21.032	对称偏转	symmetrical deflection	
21.033	电子感应加速器振荡	betatron oscillation	
21.034	相[位]振荡	phase oscillation	
21.035	同步加速器振荡	synchrotron oscillation	
21.036	同步[加速器]辐射	synchrotron radiation	
21.037	自动稳相	autophasing	
21.038	电子场	electron field	
21.039	X 射线场	X-ray field	
21.040	耦合谐振	coupled resonance	
21.041	边耦合	side coupling	
21.042	轴耦合	on-axis coupling	
21.043	次级电子倍增	multipacting	
21.044	动量压缩	momentum compaction	
21.045	注入	injection	
21.046	预注入	pre-injection	
21.047	轴向注入	axial injection	
21.048	群聚	bunching	
21.049	会聚	convergence	
21.050	准直	collimation	
21.051	扫描	scanning	
21.052	束团	beam bunches	
21.053	束负载	beam loading	
21.054	束流品质	quality of beam	
21.055	引出	extraction	
21.056	引出通道	extraction channel	
21.057	磁通道	magnetic channel	
21.058	磁刚度	magnetic rigidity	
21.059	电子束辐照	electron beam irradiation	
21.060	X 射线辐照	X-ray irradiation	
21.061	辐照效应	irradiation effect	
21.062	束斑[点]	beam spot	
21.063	实际焦点	actual focal spot	
21.064	活化分析	activation analysis	
21.065	加速器屏蔽	accelerator shielding	
21.066	加速器	accelerator	

序　码	汉　文　名	英　文　名	注　释
21.067	粒子加速器	particle accelerator	
21.068	低能加速器	low-energy accelerator	
21.069	电子加速器	electron accelerator	
21.070	离子加速器	ion accelerator	
21.071	工业加速器	industrial accelerator	
21.072	静电加速器	electrostatic accelerator	
21.073	电子静电加速器	electron electrostatic accelerator	
21.074	质子静电加速器	proton electrostatic accelerator	
21.075	串列式静电加速器	tandem electrostatic accelerator	
21.076	高频高压加速器	dynamitron accelerator	
21.077	电子帘加速器	electrocurtain accelerator	
21.078	直线加速器	linear accelerator, linac	
21.079	感应直线加速器	induction linear accelerator, induction linac	
21.080	射频直线加速器	radio-frequency linear accelerator, radio-frequency linac	
21.081	电子直线加速器	electron linear accelerator, electron linac	
21.082	质子直线加速器	proton linear accelerator	
21.083	行波电子直线加速器	travelling wave electron linear accelerator	
21.084	驻波电子直线加速器	standing wave electron linear accelerator	
21.085	射频单腔加速器	radio-frequency single cavity accelerator	
21.086	射频四极直线加速器	radio-frequency quadrupole linac	
21.087	电子感应加速器	betatron	
21.088	同步加速器	synchrotron	
21.089	高功率脉冲加速器	high power pulsed accelerator	
21.090	离子注入机	ion implantor	
21.091	中子发生器	neutron generator	
21.092	电子枪	electron gun	
21.093	电子源	electron source	
21.094	离子源	ion source	

序 码	汉 文 名	英 文 名	注 释
21.095	注入器	injector	
21.096	加速管	accelerating tube	
21.097	等位环	equipotential ring	
21.098	分压环	potential dividing ring	
21.099	电晕环	corona ring	
21.100	输电带	charge-carrying belt	
21.101	电子剥离器	electron stripper	
21.102	极面绕组	pole-face winding	
21.103	谐波线圈	harmonic coil	
21.104	扇形磁铁	sector magnet	
21.105	扇形叶片	sector	
21.106	螺旋形扇叶	spiral sector	
21.107	三角形扇叶	triangular sector	
21.108	调整线圈	trim coil	
21.109	校正垫片	correction shim	
21.110	D 形电极	dee [electrode]	
21.111	假 D 形电极	dummy dee [electrode]	
21.112	射频电极	radio-frequency electrode	
21.113	加速电极	accelerating electrode	
21.114	加速腔	accelerating cavity	
21.115	感应腔	induction cavity	
21.116	加速室	accelerating chamber	
21.117	共振腔	resonant cavity	
21.118	共振线	resonant line	
21.119	射频发生器	radio-freqnency generator	
21.120	射频变压器	radio-freqnency transformer	
21.121	射频共振器	radio-freqnency resonator	
21.122	真空室	vacuum chamber	
21.123	盘荷波导	disk-loaded waveguide	
21.124	等梯度加速器结构	constant-gradient accelerator structure	
21.125	等阻抗加速器结构	constant-impedance accelerator structure	
21.126	耦合腔	coupling cavity	
21.127	边耦合腔	side coupling cavity	
21.128	轴耦合腔	on-axis coupling cavity	
21.129	聚束器	buncher	

序　码	汉　文　名	英　文　名	注　释
21.130	散束器	debuncher	
21.131	脉冲调制器	pulse modulator	
21.132	脉冲变压器	pulse transformer	
21.133	脉冲磁铁	pulsed magnet	
21.134	漂移管	drift tube	
21.135	微波发生器	microwave generator	
21.136	四端环流器	4 port circulator	
21.137	马克斯发生器	Marx generator	
21.138	加速单元	accelerator module	
21.139	磁脉冲压缩器	magnetic pulse compressor, magnetic switch	又称"磁开关"。
21.140	脉冲形成线	pulse forming line	
21.141	聚焦磁铁	focusing magnet	
21.142	聚焦电极	focusing electrode	
21.143	聚焦线圈	focusing coil	
21.144	电磁透镜	electromagnetic lens	
21.145	静电透镜	electrostatic lens	
21.146	四极磁透镜	magnetic quadrupole lens	
21.147	四极静电透镜	electrostatic quadrupole lens	
21.148	三元四极透镜	quadrupole triplet lens	
21.149	准直透镜	collimating lens	
21.150	四极磁铁	quadrupole magnet	
21.151	射频静电四[电]极	radio-frequency electrostatic quadrupole	
21.152	弯转磁铁	bending magnet	
21.153	切割磁铁	septum magnet	
21.154	开关磁铁	switching magnet	
21.155	偏转磁铁	deflecting magnet	
21.156	偏转电极	deflecting electrode	
21.157	偏转板	deflector, deflecting plate	
21.158	切割板	septum	
21.159	预切割板	preseptum	
21.160	移动式偏转管	movable deflection tube	
21.161	磁偏转器	magnetic deflector	
21.162	偏转线圈	deflecting coil	
21.163	扫描器	scanner	
21.164	扫描线圈	scanning coil	

序 码	汉 文 名	英 文 名	注 释
21.165	扫描磁铁	scanning magnet	
21.166	分析磁铁	analyzing magnet	
21.167	引出电极	extraction electrode	
21.168	引出管	extraction tube	
21.169	引出磁铁	extraction magnet	
21.170	引出窗	extraction window	
21.171	波导窗	waveguide window	
21.172	箔窗	foil window	
21.173	法拉第杯	Faraday cup	
21.174	靶	target	
21.175	内靶	internal target	
21.176	外靶	external target	
21.177	靶室	target chamber	
21.178	辐射头	radiation head	
21.179	钨准直器	tungsten collimator	
21.180	电离室	ionization chamber	
21.181	探头	probe	
21.182	束流监测器	beam current monitor	
21.183	剂量监测系统	dose monitoring system	
21.184	真空抽气系统	vacuum-pumping system	
21.185	加速器控制系统	accelerator control system	
21.186	束流能量	beam energy	
21.187	注入能量	injection energy	
21.188	能量增益	energy gain	
21.189	能量损失	energy loss	
21.190	能量散度	energy spread	
21.191	能量梯度	energy gradient	
21.192	能量不稳定度	energy instability	
21.193	能量范围	energy range	
21.194	功率增益	power gain	
21.195	束[流]	beam [current]	
21.196	束流强度	beam intensity	
21.197	束流强度分布	beam intensity distribution	
21.198	束功率	beam power	
21.199	束阻抗	beam impedance	
21.200	束稳定度	beam stability	
21.201	束均匀度	beam uniformity	

序 码	汉 文 名	英 文 名	注 释
21.202	束斑尺寸	beam spot size	
21.203	束流脉冲宽度	beam pulse width	
21.204	脉冲重复频率	pulse repetition rate, pulse repetition frequency, PRF	
21.205	束流负载因数	beam duty factor	
21.206	填充时间	filling time	
21.207	束流发射度	beam emittance	
21.208	归一化发射度	normalized emittance	
21.209	内束流	internal beam current	
21.210	外束流	external beam current	
21.211	加速梯度	accelerating gradient	
21.212	加速电压	accelerating voltage	
21.213	偏转电压	deflecting voltage	
21.214	高压电极电压	high-voltage electrode voltage	
21.215	电压稳定度	voltage stability	
21.216	D形电极孔径	dee aperture	
21.217	D形电极数	number of dees	
21.218	D形电极角度	dee angle	
21.219	D极电压	dee voltage	
21.220	阈电压	threshold voltage	
21.221	中心磁场	central magnetic field	
21.222	扇形磁场	sector magnetic field	
21.223	等时性磁场	isochronous magnetic field	
21.224	"峰"磁场	hill magnetic field	
21.225	"谷"磁场	valley magnetic field	
21.226	平均磁场	average magnetic field	
21.227	磁场指数	field index	
21.228	磁场稳定度	magnetic field stability	
21.229	射频稳定度	radio-frequency stability	
21.230	轨道稳定度	orbit stability	
21.231	相位稳定度	phase stability	
21.232	调变度因数	flutter factor	
21.233	动量散度	momentum spread	
21.234	腔共振频率	cavity resonant frequency	
21.235	射频脉冲长度	radio-frequency pulse length	
21.236	同步相角	synchronous phase angle	
21.237	有效分路阻抗	effective shunt impedance	

序　码	汉　文　名	英　文　名	注　释
21.238	腔相位移	cavity phase shift	
21.239	腔激励功率	cavity excitation power	
21.240	自由振荡频率	free oscillation frequency	
21.241	电子感应加速器振荡频率	betatron frequency	
21.242	同步加速器振荡频率	synchrotron frequency	
21.243	加速场	accelerating field	
21.244	加速场频率	accelerating field frequency	
21.245	加速相位	accelerating phase	
21.246	加速间隙	accelerating gap	
21.247	加速长度	accelerating length	
21.248	引出电压	extraction voltage	
21.249	束流引出效率	beam extraction efficiency	
21.250	电子束能量	electron beam energy	
21.251	辐射野	radiation field size	
21.252	辐射剂量	radiation dose	
21.253	剂量率	dose rate	
21.254	吸收剂量	absorbed dose	
21.255	剂量率稳定度	stability of dose rate	
21.256	剂量率分布	dose rate distribution	
21.257	等剂量曲线	isodose curve	
21.258	深度－剂量曲线	depth-dose curve	
21.259	表面剂量率系数	coefficient of surface dose rate	
21.260	漏辐射率	radiation leakage	
21.261	辐照厚度	irradiation depth	
21.262	有效辐照面积	effective area of irradiation	
21.263	辐照功率	irradiation power	
21.264	扫描宽度	scanning width	
21.265	扫描面积	scanning area	
21.266	扫描频率	scanning frequency	
21.267	扫描不均匀性	non-uniformity of scanning	
21.268	同步辐射损失	synchrotron radiation loss	
21.269	动量压缩因数	momentum compaction factor	
21.270	掺杂均匀度	implant uniformity	
21.271	掺杂能量	implant energy	
21.272	离子质量分辨率	ion mass resolution	

22. 电气照明

序码	汉文名	英文名	注释
22.001	光	light	
22.002	可见光	visible light	
22.003	不可见光	invisible light	
22.004	紫外线	ultra-violet ray	
22.005	红外线	infrared ray	
22.006	黑光	black light	
22.007	频谱	[frequency] spectrum	
22.008	光谱	[light] spectrum	
22.009	辐照	irradiation	
22.010	反射	reflection	
22.011	透射	transmission	
22.012	吸收	absorption	
22.013	漫射	diffusion	
22.014	折射	refraction	
22.015	色散	dispersion	
22.016	干涉	interference	
22.017	衍射	diffraction	
22.018	点辐射源	point [radiation] source	
22.019	点光源	point [light] source	
22.020	辐[射]亮度	radiance	
22.021	辐照度	irradiance	
22.022	辐射曝光量	radiant exposure	
22.023	辐射出射度	radiant exitance	
22.024	发射率	emissivity	
22.025	灰体	grey body	
22.026	色温	color temperature	
22.027	倒色温	reciprocal color temperature	
22.028	光照	illumination	
22.029	光谱光视效率	spectral luminous efficiency	
22.030	光通量	luminous flux	
22.031	光量	quantity of light	
22.032	光视效能	luminous efficacy	
22.033	光视效率	luminous efficiency	

序 码	汉 文 名	英 文 名	注 释
22.034	发光效能	luminous efficacy	
22.035	发光强度	luminous intensity	
22.036	球面降低因数	spherical reduction factor	
22.037	亮度	luminance	
22.038	光通量[面]密度	luminous flux [surface] density	
22.039	[光]照度	illuminance	
22.040	平均柱面照度	mean cylindrical illuminance	
22.041	等效球照度	equivalent spherical illuminance	
22.042	点耀度	point brilliance	
22.043	曝光量	[light] exposure	
22.044	曝光	[light] exposing	
22.045	光出射度	luminous exitance	
22.046	光谱分布	spectral distribution	
22.047	光刺激	light stimulus	
22.048	色刺激	color stimulus	
22.049	三色系统	trichromatic system, colorimetric system	又称"色度系统"。
22.050	三刺激值	tristimulus values	
22.051	色[品]坐标	chromaticity co-ordinates	
22.052	施照体	illuminant	
22.053	国际照明委员会	Commission Internationale de l'Eclairage, CIE	
22.054	CIE 标准施照体	CIE standard illuminant	
22.055	CIE 标准光源	CIE standard light source	
22.056	色品	chromaticity	
22.057	色度	chrominance	
22.058	主波长	dominant wavelength	
22.059	补色波长	complementary wavelength	
22.060	色纯度	colorimetric purity	
22.061	典型日光	typical daylight	
22.062	色空间	color space	
22.063	颜色匹配	color matching	
22.064	规则反射	regular reflection, specular reflection, mirror reflection	又称"镜[面]反射"。
22.065	镜面反射角	specular angle	
22.066	镜面表面	specular surface	
22.067	漫反射	diffuse reflection	

序　码	汉　文　名	英　文　名	注　　释
22.068	逆反射	retro-reflection, reflex reflection	
22.069	光泽	gloss	
22.070	反射比	reflectance, reflection factor	又称"反射因数"。
22.071	光反射比	luminous reflectance	
22.072	光透射比	luminous transmittance	
22.073	反射率	reflectivity	又称"反射度"。
22.074	规则透射	regular transmission	
22.075	直接透射	direct transmission	
22.076	漫透射	diffuse transmission	
22.077	透射比	transmittance, transmission factor	又称"透射因数"。
22.078	透射率	transmissivity	
22.079	大气透射率	atmospheric transmissivity	
22.080	吸收比	absorptance, absorption factor	又称"吸收因数"。
22.081	吸收率	absorptivity	
22.082	线性衰减系数	linear attenuation coefficient, linear extinction coefficient	又称"线性消光系数"。
22.083	线性吸收系数	linear absorption coefficient	
22.084	滤光器	filter	
22.085	滤光片	filter	
22.086	透明体	transparent body	
22.087	半透明体	translucent body	
22.088	不透明体	opaque body	
22.089	有色体	colored body	
22.090	均匀漫射	uniform diffusion	
22.091	广角漫射	wide angle diffusion	
22.092	漫射器	diffuser	又称"漫射体"。
22.093	亮度因数	luminance factor	
22.094	辐[射]亮度因数	radiance factor	
22.095	照明有效性因数	lighting effectiveness factor	
22.096	光损失因数	light loss factor	
22.097	漫射因数	diffusion factor	
22.098	折射率	refractive index	
22.099	适应	adaptation	
22.100	暗适应	dark adaptation	
22.101	明适应	light adaptation	
22.102	视觉	vision	
22.103	明视觉	photopic vision	

序　码	汉　文　名	英　文　名	注　释
22.104	暗视觉	scotopic vision	
22.105	中间视觉	mesopic vision	
22.106	失能眩光	disability glare	
22.107	不舒适眩光	discomfort glare	
22.108	知觉	perception	又称"感知"。
22.109	分辨力	resolving power, resolution	
22.110	感觉	sensation	
22.111	[颜]色	color	
22.112	色[视]觉	color vision	
22.113	视亮度	luminosity, brightness	
22.114	色调	hue	
22.115	[视觉]饱和度	[vision] saturation	
22.116	明度	lightness	
22.117	色品度	chromaticness	
22.118	感知色丰满度	colorfulness of a perceived color	
22.119	醒目性	conspicuity	
22.120	彩度	chroma	
22.121	视场	visual field, viewing field	
22.122	中央视场	central visual field	
22.123	视角	visual angle, viewing angle	
22.124	视觉舒适概率	visual comfort probability	
22.125	能见范围	visual range	
22.126	余象	after image	
22.127	反差	contrast	
22.128	可见度	visibility	
22.129	闪烁	flicker	
22.130	停闪频率	fusion frequency	
22.131	频闪效应	stroboscopic effect	
22.132	眩光	glare	
22.133	等效光幕亮度	equivalent veiling luminance	
22.134	显色性	color rendering property	
22.135	显色指数	color rendering index	
22.136	辐射度测量	radiometry	
22.137	辐射计	radiometer	
22.138	光度测量	photometry	
22.139	光度学	photometry	
22.140	色度测量	colorimetry	

序　码	汉　文　名	英　文　名	注　释
22.141	色度学	colorimetry	
22.142	光度计	photometer	
22.143	色度计	colorimeter	
22.144	照度计	illuminance meter	
22.145	亮度计	luminance meter	
22.146	反射计	reflectometer	
22.147	密度计	densitometer	
22.148	曝光表	exposure meter	
22.149	光泽计	glossmeter	
22.150	不稳定性	unsteadiness	
22.151	一次光源	primary light source	
22.152	二次光源	secondary light source	
22.153	电光源	electric light source	
22.154	杂散光	stray light	
22.155	光源色	light source color	
22.156	光中心	light center	
22.157	发光	luminescence	
22.158	发光中心	luminescence center	
22.159	荧光	fluorescence	
22.160	磷光	phosphorescence	
22.161	白炽[电]灯	incandescent [electric] lamp	
22.162	真空灯	vacuum lamp	
22.163	充气灯	gas-filled lamp	
22.164	卤钨灯	tungsten halogen lamp	
22.165	管形灯	tubular lamp	
22.166	耐震灯	rough service lamp	
22.167	烛形灯	candle lamp	
22.168	放电灯	discharge lamp	
22.169	管形放电灯	tubular discharge lamp	
22.170	气体放电灯	gaseous discharge lamp	
22.171	负辉光灯	negative-glow lamp	
22.172	金属蒸气灯	metal vapor lamp	
22.173	汞[蒸气]灯	mercury [vapor] lamp	
22.174	钠[蒸气]灯	sodium [vapor] lamp	
22.175	金属卤化物灯	metal halide lamp	
22.176	荧光灯	fluorescent lamp	
22.177	冷阴极灯	cold cathode lamp	

序　码	汉　文　名	英　文　名	注　　释
22.178	热阴极灯	hot cathode lamp	
22.179	冷起动灯	cold-start lamp, instant-start lamp	又称"快速起动灯"。
22.180	热起动灯	hot-start lamp, preheat lamp	又称"预热型灯"。
22.181	开关起动荧光灯	switch-start fluorescent lamp	
22.182	无起动器荧光灯	starterless fluorescent lamp	
22.183	低温荧光灯	low temperature fluorescent lamp	
22.184	弧光灯	arc lamp	
22.185	碳弧灯	carbon arc lamp	
22.186	高强度碳弧灯	high intensity carbon arc lamp	
22.187	火焰弧光灯	flame arc lamp	
22.188	封闭型弧光灯	enclosed arc lamp	
22.189	钨弧光灯	tungsten arc lamp	
22.190	短弧灯	short arc lamp	
22.191	长弧灯	long arc lamp	
22.192	燃烧灯	combustion lamp	
22.193	串联灯	series lamp	
22.194	装饰灯	decorative lamp	
22.195	反射灯	reflector lamp	
22.196	微型灯	miniature lamp	
22.197	彩灯	festoon lamp	
22.198	信号灯	signal lamp	
22.199	表盘灯	panel lamp, dashboard lamp	又称"面板灯"。
22.200	夜灯	night light	
22.201	放映灯	projector lamp, projection lamp	又称"投影灯"。
22.202	摄影灯	photoflood lamp	
22.203	[摄影]闪光灯	photoflash lamp	
22.204	电子闪光灯	flash tube, electronic flash lamp	
22.205	暗室灯	darkroom lamp	
22.206	放大机用灯	enlarger lamp	
22.207	复合灯	blended lamp, self-ballasted mercury lamp	又称"自镇流汞灯"。
22.208	昼光灯	daylight lamp	
22.209	穆尔[光]灯	Moore [light] lamp, Moore [light] tube	
22.210	氖灯	neon tube	
22.211	黑光灯	black light lamp, Wood's lamp	又称"伍德灯"。
22.212	点光源灯	point source lamp	

序　码	汉　文　名	英　文　名	注　　释
22.213	钨带灯	tungsten ribbon lamp	
22.214	电致发光灯	electroluminescent lamp, electro-luminescent panel	又称"电致发光板"。
22.215	红外线灯	infrared lamp	
22.216	紫外线灯	ultra-violet lamp	
22.217	光谱灯	spectroscopic lamp	
22.218	频闪灯	stroboscopic lamp	
22.219	发光体	luminous element	
22.220	灯丝	filament	
22.221	直灯丝	straight filament	
22.222	单螺旋灯丝	single-coil filament	
22.223	双螺旋灯丝	coiled-coil filament	
22.224	锯齿形灯丝	bunch filament	
22.225	玻壳	[glass] bulb	
22.226	透明玻壳	clear bulb	
22.227	磨砂玻壳	frosted bulb	
22.228	乳白玻壳	opal bulb	
22.229	灯头	cap, base	
22.230	螺口灯头	screw cap, screw base	
22.231	卡口灯头	bayonet cap, bayonet base	
22.232	插脚灯头	pin cap, pin base	
22.233	灯座	lampholder, socket	
22.234	芯柱	stem	
22.235	灯芯	lamp foot, lamp mount	
22.236	主电极	main electrode	
22.237	起动电极	starting electrode	
22.238	冷阴极	cold cathode	
22.239	热阴极	hot cathode	
22.240	镇流器	ballast	
22.241	调光器	dimmer	
22.242	照明控制台	lighting console	
22.243	照明	lighting	
22.244	照明技术	lighting technology	
22.245	照明品质	quality of lighting	
22.246	光环境	luminous environment	
22.247	一般照明	general lighting	
22.248	局部照明	localized lighting	

序 码	汉 文 名	英 文 名	注 释
22.249	重点照明	accent lighting	
22.250	移动照明	portable lighting	
22.251	应急照明	emergency lighting	
22.252	备用照明	standby lighting	
22.253	保护照明	protective lighting	
22.254	特低电压照明	extra-low voltage lighting	
22.255	直接照明	direct lighting	
22.256	半直接照明	semi-direct lighting	
22.257	一般漫射照明	general diffused lighting	
22.258	半间接照明	semi-indirect lighting	
22.259	间接照明	indirect lighting	
22.260	定向照明	directional lighting	
22.261	漫射照明	diffused lighting	
22.262	亮色调照明	high-key lighting	
22.263	暗色调照明	low-key lighting	
22.264	投光照明	floodlighting	
22.265	发光强度分布曲线	[luminous] intensity distribution curve	
22.266	等发光强度曲线	isocandela curve	
22.267	等发光强度图	isocandela diagram	
22.268	光输出比	optical output ratio	
22.269	灯具效率	luminaire efficiency	
22.270	放大率	magnification ratio	
22.271	等亮度曲线	isoluminance curve	
22.272	等照度曲线	isolux curve	
22.273	参比面	reference surface	
22.274	利用光通量	utilized flux	又称"有效光通量"。
22.275	利用因数	utilization factor	
22.276	室形指数	room index	
22.277	利用率	utilance	
22.278	照度均匀比	uniformity ratio of illuminance	
22.279	维持因数	maintenance factor	
22.280	灯具污垢减光	luminaire dirt depreciation	
22.281	灯具表面减光因数	luminaire surface depreciation factor	
22.282	减光因数	depreciation factor	
22.283	天空因数	sky factor	

序　码	汉　文　名	英　文　名	注　释
22.284	天空视见线	no-sky line	又称"无天[空]界线"。
22.285	昼光因数	daylight factor	
22.286	灯具	lighting fitting, luminaire	又称"照明器"。
22.287	对称灯具	symmetrical lighting fitting	
22.288	非对称灯具	asymmetrical lighting fitting	
22.289	窄角灯具	narrow angle lighting fitting	
22.290	广角灯具	wide angle lighting fitting	
22.291	斜角灯具	angle lighting fitting	
22.292	农用灯具	luminaire for agriculture use	
22.293	航空灯具	luminaire for air-traffic	
22.294	民用和建筑用灯具	luminaire for civil use and building	
22.295	厂矿灯具	luminaire for factory and mine use	
22.296	庭院灯具	luminaire for garden use	
22.297	陆上交通灯具	luminaire for land-traffic	
22.298	船用灯具	luminaire for marine use	
22.299	军用灯具	luminaire for military use	
22.300	公共照明灯具	luminaire for public lighting	
22.301	道路灯具	luminaire for road and street lighting, streetlighting luminaire	
22.302	壁灯[具]	wall fitting, wall bracket	
22.303	吸顶灯[具]	ceiling fitting, surface-mounted luminaire	
22.304	吊灯[具]	pendant fitting, suspended luminaire	
22.305	嵌入式灯[具]	recessed lighting fitting	
22.306	嵌顶灯[具]	downlight	
22.307	舱壁灯[具]	bulkhead fitting	
22.308	发光顶棚	luminous ceiling	
22.309	台灯	table lamp	
22.310	落地灯	standard lamp, floor lamp	
22.311	手提灯	hand lamp	
22.312	袖珍灯	pocket lamp	
22.313	装饰灯串	decorative chain, decorative string	
22.314	散光灯	projector	
22.315	投光灯	floodlight	

序　码	汉　文　名	英　文　名	注　释
22.316	聚光灯	spotlight	
22.317	遮光	cut-off	
22.318	遮光角	cut-off angle	
22.319	保护角	shielding angle	
22.320	准直角	angle of collimation	
22.321	折射器	refractor	
22.322	反射器	reflector	又称"反光器"。
22.323	灯罩	shade	
22.324	格栅	louver, spill shield	
22.325	漫射挡板	diffusing screen, diffusing panel	
22.326	摄影棚投光灯	studio floodlight	
22.327	反射式聚光灯	reflector spotlight	
22.328	光束灯	sealed beam lamp	
22.329	透镜式聚光灯	lens spotlight	
22.330	投影式聚光灯	profile spotlight	
22.331	效果散光灯	effects projector	
22.332	无影灯	softlight	
22.333	光信号	light signal	
22.334	导航光信号	navigation lights	
22.335	灯标	beacon, lighthouse	又称"灯塔"。
22.336	不变光信号	fixed light	
22.337	节律光信号	rhythmic light	
22.338	特征标志光信号	character light, code light	又称"代码光信号"。
22.339	地面光信号	ground light	
22.340	监视灯	repeater lamp	
22.341	航道光信号	channel light	
22.342	海岸光信号	landfall light	
22.343	航空用地面光信号	aeronautical ground light	
22.344	航空灯标	aeronautical beacon	
22.345	位置光信号	position lights	
22.346	着陆区投光灯	landing-area floodlight	
22.347	进场光信号	approach lights	
22.348	着陆灯	landing light	
22.349	航空用航道光信号	channel lights	
22.350	跑道光信号	runway lights	

序 码	汉 文 名	英 文 名	注 释
22.351	界限光信号	boundary lights	
22.352	障碍光信号	obstruction lights	
22.353	机翼宽度灯	wing clearance lights	
22.354	风信标	wind indicator	
22.355	地灯	blister light	
22.356	地上灯	elevated light	
22.357	跑道路面灯	runway surface lights	
22.358	触陆区灯	touchdown zone lights	
22.359	[飞机]航行灯	[aircraft] navigation lights	
22.360	机身灯	fuselage lights	
22.361	闪烁光信号	blinking light	
22.362	防撞光信号	anti-collision light	
22.363	前灯	headlamp	
22.364	远光	main beam, upper beam	
22.365	近光	dipped beam, lower beam	
22.366	侧灯	sidelamp, side marker lamp	
22.367	雾灯	fog lamp, adverse weather lamp	
22.368	倒车灯	reversing lamp, back-up lamp	
22.369	可调聚光灯	adjustable spot lamp	
22.370	刹车灯	stop lamp	
22.371	车牌灯	number plate lamp	
22.372	尾灯	rear lamp, tail lamp	
22.373	停车灯	parking lamp	
22.374	转向灯	direction indicator lamp	
22.375	恒流道路照明系统	constant-current street-lighting system, series street-lighting system	又称"串联道路照明系统"。
22.376	混合环路道路照明系统	mixed-loop series street-lighting system	
22.377	开环串联道路照明系统	open-loop series street-lighting system	
22.378	复联道路照明系统	multiple street-lighting system	
22.379	交通光信号	traffic lights, traffic signals	
22.380	闪光信号	flashing light	
22.381	人行横道光信号	pedestrian crossing lights	
22.382	照明标柱	illuminated bollard, guard post	

序　码	汉　文　名	英　文　名	注　释
22.383	钮扣灯	button light	

23. 日 用 电 器

序　码	汉　文　名	英　文　名	注　释
23.001	日用电器	household and similar [electrical] appliance	
23.002	家用电器	household [electrical] appliance	
23.003	商用电器	commercial [electrical] appliance	
23.004	办公用电器	office [electrical] appliance	
23.005	普通型电器	ordinary appliance	
23.006	电动机驱动电器	electric motor-operated appliance	
23.007	电池供电电器	battery powered appliance	
23.008	市电供电电器	mains powered appliance	
23.009	空调[电]器	air conditioning appliance	
23.010	电[风]扇	electric fan	
23.011	台[式电风]扇	table fan	
23.012	台地[式电风]扇	slide fan	
23.013	落地[式电风]扇	pedestal fan	
23.014	壁[式电风]扇	wall fan	
23.015	顶[式电风]扇	cabin fan	
23.016	吊[式电风]扇	ceiling fan	
23.017	排气扇	ventilating fan	
23.018	隔离式排气扇	partition type ventilating fan	
23.019	自由进风式排气扇	free inlet ventilating fan	
23.020	自由出风式排气扇	free outlet ventilating fan	
23.021	全导管式排气扇	fully ducted ventilating fan	
23.022	轴流扇	axial flow fan	
23.023	离心扇	centrifugal fan	
23.024	横流扇	cross flow fan	
23.025	喷流扇	jet fan	
23.026	冷却喷流扇	air-blast cooling fan	
23.027	环流扇	air circulating fan	
23.028	集中控制型空调	central control type air conditioner	

序 码	汉 文 名	英 文 名	注 释
	器		
23.029	房间空调器	room air conditioner	
23.030	热泵式空调器	heat pump type air conditioner	
23.031	空气去湿器	air dehumidifier	
23.032	空气加湿器	air humidifier	
23.033	空气清洁器	air cleaner	
23.034	制冷电器	refrigerating appliance	
23.035	[电]冰箱	[electric] refrigerator	
23.036	电磁振荡式冰箱	electrodynamic oscillation type refrigerator	
23.037	半导体冰箱	semiconductor type refrigerator	
23.038	吸收式冰箱	absorption type refrigerator	
23.039	压缩式冰箱	compressor type refrigerator	
23.040	食品冷冻箱	food freezer	
23.041	饮水冷却器	water cooler	
23.042	清洁电器	cleaning appliance	
23.043	真空吸尘器	vacuum cleaner	
23.044	吸水式吸尘器	water-suction cleaning appliance	
23.045	地板擦光机	floor polisher	
23.046	地板打蜡机	floor waxing machine	
23.047	擦玻璃窗机	glass rubbing machine	
23.048	[电动]擦鞋机	[electric] shoe-polisher	
23.049	洗地毯机	rug shampooer	
23.050	洗衣机	washing machine	
23.051	滚筒式洗衣机	drum type washing machine	
23.052	搅拌式洗衣机	agitator type washing machine	
23.053	波轮式洗衣机	impeller type washing machine	
23.054	单桶洗衣机	single-container washing machine	
23.055	双桶洗衣机	double-container washing and extracting machine	
23.056	全自动洗衣机	single-container washing and extracting machine	
23.057	干衣机	dryer	
23.058	滚筒式干衣机	tumbler dryer	
23.059	离心式脱水机	spin extractor	
23.060	电动缝纫机	electric sewing machine	
23.061	分批型废食处理	batch feed type disposer	

序　码	汉 文 名	英 文 名	注　释
	机		
23.062	电熨斗	electric iron	
23.063	调温电熨斗	thermostatic iron	
23.064	蒸气电熨斗	steam electric iron	
23.065	喷雾电熨斗	spray electric iron	
23.066	厨房电器	kitchen appliance	
23.067	热水器	water heater	
23.068	快热式热水器	instantaneous water heater	
23.069	贮水式热水器	storage water heater	
23.070	浸入式热水器	immersion type water heater	
23.071	封闭式热水器	closed water heater	
23.072	水箱式热水器	cistern type water heater	
23.073	回流式热水器	cistern-feed water heater	
23.074	敞流式热水器	open-outlet water heater	
23.075	开口式热水器	vented water heater	
23.076	平板电炉	hot plate	
23.077	电水壶	[electric] kettle	
23.078	电茶壶	[electric] tea kettle	
23.079	电咖啡壶	[electric] coffee maker	
23.080	过滤咖啡壶	filter coffee maker	
23.081	渗滤咖啡壶	coffee percolator	
23.082	快速咖啡壶	quick coffee maker	
23.083	电动咖啡碾	[electric] coffee mill	
23.084	电动咖啡磨	[electric] coffee grinder	
23.085	电饭锅	electric rice cooker	
23.086	电压力锅	electric pressure cooker	
23.087	电灶	electric range	
23.088	保温板	warming plate	
23.089	台灶	table cooker	
23.090	电煎锅	frying pan	
23.091	电炸锅	deep frying pan	
23.092	电热屉	warming drawer	
23.093	电烤箱	roaster	
23.094	面包片烘烤器	toaster	
23.095	微波炉	microwave oven	
23.096	组合微波炉	combination microwave cooking appliance	

序　码	汉　文　名	英　文　名	注　释
23.097	洗碗机	dishwasher	
23.098	食品加工机	food preparation machine	
23.099	切片机	slicing machine	
23.100	绞肉机	mincer	
23.101	搅拌器	blender	
23.102	柑橘挤汁器	citrus fruit juice squeezer	
23.103	浆果榨汁器	berry juice extractor	
23.104	揉面机	dough kneading machine	
23.105	土豆削皮机	potato peeler	
23.106	[电动]开罐头器	[electric] tin opener	
23.107	冰淇淋机	ice-cream machine	
23.108	厨房多用机	multi-purpose kitchen machine	
23.109	取暖电器	warming appliance	
23.110	对流电暖器	convection heater	
23.111	热风器	fan heater	
23.112	贮热式房间电暖器	[thermal] storage room heater	
23.113	可见发光的辐射电暖器	visibly glowing radiant heater	
23.114	叶片式电暖器	fin type radiator	
23.115	电暖鞋	electrically warmed shoes	
23.116	电热毯	[electric] blanket	
23.117	电热被	[electric] overblanket	
23.118	电热褥	[electric] underblanket	
23.119	预热电热毯	preheating blanket	
23.120	均热电热毯	blanket with uniform heating area	
23.121	局部增热电热毯	blanket with increased heating area	
23.122	环境温度补偿电热毯	blanket with ambient temperature compensation	
23.123	电热垫	electric pad	
23.124	特低压电热毯	extra-low voltage blanket	
23.125	美容电器	beauty making appliance	
23.126	皮肤护理电器	skin care appliance	
23.127	毛发护理电器	hair care appliance	
23.128	吹发器	hair dryer	又称"电吹风"。
23.129	帽式吹发器	helmet-type hair dryer	

序　码	汉　文　名	英　文　名	注　释
23.130	电推子	electric hair clipper	
23.131	电动剃须刀	electric shaver	
23.132	电卷发器	curling iron	
23.133	电热蒸汽卷发器	mist curling winder	
23.134	电热梳	comb with electric heater	
23.135	电牙刷	electric toothbrush	
23.136	按摩器	massager	
23.137	蜂鸣器	buzzer	
23.138	电铃	electric bell	
23.139	复印机	copier	
23.140	电动打字机	electric typewriter	
23.141	定时器	timer	
23.142	电动机定时器	motor timer	
23.143	电源开关	mains switch	
23.144	电器开关	appliance switch	
23.145	旋转开关	rotary switch	
23.146	琴键开关	keyboard switch	
23.147	微隙开关	micro-gap switch	
23.148	旋钮	knob	
23.149	联锁装置	interlock	
23.150	温控器	thermostat	
23.151	限温器	temperature limiter	
23.152	电热元件	electric heating element	
23.153	压线装置	cord grip	
23.154	网罩	guard	
23.155	摇头机构	oscillating mechanism	
23.156	摇头控制装置	oscillation controller	
23.157	调速器	speed regulator	
23.158	制冷系统	refrigerating system	
23.159	制冷压缩机	refrigerant compressor	
23.160	冷凝器	condenser	
23.161	蒸发器	evaporator	
23.162	除水器	dehydrator	
23.163	抗冷凝装置	anti-condensation device	
23.164	减震器	vibration absorber	
23.165	除霜装置	defrosting device	
23.166	吸尘软管	dust pick-up hose	

序　码	汉 文 名	英 文 名	注 释
23.167	消声装置	noise eliminator	
23.168	洗涤桶	washing tube	
23.169	滚桶	rotary drum	
23.170	波轮	impeller	
23.171	甩干桶	spin dryer tube	
23.172	程序控制开关	program control switch	
23.173	按压喷水器	press-button sprinkler	
23.174	多路插座	multi-socket outlet	
23.175	可重接插头	rewirable plug	
23.176	可重接连接器	rewirable connector	
23.177	不可重接插头	non-rewirable plug	
23.178	不可重接连接器	non-rewirable connector	
23.179	电器耦合器	appliance coupler	
23.180	安全式插座	safety socket-outlet	
23.181	电器插座	appliance inlet	
23.182	制冷量	refrigerating capacity	
23.183	制热量	heating capacity	
23.184	凝结水量	condensing capacity	
23.185	空气循环率	rate of air circulation	
23.186	制冰能力	ice-making capacity	
23.187	制冷容积	refrigerating volume	
23.188	处理空气量	treated-air delivery	
23.189	蒸发温度	evaporating temperature	
23.190	蒸发压力	evaporating pressure	
23.191	冷凝温度	condensing temperature	
23.192	冷凝压力	condensing pressure	
23.193	工作时间系数	operation time coefficient	
23.194	压缩比	compression ratio	
23.195	风量	air delivery	
23.196	风速	air velocity	
23.197	风压	wind pressure	
23.198	摇头角度	angle of oscillation	
23.199	调速比	speed ratio	
23.200	吸尘能力	dust removal ability	
23.201	容尘量	dust containing capacity	
23.202	真空度	vacuum degree	
23.203	纤维吸取能力	fibric removal ability	

序 码	汉 文 名	英 文 名	注 释
23.204	洗涤时间	washing time	
23.205	洗涤容量	washing capacity	
23.206	甩干衣量	drying cloth capacity	
23.207	熨平宽度	ironing width	
23.208	熨平压力	ironing pressure	
23.209	升温时间	heating-up time	
23.210	热风温升	temperature rise of hot wind	
23.211	试指检查	test finger check	
23.212	探针检查	pin check	
23.213	耐久性试验	endurance test	
23.214	[机械]稳定性试验	stability test	
23.215	非正常工作试验	abnormal operation test	
23.216	电源线拉力试验	mains-cord pulling test	
23.217	球压试验	ball pressure test	
23.218	漏电起痕试验	tracking test	
23.219	燃烧试验	burning test	
23.220	灼热丝试验	glow-wire test	
23.221	不良接触试验	bad contact test	
23.222	针焰试验	needle flame test	
23.223	洗净性能试验	test of washing performance	
23.224	织物磨损测定	determination of textile wear	
23.225	漂洗性能试验	test of rinsing performance	
23.226	脱水效率试验	test of water extracting efficiency	
23.227	保温能力试验	test of ability to keep warm	
23.228	安全试验	safety test	

24. 电化学应用

序 码	汉 文 名	英 文 名	注 释
24.001	电化学	electrochemistry	
24.002	化学电源	chemical power source	
24.003	电池	cell	
24.004	活度	activity	
24.005	电极反应	electrode reaction	
24.006	浓差极化	concentration polarization	

序　码	汉　文　名	英　文　名	注　释
24.007	电化学极化	electrochemical polarization, activation polarization	又称"活化极化"。
24.008	欧姆极化	ohmic polarization	
24.009	连续放电	continuous discharge	
24.010	间歇放电	intermittent discharge	
24.011	活性物质	active material	
24.012	原电池	primary cell, galvanic cell	
24.013	干电池	dry cell	
24.014	普通型干电池	standard type dry cell	
24.015	高容量干电池	high capacity type dry cell	
24.016	高功率干电池	high power type dry cell	
24.017	锌锰干电池	zinc-manganese dioxide dry cell	
24.018	碱性锌锰干电池	alkaline zinc-manganese dioxide cell	
24.019	锌银电池	zinc-silver oxide cell	
24.020	锌汞电池	zinc-mercuric oxide cell	
24.021	锂电池	lithium cell	
24.022	固体电解质电池	solid electrolyte cell	
24.023	可充电干电池	rechargeable cell	
24.024	扣式电池	button cell	
24.025	储备电池	reserve cell	
24.026	氯化锌干电池	zinc chloride dry cell	
24.027	镁干电池	magnesium dry cell	
24.028	锌空气电池	zinc-air cell	
24.029	铝空气电池	aluminium-air cell	
24.030	热电池	thermal cell	
24.031	锂碘电池	lithium-iodine cell	
24.032	锂二氧化锰电池	lithium-manganese dioxide cell	
24.033	锂二氧化硫电池	lithium-sulfur dioxide cell	
24.034	锂亚硫酰氯电池	lithium-thionyl chloride cell	
24.035	正极	positive electrode	
24.036	负极	negative electrode	
24.037	法拉第常数	Faraday constant	
24.038	电化当量	electrochemical equivalent	
24.039	电极电位	electrode potential	
24.040	标准电极电位	standard electrode potential	
24.041	平衡电极电位	equilibrium electrode potential	

序　码	汉　文　名	英　文　名	注　释
24.042	过电位	overpotential	
24.043	工作电压	operating voltage	
24.044	放电曲线	discharge curve	
24.045	放电容量	discharge capacity	
24.046	耐漏液性	leakproof	
24.047	反极	reversal	
24.048	析气	gassing	
24.049	漏液	leakage	
24.050	自放电	self-discharge	
24.051	使用质量	service mass	
24.052	耐久能力	endurance	
24.053	起动能力	starting capability	
24.054	充电接受能力	charge acceptance	
24.055	充电保持能力	charge retention	
24.056	浮充电	floating charge	
24.057	电解液保持能力	electrolyte retention	
24.058	热失控	thermal runaway	
24.059	过充电	overcharge	
24.060	过放电	overdischarge	
24.061	电解液	electrolyte	又称"电解质"。
24.062	急充电	boost charge	
24.063	均衡充电	equalizing charge	
24.064	涓流充电	trickle charge	
24.065	初充电	initial charge	
24.066	全充电[状]态	fully charged state	
24.067	恒压充电	constant-voltage charge	
24.068	恒流充电	constant-current charge	
24.069	改型恒压充电	modified-constant voltage charge	
24.070	两步充电	two-step charge, two-rate charge	
24.071	蓄电池	storage cell, secondary cell, accumulator	
24.072	蓄电池组	storage battery, secondary battery	
24.073	酸性蓄电池	acid cell	
24.074	铅酸蓄电池	lead-acid cell	
24.075	碱性蓄电池	alkaline cell	
24.076	铁镍蓄电池	nickel-iron cell	
24.077	镉镍蓄电池	nickel-cadmium cell	

序 码	汉 文 名	英 文 名	注 释
24.078	锌银蓄电池	silver-zinc cell	
24.079	镉银蓄电池	silver-cadmium cell	
24.080	锌镍蓄电池	nickel-zinc cell	
24.081	起动用蓄电池组	starter battery	
24.082	牵引用蓄电池组	traction battery	
24.083	航空用蓄电池组	aircraft battery	
24.084	排气式蓄电池	vented cell, open cell	又称"开口蓄电池"。
24.085	整体蓄电池组	monobloc battery	
24.086	无泄漏蓄电池	unspillable cell	
24.087	密封蓄电池	sealed cell	
24.088	全密封蓄电池	hermetically sealed cell	
24.089	干式荷电蓄电池	dry charged cell	
24.090	带液荷电蓄电池	filled charged cell	
24.091	湿式荷电蓄电池	drained charged cell	
24.092	干式非荷电蓄电池	dry discharged cell	
24.093	带液非荷电蓄电池	filled discharged cell	
24.094	湿式非荷电蓄电池	drained discharged cell	
24.095	未化成干态蓄电池	unformed dry cell	
24.096	免维护蓄电池	maintenance-free cell	
24.097	浮充蓄电池	floating cell	
24.098	储备蓄电池	reserve [storage] cell	
24.099	极板	plate	
24.100	正极板	positive plate	
24.101	负极板	negative plate	
24.102	形成式极板	Planté plate	又称"普朗泰极板"。
24.103	涂膏式极板	grid type plate, pasted plate	
24.104	箱式负极板	box negative plate	
24.105	富尔极板	Faure plate	
24.106	管式极板	tubular plate	
24.107	袋式极板	pocket type plate	
24.108	烧结式极板	sintered plate	
24.109	极板对	plate pair, plate couple	
24.110	极板组	plate group	

序 码	汉 文 名	英 文 名	注 释
24.111	隔离物	spacer	
24.112	极柱	terminal	
24.113	正极柱	positive terminal	
24.114	负极柱	negative terminal	
24.115	蓄电池壳	container	
24.116	整体壳	monobloc container	
24.117	液孔塞	vent plug	又称"气塞"。
24.118	安全塞	flame arrester vent plug	
24.119	液位指示器	electrolyte level indicator	
24.120	隔板	separator	
24.121	组合极板组	plate pack	
24.122	蓄电池盖	cover, lid	
24.123	排气阀	vent valve	
24.124	挡板	baffle	
24.125	连接条	intercell connector	
24.126	蓄电池容量	battery capacity	
24.127	能量容量	energy capacity	
24.128	放电率	discharge rate	
24.129	终止电压	final voltage	
24.130	开路电压	open circuit voltage	
24.131	比容量	specific capacity	
24.132	比功率	specific power	
24.133	充电率	charge rate	
24.134	充电因数	charge factor	
24.135	充电效率	charge efficiency, ampere-hour efficiency	又称"安时效率"。
24.136	能量效率	energy efficiency, watt-hour efficiency	又称"瓦时效率"。
24.137	初始温度	initial temperature	
24.138	临界温度	critical temperature	
24.139	电动势温度系数	temperature coefficient of electro-motive force	
24.140	容量温度系数	temperature coefficient of capacity	
24.141	初始电压	initial voltage	
24.142	平均电压	mean voltage	
24.143	充电终止电压	end-of-charge voltage	
24.144	表观内阻	apparent internal resistance	

序　码	汉　文　名	英　文　名	注　释
24.145	慢速放电率容量	slow-discharge-rate capacity	
24.146	快速放电率容量	rapid-discharge-rate capacity	
24.147	燃料电池	fuel cell	
24.148	燃料电池组	fuel battery	
24.149	燃料电池系统	fuel-cell system	
24.150	氢氧燃料电池	hydrogen-oxygen fuel cell	
24.151	氨空气燃料电池	ammonia-air fuel cell	
24.152	高温熔融碳酸盐燃料电池	high temperature molten carbonate fuel cell	
24.153	高温固体电解质燃料电池	high temperature solid electrolyte fuel cell	
24.154	磷酸燃料电池	phosphoric acid fuel cell	
24.155	燃料电池组功率－容积比	fuel-battery power-to-volume ratio	
24.156	燃料电池组功率－重量比	fuel-battery power-to-weight ratio	
24.157	燃料电池系统能量－容积比	fuel-cell-system energy-to-volume ratio	
24.158	燃料电池系统能量－重量比	fuel-cell-system energy-to-weight ratio	
24.159	燃料电池系统标准热效率	fuel-cell-system standard thermal efficiency	
24.160	电泳	electrophoresis	
24.161	电镀	electroplating	
24.162	电解	electrolysis	
24.163	局部腐蚀	local corrosion	
24.164	活化	activation	
24.165	晶间腐蚀	intercrystalline corrosion	
24.166	电流密度范围	current density range	
24.167	体电流密度	volume current density	
24.168	沉积速率	deposition rate	
24.169	光亮电镀	bright plating	
24.170	合金电镀	alloy plating	
24.171	多层电镀	multilayer plating	
24.172	钝化	passivation	
24.173	点腐蚀	spot corrosion	
24.174	基体材料	basis material	

序　码	汉　文　名	英　文　名	注　释
24.175	辅助阳极	auxiliary anode	
24.176	辅助阴极	auxiliary cathode	
24.177	槽电压	tank voltage	
24.178	静态电极电位	static electrode potential	
24.179	电解槽	electrolyte tank	
24.180	刷镀	brush plating	
24.181	挂镀	rack plating	
24.182	复合电镀	composite plating	
24.183	滚镀	barrel plating	
24.184	电抛光	electropolishing	
24.185	金属电沉积	metal electrodeposition	
24.186	电解清洗	electrolytic cleaning	
24.187	电解精炼	electrorefining	
24.188	电镀槽	electroplating bath	
24.189	金属防腐	anti-corrosion of metal	

25．防爆电气设备

序　码	汉　文　名	英　文　名	注　释
25.001	防爆电气设备	electrical apparatus for explosive atmospheres	
25.002	爆炸性环境	explosive atmosphere	
25.003	爆炸性气体环境	explosive gas atmosphere	
25.004	爆炸性粉尘环境	explosive dust atmosphere	
25.005	防爆型式	type of explosion-proof construction	
25.006	温度组别	temperature class	
25.007	引燃温度	ignition temperature	
25.008	爆炸性混合物	explosive mixture	
25.009	爆炸性气体混合物	explosive gas mixture	
25.010	爆炸性粉尘混合物	explosive dust mixture	
25.011	最易点燃混合物	most easily ignitable mixture	
25.012	最大爆炸压力混合物	highest explosive pressure mixture	

序　码	汉　文　名	英　文　名	注　释
25.013	最易传爆混合物	most transmittable mixture	
25.014	最小点燃电流	minimum igniting current, MIC	
25.015	爆炸	explosion	
25.016	压力重叠	pressure piling	
25.017	爆炸危险场所	explosion hazard area	
25.018	非爆炸危险场所	non-explosion hazard area	
25.019	沼气矿井	gassy mine	
25.020	释放源	source of release	
25.021	自然通风场所	naturally ventilated area	
25.022	机械通风场所	artificially ventilated area	
25.023	呼吸装置	breather	
25.024	排液装置	drain	
25.025	无危险火花金属	non-sparking metal	
25.026	特殊紧固件	special fastener	
25.027	护圈	protective shroud	
25.028	堵封件	blanking element	
25.029	电缆引入装置	cable entry	
25.030	导管引入装置	conduit entry	
25.031	直接引入	direct entry	
25.032	间接引入	indirect entry	
25.033	气密外壳	hermetically sealed	
25.034	密封衬垫	sealing gasket	
25.035	试验容器	test chamber	
25.036	自显故障	self-revealing fault	
25.037	非自显故障	non-self-revealing fault	
25.038	隔爆型电气设备	flameproof electrical apparatus	
25.039	隔爆外壳	flameproof enclosure	
25.040	净容积	free volume	
25.041	隔爆接合面	flameproof joint	
25.042	隔爆接合面折算长度	reduced length of flameproof joint	
25.043	螺纹隔爆接合面	threaded flameproof joint	
25.044	平面隔爆接合面	flanged flameproof joint	
25.045	圆筒隔爆接合面	cylindrical flameproof joint	
25.046	止口隔爆接合物	spigot flameproof joint	
25.047	曲路隔爆接合物	labyrinth flameproof joint	
25.048	浮动密封隔爆接	flameproof joint with floating	

序 码	汉文名	英文名	注 释
	合面	gland	
25.049	[隔爆接合面]间隙	gap [of a flameproof joint]	
25.050	最大试验安全间隙	maximum experimental safe gap, MESG	
25.051	最大许可间隙	maximum permitted gap	
25.052	平滑压力	smoothed pressure	
25.053	参比压力	reference pressure	
25.054	压力试验	pressure test	
25.055	静态[压力]试验	static test [of pressure]	
25.056	动态[压力]试验	dynamic test [of pressure]	
25.057	隔爆性能试验	test for non-transmission of an internal explosion	
25.058	充砂型电气设备	sand-filled electrical apparatus	
25.059	砂粒材料	sand material	
25.060	格网	screen	
25.061	最小安全高度	minimum safe height	
25.062	保护高度	protection height	
25.063	储备层高度	height of reserve layer	
25.064	密实度	packing	
25.065	正压型电气设备	pressurized electrical apparatus	
25.066	正压外壳	pressurized enclosure	
25.067	换气	purging	
25.068	气体流通保压	pressurization by continuous circulation of protective gas	
25.069	泄漏补偿保压	pressurization with leakage compensation	
25.070	保护气体	protective gas	
25.071	增安型电气设备	increased safety electrical apparatus	
25.072	热极限电流	thermal current limit	
25.073	认可过载	recognized overload	
25.074	极限温度	limiting temperature	符号为"t_E"。
25.075	极限温度时间	time t_E	又称"t_E 时间"。
25.076	本质安全型电气设备	intrinsically safe electrical apparatus	
25.077	本质安全电路	intrinsically safe circuit	

序 码	汉 文 名	英 文 名	注 释
25.078	关联电气设备	associated electrical apparatus	
25.079	分隔电容器	blocking capacitor	
25.080	分流安全元件	shunt safety component	
25.081	火花试验装置	spark test apparatus	

26. 电磁测量和电离辐射测量

序 码	汉 文 名	英 文 名	注 释
26.001	电测[量]	electric [quantity] measurement	
26.002	磁测[量]	magnetic [quantity] measurement	
26.003	电离辐射测量	ionizing radiation measurement	
26.004	直接测量	direct measurement	
26.005	间接测量	indirect measurement	
26.006	互补测量	complementary measurement	
26.007	比较测量	comparison measurement	
26.008	微差测量	differential measurement	
26.009	替代测量	substitution measurement	
26.010	指零测量	null measurement	
26.011	差频测量	beat measurement	
26.012	谐振测量	resonance measurement	
26.013	测量仪表	measuring instrument	
26.014	定值量器	material measure	
26.015	电[气]测量仪表	electrical measuring instrument	
26.016	电子测量仪表	electronic measuring instrument	
26.017	测量设备	measuring equipment	
26.018	测量系统	measuring system	
26.019	数字测量系统	digital measuring system	
26.020	传输系统	transmission system	
26.021	检测仪表	detecting instrument	
26.022	模拟[测量]仪表	analogue [measuring] instrument	
26.023	数字[测量]仪表	digital [measuring] instrument	
26.024	指示[测量]仪表	indicating [measuring] instrument	
26.025	记录[测量]仪表	recording [measuring] instrument	
26.026	积算[测量]仪表	integrating [measuring] instrument	
26.027	微差[测量]仪表	differential [measuring] instru-	

序　码	汉　文　名	英　文　名	注　释
		ment	
26.028	总和[测量]仪表	summation [measuring] instrument	
26.029	直接作用式仪表	direct acting instrument	
26.030	间接作用式仪表	indirect acting instrument	
26.031	单量程[测量]仪表	single-range [measuring] instrument	
26.032	多量程[测量]仪表	multi-range [measuring] instrument	
26.033	多标度[测量]仪表	multi-scale [measuring] instrument	
26.034	单功能[测量]仪表	single-function [measuring] instrument	
26.035	多功能[测量]仪表	multi-function [measuring] instrument	
26.036	XY 记录仪	XY recorder	
26.037	测量电桥	measuring bridge	
26.038	单通道记录仪	single-channel recorder	
26.039	多通道记录仪	multiple-channel recorder	
26.040	数字记录仪	digital recorder	
26.041	瞬态数字记录仪	transient digital recorder	
26.042	标准电池	standard cell	
26.043	标准电阻	standard resistor	
26.044	标准电感	standard inductor	
26.045	标准电容	standard capacitor	
26.046	智能测量仪表	intelligent measuring instrument	
26.047	计算机自动测量和控制	CAMAC, computer automated measurement and control	
26.048	电流表	ammeter	又称"安培表"。
26.049	电压表	voltmeter	又称"伏特表"。
26.050	毫安表	miliammeter	
26.051	微安表	microammeter	
26.052	毫伏表	milivoltmeter	
26.053	微伏表	microvoltmeter	
26.054	功率表	wattmeter	又称"瓦特表"。
26.055	无功功率表	varmeter	又称"乏表"。
26.056	伏安表	volt-ampere meter	

序　码	汉　文　名	英　文　名	注　释
26.057	峰值电压表	peak voltmeter	
26.058	静电电压表	electrostatic voltmeter	
26.059	频率表	frequency meter	
26.060	相位表	phase meter	
26.061	兆欧表	megohmmeter	
26.062	电容表	capacitance meter	
26.063	电感表	inductance meter	
26.064	功率因数表	power-factor meter	
26.065	电阻表	ohmmeter	又称"欧姆表"。
26.066	万用表	universal instrument	
26.067	电度表	kilowatt-hour meter	
26.068	瓦时计	watt-hour meter	
26.069	乏时计	var-hour meter	
26.070	安时计	ampere-hour meter	
26.071	电位差计	potentiometer	
26.072	检流计	galvanometer	
26.073	惠斯通电桥	Wheatstone bridge	
26.074	开尔文电桥	Kelvin bridge	
26.075	示波器	oscilloscope	
26.076	录波器	oscillograph	
26.077	静电计	electrometer	
26.078	库仑表	coulometer	
26.079	绝缘电阻表	insulation resistance meter	
26.080	测量[用火花]间隙	measuring spark gap	
26.081	数字电压表	digital voltmeter	
26.082	数字电流表	digital ammeter	
26.083	数字电阻表	digital ohmmeter	
26.084	最大需量计	maximum demand meter	
26.085	磁测仪表	magnetic measuring instrument	
26.086	磁强计	magnetometer	
26.087	磁位计	magnetic potentiometer	
26.088	磁通计	fluxmeter	
26.089	磁致伸缩测试仪	magnetostriction testing meter	
26.090	矫顽力计	coercivity meter	
26.091	磁滞回线仪	hysteresisograph	
26.092	铁磁录波器	ferromagnetic oscillograph	

序 码	汉 文 名	英 文 名	注 释
26.093	爱泼斯坦测量装置	Epstein measuring system	
26.094	磁导计	permeameter	
26.095	磁变化仪	magnetic variometer	
26.096	磁特性自动测量装置	automatic system for measuring magnetic characteristics	
26.097	辐射探测器	radiation detector	
26.098	闪烁探测器	scintillation detector	
26.099	半导体探测器	semiconductor detector	
26.100	计数管	counter tube	
26.101	辐射测量仪	radiation meter, radiation measuring assembly	
26.102	辐射指示器	radiation indicator	
26.103	辐射监测仪	radiation monitor	
26.104	照射量计	exposure meter	
26.105	剂量计	dosemeter	
26.106	照射量率计	exposure ratemeter	
26.107	剂量率计	dose ratemeter	
26.108	粒子注量率计	particle fluence ratemeter	
26.109	活度测量仪	activity meter	
26.110	辐射[能]谱仪	radiation spectrometer	
26.111	质谱仪	mass spectrometer	
26.112	质谱摄谱仪	mass spectrograph	
26.113	闪烁计数器	scintillation counter	
26.114	盖革－米勒计数器	Geiger-Müller counter	
26.115	辐射通量计	radiant flux meter	
26.116	真值	true value	
26.117	约定真值	conventional true value	
26.118	基准值	fiducial value	
26.119	指示值	indicated value	
26.120	比较值	comparison value	
26.121	绝对误差	absolute error	
26.122	相对误差	relative error	
26.123	基准误差	fiducial error	
26.124	固有误差	intrinsic error	
26.125	平均误差	mean error	

序 码	汉 文 名	英 文 名	注 释
26.126	极限误差	limiting error	
26.127	准确度	accuracy	
26.128	精［密］度	precision	
26.129	准确度等级	accuracy class	
26.130	校准	calibration	
26.131	预调	preliminary adjustment	
26.132	调整	adjustment	
26.133	重调	readjustment	
26.134	灵敏度	sensitivity	
26.135	漂移	drift	
26.136	影响系数	influence coefficient	
26.137	稳定性误差	stability error	
26.138	周期偏差	periodic deviation	
26.139	随机偏差	random deviation	
26.140	标准偏差	standard deviation	
26.141	量程	span, range	
26.142	有效量程	effective range	
26.143	基本量程	basic range	
26.144	百分数误差	percentage error	
26.145	校正因数	correction factor	
26.146	分辨率	resolution	

27．环 境 技 术

序 码	汉 文 名	英 文 名	注 释
27.001	环境	environment	
27.002	环境工程	environmental engineering	
27.003	自然环境	natural environment	
27.004	诱发环境	induced environment	
27.005	工作环境	operational environment	
27.006	空间环境	space environment	
27.007	地面环境	ground environment	
27.008	海洋大气环境	naval air environment	
27.009	环境条件	environmental condition	
27.010	环境因素	environmental factor	
27.011	环境参数	environmental parameter	

序 码	汉 文 名	英 文 名	注 释
27.012	环境参数严酷等级	severity of environmental parameter	
27.013	环境应力	environmental stress	
27.014	暴露	exposure	
27.015	劣化	deterioration	
27.016	劣化过程	deterioration process	
27.017	环境适应性	environmental suitability	
27.018	环境防护	environmental protection	
27.019	环境试验	environmental test	
27.020	综合试验	combined test	
27.021	组合试验	composite test	
27.022	试验顺序	sequence of tests	
27.023	初始检测	initial examination and measurement	
27.024	中间检测	intermediate examination and measurement	
27.025	恢复	recovery	
27.026	最后检测	final examination and measurement	
27.027	试验样品	test specimen	
27.028	散热试验样品	heat-dissipating specimen	
27.029	非散热试验样品	non-heat-dissipating specimen	
27.030	自由空气条件	free air condition	
27.031	老化	ageing	
27.032	热效应	thermal effect	
27.033	机械效应	mechanical effect	
27.034	化学效应	chemical effect	
27.035	电效应	electrical effect	
27.036	气候	climate	
27.037	海洋气候	ocean climate	
27.038	大陆气候	continental climate	
27.039	露天气候	open-air climate	
27.040	室内气候	indoor climate	
27.041	微气候	micro-climate	
27.042	极端最高温度	extreme maximum temperature	
27.043	极端最低温度	extreme minimum temperature	
27.044	年最高温度	annual maximum temperature	

序　码	汉　文　名	英　文　名	注　释
27.045	年最低温度	annual minimum temperature	
27.046	年最高日平均温度	annual extreme daily mean temperature	
27.047	月最高温度	monthly maximum temperature	
27.048	月最低温度	monthly minimum temperature	
27.049	月平均温度	monthly mean temperature	
27.050	温度梯度	temperature gradient	
27.051	环境温度	ambient temperature	
27.052	空气湿度	air humidity	
27.053	露点温度	dew-point temperature	
27.054	绝对湿度	absolute humidity	
27.055	相对湿度	relative humidity	
27.056	饱和空气	saturated air	
27.057	过饱和	supersaturation	
27.058	年最大日平均相对湿度	annual extreme daily mean relative humidity	
27.059	月平均相对湿度	monthly mean relative humidity	
27.060	极端最大相对湿度	extreme maximum relative humidity	
27.061	极端最小相对湿度	extreme minimum relative humidity	
27.062	年最大相对湿度	annual maximum relative humidity	
27.063	年最小相对湿度	annual minimum relative humidity	
27.064	降水	precipitation	
27.065	冻雨	freezing rain	
27.066	霜凇	air hoar	
27.067	雾凇	rime	
27.068	雨凇	glaze	
27.069	冰雹	hail	
27.070	凝露	condensation	
27.071	盐雾	salt fog, salt mist	
27.072	雷暴	thunderstorm	
27.073	雪载	snow load	
27.074	大气压	atmospheric pressure	
27.075	标准大气压	standard atmospheric pressure	
27.076	平均海平面	mean sea level	
27.077	海拔	altitude	

序　码	汉　文　名	英　文　名	注　释
27.078	辐射通量	radiant flux	
27.079	太阳辐射	solar radiation	
27.080	天空辐射	sky radiation	
27.081	总辐射	global radiation	
27.082	太阳常数	solar constant	
27.083	太阳光谱	solar spectrum	
27.084	温室效应	green house effect	
27.085	振动	vibration	
27.086	周期振动	periodic vibration	
27.087	随机振动	random vibration	
27.088	激励	excitation	
27.089	共振频率	resonance frequency	
27.090	时域	time domain	
27.091	频域	frequency domain	
27.092	重力加速度	acceleration of gravity	
27.093	稳定加速度	steady acceleration	
27.094	[机械]冲击	shock	
27.095	碰撞	bump	又称"连续冲击"。
27.096	简谐振动	simple harmonic vibration	
27.097	复合振动	complex vibration	
27.098	横向振动	transverse vibration	
27.099	宽带随机振动	wide-band random vibration	
27.100	窄带随机振动	narrow-band random vibration	
27.101	地震	earthquake	
27.102	超声	ultrasound	
27.103	次声	infrasound	
27.104	噪声	noise	
27.105	混响	reverberation	
27.106	混响时间	reverberation time	
27.107	声震	sonic boom	
27.108	横倾	transverse inclination	
27.109	纵倾	longitudinal inclination	
27.110	横摇	rolling	
27.111	纵摇	pitching	
27.112	动物群	fauna	
27.113	植物群	flora	
27.114	微生物	microbe	

序 码	汉 文 名	英 文 名	注 释
27.115	真菌	fungi	
27.116	霉菌	mould	
27.117	孢子	spore	
27.118	啮齿动物	rodent	
27.119	白蚁	termite	
27.120	大气腐蚀	atmospheric corrosion	
27.121	金属腐蚀	corrosion of metals	
27.122	化学腐蚀	chemical corrosion	
27.123	电化学腐蚀	electrochemical corrosion	
27.124	原电池腐蚀	galvanic corrosion	
27.125	外加电压腐蚀	corrosion associated with externally applied voltage	
27.126	应力腐蚀	stress corrosion	
27.127	工作状态	operating state	
27.128	非工作状态	non-operating state	
27.129	可使用状态	up state	
27.130	有气候防护场所	weather-protected location	
27.131	完全有气候防护场所	totally weather-protected location	
27.132	部分有气候防护场所	partially weather-protected location	
27.133	无气候防护场所	non-weather-protected location	
27.134	固定使用	stationary use	
27.135	非固定使用	non-stationary use	
27.136	贮存	storage	
27.137	贮存条件	storage condition	
27.138	运输条件	transportation condition	
27.139	船用条件	ship condition	
27.140	地面车载条件	ground vehicle condition	
27.141	表面温度	surface temperature, case temperature	又称"壳体温度"。
27.142	温度稳定性	temperature stability	
27.143	试验箱	test chamber	
27.144	工作空间	working space, effective space	又称"有效空间"。
27.145	环境参数偏差	environmental parametric deviation	
27.146	恢复稳定时间	stability recovery time	
27.147	连续运行时间	continuous operating time	

序 码	汉 文 名	英 文 名	注 释
27.148	寒冷试验	cold test	
27.149	低气压试验	low air pressure test	
27.150	潮湿试验	moisture test	
27.151	湿热试验	damp heat test	
27.152	干热试验	dry heat test	
27.153	循环湿热试验	cyclic damp heat test	
27.154	稳态湿热试验	steady state damp heat test	
27.155	温度变化试验	change-of-temperature test	
27.156	大气暴露试验	exposure test	
27.157	高温高压试验	high temperature and pressure test	
27.158	凝露试验	condensation test	
27.159	沙尘试验	sand and dust test	
27.160	辐射试验	radiation test	
27.161	淋雨试验	rain test	
27.162	浸水试验	water test	
27.163	气候顺序试验	climate sequence test	
27.164	临界[黏性]阻尼	critical [viscous] damping	
27.165	[黏性]阻尼系数	[viscous] damping coefficient	
27.166	阻尼比	damping ratio	
27.167	传递率	transmissibility	
27.168	振动周期	vibration period	
27.169	振动频率	vibration frequency	
27.170	位移幅值	displacement amplitude	
27.171	速度幅值	velocity amplitude	
27.172	加速度幅值	acceleration amplitude	
27.173	方均加速度	mean-square acceleration	
27.174	方均根加速度	root-mean-square acceleration	
27.175	功率谱密度	power spectral density, power spectrum density	
27.176	加速度谱密度	acceleration spectral density	
27.177	扫频	sweep	
27.178	扫频速率	sweep rate	
27.179	交越频率	crossover frequency	又称"交界频率"。
27.180	临界频率	critical frequency	
27.181	受控点	controlled point	
27.182	监测点	monitoring point	
27.183	理想冲击脉冲	ideal shock pulse	

序　码	汉 文 名	英 文 名	注　释
27.184	冲击脉冲	shock pulse	
27.185	冲击响应谱	shock response spectrum	
27.186	起始冲击响应谱	initial shock response spectrum	
27.187	剩余冲击响应谱	residual shock response spectrum	
27.188	振动台	vibration machine, vibration table	
27.189	减振器	vibration isolator	又称"隔振器"。
27.190	激振器	vibration generator, vibration exciter	
27.191	空载最大加速度	maximum bare table acceleration	
27.192	满载最大加速度	maximum full load acceleration	
27.193	加速度传感器	acceleration transducer	
27.194	位移传感器	displacement transducer	
27.195	速度传感器	velocity transducer	
27.196	振动稳定性试验	stability of vibration test	
27.197	正弦振动试验	sinusoidal vibration test	
27.198	振动强度试验	vibration strength test	
27.199	加速度试验	acceleration test	
27.200	恒加速度试验	fixed acceleration test	
27.201	稳态加速度试验	steady state acceleration test	
27.202	冲击试验	shock test	
27.203	强冲击试验	high impact shock test	
27.204	碰撞试验	bump test	
27.205	振动试验	vibration test	
27.206	自由跌落试验	free-fall test	
27.207	宽带随机振动试验	wide-band random vibration test	
27.208	窄带随机振动试验	narrow-band random vibration test	
27.209	环境强化试验	environmental strengthen test	
27.210	霉菌试验	mould test	
27.211	盐雾试验	salt mist test	
27.212	腐蚀试验	corrosion test	
27.213	含盐气氛试验	salt-laden atmosphere test	
27.214	化学腐蚀试验	chemical corrosion test	
27.215	电化学腐蚀试验	electrochemical corrosion test	

28. 产品品质

序　码	汉　文　名	英　文　名	注　释
28.001	品质	quality	又称"质量"。
28.002	品质环	quality loop	
28.003	品质方针	quality policy	
28.004	品质管理	quality management, QM	
28.005	品质保证	quality assurance, QA	
28.006	品质认证	quality certification	
28.007	品质控制	quality control, QC	
28.008	全面品质控制	total quality control, TQC	又称"全面品质管理"。
28.009	品质体系	quality system	
28.010	品质计划	quality plan	
28.011	品质审核	quality audit	
28.012	品质体系评审	quality system review	
28.013	品质监督	quality supervision, quality surveillance	
28.014	品质成本	quality related cost	
28.015	品质反馈	quality feedback	
28.016	品质指标	quality index	
28.017	设计评审	design review	
28.018	样本	sample	
28.019	样品	sample	
28.020	子样	subsample	
28.021	试样	specimen	
28.022	抽样	sampling	
28.023	抽样方案	sampling plan	
28.024	随机抽样	random sampling	
28.025	序贯抽样	sequential sampling	
28.026	一次抽样	single sampling	
28.027	多次抽样	multiple sampling	
28.028	合格	conformity	
28.029	不合格	non-conformity	
28.030	合格品	conforming unit	
28.031	不合格品	non-conforming unit	

序 码	汉 文 名	英 文 名	注 释
28.032	次品	degraded unit, degraded product	
28.033	性能指标	performance index	
28.034	期望值	desired value	
28.035	缺陷	defect	
28.036	重复性	repeatability	
28.037	再现性	reproducibility	
28.038	品质保证期	quality guarantee period	
28.039	保用期	insurance period	
28.040	贮存期	storage period	
28.041	等级	grade	
28.042	产品责任	product liability	
28.043	过程责任	process liability	
28.044	服务责任	service liability	
28.045	检验	inspection	
28.046	首件检验	first item inspection	
28.047	工序间检验	in-process inspection	
28.048	最终检验	final inspection	
28.049	成品检验	product inspection	
28.050	外观检验	visual inspection	
28.051	外形检验	outline inspection	
28.052	验收检验	acceptance inspection	
28.053	试验	test	
28.054	额定数据测定	rated data test	
28.055	型式试验	type test	
28.056	抽样试验	sampling test	
28.057	合格试验	conformity test	
28.058	认证试验	certification test	
28.059	重复试验	duplicate test	
28.060	常规试验	routine test	又称"出厂试验", "例行试验"。
28.061	现场试验	field test	
28.062	投运试验	commissioning test	
28.063	性能试验	performance test	
28.064	定期试验	periodical test	
28.065	试验[持续]时间	test duration	
28.066	可靠性	reliability, dependability	
28.067	[可]维修性	maintainability	

序 码	汉 文 名	英 文 名	注 释
28.068	可用性	availability	又称"有效性"。
28.069	耐久性	durability	
28.070	可修复产品	repairable product	
28.071	不可修复产品	non-repairable product	
28.072	失效	failure	
28.073	故障	fault, failure	
28.074	失效判据	failure criteria	
28.075	失效模式	failure mode	
28.076	失效原因	failure cause	
28.077	失效分析	failure analysis	
28.078	失效状态	failure state	
28.079	失效机理	failure mechanism	
28.080	固有失效	inherent [weakness] failure	又称"本质失效"。
28.081	误用失效	misuse failure	
28.082	从属失效	dependent failure	
28.083	突变失效	sudden failure	
28.084	渐变失效	gradual failure	
28.085	间歇失效	intermittent failure	
28.086	早期失效	early failure	
28.087	偶然失效	accidental failure, random failure	
28.088	耗损失效	wearout failure	
28.089	完全失效	complete failure	
28.090	部分失效	partial failure	
28.091	关联失效	relevant failure	
28.092	非关联失效	non-relevant failure	
28.093	维修	maintenance	
28.094	维护	preventive maintenance	
28.095	修理	corrective maintenance	
28.096	故障诊断	fault diagnosis, failure diagnosis	
28.097	故障树	fault tree	
28.098	故障树分析	fault tree analysis, FTA	
28.099	能工作时间	up time	
28.100	不能工作时间	down time	
28.101	工作时间	operating time	
28.102	需求时间	required time	
28.103	无需求时间	non-required time	
28.104	备用时间	standby time	又称"待命时间"。

序　码	汉　文　名	英　文　名	注　释
28.105	修复时间	repair time	
28.106	维护时间	preventive maintenance time	
28.107	维修时间	maintenance time	
28.108	故障诊断时间	failure diagnosis time	
28.109	早期失效期	early failure period	
28.110	偶然失效期	accidental failure period	
28.111	耗损失效期	wearout failure period	
28.112	浴盆曲线	bath-tub curve	
28.113	寿命	life	
28.114	失效前平均[工作]时间	mean time to failure, MTTF, mean life	又称"平均寿命"。
28.115	可靠寿命	Q-percentile life	
28.116	平均可靠寿命	mean Q-percentile life	
28.117	贮存寿命	storage life, shelf life	
28.118	使用寿命	useful life, service life	用于可靠性。
28.119	无故障工作时间	time between failures	
28.120	平均无故障工作时间	mean time between failures, MTBF	
28.121	可靠度	reliability	
28.122	观测可靠度	observed reliability	
28.123	评估可靠度	assessed reliability	
28.124	外推可靠度	extrapolated reliability	
28.125	预计可靠度	predicted reliability	
28.126	失效率	failure rate	
28.127	平均失效率	mean failure rate	
28.128	[可]维修度	maintainability	
28.129	平均修复时间	mean time to repair, MTTR	
28.130	修复率	repair rate	
28.131	平均修复率	mean repair rate	
28.132	可用度	availability	
28.133	平均可用度	mean availability	
28.134	极限可用度	limiting availability	
28.135	可靠性设计	reliability design	
28.136	可靠性分配	reliability allocation	
28.137	可靠性预计	reliability prediction	
28.138	可靠性评估	reliability assessment	
28.139	串联系统	series system	

序　码	汉　文　名	英　文　名	注　释
28.140	并联系统	parallel system	
28.141	旁联系统	standby system	又称"冗余系统"。
28.142	冗余	redundancy	
28.143	降额	derating	
28.144	可靠性试验	reliability test	
28.145	可靠性增长试验	reliability growth test	
28.146	加速试验	accelerated test	
28.147	加速寿命试验	accelerated life test	
28.148	性能强化试验	characteristic strengthen test	
28.149	恒应力试验	constant-stress test	
28.150	步进应力试验	step stress test	
28.151	过载试验	overload test	
28.152	定数截尾试验	fixed number truncated test	
28.153	定时截尾试验	fixed time truncated test	
28.154	筛选试验	screening test	
28.155	可靠性测定试验	reliability determination test	
28.156	可靠性验证试验	reliability compliance test	
28.157	试验室可靠性试验	laboratory reliability test	
28.158	现场可靠性试验	field reliability test	
28.159	试验数据	test data	
28.160	现场数据	field data	
28.161	可靠性管理	reliability management	
28.162	可靠性计划	reliability program	
28.163	可靠性设计评审	reliability design review	
28.164	可靠性增长	reliability growth	
28.165	可靠性认证	reliability certification	
28.166	失效[概率]分布	failure probability distribution	
28.167	指数分布	exponential distribution	
28.168	韦布尔分布	Weibull distribution	
28.169	正态分布	normal distribution, Gauss distribution	又称"高斯分布"。
28.170	伽马分布	gamma distribution	
28.171	二项分布	binomial distribution	
28.172	泊松分布	Poisson distribution	

29. 电气安全

序　码	汉　文　名	英　文　名	注　释
29.001	安全	safety	
29.002	电气安全	electrical safety	
29.003	静电安全	electrostatic safety	
29.004	工业安全	industrial safety	
29.005	系统安全	system safety	
29.006	安全因数	safety factor	
29.007	安全规划	safety program	
29.008	安全系统	safety system	
29.009	安全功能	safety function	
29.010	保安性	fail-safe	
29.011	安全水平	level of safety	
29.012	正常状态	normal condition	
29.013	事故	accident	
29.014	电气事故	electric accident	
29.015	事故原因	accident cause	
29.016	事故危险	accident hazard	
29.017	事故概率	accident probability	
29.018	事故率	accident rate	
29.019	事故分析	accident analysis	
29.020	事故预防	prevention of accident	
29.021	无事故	accident free	
29.022	未遂事故	near accident	
29.023	负伤事故	injury accident	
29.024	死亡事故	fatal accident	
29.025	人身伤害	bodily injury	
29.026	电灼伤	electric burn	
29.027	电击	electric shock	又称"触电"。
29.028	电击致死	electrocution	
29.029	电磁场伤害	injury due to electromagnetic field	
29.030	耐故障能力	fault withstandability	
29.031	完全短路	solid short-circuit	
29.032	危险	hazard	
29.033	机械危险	mechanical hazard	

序 码	汉 文 名	英 文 名	注 释
29.034	电气危险	electrical hazard	
29.035	辐射危险	radiation hazard	
29.036	着火危险	fire hazard	
29.037	爆炸危险	explosion hazard	
29.038	潜在危险	potential hazard	
29.039	直接接触	direct contact	
29.040	间接接触	indirect contact	
29.041	不安全温度	unsafe temperature	
29.042	危险性	risk	
29.043	伤害	harm	
29.044	误用	misuse	
29.045	熟练人员	skilled person	
29.046	初级人员	instructed person	
29.047	普通人员	ordinary person	
29.048	合格人员	qualified person	
29.049	故障排除	fault clearance	
29.050	安全距离作业	safe clearance working	
29.051	照射剂量	exposure dose	
29.052	最大允许剂量	maximum permissible dose	
29.053	辐射吸收剂量	absorbed radiation dose	
29.054	基本绝缘	basic insulation	
29.055	附加绝缘	supplementary insulation	
29.056	双重绝缘	double insulation	
29.057	加强绝缘	reinforced insulation	
29.058	绝缘屏蔽	insulation shielding	
29.059	绝缘击穿	insulation breakdown	
29.060	绝缘故障	insulation fault	
29.061	安全电压	safety voltage	
29.062	安全特低电压	safety extra-low voltage, SELV	
29.063	安全对地工作电压	safe working voltage to ground	
29.064	静电过电压	static overvoltage	
29.065	接触电压	touch voltage	
29.066	预期接触电压	prospective touch voltage	
29.067	约定接触电压极限	conventional touch voltage limit	
29.068	跨步电压	step voltage	

序 码	汉 文 名	英 文 名	注 释
29.069	对地电压	voltage to earth	
29.070	对地过电压	overvoltage to earth	
29.071	电击电流	shock current	
29.072	感知[电流]阈值	threshold of perception current	
29.073	摆脱[电流]阈值	threshold of let-go current	
29.074	致命[电流]阈值	threshold of deadly current	
29.075	致颤[电流]阈值	threshold of ventricular fibrillation current	
29.076	接地故障电流	earth fault current	
29.077	接地短路电流	earth short-circuit current	
29.078	约定动作电流	conventional operating current	
29.079	安全阻抗	safety impedance	
29.080	人体总阻抗	total impedance of a human body	
29.081	带电部分	live part	
29.082	可导电部分	conductive part	
29.083	外露可导电部分	exposed conductive part	
29.084	外界可导电部分	extraneous conductive part	
29.085	易及部分	readily accessible part	
29.086	同时可及部分	simultaneously accessible part	
29.087	伸臂范围	arm's reach	
29.088	易攀登部分	readily climbable part	
29.089	可外部操作部分	externally operable part	
29.090	可远距离操作部分	remotely operable part	
29.091	安全距离	safe distance	
29.092	工作间隙	working clearance	
29.093	保护间隙	protective gap	
29.094	防护罩	protective cover	
29.095	遮栏	barrier	
29.096	阻挡物	obstacle	
29.097	防火结构	fire-resistive construction	
29.098	不燃结构	non-combustible construction	
29.099	阻燃结构	flame-retarding construction	
29.100	安全色	safety color	
29.101	紧急报警信号	emergency alarm	
29.102	火警信号系统	fire alarm system	
29.103	接地指示	ground indication	

序 码	汉 文 名	英 文 名	注 释
29.104	烟尘探测器	smoke detector	
29.105	接地探测器	ground detector	
29.106	接地探测继电器	ground detector relay	
29.107	绝缘监测装置	insulation monitoring and warning device	
29.108	安全信号	safety signal	
29.109	警告信号	warning signal	
29.110	危险信号	danger signal	
29.111	检修接地	inspection earthing	
29.112	工作接地	working earthing	
29.113	保护接地	protective earthing	
29.114	重复接地	iterative earthing	
29.115	故障接地	fault earthing	
29.116	过电流保护	overcurrent protection	
29.117	过电压保护	overvoltage protection	
29.118	高电压保护	high voltage protection	
29.119	断相保护	open-phase protection	
29.120	直接接触防护	protection against direct contact, basic protection	又称"基本防护"。
29.121	间接接触防护	protection against indirect contact, supplementary protection	又称"附加防护"。
29.122	欠电压保护	under-voltage protection	
29.123	自动短路保护	automatic short-circuit protection	
29.124	外加故障保护	applied-fault protection	
29.125	等电位联结	equipotential bonding	
29.126	分隔距离	separation distance	
29.127	随机分隔	random separation	
29.128	危险控制	hazard control	
29.129	辐射控制	radiation control	
29.130	辐射屏蔽	radiation shield	
29.131	保护系统	protection system	
29.132	安全电路	safety circuit	
29.133	限流电路	limited current circuit	
29.134	安全监测系统	safety monitoring system	
29.135	安全联锁系统	safety interlock system	
29.136	有效接地电路	effectively grounded circuit	
29.137	接地系统	grounding system, earthing sys-	

序　码	汉 文 名	英 文 名	注 　释
		tem	
29.138	TN 系统	TN system	T 表示电源系统一点直接接地；N 表示设备的外露导电部分与电源系统接地点直接电气连接。
29.139	TT 系统	TT system	第一个 T 表示电源系统一点直接接地；第二个 T 表示设备的外露导电部分与电源系统的接地电气上无关。
29.140	IT 系统	IT system	I 表示电源系统所有带电部分不接地或一点通过阻抗接地；T 表示设备的外露导电部分与电源系统的接地电气上无关。
29.141	应急系统	emergency system	
29.142	0 类设备	class 0 equipment	只有基本绝缘的设备。
29.143	0Ⅰ类设备	class 0Ⅰ equipment	有基本绝缘和接地端子的设备。
29.144	Ⅰ类设备	class Ⅰ equipment	有基本绝缘和接地保护措施的设备。
29.145	Ⅱ类设备	class Ⅱ equipment	有双重绝缘或加强绝缘的设备。
29.146	Ⅲ类设备	class Ⅲ equipment	用特低安全电压供电的设备。
29.147	保护装置	protective device	
29.148	过电流保护装置	overcurrent protective device	
29.149	限流式过电流保护装置	current-limiting overcurrent protective device	
29.150	安全逻辑装置	safe logic assembly	
29.151	接地导体	earthing conductor	
29.152	地联结线	earth conductor, ground conductor	
29.153	保护导体	protective conductor	

序 码	汉 文 名	英 文 名	注 释
29.154	中性导体	neutral conductor	
29.155	保护中性导体	PEN conductor	PE 为保护导体的符号;N 为中性导体的符号。
29.156	等电位联结导体	equipotential bonding conductor	
29.157	接地板	ground plate, earth plate	
29.158	接地装置	grounding device	
29.159	安全开关	safety switch	
29.160	阻火器	flame arrester	

30．电磁干扰和电磁兼容

序 码	汉 文 名	英 文 名	注 释
30.001	工业、科学和医疗设备或器具	industrial, scientific and medical equipment or appliance, ISM	简称"工科医设备"。
30.002	电子通信设备	electronic communication equipment	
30.003	传输线	transmission line	
30.004	输电线路	[power] transmission line	
30.005	电磁环境	electromagnetic environment	
30.006	电磁环境电平	electromagnetic environment level	
30.007	系统用天线	system antenna	
30.008	辐射发射	radiated emission	
30.009	脉冲发射	impulse emission	
30.010	传导发射	conducted emission	
30.011	电磁发射	electromagnetic emission	
30.012	发射频谱	emission spectrum	
30.013	自由辐射频率	free-radiation frequency	
30.014	有限辐射频率	restricted-radiation frequency	
30.015	电磁噪声	electromagnetic noise	
30.016	自然噪声	natural noise	
30.017	电气噪声	electrical noise	
30.018	人为噪声	man-made noise	
30.019	无线电[频率]噪声	radio[-frequency] noise	
30.020	脉冲噪声	impulsive noise	

序　码	汉　文　名	英　文　名	注　　释
30.021	随机噪声	random noise	
30.022	稳定噪声	stationary noise	
30.023	遍历性噪声	ergodic noise	
30.024	稳定随机噪声	stationary random noise	
30.025	准脉冲噪声	quasi-impulsive noise	
30.026	连续噪声	continuous noise	
30.027	共模无线电噪声	common mode radio noise	
30.028	差模无线电噪声	differential mode radio noise	
30.029	辐射噪声	radiated noise	
30.030	传导噪声	conducted noise	
30.031	电磁骚扰	electromagnetic disturbance	曾称"电磁扰动"。
30.032	无线电[频率]骚扰	radio[-frequency] disturbance	
30.033	脉冲骚扰	impulsive disturbance	
30.034	连续骚扰	continuous disturbance	
30.035	随机骚扰	random disturbance	
30.036	准脉冲骚扰	quasi-impulsive disturbance	
30.037	电气骚扰	electrical disturbance	
30.038	供电网骚扰	mains-borne disturbance	
30.039	干扰	interference	
30.040	电磁干扰	electromagnetic interference, EMI	
30.041	射频干扰	radio-frequency interference, RFI	
30.042	工业干扰	industrial interference	
30.043	宇宙干扰	cosmic interference	
30.044	辐射干扰	radiated interference	
30.045	传导干扰	conducted interference	
30.046	窄带干扰	narrow-band interference	
30.047	宽带干扰	broad-band interference	
30.048	干扰信号	interference signal	
30.049	有用信号	wanted signal	
30.050	乱真信号	spurious signal	
30.051	无用信号	unwanted signal, undesired signal	
30.052	尖峰信号	spike	
30.053	猝发	burst	
30.054	串扰	crosstalk	又称"串音"。
30.055	干扰源	interference source	
30.056	电磁骚扰特性	electromagnetic disturbance char-	

序 码	汉 文 名	英 文 名	注 释
		acteristic	
30.057	骚扰电压	disturbance voltage	
30.058	骚扰场强	disturbance field strength	
30.059	干扰电压	interference voltage	
30.060	干扰场强	interference field strength	
30.061	骚扰功率	disturbance power	
30.062	干扰限值	limit of interference	
30.063	干扰功率	interference power	
30.064	信号电平	signal level	
30.065	信噪比	signal-to-noise ratio	
30.066	骚扰电平	disturbance level	
30.067	端子干扰电压	terminal interference voltage	
30.068	电压波动	voltage fluctuation	
30.069	抑制	suppression	
30.070	干扰抑制	interference suppression	
30.071	屏蔽效能	screening effectiveness	
30.072	吸收材料	absorber	
30.073	保护屏蔽	guard screen	
30.074	电磁兼容[性]	electromagnetic compatibility, EMC	
30.075	系统间电磁兼容性	inter-system electromagnetic compatibility	
30.076	系统内电磁兼容性	intra-system electromagnetic compatibility	
30.077	[电磁]敏感度	electromagnetic susceptibility	
30.078	辐射敏感度	radiated susceptibility	
30.079	传导敏感度	conducted susceptibility	
30.080	电磁干扰控制	electromagnetic interference control	
30.081	抗[骚]扰度	immunity	
30.082	敏感度阈值	susceptibility threshold	
30.083	电磁干扰安全裕度	electromagnetic interference safety margin	
30.084	电磁兼容性裕度	electromagnetic compatibility margin	
30.085	[电磁]兼容性电平	[electromagnetic] compatibility level	

序　码	汉　文　名	英　文　名	注　　释
30.086	抗扰度电平	immunity level	
30.087	抗扰度裕度	immunity margin	
30.088	供电网抗扰度	mains immunity	
30.089	供电网去耦因数	mains decoupling factor	
30.090	降敏作用	desensitization	
30.091	电磁兼容性故障	electromagnetic compatibility malfunction	
30.092	抗扰特性	immunity characteristic	
30.093	抑制特性	suppression characteristic	
30.094	干扰抑制装置	interference suppression equipment	
30.095	抑制元件	suppression element, suppression component	
30.096	集中电阻抑制器	concentrated resistive suppressor	
30.097	火花塞抑制器	spark plug suppressor	
30.098	点火分配器抑制器	distributor suppressor	
30.099	无线电和电视干扰抑制器	radio and television interference suppressor	
30.100	无线电干扰滤波器	radio-interference filter	
30.101	抑制布线技术	suppressive wiring technique	
30.102	补偿布线技术	compensating wiring technique	
30.103	抑制电容器	suppression capacitor	
30.104	分布电阻	distributed resistance	
30.105	保护接地系统	guard ground system	
30.106	标准试验频率	standard test frequency	
30.107	特征频率	characteristic frequency	
30.108	参比频率	reference frequency	
30.109	射频无反射室	radio-frequency anechoic enclosure	又称"电波暗室"。
30.110	屏蔽室	shielded enclosure, screened room	
30.111	横电磁波室	transverse electromagnetic cell, TEM cell	
30.112	开阔场地	open area	
30.113	试验场地	test site	
30.114	电磁干扰测量仪	electromagnetic interference measuring apparatus	
30.115	场强计	field intensity meter	

序　码	汉　文　名	英　文　名	注　释
30.116	选频电压表	frequency-selective voltmeter	
30.117	脉冲发生器	pulse generator	
30.118	线路阻抗稳定网络	line impedance stabilization network, LISN, artificial mains network	又称"人工电源网络"。
30.119	模拟手	artificial hand	
30.120	吸收钳	absorbing clamp	
30.121	电流探头	current probe	
30.122	准峰值检波器	quasi-peak detector	
30.123	准峰值电压表	quasi-peak voltmeter	
30.124	峰值检波器	peak detector	
30.125	方均根值检波器	RMS detector	
30.126	平均值检波器	average detector	
30.127	传导测量	conduction measurement	
30.128	辐射测量	radiation measurement	

英 汉 索 引

A

accuracy class 准确度等级 26.129

accuracy limit factor 准确度限值因数 08.298

acid cell 酸性蓄电池 24.073

acid number 酸值 03.147

acid treatment 酸处理 03.195

a-contact 动合触头，＊常开触头，＊a 触头 09.250

across-the line starting 全压起动 07.563

activation 活化 24.164

activation analysis 活化分析 21.064

activation polarization 电化学极化，＊活化极化 24.007

active current 有功电流 01.534

active [electric] circuit 有源电路 01.404

active [electric circuit] element 有源[电路]元件 01.402

active fiber 激活光纤 05.274

active gap 限流间隙 13.018

active material 活性物质 24.011

active power 有功功率 01.526

activity 活度 24.004

activity meter 活度测量仪 26.109

actual focal spot 实际焦点 21.063

actuating force 操动力 09.376

actuating torque 操动力矩 09.377

actuator 操动件 09.266，执行器 16.173

acyclic machine 单极电机 07.005

adaptation 适应 22.099

adaptive control system 自适应控制系统 16.024

A/D converter 模/数转换器，＊A/D 转换器 16.166

additive 添加剂 02.107

adhesion 黏接 06.102

adhesion coefficient 黏着系数 20.141

adhesive 胶黏剂 03.116

adhesive tape 黏带 03.092

adhesive varnish 胶黏漆 03.053

adhesive weight 黏重 20.171

adjustable constant speed motor 可调恒速电动机 07.034

adjustable speed electric drive 调速电气传动，＊变速传动 16.006

adjustable-speed motor 调速电动机 07.033

adjustable spot lamp 可调聚光灯 22.369

adjustable thermostatic switch 可调定温开关 09.178

adjustable varying speed motor 可调变速电动机 07.035

adjustment 调整 26.132

admittance 导纳 01.424

adverse weather lamp 雾灯 22.367

aerial fiber cable 架空光缆 05.288

aerial [insulated] cable 架空电缆 05.050

aeronautical beacon 航空灯标 22.344

aeronautical ground light 航空用地面光信号 22.343

after image 余象 22.126

ageing 老化 27.031

agitator type washing machine 搅拌式洗衣机 23.052

air arc cutting and gouging electrode 电弧气割和气刨电极 18.059

air-blast circuit-breaker 压缩空气断路器 09.064

air-blast cooling fan 冷却喷流扇 23.026

air-break circuit-breaker 磁吹断路器 09.073

air circuit-breaker 空气断路器 09.062

air circulating fan 环流扇 23.027

air cleaner 空气清洁器 23.033

air conditioning appliance 空调[电]器 23.009

air contactor 空气接触器 09.129

air-cooled type 空气冷却式 01.691

air-core type reactor 空心电抗器 08.249

aircraft battery 航空用蓄电池组 24.083

[aircraft] navigation lights [飞机]航行灯 22.359

aircraft wire 航空电线 05.020

air dehumidifier 空气去湿器 23.031

air delivery 风量 23.195

air density correction factor 空气密度修正因数 12.065

air duct 通风[坑]道 07.350

air gap 气隙 01.591

air gap arrester 空气间隙避雷器 13.004

air gap surge protector 空气间隙浪涌保护器 13.005

air guide 导流构件 07.347

air hoar 霜凇 27.066

air humidifier 空气加湿器 23.032

air humidity 空气湿度 27.052

air permeability 透气度 03.156

air pipe 通风管道 07.349

air-spaced paper insulation 空气纸绝缘 05.102

air-spaced plastic insulation 空气塑料绝缘 05.105

air switching device 空气开关装置 09.057

air-tight type 气密式 01.728

air trunking 通风导管 07.348

air velocity 风速 23.196

aligned fiber bundle 相干光纤束，＊定位光纤束 05.282

aligned position 协调位置 07.469

alkaline cell 碱性蓄电池 24.075

alkaline zinc-manganese dioxide cell 碱性锌锰干电池 24.018

alkyd impregnating varnish 醇酸浸渍漆 03.038

alkyl aromatic hydrocarbon 烷基代芳香烃 03.011

alkyl benzene 烷基苯 03.012

alkyl naphthalene 烷基萘 03.013

all-direction electric drill 万向电钻 19.010

all-or-nothing relay 有或无继电器 14.046

allowable continuous current 允许连续电流 10.043

alloying time 合金化时间 17.309

alloy junction 合金结 15.011

alloy plating 合金电镀 24.170

alloy technique 合金工艺 15.035

alphanumeric notation 字母数字符号 01.923

alternating component 交流分量 01.516

alternating current 交流 01.507

alternating current arc welding transformer 交流弧焊变压器 08.044

alternating current electric drive 交流电气传动 16.003

alternating current generator 交流发电机 07.013

alternating current machine 交流电机 07.006

alternating current motor 交流电动机 07.022

alternating current tachogenerator 交流测速发电机 07.142

alternating current torque motor 交流力矩电机 07.170

alternating field 交变场 01.010

alternating gradient focusing 交变梯度聚焦，＊强聚焦 21.019

alternating quantity 交变量 01.059

alternating voltage 交流电压 01.506

altitude 海拔 27.077

aluminium-air cell 铝空气电池 24.029

aluminium alloy stranded conductor 铝合金绞线 05.008

aluminium-clad steel wire 铝包钢线 05.010

aluminium extrusion 压铝 05.222

aluminium press 压铝机 05.241

aluminium stranded conductor 铝绞线 05.007

ambient air temperature 周围空气温度，＊环境［空气］温度 01.813

ambient temperature 环境温度 27.051

ammeter 电流表，＊安培表 26.048

ammonia-air fuel cell 氨空气燃料电池 24.151

amorphous carbon 无定形碳 02.103

amorphous magnetic alloy 非晶态磁性合金 04.011

amorphous semiconductor 非晶态半导体 02.246

amortisseur winding 阻尼绕组 07.219

ampacity 载流量 05.179

ampere 安［培］ 01.875

ampere-conductor 安培导体 07.422

ampere-hour efficiency 充电效率，＊安时效率 24.135

ampere-hour meter 安时计 26.070

ampere-turn 安匝 07.423

amplifier 放大器 01.603

amplitude 振幅 01.090

amplitude control 幅值控制 07.605

amplitude error 幅值误差 07.487

amplitude factor of transient recovery voltage 瞬态恢复电压振幅因数 09.287

amplitude permeability 振幅磁率 01.337

analogue device 模拟器件 16.134

analogue ［measuring］ instrument 模拟［测量］仪表 26.022

analogue signal 模拟信号 16.124

analogue system 模拟系统 01.051

analogue-to-digital converter 模/数转换器，＊A/D转换器 16.166

analyzing magnet 分析磁铁 21.166

angle electric drill 角向电钻 19.009

angle lighting fitting 斜角灯具 22.291

angle of collimation 准直角 22.320

angle of oscillation 摇头角度 23.198

angle of overlap 重叠角 15.402

angle of retard 滞后角 15.407

angle of rotor 转子转角 07.457

angular displacement 角位移 01.102

angular frequency 角频率 01.073

angular variation 功角变化 07.401

anhysteretic curve 无磁滞曲线 01.330

anhysteretic state 无磁滞状态 01.316

annealed glass 退火玻璃 06.097

annealing 退火 05.204

annual extreme daily mean relative humidity 年最大日平均相对湿度 27.058

annual extreme daily mean temperature 年最高日平均温度 27.046

annual maximum relative humidity 年最大相对湿度 27.062

annual maximum temperature 年最高温度 27.044

annual minimum relative humidity 年最小相对湿度 27.063

annual minimum temperature 年最低温度 27.045

annunciator 信号器 15.306

anode 阳极 01.569

anode arc 阳极电弧 02.091

anode glow 阳极辉光 01.278

anode material transfer 阳极材料转移 02.093

anode-to-cathode voltage 阳极电压 15.169

anode voltage 阳极电压 15.169

anode [voltage-current] characteristic 阳极[电压－电流]特性 15.170

anodized insulation 氧化膜绝缘 05.108

anti-collision light 防撞光信号 22.362

anti-condensation device 抗冷凝装置 23.163

anti-corrosion of metal 金属防腐 24.189

antiferromagnetism 反铁磁性 04.063

antinode 波腹 01.131

anti-pollution insulator 耐污绝缘子 06.020

anti-pumping device 防跳机构 09.215

antistatic agent 抗静电剂 03.119

aperiodic circuit 非周期电路 01.117

aperiodic component 非周期分量 01.062

aperiodic phenomenon 非周期现象 01.116

aperiodic time constant 非周期时间常数 07.387

apparent charge 表观电荷 12.067

apparent density 表观密度 03.155

apparent hardness 表观硬度 02.086

apparent internal resistance 表观内阻 24.144

apparent porosity 开口气孔率 02.152

apparent power 表观功率，＊视在功率 01.524

apparent power on line side 网侧表观功率 08.081

apparent power on valve side 阀侧表观功率 08.082

apparent temperature 表观温度 02.035

appliance coupler 电器耦合器 23.179

appliance inlet 电器插座 23.181

appliance switch 电器开关 23.144

applied-fault protection 外加故障保护 29.124

applied voltage 外施电压 09.279

applied voltage test 外施电压试验 08.218

approach lights 进场光信号 22.347

arc-air gouging carbon 碳弧气刨碳棒 02.133

arc carbon 弧光碳棒 02.132

arc-chute 灭弧栅 09.238

arc-control device 灭弧装置，＊灭弧室 09.237

[arc] current zero period [电弧]电流零区 09.009

arc-extinguishing chamber 灭弧装置，＊灭弧室 09.237

arc-extinguishing tube 灭弧管 09.244

arc furnace 电弧炉 17.124

arc furnace [electrode] arm 电弧炉电极臂 17.140

arc furnace installation 电弧炉成套设备 17.125

arc furnace transformer 电弧炉变压器 08.020

arch 炉拱 17.242

arc heating 电弧加热 17.109

arcing chamber 灭弧腔 13.029

arcing contact 弧触头 09.247

arcing distance 电弧距离，＊干弧距离 06.086

arcing horn 消弧角 06.072

arcing ring 引弧环 06.070

arcing time 燃弧时间 09.334

arc-initiating device 引弧装置 18.041

arc lamp 弧光灯 22.184

arc-maintaining device　维弧装置　18.042

arc［mode］current　电弧［状态］电流　13.052

arc［mode］voltage　电弧［状态］电压　13.053

arcover　飞弧　01.276

arc resistance　耐电弧性　03.134

arc resistance heating　埋弧加热，＊电弧电阻加热 17.112

arc-suppression reactor　消弧电抗器，＊消弧线圈 08.239

arc voltage　电弧电压　01.795

arc welding alternator　交流弧焊发电机　18.033

arc welding alternator/rectifier set　弧焊发电机－整流器组　18.035

arc welding engine-generator　弧焊原动机－发电机组　18.016

arc welding machine　弧焊机　18.002

arc welding motor-generator　弧焊电动发电机组 18.017

arc welding pulsed power source　弧焊脉冲电源 18.040

arc welding rotary frequency convertor　弧焊旋转变频机　18.034

arc welding transformer/rectifier set　弧焊变压器－整流器组　18.031

armature　电枢　07.338，衔铁　14.160

armature control　电枢控制　07.603

armature reaction　电枢反应　07.427

armature winding　电枢绕组　07.218

armature winding machine　电枢绕嵌机　07.658

armour　铠装层　05.123

armoured cable　铠装电缆　05.039

armouring　装铠　05.223

armouring machine　装铠机　05.242

arm's reach　伸臂范围　29.087

arrester disconnector　避雷器脱离装置　13.022

arrester without gaps　无间隙避雷器　13.009

arrester with series gaps　串联间隙避雷器　13.010

arrester with shunt gaps　并联间隙避雷器　13.011

artificial hand　模拟手　30.119

artificially ventilated area　机械通风场所　25.022

artificial mains network　线路阻抗稳定网络，＊人工电源网络　30.118

artificial pollution test　人工污秽试验　12.101

asbestos-filled melamine plastics　三聚氰胺石棉塑料 03.080

askarel　氯代联苯　03.016

a-spot　a－斑点　02.087

assembled representation　集中表示法　01.941

assembly　组合装置　09.201

assessed reliability　评估可靠度　28.123

assisted running　双机运行　20.189

assisting vehicle　补机　20.031

associated electrical apparatus　关联电气设备 25.078

astatic control　无静差控制　16.072

asymmetrical breaking　非对称分断，＊非对称开断 09.028

asymmetrical conductivity　非对称导电性　01.252

asymmetrical current　非对称电流　09.352

asymmetrical lighting fitting　非对称灯具　22.288

asymmetrical phase control　非对称相控　15.357

asymmetrical silicon bidirection switch　不对称硅双向开关　15.282

asymmetrical triode thyristor　不对称［三极］晶闸管 15.114

asymmetric［characteristic circuit］element　非对称［特性电路］元件　01.410

asymmetry　不平衡度，＊不对称度　01.161

asynchronous generator　异步发电机　07.064

asynchronous impedance　异步阻抗　07.431

asynchronous machine　异步电机　07.061

asynchronous motor　异步电动机　07.066

asynchronous operation　异步运行　07.556

asynchronous reactance　异步电抗　07.434

asynchronous resistance　异步电阻　07.442

atmospheric correction factor　大气条件修正因数 12.064

atmospheric corrosion　大气腐蚀　27.120

atmospheric pressure　大气压　27.074

atmospheric transmissivity　大气透射率　22.079

atomized powder　雾化粉末　02.068

attenuation　衰减　01.145

attenuation constant　衰减常数　05.183

attenuation spectral dependency　衰减光谱特性 05.330

attract current　吸合电流　09.302

attracting 吸合 09.407

autolocking 自锁 09.405

automatically reset relay 自动复归继电器 14.110

automatic arc welding machine 自动弧焊机 18.004

automatic circuit-recloser 重合器 09.079

automatic coil winding machine 自动绕线机 07.649

automatic control 自动控制 01.741

automatic control equipment 自动控制装置 16.153

automatic controller 自动控制器 16.158

automatic control station 自动控制站 16.154

automatic field weakening 自动磁场减弱 20.213

automatic reclosing device 自动重合机构 09.204

automatic regulation 自动调节 07.421

automatic short-circuit protection 自动短路保护 29.123

automatic switching off 自动切断 15.440

automatic switching on 自动连通 15.439

automatic switching-on equipment of standby power supply 备用电源保护装置 14.140

automatic system for measuring magnetic characteristics 磁特性自动测量装置 26.096

automatic tension regulator 自动张力调整器 20.081

automatic traction equipment 自控牵引设备 20.087

automatic transfer equipment 自动转接设备 16.155

automation 自动化 16.046

autophasing 自动稳相 21.037

auto-reclosing 自动重[闭]合 09.403

auto-reclosing operation 自动重合操作 09.371

auto-transformer 自耦变压器 08.049

auto-transformer starter 自耦变压器起动器 09.138

auto-transformer starting 自耦变压器起动 07.565

auxiliary anode 辅助阳极 24.175

auxiliary arm 辅助臂 15.315

auxiliary catenary 辅助承力索 20.053

auxiliary cathode 辅助阴极 24.176

auxiliary circuit 辅[助]电路，＊辅[助]回路 01.637

auxiliary contact 辅助触头 09.254

auxiliary core 辅助线芯 05.087

auxiliary energizing quantity 辅助激励量 14.202

auxiliary generator set 辅助发电机组 20.109

auxiliary letter symbol 辅助文字符号 01.904

auxiliary-pole shunting 附加极分流 20.214

auxiliary relay 中间继电器，＊辅助继电器 14.077

auxiliary switch 辅助开关 09.175

auxiliary transformer regulation 辅助变压器调压 20.117

auxiliary winding 附加绕组 08.229

availability 可用性，＊有效性 28.068，可用度 28.132

avalanche breakdown 雪崩击穿 15.025

avalanche rectifier diode 雪崩整流管 15.097

avalanche voltage 雪崩电压 15.026

average detector 平均值检波器 30.126

average magnetic field 平均磁场 21.226

average speed between stops 站间平均速度 20.131

axial-blast extinguishing chamber 纵吹灭弧室 09.241

axial flow fan 轴流扇 23.022

axial focusing 轴向聚焦 21.023

axial injection 轴向注入 21.047

axle circuit 车轴电路 20.041

axle driven generator 车轴发电机 20.110

axle hung generator 轴挂发电机 20.105

axle hung motor 轴挂电动机 20.104

axle load 轴载重 20.170

B

back-connected fuse 后接熔断器 10.020

back electromotive force 反电动势 01.219

back EMF coefficient 反电动势系数 07.542

background noise 背景噪声 08.008

back-to-back capacitor bank breaking current 背对背电容器组开断电流 09.297

backup air gap device 后备间隙装置 13.028

backup circuit-breaker 保护断路器 09.077

backup fuse 后备熔断器 10.022

backup gap 后备间隙 11.049

back-up lamp 倒车灯 22.368

backup protection 后备保护 14.026

backup protection equipment 后备保护装置 14.131

backward wave 后向波 01.126

bad contact test 不良接触试验 23.221

baffle 挡板 24.124

baking 焙烧 02.178

baking furnace 焙烧炉 02.181

balanced bridge transition 平衡桥式转换 20.208

balanced load 平衡负载 01.854

balanced polyphase source 平衡多相电源 01.551

balanced polyphase system 平衡多相系统 01.553

balanced two-port network 平衡二端口网络 01.478

balance relay 平衡继电器 14.117

balance test 平衡试验 07.634

balancing speed 均衡速度 20.130

balancing winding 平衡绕组 08.112

bale out furnace 舀出式炉 17.263

ball and socket coupling 球窝连接 06.061

ballast 镇流器 22.240

ball pressure test 球压试验 23.217

banding insulation 端箍绝缘 07.272

bar 半线圈，*线棒 07.192

bare conductor 裸导体 05.003

bare fiber 裸光纤 05.270

bare wire 裸电线 05.002

bar insulation 线棒绝缘 07.266

Barkhausen effect 巴克豪森跳变，*巴克豪森效应 04.050

Barkhausen jump 巴克豪森跳变，*巴克豪森效应 04.050

barrel plating 滚镀 24.183

barrel type tank 桶式油箱 08.183

barrier 遮栏 29.095

bar-to-bar test 换向片间电阻试验 07.639

bar-type current transformer 棒式电流互感器 08.285

base 管座 15.078，灯头 22.229

baseband response 基带频率响应 05.329

base [electrode] 基极 15.048

base module 基本模数 01.659

base quantity 基本量 01.865

base region 基区 15.051

base terminal 基极端 15.043

base unit 基本单位 01.867

basic convertor connection 基本变流联结 15.325

basic current 基本电流 14.205

basic insulation 基本绝缘 29.054

basic letter symbol 基本文字符号 01.903

basic lightning impulse insulation level 基本雷电冲击绝缘水平 12.040

basic protection 直接接触防护，*基本防护 29.120

basic range 基本量程 26.143

basic switch connection 基本开关联结 15.327

basic switching impulse insulation level 基本操作冲击绝缘水平 12.041

basis material 基体材料 24.174

batch feed type disposer 分批型废食处理机 23.061

batch furnace 间歇式炉 17.264

bath furnace 浴炉 17.089

bath-tub curve 浴盆曲线 28.112

battery capacity 蓄电池容量 24.126

battery electric traction 蓄电池电力牵引 20.003

battery powered appliance 电池供电电器 23.007

bayonet base　卡口灯头　22.231

bayonet cap　卡口灯头　22.231

b-contact　动断触头，＊常闭触头，＊b触头　09.251

beacon　灯标，＊灯塔　22.335

beam accelerating voltage　束加速电压　17.205

beam bunches　束团　21.052

beam [current]　束[流]　21.195

beam current monitor　束流监测器　21.182

beam duty factor　束流负载因数　21.205

beam emittance　束流发射度　21.207

beam energy　束流能量　21.186

beam extraction efficiency　束流引出效率　21.249

beam impedance　束阻抗　21.199

beam intensity　束流强度　21.196

beam intensity distribution　束流强度分布　21.197

beam loading　束负载　21.053

beam power　束功率　21.198

beam pulse width　束流脉冲宽度　21.203

beam spot　束斑[点]　21.062

beam spot size　束斑尺寸　21.202

beam stability　束稳定度　21.200

beam transport　束流传输　21.009

beam uniformity　束均匀度　21.201

bearing clearance　轴承间隙　07.328

bearing liner　轴[承]衬，＊轴瓦　07.326

bearing pedestal　轴承座　07.327

bearing pressure　轴承压力　07.329

beat　拍　01.141

beat frequency　拍频　01.142

beat measurement　差频测量　26.011

beauty making appliance　美容电器　23.125

bedding　垫层　05.125

bell furnace　罩式炉　17.267

bell transformer　电铃变压器　08.041

bell type tank　钟罩式油箱　08.184

belt conveyor furnace　传送带式炉　17.287

belted cable　带绝缘电缆　05.033

belt insulation　带形绝缘　07.270

bending magnet　弯转磁铁　21.152

bend ratio　弯曲比　05.164

benzyl neocaprate　新癸酸苄酯　03.015

berry juice extractor　浆果榨汁器　23.103

betatron　电子感应加速器　21.087

betatron frequency　电子感应加速器振荡频率　21.241

betatron oscillation　电子感应加速器振荡　21.033

BH product　磁能积，＊BH积　01.345

biased relay　偏置继电器　14.122

biaxial stretching　双向拉抻　03.212

bidirectional diode thyristor　双向二极晶闸管　15.118

bidirectional [electronic] valve　双向[电子]阀　15.291

bidirectional transistor　双向晶体管　15.131

bidirectional triode thyristor　双向[三极]晶闸管　15.119

bifurcated contact　开槽触头　02.056

BIL　基本雷电冲击绝缘水平　12.040

bilateral gearing　双侧齿轮机构　20.107

bilateral transmission　双侧传动　20.217

binary-logic system　二进制逻辑系统　16.029

binary signal　二进制信号　16.129

binary system　二进制　01.049

binder　黏合剂　02.104

binding band　绑箍　07.277

binomial distribution　二项分布　28.171

Biot-Savart law　毕奥-萨伐尔定律　01.257

bistable relay　双稳态继电器　14.058

black band　无火花换向区　07.585

black-band test　无火花换向区试验　07.631

black light　黑光　22.006

black light lamp　黑光灯，＊伍德灯　22.211

blade contact　扁形触头　02.057

blanket with ambient temperature compensation　环境温度补偿电热毯　23.122

blanket with increased heating area　局部增热电热毯　23.121

blanket with uniform heating area　均热电热毯　23.120

blanking element　堵封件　25.028

blended lamp　复合灯，＊自镇流汞灯　22.207

blender　搅拌器　23.101

blinking light　闪烁光信号　22.361

blistering　起泡　02.119

blister light　地灯　22.355

Bloch wall 布洛赫壁 04.025

block 毛坯 02.111

block diagram 框图 01.947

blocking capacitor 分隔电容器 25.079

blocking protection 闭锁式保护 14.027

blocking relay 闭锁继电器 14.116

block symbol 方框符号 01.909

blow-out coil 吹弧线圈 09.245

board 纸板 03.065

bodily injury 人身伤害 29.025

bogie furnace 车底式炉 17.283

bogie hearth furnace 台车式炉 17.274

bonding junction 键合结 15.009

boost and buck connection 升压补偿联结 15.338

boost charge 急充电 24.062

booster 升压机 07.099

booster transformer 增压变压器 08.013

bounce time 回跳时间 14.220

boundary lights 界限光信号 22.351

bound electron 束缚电子 01.181

box negative plate 箱式负极板 24.104

box type furnace 箱式炉 17.265

bracket 悬臂 20.069

bracket function 取整函数 01.048

braid 编织层 05.127

braiding 编织 05.220

braiding angle 编织角 05.199

braiding machine 编织机 05.246

brake motor 制动电动机 07.191

braking electromagnet 制动电磁铁 09.188

braking force 制动力 20.144

braking test 制动试验 07.609

braking torque 制动转矩 07.377

branch 支路 01.457

branched optical cable 分支光缆 05.295

branch joint 分支接头 05.138

breakaway 始动 07.548

breakaway force 起步阻力 20.150

breakaway starting current 最初起动电流 07.383

breakaway torque 最初起动转矩 07.370

breakaway voltage 始动电压 07.510

break contact 动断触头，＊常闭触头，＊b 触头
09.251

break contact 动断触点，＊常闭触点 14.153

breakdown 击穿 01.284

breakdown of a reverse-biased PN junction 反向偏置
PN 结击穿 15.024

breakdown test 最大转矩试验 07.629

breakdown torque 最大转矩，＊牵出转矩 07.375

breakdown voltage 击穿电压 03.143

breaking 分断，＊开断 09.398

breaking capacity 分断能力，＊开断能力 09.344

breaking capacity test 分断能力试验，＊开断能力
试验 09.426

breaking current 分断电流，＊开断电流 09.273

breaking operation 分断操作，＊开断操作 09.364

breakover current 转折电流 15.191

breakover point 转折点 15.089

breakover voltage 转折电压 15.172

break through 穿通 15.369

break-time 分断时间，＊开断时间 09.329

breather 呼吸装置 25.023

breeches joint Y 型接头 05.145

bridge connection 桥式联结 15.331

bridged-T network 桥接 T 形网络 01.485

bridge material transfer 桥式材料转移 02.097

bridge transition 桥式转换 20.207

bridging conductor 桥接导线，＊旁路线 20.064

bridging time 桥接时间，＊过渡时间 14.221

brightness 视亮度 22.113

bright plating 光亮电镀 24.169

broad-band interference 宽带干扰 30.047

brush 电刷 02.120

brush discharge 刷形放电 01.281

brush holder 刷握 07.299

brushless DC motor 无刷直流电动机 07.092

brushless DC servomotor 无刷直流伺服电机
07.151

brushless DC tachogenerator 无刷直流测速发电机
07.141

brushless exciter 无刷励磁机 07.020

brushless induction phase shifter 无刷感应移相器
07.135

brushless resolver 无刷旋转变压器 07.132

brushless structure 无刷结构 07.352

brushless synchro 无刷自整角机 07.121

brushless torque motor　无刷力矩电机　07.168

brush plating　刷镀　24.180

brush rocker　刷架　07.300

BSL　基本操作冲击绝缘水平　12.041

bubble domain memory　泡畴记忆　04.032

Buchholz relay　气体继电器　08.186

built-in type　内装式　01.673

built-up mica　黏合云母　03.106

bulkhead fitting　舱壁灯[具]　22.307

bulk oil circuit-breaker　多油断路器　09.071

bump　碰撞，*连续冲击　27.095

bump test　碰撞试验　27.204

bunched conductor　束合导线　05.075

buncher　聚束器　21.129，束线机　05.234

bunch filament　锯齿形灯丝　22.224

bunching　束合　05.207，群聚　21.048

bunching machine　束线机　05.234

bundle assembled aerial cable　集束架空电缆　05.051

burden　负荷　08.253

burial depth　埋入深度　05.163

burning rate　燃烧速度　02.155

burning test　燃烧试验　23.219

burn-off chamber　预烧室，*去污室　17.241

burst　猝发　30.053

bus　总线　16.171

busbar　母线　01.584

bushing potential tap　套管电压分接　06.068

bushing test tap　套管试验分接　06.069

bushing type current transformer　套管式电流互感器　08.276

bus type current transformer　母线式电流互感器　08.270

butt contact　对接接触　09.021，对接触头　09.257

button cell　扣式电池　24.024

button light　钮扣灯　22.383

buzzer　蜂鸣器　23.137

buzz stick　蜂音检验棒　06.108

by-pass arm　旁路臂　15.320

by-pass conductor　桥接导线，*旁路线　20.064

by-pass current　旁路电流　11.083

by-pass switch　旁路开关　11.084

C

cabin fan　顶[式电风]扇　23.015

cable allocation diagram　电缆配置图，*电缆敷设图　01.974

cable allocation table　电缆配置表，*电缆敷设表　01.975

cable bond　电缆互连　05.155

cable-charging breaking current　充电电缆开断电流　09.294

cable connector　电缆连接器　05.151

cable coupler　电缆耦合器　05.152

cable coupling capacitor　电缆耦合电容器　11.032

cable duct　电缆管道　05.173

cable entry　电缆引入装置　25.029

cable filling applicator　电缆填充装置　05.248

cable joint　电缆接头　05.136

cable plow　电缆敷设机　05.167

cabler　成缆机　05.230

cabling　成缆　05.214

cage induction motor　笼型感应电动机　07.068

cage synchronous motor　笼型同步电动机　07.053

cage winding　笼形绕组　07.231

calcination　煅烧　02.170

calciner　煅烧炉　02.180

calendering　压延　03.215

calibrated driving machine test　校准电机试验　07.612

calibration　校准　26.130

calibration speed　校准转速　07.491

calorimetric test　热量试验　07.611

CAMAC　计算机自动测量和控制　26.047

camber　侧向弯度　02.028，弯曲度　06.075

cam controller　凸轮控制器　09.120

candela　坎[德拉]　01.896

candle lamp　烛形灯　22.167

canned type　罐封式　01.730

cantilever　悬臂　20.069

cantilever brush 带突出压板电刷 02.137

cap 管帽 15.079, 灯头 22.229

capacitance 电容 01.414

capacitance control 幅相控制, *电容控制 07.606

capacitance current 电容电流 01.238

capacitance-frequency characteristic 电容－频率特性 11.061

capacitance graded bushing 电容[式]套管 06.026

capacitance meter 电容表 26.062

capacitance-temperature characteristic 电容－温度特性 11.060

capacitance tolerance 电容允[许偏]差 11.073

capacitance unbalance protection device 电容不平衡保护装置 11.050

capacitive coupling 电容耦合 05.190

capacitive reactance 容抗 01.432

capacitive unbalance to earth 对地电容不平衡 05.191

capacitor 电容[器] 01.594

capacitor bank 电容器组 11.003

capacitor bank inrush making current 电容器组关合涌流 09.300

capacitor body 电容器器身 11.036

capacitor braking 电容器制动 07.594

capacitor bushing 电容[式]套管 06.026

capacitor case 电容器外壳 11.037

capacitor element 电容器元件 11.034

capacitor for electric induction heating system 电热电容器 11.020

capacitor for voltage protection 保护电容器 11.019

capacitor indicating fuse 电容器指示熔断器 11.051

capacitor installation 电容器成套装置 11.004

capacitor motor 电容电动机 07.184

capacitor packet 电容器心子 11.035

capacitor section 电容器节段 11.046

capacitor shield coil [插入]电容线圈 08.127

capacitor spot welding machine 电容贮能点焊机 18.026

capacitor stack 电容器叠柱 11.002

capacitor start and run motor 电容运转电动机 07.185

capacitor start motor 电容起动电动机 07.186

capacitor switch 电容器开关 09.100

capacitor switching step 电容器切换级 11.052

capacitor unit 电容器单元 11.001

capacitor voltage divider 电容分压器 11.016

capacitor voltage transformer 电容式电压互感器 11.021

cap and pin insulator 盘形悬式绝缘子 06.028

carbonaceous deposits 碳化物沉积 02.089

carbon arc lamp 碳弧灯 22.185

carbon binder 碳质黏合剂 02.105

carbon current collector for railway 电力机车滑板 02.146

carbon current collector for trolleybus 无轨电车滑块 02.145

carbon for spectrochemical analysis 光谱碳棒 02.131

carbon-graphite brush 碳石墨电刷 02.122

carbon-graphite contact 碳石墨触点 02.143

carbon-graphite product 碳石墨制品 02.101

carbon [resistor] pile 碳[电阻片]柱 02.142

cardan shaft drive 万向节驱动 20.223

carrier-frequency coupling device 载波耦合装置 11.044

carrier-pilot protection 载波纵联保护 14.035

carrier-pilot protection equipment 载波[纵联]保护装置 14.137

carrier-relaying protection 载波继电保护 14.034

cartridge 熔管 10.033

cartridge fuse 管式熔断器 10.016

cartridge type bearing 盒式滚动轴承 07.324

cascade control 串级控制 16.073

cascade convertor 串级变流器 15.269

cascaded [testing] transformer 串级试验变压器 08.029

cascade power-frequency testing transformers 串级工频试验变压器 12.111

cascade type instrument transformer 串级式互感器 08.274

case 管壳 15.077

case temperature 表面温度, *壳体温度 27.141

casting 浇铸 03.218, 流延 03.219

casting resin 浇注树脂 03.032

cast lining 浇铸炉衬 17.181

cast-resin bushing 浇铸树脂套管 06.039

cast-resin type instrument transformer 树脂浇注式
互感器 08.272

cast-resin type transformer 树脂浇注式变压器
08.051

catenary suspension 悬链 20.050

catenary suspension with one contact wire 单接触导
线的悬链 20.056

catenary suspension with two contact wires 双接触导
线的悬链 20.057

catenary [wire] 承力索 20.051

cathode 阴极 01.570

cathode arc 阴极电弧 02.092

cathode material transfer 阴极材料转移 02.094

cavity excitation power 腔激励功率 21.239

cavity phase shift 腔相位移 21.238

cavity resonant frequency 腔共振频率 21.234

ceiling fan 吊[式电风]扇 23.016

ceiling fitting 吸顶灯[具] 22.303

ceiling voltage 顶值电压 07.396

cell 电池 24.003

cellular plastic insulation 泡沫塑料绝缘 05.106

cementing 胶装 06.099

center-break disconnector 中间开断隔离器 09.092

center-break switching device 中间开断开关装置
09.055

center conductor rail 中间导电轨 20.034

center terminal of a pair of arms 臂对中心端子
15.316

central control type air conditioner 集中控制型空调
器 23.028

central magnetic field 中心磁场 21.221

central visual field 中央视场 22.122

centrifugal casting machine for rotor 转子离心铸铝
机 07.669

centrifugal fan 离心扇 23.023

centrifugal governor 离心稳速器 07.332

ceramic insulating material 陶瓷绝缘材料 03.113

ceramic-to-metal sealing 金属-陶瓷密封焊接
06.101

certification test 认证试验 28.058

chain conveyor 链条输送装置 17.259

chain conveyor furnace 链输送式炉 17.280

chain winding 链式绕组 07.235

change-of-temperature test 温度变化试验 27.155

change-over break before make contact 先断后通转
换触点 14.155

change-over contact 转换触头 09.252, 转换触点
14.150

change-over contact with neutral position 中位转换
触点 14.156

change-over make before break contact 先通后断转
换触点 14.154

change-over selector 转换选择器 08.168

change-over switch 转换开关, * 选择开关
09.101

change-over switching 转换, * 转接 01.736

change-over time 转换时间 14.219

channel 沟道 15.019, 熔沟 17.183

channel-case thermal resistance 沟道-管壳热阻
15.238

channel light 航道光信号 22.341

channel lights 航空用航道光信号 22.349

characteristic 特性 01.771

characteristic angle 特性角 14.213

characteristic curve 特性曲线 01.772

characteristic frequency 特征频率 30.107

characteristic impedance 特性阻抗 05.185

characteristic of magnetization 磁化特性 04.072

characteristic quantity 特性量 14.206

characteristic strengthen test 性能强化试验
28.148

character light 特征标志光信号, * 代码光信号
22.338

charge 炉料 17.250

charge acceptance 充电接受能力 24.054

[charge] carrier 载流子 01.172

charge carrier storage 载流子存储 02.255

charge-carrying belt 输电带 21.100

charge efficiency 充电效率, * 安时效率 24.135

charge factor 充电因数 24.134

charge rate 充电率 24.133

charge retention 充电保持能力 24.055

charge time 装料时间 17.311

charging current 充电电流 11.054

charging tray 料盘 17.251

chart 表图 01.937

chemical corrosion 化学腐蚀 27.122

chemical corrosion test 化学腐蚀试验 27.214

chemical effect 化学效应 27.034

chemical power source 化学电源 24.002

chemical resistance 耐化学性 03.165

choke 扼流圈,＊平滑电感器 09.197

chopped impulse ［冲击］截波 12.072

chopped lightning impulse 雷电冲击截波 12.077

chopped lightning impulse test 雷电冲击截波试验 12.082

chopped-wave resistance welding power source 斩波电阻焊电源 18.066

chopper control 脉冲控制,＊斩波控制 16.075

chopping 截断 09.030

chroma 彩度 22.120

chromaticity 色品 22.056

chromaticity co-ordinates 色［品］坐标 22.051

chromaticness 色品度 22.117

chrominance 色度 22.057

chute 溜槽 17.254

CIE 国际照明委员会 22.053

CIE standard illuminant CIE 标准施照体 22.054

CIE standard light source CIE 标准光源 22.055

circle diagram 圆图 07.417

circuit angle 电路角 15.408

circuit board 电路板 16.138

circuit-breaker 断路器 09.061

circuit-breaker capacitor 断路器电容器 11.015

circuit-breaker failure protection equipment 断路器失效保护装置 14.135

circuit-breaker with lock-out preventing closing 防闭合锁定断路器 09.078

circuit diagram 电路图 01.956

circuit element 电路元件 01.400

circuit non-repetitive peak off-state voltage 电路断态不重复峰值电压 15.423

circuit non-repetitive peak reverse voltage 电路反向不重复峰值电压 15.426

circuit off-state interval 电路断态间隔 15.420

circuit peak working off-state voltage 电路断态工作峰值电压 15.421

circuit peak working reverse voltage 电路反向工作峰值电压 15.424

circuit repetitive peak off-state voltage 电路断态重复峰值电压 15.422

circuit repetitive peak reverse voltage 电路反向重复峰值电压 15.425

circuit reverse blocking interval 电路反向阻断间隔 15.419

［circuit］valve ［电路］阀 15.308

circular conductor 圆导线 05.073

circulating current 循环电流 08.156

circulating current fault 环流故障 15.367

circulation 环流量 01.024

cistern-feed water heater 回流式热水器 23.073

cistern type water heater 水箱式热水器 23.072

citrus fruit juice squeezer 柑橘挤汁器 23.102

cladded fiber 包层光纤 05.276

cladding non-circularity 包层不圆度 05.336

clamping 卡装 06.100

clamping force 夹紧力 18.102

class 0 equipment 0 类设备 29.142

class 0 I equipment 0 I 类设备 29.143

class I equipment I 类设备 29.144

class II equipment II 类设备 29.145

class III equipment III 类设备 29.146

class index 等级指数 14.228

cleaning appliance 清洁电器 23.042

clearance ［电气］间隙 01.788

clearance between open contacts 触头开距 09.322

clearance gauge for pantographs 受电弓通过限界 20.205

clear bulb 透明玻壳 22.226

clevis 帽槽 06.066

clevis and tongue coupling 槽型连接 06.062

climate 气候 27.036

climate sequence test 气候顺序试验 27.163

closed air-circuit water-cooled type 闭合空气回路水冷却式 01.695

closed circuit 闭［合电］路 01.617

closed-circuit cooling 闭路冷却 01.653

closed［-circuit］transition 闭路转换 09.412

closed［-circuit］transition auto-transformer starting

· 241 ·

自耦变压器带电换接起动 07.567

closed-loop control 闭环控制，*反馈控制 16.052

closed orbit 封闭轨道 21.006

closed porosity 闭口气孔率 02.151

closed position [闭]合位置，*合位 09.387

closed type 封闭式 01.704

closed water heater 封闭式热水器 23.071

close-open operation 合－开操作，*合－分操作 09.370

close-open time 闭合－断开时间，*合－分时间 09.340

close-time delay-open operation 闭合－延时－断开操作，*合－延时－分操作 09.366

closing [闭]合 09.395

closing operation [闭]合操作 09.361

closing simultaneity [闭]合同期性 09.342

closing time 闭合时间 14.215

cluster beam 团粒束 21.015

clutch motor 离合器电动机 07.190

CO_2 arc welding machine 二氧化碳弧焊机 18.007

CO_2 gun 二氧化碳气体保护焊枪 18.052

CO_2 heater 二氧化碳加热器 18.046

coarse change-over selector 粗调选择器 08.169

coarse synchronizing 粗整步 07.553

coasting 惰行 20.188

coated electrode 涂层电极 17.121

coating 涂敷 03.220

coating powder 熔敷粉末 03.048

coaxial cable 同轴电缆 05.063

coaxial twin 同轴对 05.092

code [代]码 01.050

code light 特征标志光信号，*代码光信号 22.338

coefficient of linear expansion 线膨胀系数 03.180

coefficient of rotary inertia 转动惯量系数 20.139

coefficient of sensitivity 敏感系数 02.021

coefficient of surface dose rate 表面剂量率系数 21.259

coercive field strength 矫顽力，*矫顽磁场强度 01.333

coercive force 矫顽力，*矫顽磁场强度 01.333

coercivity 矫顽性 01.332

coercivity meter 矫顽力计 26.090

coffee percolator 渗滤咖啡壶 23.081

coherent fiber bundle 相干光纤束，*定位光纤束 05.282

coil 线圈 01.586

coiled-coil filament 双螺旋灯丝 22.223

coil flux guide 线圈导磁体 17.178

coil insulation 线圈绝缘 07.265

coil pitch 线圈节距 07.199

coil shape factor 线圈形状因数 17.197

coil side 线圈边 07.193

coil span 线圈节距 07.199

coil spreading machine 线圈涨形机 07.653

coil switching link 线圈转接开关 17.179

coil taping machine 线圈包带机 07.654

coil winding machine 绕线机 07.648

coining 整形 02.177

cold cathode 冷阴极 22.238

cold cathode lamp 冷阴极灯 22.177

cold curing 室温固化 03.204

cold curing varnish 室温固化漆，*气干漆 03.050

cold lead 不发热引线 17.072

cold mixing 冷混合 02.171

cold-start lamp 冷起动灯，*快速起动灯 22.179

cold state 冷[炉状]态 17.304

cold test 寒冷试验 27.148

cold wall 冷墙 17.097

cold-wall vacuum furnace 冷壁真空炉 17.269

collectively shielded cable 总接地屏蔽电缆 05.030

collector-base cut-off current 集电极－基极截止电流 15.227

collector depletion layer capacitance 集电极耗尽层电容 15.233

collector [electrode] 集电极 15.047

collector-emitter cut-off current 集电极－发射极截止电流 15.229

collector-emitter saturation voltage 集电极－发射极饱和电压 15.226

collector-emitter voltage 集电极－发射极电压 15.224

collector junction 集电结 15.053

collector region 集电区 15.050

concentric conductor 同心导线 05.083

concentricity error 同心度误差 05.334

concentric neutral cable 同心中性线电缆 05.031

concentric winding 同心绕组 07.233

condensation 凝露 27.070

condensation point 冷凝点 03.146

condensation test 凝露试验 27.158

condenser 冷凝器 23.160

condensing capacity 凝结水量 23.184

condensing pressure 冷凝压力 23.192

condensing temperature 冷凝温度 23.191

conditional short-circuit current 条件短路电流 09.311

conditioning 条件处理 03.227

condition of a bistable relay 双稳态继电器状态 14.009

conductance 电导 01.419

conducted emission 传导发射 30.010

conducted interference 传导干扰 30.045

conducted noise 传导噪声 30.030

conducted susceptibility 传导敏感度 30.079

conducting direction 导通方向 15.318

conduction band 导带 02.213

conduction current 传导电流 01.232

conduction electron 传导电子 02.206

conduction interval 导通间隔 15.416

conduction measurement 传导测量 30.127

conduction ratio 导通比 15.418

conduction through 直通 15.376

conductive part 可导电部分 29.082

conductivity 导电性 01.249, 电导率 01.250

conductivity modulation 电导率调制 02.250

conductor 导体 02.002, 导线 05.066

conductor insulation 导体绝缘 05.094

conductor rail 导电轨 20.032

conductor rail gauge 接触轨限界 20.204

conductor rail system 导电轨系统 20.033

conductor screen 导体屏蔽 05.110

conduit conductor rail 槽内导电轨 20.035

conduit entry 导管引入装置 25.030

conforming unit 合格品 28.030

conformity 合格 28.028

conformity test 合格试验 28.057

conical rotor machine 锥形转子电机 07.011

connected network 连通网络 01.460

connection 联结 01.622

connection diagram 接线图 01.961

connection resistance 联结电阻 02.156

connection symbol 联结符号 01.910

connection table 接线表 01.962

connector 连接器 01.607

consequent pole 庶极 01.297

conservative flux 守恒通量 01.013

consistency 一致性 14.226

conspicuity 醒目性 22.119

constantan 康铜 02.011

constant-current arc-welding power supply 恒流弧焊电源 18.036

constant-current charge 恒流充电 24.068

constant-current generator 恒流发电机 07.016

constant-current street-lighting system 恒流道路照明系统，* 串联道路照明系统 22.375

constant-current transformer 恒流变压器 08.055

constant-flux voltage regulation 恒磁通调压 08.222

constant-frequency power supply 稳频电源 16.152

constant-gradient accelerator structure 等梯度加速器结构 21.124

constant-gradient focusing 等梯度聚焦，* 弱聚焦 21.018

constant-impedance accelerator structure 等阻抗加速器结构 21.125

constant-speed motor 恒速电动机 07.028

constant-stress test 恒应力试验 28.149

constant-voltage arc-welding power supply 恒压弧焊电源 18.037

constant-voltage charge 恒压充电 24.067

constant-voltage generator 恒压发电机 07.014

constant-voltage transformer 恒压变压器 08.056

constriction nozzle 压缩喷嘴 18.056

consumable arc welding electrode 熔化[弧焊电]极 18.057

consumable electrode 自耗电极 17.325

contact 触头，* 触点 02.053

contact assembly 触点组件 14.147

[contact] bouncing [触点]回跳 14.019

contact chatter 触点抖动 14.020

contact circuit 触点电路 14.146

contact electromotive force 接触电动势 01.218

contact endurance 触点耐久性，* 触点寿命 14.190

contact follow 触点跟随，* 触点超行程 14.185

contact force 接触力 14.183

contact gap 触点间隙 14.182

contacting travel 接触行程 09.410

contact initial pressure 触头初压力 09.325

contact line 接触网 20.042

contact load 触点负载 14.189

contactor controlled traction equipment 间控牵引设备 20.089

contactor relay 继电式接触器 09.132

contact over-travel 触头超[额行]程 09.323

contact potential difference 接触电位差 01.185

contact pre-travel 触头预行程 09.324

contact reliability inspection 接触可靠性检查 07.645

contact resistance 接触电阻 14.187

contact roll 触点滚动 14.022

contact shoe 触靴，* 接触滑块 20.121

contact slipper 触靴，* 接触滑块 20.121

contact terminate pressure 触头终压力 09.326

contact time difference 接触时差 14.222

contact travel 触点行程 14.184

contact voltage drop 接触压降 14.188

contact wipe 触点滑动 14.021

contact wire 接触导线 20.044

container 蓄电池壳 24.115

contaminant 污染物 02.088

continental climate 大陆气候 27.038

continuous action 连续作用 16.098

continuous annealer 连续退火装置 05.247

continuous annealing oven for silicon steel sheet 硅钢片连续退火炉 07.667

continuous base current 基极连续电流 15.231

continuous coil 连续线圈 08.120

continuous collector current 集电极连续电流 15.230

continuous control 连续控制 16.063

continuous control power at locked-rotor 连续堵转控制功率 07.535

continuous cross-bonding 连续交叉互连 05.162

continuous cross-linking line 连续交联机组 05.238

continuous current 持续电流 01.782

continuous current at locked-rotor 连续堵转电流 07.533

continuous discharge 连续放电 24.009

continuous disturbance 连续骚扰 30.034

continuous drawing and annealing machine 拉线退火机组 05.227

continuous drawing and enamelling machine 拉线漆包机组 05.229

continuous drawing and extruding machine 拉线挤塑机组 05.228

continuous duty 连续工作制 01.822

continuous electrode 连续电极 17.120

continuous flow 连续流通 15.384

continuous furnace 连续式炉 17.277

continuous noise 连续噪声 30.026

continuous operating time 连续运行时间 27.147

continuous operating voltage 持续运行电压 13.050

continuous output 持续输出功率 20.156

continuous periodic duty 连续周期工作制 01.826

continuous power 连续功率 18.095

continuous [power-frequency] voltage 持续[工频]电压 12.009

continuous retort furnace 连续式有罐炉 17.086

continuous speed 持续速度 20.136

continuous thermal current 连续热电流 08.293

continuous torque at locked-rotor 连续堵转转矩 07.539

continuous tractive effort 持续牵引力 20.147

continuous voltage at locked-rotor 连续堵转电压 07.537

continuous vulcanizing line 连续硫化机组 05.239

contrast 反差 22.127

control 控制 01.740

control accuracy 控制准确度 16.185

control action 控制作用 16.095

control apparatus 控制电器 09.051

control board 控制板 09.193

control cable　控制电缆　05.055

control characteristic　控制特性　16.183

control circuit　控制电路　01.638

control contact　控制触头　09.253

control cubicle　控制柜　09.194

control desk　控制台　09.192

control electrode　控制极，*韦内尔特极　18.064

control exciter　控制励磁机　07.156

control frequency　控制频率　07.524

controlgear　控制设备　09.033

controllable connection　可控联结　15.335

controlled atmosphere　受控气氛　17.295

controlled avalanche rectifier diode　可控雪崩整流管　15.099

controlled conventional no-load direct voltage　相控约定空载直流电压　15.394

controlled current source　受控电流源　01.439

controlled ideal no-load direct voltage　相控理想空载直流电压　15.392

controlled point　受控点　27.181

controlled system　受控系统　16.018

controlled variable　受控[变]量　16.115

controlled voltage source　受控电压源　01.438

controller　控制器　09.119

controlling element　施控元件　16.143

controlling system　施控系统　16.019

control loop　控制回路　16.090

control module　控制单元　16.139

control power winding　功率控制绕组　08.137

control precision　控制精度　16.184

control range　控制范围　16.086

control relay　控制继电器　14.049

control ring　均压环　13.023

control station　控制站　09.124

control switch　控制开关　09.163

control synchro　控制式自整角机　07.120

control system　控制系统　16.020

control transformer　控制变压器　08.033

control unit　控制单元　16.139

control voltage　控制电压　07.450

control winding　控制绕组　07.225

control with fixed set-point　恒值控制　16.055

convection coefficient　对流系数　17.040

convection cooling　自然冷却，*对流冷却　01.648

convection current　运流电流　01.233

convection heater　对流电暖器　23.110

conventional fusing current　约定熔断电流　10.041

conventional impulse withstand voltage　惯用冲击耐受电压　12.034

conventional load voltage　约定负载电压　18.077

conventional maximum overvoltage　惯用最大过电压　12.017

conventional no-load direct voltage　约定空载直流电压　15.393

conventional non-fusing current　约定不熔断电流　10.042

conventional non-tripping current　约定不脱扣电流　09.276

conventional operating current　约定动作电流　29.078

conventional procedure of insulation co-ordination　绝缘配合惯用法，*绝缘配合的确定性法　12.046

conventional safety factor　惯用安全因数　12.044

conventional touch voltage limit　约定接触电压极限　29.067

conventional tripping current　约定脱扣电流　09.277

conventional true value　约定真值　26.117

conventional welding condition　约定焊接工况　18.075

conventional welding current　约定焊接电流　18.076

conventional welding duty　约定焊接工作制　18.078

convergence　会聚　21.049

conversion factor　变流因数　15.388

convertor arm　变流臂　15.311

convertor assembly　变流装置　15.296

convertor connection　变流联结　15.324

convertor section of double convertor　双变流器的变流组　15.297

convertor transformer　变流变压器　08.025

cooler　冷却器　08.188

cooling and protection shield for a coil　线圈冷却护套　17.174

cooling chamber　冷却室　17.240

cooling medium 冷却媒质 01.644

cooling time 冷却时间 17.327

cool time 冷时间 18.105

copier 复印机 23.139

copper-bismuth-strontium [alloy] contact 铜铋锶[合金]触头 02.064

copper-chromium [alloy] contact 铜铬[合金]触头 02.063

copper-clad laminate 覆铜箔层压板 03.097

copper contact 铜触头 02.058

copper loss 铜耗 01.762

copper picking 粘铜 02.166

copper-tungsten [alloy] contact 铜钨[合金]触头 02.060

coprecipitated powder 共沉淀粉末 02.067

cord 软线 05.041

cord grip 压线装置 23.153

cordwood system type 积木式 01.679

core 线芯 05.085, 杆体 06.059

core and winding assembly 器身 08.196

cored brush 填柱电刷 02.139

core end plate 铁心端板 07.282

coreless induction furnace 坩埚式感应炉，＊无心感应炉 17.170

core limb 铁心柱 08.194

core screen 绝缘屏蔽层，＊线芯屏蔽 05.111

core test 铁心[损耗]试验 07.632

core type induction furnace 熔沟式感应炉，＊有心感应炉 17.171

core type inductor 心式感应器 17.155

core type reactor 心式电抗器 08.250

core type transformer 心式变压器 08.069

core ventilating duct 铁心径向通风槽 07.285

core ventilating hole 铁心轴向通风孔 07.286

corona 电晕 01.282

corona ring 电晕环 21.099

corona shielding 电晕屏蔽 07.275

correcting range 校正范围，＊操纵范围 16.091

correction factor 修正因数 12.063, 校正因数 26.145

correction shim 校正垫片 21.109

corrective action 校正作用 16.109

corrective maintenance 修理 28.095

correct operation 正确动作 14.016

corrosion associated with externally applied voltage 外加电压腐蚀 27.125

corrosion of metals 金属腐蚀 27.121

corrosion-proof type 防腐蚀式 01.727

corrosion test 腐蚀试验 27.212

corrugated metallic sheath 皱纹金属护套 05.119

corrugated sheet tank production line 波纹油箱生产线 08.310

cosmic interference 宇宙干扰 30.043

co-tree 余树 01.464

cotton covered wire 纱包线 05.016

coulomb 库[仑] 01.877

Coulomb-Lorentz force 库仑－洛伦兹力 01.365

Coulomb's law 库仑定律 01.193

Coulomb's magnetic moment 库仑磁矩 01.298

coulometer 库仑表 26.078

counter tube 计数管 26.100

counting device 计数机构 09.213

coupled axle drive 联轴驱动 20.219

coupled axle locomotive 联轴机车 20.021

coupled resonance 耦合谐振 21.040

coupling 耦合 01.440

coupling capacitor 耦合电容器 11.018

coupling cavity 耦合腔 21.126

coupling winding 耦合绕组 08.113

cover 蓄电池盖 24.122

crack 裂缝 02.114

cranked coil 跨越线圈 07.197

crawling 蠕动 07.589

crazing 龟裂 02.115

creepage distance 爬电距离 01.789

creeping 爬行 07.590, 潜动 14.234

crest factor 峰值因数 01.088

critical angle 临界角，＊全内反射角 05.327

critical breaking current 临界开断电流 09.291

critical build-up resistance 建压临界电阻 07.394

critical build-up speed 建压临界转速 07.395

critical build-up speed under rheostatic braking conditions 变阻制动临界建立速度 20.138

critical current 临界电流 14.196

critical damping 临界阻尼 01.147

critical frequency 临界频率 27.180

critical impulse 临界冲击 14.186

critical impulse flashover voltage 临界冲击闪络电压 06.087

critical rate of rise of off-state voltage 断态电压临界上升率 15.206

critical rate of rise of on-state current 通态电流临界上升率 15.207

critical temperature 临界温度 24.138

critical torsional speed 临界扭力转速 07.403

critical [viscous] damping 临界[黏性]阻尼 27.164

critical voltage 临界电压 14.197

critical whirling speed 临界转速 07.402

cross-arm insulator 横担绝缘子 06.014

cross-blast extinguishing chamber 横吹灭弧室 09.242

cross-bonding 交叉互连 05.159

cross curvature 横向曲率 02.027

cross flow fan 横流扇 23.024

cross-linking 交联 05.217

crossover frequency 交越频率,＊交界频率 27.179

cross span 横跨线 20.071

crosstalk 串扰,＊串音 30.054

crosstalk ratio 串音防卫度 05.189

crucible 坩埚 17.247

crucible furnace inductor coil 坩埚炉感应器线圈 17.157

crush load 高峰载荷 20.169

crystalline carbon 结晶碳 02.102

crystallite size 微晶尺寸 02.150

cubicle gas-insulated switchgear 箱式充气开关设备 09.044

cubicle switchgear 箱式金属封闭开关设备 09.041

cumulative compounded DC machine 积复励直流电机 07.086

cumulative distribution 概率分布,＊累积分布 01.044

Curie point 居里点,＊居里温度 04.069

Curie temperature 居里点,＊居里温度 04.069

curing 固化 03.201

curing temperature 固化温度 03.202

curing time 固化时间 03.203

curl 旋度 01.025

curling iron 电卷发器 23.132

current-balance relay 电流平衡继电器 14.089

current balancing device 电流平衡器 15.307

current-carrying capacity 载流量 05.179

current chopping 电流截断 09.031

current circuit 电流回路 09.421

current collector 受电器 20.118

current density 电流密度 01.230

current density range 电流密度范围 24.166

current element 电流元 01.364

current error 电流误差 08.289

current injection 电流引入 09.423

current-limiting characteristic 限流特性 10.061

current-limiting circuit-breaker 限流断路器 09.074

current-limiting fuse 限流熔断器 10.017

current-limiting fuse-link 限流熔断体 10.028

current-limiting overcurrent protective device 限流式过电流保护装置 29.149

current-limiting range 限流范围 10.063

current-limiting reactor 限流电抗器 08.244

current on line side 网侧电流 08.083

current on valve side 阀侧电流 08.084

current phase-balance protection 相间电流平衡保护 14.039

current probe 电流探头 30.121

current pulsation 电流脉动 07.580

current ratio 电流比 08.088

current recovery ratio 电流恢复比 18.081

current regulation 电流调整率 08.072

current relay 电流继电器 14.085

current setting 电流整定值 09.318

current setting range 电流整定值范围 09.319

current transformer 电流互感器 08.261

current type telemeter 电流型遥测仪 16.221

current zero 电流零点 09.008

cut-off 截断 09.030, 截止 15.086, 遮光 22.317

cut-off angle 遮光角 22.318

cut-off current 截断电流,＊允通电流 09.312

cut-off [current] characteristic 截断电流特性

09.321

cut-off frequency 截止频率 01.074

cut-off voltage 截止电压 15.236

cut-off wavelength 截止波长 05.331

cut-set 割集 01.466

cutting electrode 切割电极 17.190

cutting electrode holder 割钳 18.049

cutting-off machine 切割机 02.185

cut-to-length line 横向[定尺]剪切线 08.307

cycle 周 01.068，循环 01.069

cycle of operation 操作循环 01.744

cyclic admittance 相序导纳 01.163

cyclic coercivity 循环矫顽力 01.334

cyclic damp heat test 循环湿热试验 27.153

cyclic duration factor 负载持续率 07.584

cyclic impedance 相序阻抗 01.162

cyclic irregularity 转速周期性波动 07.574

cyclic magnetic state 循环磁状态 01.315

cyclic reactance 相序电抗 01.164

cycloconvertor 周波变流器 15.260

cylindrical flameproof joint 圆筒隔爆接合面 25.045

cylindrical inductor 螺线管感应器，＊圆筒形感应器 17.156

cylindrical post insulator 圆柱形支柱绝缘子 06.012

cylindrical rotor machine 圆柱形转子电机 07.010

D

D/A converter 数/模转换器，＊D/A 转换器 16.167

D-action 微分作用，＊D 作用 16.107

damped oscillation 阻尼振荡 01.110

damped sinusoidal quantity 衰减正弦量 01.065

damp heat test 湿热试验 27.151

damping 阻尼 01.146

damping coefficient 阻尼系数 01.149

damping device 阻尼装置 11.086

damping ratio 阻尼比 27.166

damping reactor 阻尼电抗器 08.247

damping winding 阻尼绕组 07.219

danger signal 危险信号 29.110

dark adaptation 暗适应 22.100

darkroom lamp 暗室灯 22.205

dashboard lamp 表盘灯，＊面板灯 22.199

data sheet 数据单 01.973

daylight factor 昼光因数 22.285

daylight lamp 昼光灯 22.208

DC braking 直流制动 07.595

DC chopper convertor 直流斩波器，＊直接直流变流器 15.262

DC circuit-breaker 直流断路器 09.085

DC commutator machine 直流换向器电机 07.076

DC dynamic short-circuit ratio 直流动态短路比 18.082

DC form factor 直流波形因数 01.522

DC generator 直流发电机 07.077

DC injection braking 直流制动 07.595

DC motor 直流电动机 07.078

DC motor with stabilized speed 直流稳速电动机 07.172

dead band 死带 16.187

dead-man's handle 司机失知手柄 20.115

dead phase 弱相，＊滞后相 17.115

dead tank circuit-breaker 接地箱壳断路器，＊落地罐式断路器 09.068

dead time 无电流时间 09.337，纯时滞，＊延迟 16.195

dead zone 死区 14.233，死带 16.187

debuncher 散束器 21.130

decelerative force 减速力 20.153

decibel 分贝 01.899

decorative chain 装饰灯串 22.313

decorative lamp 装饰灯 22.194

decorative string 装饰灯串 22.313

decoupling control 解耦控制 16.079

dee angle D 形电极角度 21.218

dee aperture D 形电极孔径 21.216

dee [electrode] D 形电极 21.110

de-electrification current 去电化电流 03.129

deep frying pan 电炸锅 23.091

dee voltage D极电压 21.219

defect 缺陷 28.035

definite purpose 专用 01.666

definite purpose motor 专用电动机 07.026

definite time-delay operation 定时延动作 09.383

definite time-delay overcurrent release 定时延过[电]流脱扣器 09.223

deflecting coil 偏转线圈 21.162

deflecting electrode 偏转电极 21.156

deflecting magnet 偏转磁铁 21.155

deflecting plate 偏转板 21.157

deflecting voltage 偏转电压 21.213

deflection 偏转 21.029

deflection under bending load 弯曲负荷下的偏移 06.076

deflector 偏转板 21.157

defocusing 散焦 21.028

defrosting device 除霜装置 23.165

degassing 除气 17.324

degenerate semiconductor 简并半导体 02.200

degraded product 次品 28.032

degraded unit 次品 28.032

degree of graphitization 石墨化度 02.149

degree of protection 防护等级 01.735

degree of unbalance 不平衡度，＊不对称度 01.161

dehydrating breather 吸湿器 08.192

dehydrator 除水器 23.162

delamination 分层 03.168

delay 纯时滞，＊延迟 16.195

delayed action push-button 延时动作按钮 09.162

delayed release 延时脱扣器 09.221

delayed reset push-button 延时复位按钮 09.159

delta connection 三角形联结 01.627

demagnetization 退磁 04.079

demagnetization curve 退磁曲线 04.078

demagnetization factor 退磁因数 04.083

demagnetizing field 退磁磁场 01.344

densitometer 密度计 22.147

density distribution 密度分布 02.084

dependability 可靠性 28.066

dependent both-end marking 从属两端标记 01.928

dependent failure 从属失效 28.082

dependent local-end marking 从属本端标记 01.926

dependent manual operating mechanism 人力操作机构 09.206

dependent manual operation 人力操作 09.357

dependent marking 从属标记 01.925

dependent power operating mechanism 动力操作机构 09.207

dependent power operation 动力操作 09.358

dependent remote-end marking 从属远端标记 01.927

dependent-time measuring relay 他定时限量度继电器 14.056

depletion layer 耗尽层 15.018

depolarization current 去极化电流 03.128

deposition rate 沉积速率 24.168

depreciation factor 减光因数 22.282

depth control 深度控制 05.165

depth-dose curve 深度－剂量曲线 21.258

depth of penetration 透入深度 17.150

derating 降额 28.143

Deri motor 双套电刷推斥电动机，＊德里电动机 07.071

derivative action 微分作用，＊D作用 16.107

derivative-action coefficient 微分作用系数 16.204

derivative-action time constant 微分作用时间常数 16.206

derivative control 微分控制 16.071

derived quantity 导出量 01.866

derived unit 导出单位 01.868

describing function 描述函数 16.207

desensitization 降敏作用 30.090

designation block 代号段 01.916

design review 设计评审 28.017

desired value 期望值 28.034

detachable cord 可拆软线 19.087

detachable flexible cable 可拆软电缆 19.086

detachable part 可拆件 19.080

detached representation 分开表示法 01.943

detail logic diagram 详细逻辑图 01.950

detecting element 检测元件 16.142

detecting instrument 检测仪表 26.021

detecting unit 检测单元 16.149

deterioration 劣化 27.015

deterioration process 劣化过程 27.016

determination of absorption ratio 吸收比测定 08.210

determination of insulation resistance 绝缘电阻测定 08.209

determination of loss-temperature characteristic 损耗－温度特性测定 11.070

determination of textile wear 织物磨损测定 23.224

determination of winding resistance 绕组电阻测定 08.208

deterministic procedure of insulation co-ordination 绝缘配合惯用法，＊绝缘配合的确定性法 12.046

deviation 偏差 01.855

device commutation 器件换相 15.350

dewaxing chamber 预烧室，＊去污室 17.241

dew point 露点 17.031

dew-point temperature 露点温度 27.053

dew-withstand voltage 凝露耐受电压 12.039

diac 双向二极晶闸管 15.118

diagram 简图 01.936

diamagnetism 抗磁性 04.060

diametral voltage 径电压 01.542

diamond winding 框式绕组 07.234

die 管芯 15.080

diecasting machine for rotor 转子压铸机 07.668

dielectric ［电］介质 03.004

dielectric breakdown 介质击穿 12.057

dielectric dissipation factor 介质损耗因数，＊［介质］损耗角正切 03.133

dielectric heater 介质加热器 17.194

dielectric heating 介质加热 17.185

dielectric heating installation 介质加热成套设备 17.195

dielectric heating oven 介质加热炉 17.196

dielectric loss 介质损耗 03.131

［dielectric］loss index ［介质］损耗指数 03.132

［dielectric］loss tangent 介质损耗因数，＊［介质］损耗角正切 03.133

dielectric polarization 介质极化 01.198

dielectric property 介电性能 03.123

dielectric strength 介质强度，＊电气强度 03.142

dielectric test 介质试验，＊绝缘试验 12.052

dielectric viscosity 介质黏［滞］性 01.204

difference between CW and CCW speeds 正反转速差 07.505

difference of arcing time 燃弧时差 09.341

differential compounded DC machine 差复励直流电机 07.087

differential current 差动电流 14.232

differential measurement 微差测量 26.008

differential ［measuring］instrument 微差［测量］仪表 26.027

differential mode radio noise 差模无线电噪声 30.028

differential permeability 微分磁导率 01.342

differential relay 差动继电器 14.123

differential scanning calorimetry 差示扫描量热法 03.234

differential thermal analysis 差热分析 03.233

differentiating circuit 微分电路 01.641

diffraction 衍射 22.017

diffused junction 扩散结 15.012

diffused lighting 漫射照明 22.261

diffuser 漫射器，＊漫射体 22.092

diffuse reflection 漫反射 22.067

diffuse transmission 漫透射 22.076

diffusing panel 漫射挡板 22.325

diffusing screen 漫射挡板 22.325

diffusion 扩散 02.242，漫射 22.013

diffusion constant 扩散常数 02.254

diffusion factor 漫射因数 22.097

diffusion length 扩散长度 02.253

diffusion technique 扩散工艺 15.036

digital ammeter 数字电流表 26.082

digital device 数字器件 16.135

digital ［measuring］instrument 数字［测量］仪表 26.023

digital measuring system 数字测量系统 26.019

digital ohmmeter 数字电阻表 26.083

digital protection equipment 数字式保护装置 14.139

digital recorder 数字记录仪 26.040

digital relay 数字继电器 14.129

digital signal 数字信号 16.127

digital system 数字系统 01.052

digital telemetering 数字遥测 16.210

digital telemeter transmitter 数字式遥测发送器 16.222

digital-to-analogue converter 数/模转换器，＊D/A 转换器 16.167

digital voltmeter 数字电压表 26.081

dimensional output 公称输出功率 20.155

dimmer 调光器 22.241

diode gun ［焊接］二极枪 18.062

dipped beam 近光 22.365

dipping resin 沉浸树脂 03.031

Dirac function 狄拉克函数，＊单位脉冲 01.037

direct AC convertor 交-交变流器 15.255

direct acting instrument 直接作用式仪表 26.029

direct arc furnace 直接电弧炉 17.126

direct arc heating 直接电弧加热 17.110

direct arc plasma torch 转移弧等离子枪，＊直接弧 等离子枪 17.223

direct-axis component 直轴分量 01.107

direct burial fiber cable 直埋光缆 05.287

direct commutation 直接换相 15.351

direct component 直流分量 01.515

direct contact 直接接触 29.039

direct cooling 直接冷却 01.646

direct coupled capacitor commutation 直接耦合式电 容换相 15.348

direct current 直流 01.517

direct current arc welding generator 直流弧焊发电 机 18.032

direct current balancer 直流均压机 07.100

direct current capacitor 直流电容器 11.009

direct current electric drive 直流电气传动 16.002

direct current holdover voltage 直流延缓电压 13.066

direct current instrument transformer 直流互感器 08.258

direct current machine 直流电机 07.075

direct current power 直流功率 01.531

direct current resistance welding power source 直流 电阻焊电源 18.067

direct current suppressor 直流［分量］抑制器 18.043

direct current tachogenerator 直流测速发电机 07.140

direct current torque motor 直流力矩电机 07.169

direct current winding 直流绕组 08.138

direct DC convertor 直流斩波器，＊直接直流变流 器 15.262

direct drive 直接驱动 20.215

direct drive electric tool 直接传动电动工具 19.003

direct electric heating 直接电加热 17.008

direct entry 直接引入 25.031

direct induction heating 直接感应加热 17.146

directional current protection 电流方向保护 14.038

directional lighting 定向照明 22.260

directional power relay 功率方向继电器 14.098

directional relay 方向继电器 14.097

direction indicator lamp 转向灯 22.374

direction of lay 绞［合方］向 05.194

direct lighting 直接照明 22.255

direct ［lightning］ stroke protection 直接雷击保护 13.076

directly controlled system 直接受控系统 16.031

directly controlled traction equipment 直控牵引设备 20.088

direct measurement 直接测量 26.004

direct off-state voltage 断态直流电压 15.176

direct-on-line starter 直接起动器 09.137

direct-on-line starting 全压起动 07.563

direct overcurrent release 直接过［电］流脱扣器 09.225

direct resistance furnace 直接电阻炉 17.084

direct resistance heating 直接电阻加热 17.050

direct resistance heating equipment 直接电阻加热设 备 17.083

direct reverse voltage 反向直流电压 15.143

direct test 直接试验 09.416

direct torque control 直接转矩控制 16.078

direct transmission 直接透射 22.075

direct voltage 直流电压 01.518

disability glare 失能眩光 22.106

disc coil 饼式线圈 08.119

discharge capacity 通流容量 13.063, 放电容量 24.045

discharge counter 动作计数器，*放电计数器 13.021

discharge-current-limiting device 放电电流限制器件 11.053

discharge curve 放电曲线 24.044

discharge device of a capacitor 电容器放电装置 11.045

discharge energy test 放电能量试验 12.061

discharge inception test 放电起始试验 12.059

discharge indicator 放电指示器 13.026

discharge lamp 放电灯 22.168

discharge rate 放电率 24.128

discharge resistor 放电电阻器 09.180

discharge test 放电试验 11.068

discharge voltage-time curve 放电电压－时间曲线 13.044

discharging current 放电电流 11.055

discomfort glare 不舒适眩光 22.107

disconnected position 分开位置，*隔离位置 09.394

disconnecting fuse 隔离熔断器 10.018

disconnector 隔离器，*隔离开关 09.090

disconnector-fuse 带熔断器隔离器 09.094

discontinuous control 断续控制 16.064

discontinuous furnace 非连续式炉 17.262

discrete [time] system 离散[时间]系统 16.026

discriminating element 判别元件 14.163

disengaging 退出 14.010

disengaging percentage 退出百分数 14.212

disengaging ratio 退出比 14.211

disengaging time 退出时间 14.225

disengaging value 退出值 14.167

dishwasher 洗碗机 23.097

disk construction 平板形结构 15.074

disk-loaded waveguide 盘荷波导 21.123

disk type 盘式 01.682

dispersion 色散 22.015

dispersive medium 色散媒质 01.140

displacement amplitude 位移幅值 27.170

displacement current 位移电流 01.243

displacement factor 位移因数，*基波功率因数 01.537

displacement transducer 位移传感器 27.194

disruptive discharge 破坏性放电 12.056

dissipation factor test [介质]损耗因数试验，*损耗角正切试验 12.051

distance protection 距离保护 14.032

distance protection equipment 距离保护装置 14.136

distance relay 距离继电器 14.125

distortion 畸变 01.152

distortion current 畸变电流 09.351

distortion factor 谐波因数，*畸变因数 01.509

distortion power 畸变功率 01.532

distributed circuit 分布参数电路 01.408

distributed resistance 分布电阻 30.104

distributed winding 分布绕组 07.229

distribution apparatus 配电电器 09.050

distribution factor 分布因数 07.206

distribution function 分布函数 01.047

distribution panelboard 配电板 09.117

distribution switchboard 配电开关板 09.116

distribution transformer 配电变压器 08.010

distributor box 分配箱 05.147

distributor suppressor 点火分配器抑制器 30.098

disturbance 扰动，*骚扰 16.120

disturbance field strength 骚扰场强 30.058

disturbance level 骚扰电平 30.066

disturbance power 骚扰功率 30.061

disturbance voltage 骚扰电压 30.057

divergence 散度 01.017

diverter switch 切换开关 08.166

divided magnetic ring 分磁环，*短路环 09.263

divided support disconnector 分别支承隔离器 09.091

divided support earthing switch 分别支承接地开关 09.098

dividing box 分支盒 05.132

domain wall 畴壁 04.024

domain wall pinning 畴壁钉扎 04.027

dominant wavelength 主波长 22.058

donor 施主 02.228

donor [energy] level 施主能级 02.230

doping 掺杂 15.033

dosemeter 剂量计 26.105

dose monitoring system 剂量监测系统 21.183

dose rate 剂量率 21.253

dose rate distribution 剂量率分布 21.256

dose ratemeter 剂量率计 26.107

double-armature motor 双电枢电动机 07.094

double-break contact 双断触点 14.157

double-break contact assembly 双断点触头组 09.262

double-break disconnector 双断口隔离器 09.093

double catenary suspension 双悬链 20.058

double-commutator motor 双换向器电动机 07.096

double-contact wire system 双接触导线系统 20.055

double-container washing and extracting machine 双桶洗衣机 23.055

double convertor 双变流器 15.272

double-faced tape 双面上胶带 03.074

double-face internal oxidation 双面内氧化法 02.078

double-fed asynchronous machine 双馈异步电机 07.062

double inductive shunt 双线圈感应分流器 20.100

double insulation 双重绝缘 29.056

double overhead contact line 双架空线接触网 20.049

double-way connection 双拍联结 15.330

double-wound synchronous generator 双绕组同步发电机 07.049

dough kneading machine 揉面机 23.104

downlight 嵌顶灯[具] 22.306

down time 不能工作时间 28.100

drag cup structure 空心杯结构 07.355

drain 排液装置 25.024

drained charged cell 湿式荷电蓄电池 24.091

drained discharged cell 湿式非荷电蓄电池 24.094

drain electrode 漏极 15.055

drain region 漏区 15.058

drain-source voltage 漏－源电压 15.235

draw-bar pull 车钩牵引力 20.146

drawing 图 01.935

drawing furnace 牵引式炉 17.289

draw lead bushing 穿缆[式]套管 06.027

drawn glass fiber 拉制玻璃光纤 05.273

drift 漂移 26.135

drift tube 漂移管 21.134

drip-proof type 防滴式 01.719

driving mechanism 驱动机构 08.173

driving point admittance 策动点导纳 01.496

driving point immittance 策动点导抗 01.497

driving point impedance 策动点阻抗 01.495

driving trailer 驾驶型拖车 20.017

drooping characteristic 压降特性 18.088

drop-out fuse 跌落[式]熔断器 10.012

drum controller 鼓形控制器 09.122

drum type washing machine 滚筒式洗衣机 23.051

dry arcing distance 电弧距离，*干弧距离 06.086

dry cell 干电池 24.013

dry charged cell 干式荷电蓄电池 24.089

dry discharged cell 干式非荷电蓄电池 24.092

dryer 干衣机 23.057

dry heat test 干热试验 27.152

drying cloth capacity 甩干衣量 23.206

dry test 干试验 12.099

dry-type 干式 01.732

dry-withstand voltage 干耐受电压 12.037

dual-element fuse 双熔体熔断器 10.008

dual-low-voltage transformer 分裂式变压器 08.050

dual network 对偶网络 01.488

dual-purpose voltage transformer 双功能电压互感器 08.283

dual release 双脱扣器 09.234

duct bank 管道组 05.174

duct fiber cable 管道光缆 05.286

duct-ventilated type 风道通风式 01.689

dumb-bell shaft 间接轴 07.312

dummy coil 死线圈，*假线圈 07.198

dummy dee [electrode] 假 D 形电极 21.111

dummy fuse-link 模拟熔断体 10.032

duplex frog-leg winding 双蛙绕组 07.244

duplex lap winding 双叠绕组 07.242

duplex wave winding 双波绕组 07.243

duplicate test 重复试验 28.059

durability 耐久性 28.069

duration of peak value 峰值持续时间 12.098

duration of short-circuit 短路[持续]时间 09.275

duration of voltage collapse 电压骤降持续时间 12.087

dust containing capacity 容尘量 23.201

dusting 粉化 02.118

dust pick-up hose 吸尘软管 23.166

dust-proof type 防尘式 01.716

dust removal ability 吸尘能力 23.200

dust-tight type 尘密式 01.717

duty 工作制 01.818

duty cycle 工作循环 01.820

duty-cycle rating 工作周期定额 07.367

duty ratio 负载比 01.829

duty type 工作制类型 01.819

dynamically neutralized state 动态中性化状态 01.312

dynamic braking 能耗制动 07.593

dynamic current 动稳定电流 08.294

dynamic deviation 动态偏差 16.198

dynamic hysteresis loop 动态磁滞回线 01.325

dynamic magnetization 动态磁化 04.051

dynamic magnetization curve 动态磁化曲线 01.319

dynamic receiver error 动态误差 07.467

dynamic synchronizing torque 动态整步转矩 07.464

dynamic test 动态力学试验 03.236

dynamic test [of pressure] 动态[压力]试验 25.056

dynamic viscosity 动力黏度 03.153

dynamitron accelerator 高频高压加速器 21.076

dynamometer test 测功机试验 07.610

dynamotor 直流电动发电机 07.079

E

early failure 早期失效 28.086

early failure period 早期失效期 28.109

earth 地 01.571

earth conductor 地联结线 29.152

earth current 泄地电流 01.787

earthed circuit 接地电路 01.575

earthed voltage transformer 接地电压互感器 08.279

earth electrode 接地极 01.576

earth fault 接地故障 01.798

earth fault current 接地故障电流 29.076

earth fault factor 接地故障因数 01.799

earth fault protection 接地故障保护 14.042

earth fault relay 接地继电器 14.124

earthing 接地 01.797

earthing conductor 接地导体 29.151

earthing position 接地位置 09.392

earthing switch 接地开关 09.097

earthing system 接地系统 29.137

earthing transformer 接地变压器 08.035

earth plate 接地板 29.157

earthquake 地震 27.101

earth resistance 接地电阻 01.779

earth return brush 接地回流电刷 20.116

earth short-circuit current 接地短路电流 29.077

earth terminal 接地端子 01.577

eddy current 涡流 01.242

eddy-current braking 涡流制动 07.599

eddy-current loss 涡流损耗 04.088

edge focusing 边缘聚焦 21.022

edge response 边缘响应 05.325

edging machine 倒角机 02.186

effective area of irradiation 有效辐照面积 21.262

effective core diameter 有效纤芯直径 05.323

effective field of magnetocrystalline anisotropy 磁晶各向异性等效场 04.033

effective field ratio 有效磁场比 20.162

effectively earthed transformer 有效接地变压器 08.057

effectively grounded circuit 有效接地电路 29.136

effectively grounded transformer 有效接地变压器 08.057

effective numerical aperture 有效数值孔径 05.321

effective payload 有效营业载荷 20.168

effective permeability 有效磁导率 01.343

effective range 有效量程 26.142

effective reactance 有效电抗 01.428

effective resistance 有效电阻 01.418

effective shunt impedance 有效分路阻抗 21.237

effective space 工作空间，＊有效空间 27.144

effective value 方均根值，＊有效值 01.083

effective voltage overshoot 有效电压过冲 18.084

effects projector 效果散光灯 22.331

efficiency 效率 01.763

EHV 超高[电]压 01.224

elastic compression 弹性压缩 03.158

elastomer 弹性体 03.112

electric accident 电气事故 29.014

[electric] actuator [电]执行器 01.601

electric agitator 电动搅拌机 19.079

electrical accessory 电气附件 01.615

electrical ageing test 电老化试验 03.231

electrical apparatus for explosive atmospheres 防爆电气设备 25.001

electrical back-to-back test 回馈试验 07.614

electrical carbon 电碳 02.100

electrical degree 电度 01.070

electrical disturbance 电气骚扰 30.037

electrical drying oven 电热烘房 07.663

electrical dynamometer 电动测功机 07.098

electrical effect 电效应 27.035

electrical endurance 电耐久性，＊电寿命 09.349

electrical endurance test 电耐久性试验，＊电寿命试验 09.430

electrical engineering 电工 01.001

electrical erosion 电蚀，＊电磨损 02.099

electrical error 电气误差 07.471

electrical error of null position 零位误差 07.472

electrical hazard 电气危险 29.034

[electrical] insulating material [电气]绝缘材料 03.001

electrical interlock 电气联锁 20.093

electrically heated mica wrapping machine 电热卷包机 07.655

electrically warmed shoes 电暖鞋 23.115

electrical measuring instrument 电[气]测量仪表 26.015

electrical noise 电气噪声 30.017

electrical null position 电气零位 07.473

[electrical] relay [电气]继电器 14.001

electrical safety 电气安全 29.002

electrical time constant 电时间常数 07.515

[electrical] winding [电气]绕组 01.588

electric angle grinder 角向砂轮机 19.030

electric apparatus 电器 01.563

electric appliance 电器[具] 01.561

[electric] arc [电]弧 01.275

electric bell 电铃 23.138

electric belt saw 电动带锯 19.038

[electric] blanket 电热毯 23.116

electric blind-riveting tool 电动拉铆枪 19.036

electric braking 电制动 07.592

electric branch cutter 电动截枝机 19.045

electric breaker 电镐 19.055

electric burn 电灼伤 29.026

electric cable 电缆 05.021

electric cable accessories 电缆附件 05.129

electric carpet shear 电动地毯剪 19.077

electric carving tool 电动雕刻机 19.075

electric chain mortiser 电动榫孔机 19.044

electric chain saw 电链锯 19.039

electric charge 电荷 01.168

[electric] charging 充电 01.271

electric circuit 电路 01.388

electric circular saw 电圆锯 19.037

electric coal drill 煤电钻 19.068

[electric] coffee grinder 电动咖啡磨 23.084

[electric] coffee maker 电咖啡壶 23.079

[electric] coffee mill 电动咖啡碾 23.083

electric component 电气元件 01.557

electric concrete drill 混凝土电钻 19.057

electric concrete vibrator 电动混凝土振动器 19.056

electric conducting material 导电材料 02.001

electric constant 真空绝对电容率，＊电常数 01.201

electric contact 电接触 09.015

electric controller 电控制器 16.161

electric coupling 电耦合器 01.602

[electric] current 电流 01.229

electric cut-off machine 电动切割机 19.024

electric definite torque wrench 定扭矩电扳手 19.033

electric device 电器件 01.558, 电气装置 01.562

electric dipole 电偶极子 01.372

electric dipole moment 电偶极矩 01.374

[electric] discharge 放电 01.272

electric displacement 电通密度, *电位移 01.199

electric drill 电钻 19.008

electric drive 电气传动, *电力拖动 16.001

electric-driving controlgear 电气传动控制设备, *电控设备 16.133

electric-driving installation 电气传动成套设备 16.132

electric element 电气元件 01.557

electric energy transducer 电能转换器 01.597

electric equipment 电气设备 01.564

electric fabric cutter 电动裁布机 19.076

electric fan 电[风]扇 23.010

electric field 电场 01.194

electric field strength 电场强度 01.195

electric flux 电通[量] 01.200

electric flux density 电通密度, *电位移 01.199

electric furnace 电炉 17.006

electric grain sampler 电动粮食扦样机 19.051

electric grinder 电动砂轮机 19.026

electric groover 电动开槽机 19.043

electric hair clipper 电推子 23.130

electric hammer drill 电动锤钻 19.053

electric heating 电加热 17.007

electric heating element 电热元件 23.152

electric hoof renovation tool 电动修蹄机 19.049

electric hysteresis [介质]电滞 01.209

electric hysteresis loop 电滞回线 01.210

electric impact drill 冲击电钻 19.054

electric impact wrench 冲击电扳手 19.032

electric induction 电感应 01.375

electric installation 电气设施 01.565

electric iron 电熨斗 23.062

electricity 电 01.165, 电学 01.166

electric jig saw 电动曲线锯 19.016

[electric] kettle 电水壶 23.077

electric light source 电光源 22.153

electric loading 电负荷 07.424

electric locomotive 电力机车 20.008

electric machine 电机 07.001

electric machine for automatic control system 控制电机 07.116

electric marble cutter 电动石材切割机 19.058

electric micro-machine for automatic control system 控制微电机 07.117

electric milking machine 电动挤奶机 19.047

electric mixer 电动搅拌机 19.079

electric moment 电矩 01.368

[electric] motor coach 电动客车 20.011

[electric] motor luggage car 电动行李车 20.012

electric motor-operated appliance 电动机驱动电器 23.006

[electric] motor train unit 电动车组 20.014

[electric] motor vehicle 电动车辆 20.006

electric mower 电动割草机 19.074

electric neutrality 电中性 01.362

electric nibbler 电冲剪 19.014

[electric] overblanket 电热被 23.117

electric pad 电热垫 23.123

electric picker 电动卷花机 19.070

electric pipe bender 电动弯管机 19.063

electric pipe cutter 电动锯管机 19.018

electric pipe milling machine 电动自进式锯管机 19.019

electric pipe saw 电动锯管机 19.018

electric pipe threading machine 电动套丝机 19.021

electric planer 电刨 19.040

electric plaster-bandage saw 石膏电锯 19.072

electric plaster-bandage shear 石膏电剪 19.073

electric plate shear 双刃电剪 19.013

electric polarizability 电极化率 01.207

electric polarization 电极化 01.205, 电极化强度 01.206

electric polarization curve 电极化曲线 01.208

electric polisher 电动抛光机 19.028

electric potential 电位, *电势 01.175

[electric] potential difference 电位差, *电势差 01.184

electric pressure cooker 电压力锅 23.086

electric [quantity] measurement 电测[量] 26.001

electric radiant tube 电辐射管 17.060

electric rammer 电动夯实机 19.062

electric range 电灶 23.087

electric rebar cutter 电动钢筋切断机 19.064

electric reciprocating saw 电动往复锯 19.015

[electric] refrigerator [电]冰箱 23.035

[electric] resolver 旋转变压器 07.127

electric rice cooker 电饭锅 23.085

electric rock drill 电动凿岩机 19.066

electric rock rotary drill 岩石电钻 19.067

electric rotary hammer 电锤 19.052

electric rotating machine 旋转电机 07.002

electric router 电动木铣 19.042

electric rust remover 电动除锈机 19.071

electric sabre saw 电动刀锯 19.017

electric sander 电动砂光机 19.027

electric scaling scraper 电动铲刮机 19.059

electric scraper 电动刮刀 19.025

electric screen 电屏蔽 01.580

electric screwdriver 电动螺丝刀 19.034

[electric] sensor 敏感元件 16.157

electric sewing machine 电动缝纫机 23.060

electric shaver 电动剃须刀 23.131

electric shear 电剪 19.012

electric shock 电击，*触电 29.027

[electric] shoe-polisher [电动]擦鞋机 23.048

electric shrub and hedge trimmer 电动修枝剪 19.046

electric signal transducer 电信号转换器 01.598

electric spray gun 电喷枪 19.069

electric straight grinder 直向砂轮机 19.029

electric surface heating 表面电加热 17.010

electric susceptibility 电极化率 01.207

electric swivel shear 双刃电剪 19.013

electric tapper 电动攻丝机 19.020

[electric] tea kettle 电茶壶 23.078

electric tea leaflet cutter 电动采茶剪 19.050

electric telemeter 电遥测仪 16.219

[electric] tin opener [电动]开罐头器 23.106

electric tool 电动工具 19.001

electric toothbrush 电牙刷 23.135

electric traction 电力牵引 20.001

electric traction equipment 电力牵引设备 20.086

electric traction overhead line 电力牵引架空线路 20.085

[electric] transducer [电]传感器 01.600

electric tube cleaner 电动清管器 19.078

electric tube expander 电动胀管机 19.035

electric typewriter 电动打字机 23.140

[electric] underblanket 电热褥 23.118

electric vibrate tie tamper 枕木电镐 19.065

electric wall chaser 电动砖墙铣沟机 19.060

electric welding machine 电焊机 18.001

electric weld joint beveller 电动焊缝坡口机，*电动倒角机 19.023

electric wet grinder 电动湿式磨光机 19.061

electric wire 电线 05.001

electric wood drill 电动木钻 19.041

electric wool shear 电动剪毛机 19.048

electric wrench 电扳手 19.031

electrification 起电 01.173

electrification current 电化电流 03.127

electrochemical corrosion 电化学腐蚀 27.123

electrochemical corrosion test 电化学腐蚀试验 27.215

electrochemical equivalent 电化当量 24.038

electrochemical polarization 电化学极化，*活化极化 24.007

electrochemistry 电化学 24.001

electrocurtain accelerator 电子帘加速器 21.077

electrocution 电击致死 29.028

electrode 电极 01.568

electrode breakage 电极折损 17.116

electrode control regulator 电极调节器 17.136

electrode dead time 电极滞后时间 17.123

electrode drop 电极电压降 18.083

electrode economizer 电极[冷却]圈，*电极节省器 17.135

electrode force 电极力 18.100

electrode holder 电极握杆 18.072

electrode mast 电极立柱 17.138

electrode mast brake 电极立柱制动器 17.139

electrode mast snubber 电极立柱制动器 17.139

electrode nipple 电极接头 17.134

259

electrode pitch circle diameter 电极节圆直径 17.118

electrode potential 电极电位 24.039

electrode reaction 电极反应 24.005

electrode response time 电极响应时间 17.122

electrode scrap 电极折损 17.116

electrode tapping 出料电极 17.144

electrodynamic braking system 电动制动系统 20.128

electrodynamic oscillation type refrigerator 电磁振荡式冰箱 23.036

electrodynamics 电动力学 01.260

electrographite brush 电化石墨电刷 02.124

electroheat 电热 17.001

electroheat equipment 电热设备 17.004

electroheat installation 电热成套设备 17.005

electroheat technology 电热技术 17.002

electro-hydraulicthruster 电力液压推动器 09.191

electrokinetics 动电学 01.216

electroluminescent lamp 电致发光灯，*电致发光板 22.214

electroluminescent panel 电致发光灯，*电致发光板 22.214

electrolysis 电解 24.162

electrolyte 电解液，*电解质 24.061

electrolyte level indicator 液位指示器 24.119

electrolyte retention 电解液保持能力 24.057

electrolyte tank 电解槽 24.179

electrolytic capacitor paper 电解电容器纸 03.063

electrolytic cleaning 电解清洗 24.186

electrolytic corrosion 电解腐蚀 03.135

electromagnet 电磁体 04.019，电磁铁 09.187

electromagnetic braking 电磁制动 07.591

electromagnetic compatibility 电磁兼容[性] 30.074

[electromagnetic] compatibility level [电磁]兼容性电平 30.085

electromagnetic compatibility malfunction 电磁兼容性故障 30.091

electromagnetic compatibility margin 电磁兼容性裕度 30.084

electromagnetic contactor 电磁接触器 09.126

electromagnetic device 电磁器件 01.560

electromagnetic disturbance 电磁骚扰，*电磁扰动 30.031

electromagnetic disturbance characteristic 电磁骚扰特性 30.056

electromagnetic emission 电磁发射 30.011

electromagnetic energy 电磁能 01.383

electromagnetic environment 电磁环境 30.005

electromagnetic environment level 电磁环境电平 30.006

electromagnetic field 电磁场 01.360

electromagnetic induction 电磁感应 01.376

electromagnetic interference 电磁干扰 30.040

electromagnetic interference control 电磁干扰控制 30.080

electromagnetic interference measuring apparatus 电磁干扰测量仪 30.114

electromagnetic interference safety margin 电磁干扰安全裕度 30.083

electromagnetic lens 电磁透镜 21.144

electromagnetic noise 电磁噪声 30.015

electromagnetic pneumatic contactor 电磁气动接触器 09.127

electromagnetic relay 电磁[式]继电器 14.063

electromagnetics 电磁学 01.359

electromagnetic screen 电磁屏蔽 01.582

electromagnetic solenoid braking 电磁螺线管制动 20.198

electromagnetic spectrum 电磁频谱 17.041

electromagnetic starter 电磁起动器 09.136

electromagnetic stirrer 电磁搅拌器 17.133

electromagnetic susceptibility [电磁]敏感度 30.077

electromagnetic system 电磁系统 14.141

electromagnetic track braking 电磁轨制动 20.197

electromagnetic unit 电磁单元 11.042

electromagnetic wave 电磁波 01.387

electromagnetism 电磁学 01.359

electromechanical device 机电器件 16.136

electromechanical failure load 机电破坏负荷 06.085

electromechanical relay 机电[式]继电器 14.062

electro-mechanic time constant 机电时间常数 07.514

electrometer　静电计　26.077

electromotive force　电动势　01.217

electromotive relay　电动[式]继电器　14.066

electron　电子　01.177

electron accelerator　电子加速器　21.069

[electron] avalanche　[电子]雪崩　01.283

electron beam　电子束　01.182

electron beam aperture　电子束孔径角　17.206

electron beam energy　电子束能量　21.250

electron beam heating　电子束加热　17.203

electron beam irradiation　电子束辐照　21.059

electron beam welding machine　电子束焊机
　18.019

electron bombardment furnace　电子轰击炉　17.209

electron conduction　电子导电　02.209

electronegative gas　电负性气体　03.026

electron electrostatic accelerator　电子静电加速器
　21.073

electron emission　电子发射　01.188

electron field　电子场　21.038

electron gun　电子枪　21.092

[electronic] AC convertor　交流变流器　15.254

electronic AC power controller　电子交流电力控制器
　15.283

electronic AC [power] switch　交流[电力]电子开关
　15.278

[electronic] AC voltage convertor　交流电压变换器
　15.259

electronic communication equipment　电子通信设备
　30.002

electronic commutating device　电子换向装置
　07.305

electronic controller　电子控制器　16.162

electronic current　电子电流　01.239

[electronic] DC convertor　直流变流器　15.261

electronic DC power controller　电子直流电力控制器
　15.284

electronic DC [power] switch　直流[电力]电子开关
　15.279

electronic flash lamp　电子闪光灯　22.204

[electronic] frequency convertor　[电力电子]变频器
　15.257

electronic governor　电子稳速器　07.333

electronic measuring instrument　电子测量仪表
　26.016

[electronic] phase convertor　[电力电子]变相器
　15.258

[electronic power] AC conversion　[电力电子]交流
　变流　15.243

[electronic power] conversion　[电力电子]变流,
　*[电力电子]变换　15.240

[electronic power] convertor　[电力电子]变流器
　15.251

[electronic power] convertor equipment　[电力电子]
　变流设备　15.250

[electronic power] DC conversion　[电力电子]直流
　变流　15.244

[electronic power] inversion　[电力电子]逆变
　15.242

[electronic power] inverter　[电力电子]逆变器
　15.253

[electronic power] rectification　[电力电子]整流
　15.241

[electronic power] rectifier　[电力电子]整流器
　15.252

[electronic power] resistance control　[电力电子]电
　阻控制　15.246

electronic [power] switch　[电力]电子开关
　15.277

[electronic power] switching　[电力电子]通断
　15.245

electronic transformer　电子变压器　08.034

[electronic] valve　[电子]阀　15.290

[electronic] valve device　[电子]阀器件　15.289

electron linac　电子直线加速器　21.081

electron linear accelerator　电子直线加速器　21.081

electron penetration depth　电子透入深度　17.204

electron semiconductor　N型半导体,*电子型半导
　体　02.197

electron source　电子源　21.093

electron stripper　电子剥离器　21.101

electron stripping　电子剥离　21.008

electronvolt　电子伏[特]　01.895

electro-optic effect　电光效应　01.264

electrophoresis　电泳　24.160

electroplating　电镀　24.161

electroplating bath　电镀槽　24.188

electropneumatic contactor　电气气动接触器　09.131

electropneumatic controller　电-气控制器　16.163

electropneumatic starter　电气气动起动器　09.147

electropolishing　电抛光　24.184

electrorefining　电解精炼　24.187

electroslag remelting　电渣重熔　17.322

electroslag remelting furnace　电渣重熔炉　17.088

electroslag welding machine　电渣焊机　18.018

electrostatic accelerator　静电加速器　21.072

electrostatic deflection　静电偏转　21.030

electrostatic focusing　静电聚焦　21.026

electrostatic induction　静电感应　01.174

electrostatic lens　静电透镜　21.145

electrostatic potential　静电位　01.196

electrostatic pressure　静电压力　01.197

electrostatic quadrupole lens　四极静电透镜　21.147

electrostatic relay　静电继电器　14.069

electrostatic ring　静电环　08.201

electrostatics　静电学　01.167

electrostatic safety　静电安全　29.003

electrostatic shielding　静电屏　08.202

electrostatic voltmeter　静电电压表　26.058

electrostriction　电致伸缩　01.213

electrotechnics　电工　01.001

elementary [electric] charge　[基]元电荷　01.179

elementary section　单元段　05.156

element of a polyphase circuit　多相电路基元　01.547

elevated light　地上灯　22.356

elevator furnace　升降式炉　17.271

elongation at break　断裂伸长率　03.181

embedded coil side　线圈边槽部　07.195

embedded heating element　嵌入式加热元件　17.054

embedding　埋封　03.222

embedding compound　埋封胶　03.046

EMC　电磁兼容[性]　30.074

emergency alarm　紧急报警信号　29.101

emergency cooling　备用冷却，＊应急冷却　01.654

emergency lighting　应急照明　22.251

emergency system　应急系统　29.141

emergency tripping device　紧急脱扣装置　08.178

EMF　电动势　01.217

EMI　电磁干扰　30.040

emission　发射　01.187

emission spectrum　发射频谱　30.012

emissivity　发射率　22.024

emitter-base cut-off current　发射极-基极截止电流　15.228

emitter-base saturation voltage　发射极-基极饱和电压　15.222

emitter-base voltage　发射极-基极电压　15.223

emitter depletion layer capacitance　发射极耗尽层电容　15.232

emitter [electrode]　发射极　15.046

emitter junction　发射结　15.052

emitter region　发射区　15.049

emitter terminal　发射极端　15.045

empty band　空带　02.223

empty running　空载[荷]运行　20.186

enamel　瓷漆　03.051

enamel insulation　漆包绝缘　05.107

enamelled wire　漆包线　05.015

enamelling　漆包　05.208

enamelling machine　漆包机　05.244

encapsulated type　包封式，＊囊封式　01.729

encapsulated winding dry-type transformer　包封绕组干式变压器　08.053

encapsulating　包封　03.221

encapsulating compound　包封胶　03.045

enclosed arc lamp　封闭型弧光灯　22.188

enclosed assembly　封闭式组合装置　09.202

enclosed capacitor　封闭式电容器　11.030

enclosed fuse-link　封闭式熔断体　10.029

enclosed switchboard　封闭式开关板　09.118

enclosed type　封闭式　01.704

enclosed-ventilated type　封闭通风式　01.687

enclosure　外壳　01.578

end bracket　端盖　07.342

end bracket type bearing　端盖式轴承　07.315

end-of-charge voltage　充电终止电压　24.143

end shield　端盖　07.342

endurance　耐久能力　24.052

endurance test　耐久性试验　23.213

excitation band 激发带 02.219

excitation loss 空载损耗，＊励磁损耗 08.096

excitation-regulating winding 励磁－调压绕组 08.232

excitation response 励磁响应 07.397

excitation response ratio 励磁响应比 07.399

excitation winding 励磁绕组 07.221

exciter 励磁机 07.017

exciter response 励磁机响应 07.577

exciting current 励磁电流 08.288

exciting friction torque 励磁静摩擦力矩 07.455

exciting voltage 励磁电压 07.449

expanded conductor 扩径导线 05.012

expander 膨胀器 08.305

exploration cable 探测电缆 05.054

explosion 爆炸 25.015

explosion hazard 爆炸危险 29.037

explosion hazard area 爆炸危险场所 25.017

explosion-proof type 防爆式 01.726

explosive atmosphere 爆炸性环境 25.002

explosive dust atmosphere 爆炸性粉尘环境 25.004

explosive dust mixture 爆炸性粉尘混合物 25.010

explosive gas atmosphere 爆炸性气体环境 25.003

explosive gas mixture 爆炸性气体混合物 25.009

explosive mixture 爆炸性混合物 25.008

exponential distribution 指数分布 28.167

exposed conductive part 外露可导电部分 29.083

exposure 暴露 27.014

exposure dose 照射剂量 29.051

exposure dose of radiation 辐射照射剂量 03.193

exposure meter 曝光表 22.148，照射量计 26.104

exposure ratemeter 照射量率计 26.106

exposure test 大气暴露试验 27.156

expulsion element 排气元件 13.027

expulsion fuse 喷射式熔断器 10.013

expulsion type arrester 排气式避雷器 13.003

extended delta connection 延长三角形联结 01.632

external beam current 外束流 21.210

external characteristic 外特性 18.087

external commutation 外部换相 15.342

external-energy extinguishing chamber 外能灭弧室 09.240

external gas pressure cable 压气电缆 05.048

external gun 外部枪，＊单独抽气电子枪 17.210

external insulation 外绝缘 12.026

externally commutated inverter 外部换相逆变器 15.274

externally operable part 可外部操作部分 29.089

external rotor 外转子 07.358

external rotor hysteresis synchronous motor 外转子式磁滞同步电动机 07.162

external series gap 隔离间隙，＊外间隙 13.024

external stator 外定子 07.356

external target 外靶 21.176

extraction 引出 21.055

extraction channel 引出通道 21.056

extraction electrode 引出电极 21.167

extraction magnet 引出磁铁 21.169

extraction tube 引出管 21.168

extraction voltage 引出电压 21.248

extraction window 引出窗 21.170

extra-high voltage 超高[电]压 01.224

extra-low voltage blanket 特低压电热毯 23.124

extra-low voltage lighting 特低电压照明 22.254

extraneous conductive part 外界可导电部分 29.084

extrapolated reliability 外推可靠度 28.124

extreme maximum relative humidity 极端最大相对湿度 27.060

extreme maximum temperature 极端最高温度 27.042

extreme minimum relative humidity 极端最小相对湿度 27.061

extreme minimum temperature 极端最低温度 27.043

extrinsic semiconductor 非本征半导体 02.196

extruded insulation 挤包绝缘 05.100

extrusion 挤压 02.176

F

fiber board 纤维板 03.068

fiber buffer 光纤缓冲层 05.302

fiber bundle 光纤束 05.252

fiber bundle jacket 光纤束护套 05.303

fiber bundle transfer function 光纤束传递函数 05.338

fiber cable assembly 光缆组件 05.296

fiber cable branch 光缆分支 05.307

fiber cable jacket 光缆护套 05.304

fiber cable joint 光缆接头 05.309

fiber cable run 光缆主干 05.305

[fiber] cladding [光纤]包层 05.299

fiber core 纤芯 05.298

fiber core non-circularity 纤芯不圆度 05.335

fiber coupled power 光纤耦合功率 05.337

fiber coupler 光纤耦合器 05.310

fiber crosstalk 光纤串扰 05.339

fiber dimensional stability 光纤尺寸稳定性 05.340

fiber harness 光缆捆束 05.254

fiber harness assembly 光缆捆束组件 05.297

fiber harness branch 光缆捆束分支 05.308

fiber harness run 光缆捆束主干 05.306

fiber insulation 纤维绝缘 05.101

fiber material 纤维材料 03.056

fiberoptics 纤维光学 05.249

fiber-optic transmission system 光纤传输系统 05.256

fiber reference surface 光纤基准面 05.333

fiber strain 光纤应变 05.328

fibric removal ability 纤维吸取能力 23.203

fictitious power 虚假功率 01.533

fiducial error 基准误差 26.123

fiducial value 基准值 26.118

field 场 01.007

field coil 磁极线圈 07.196

field control 磁场控制 07.604

field data 现场数据 28.160

field discharge circuit-breaker 灭磁断路器 09.086

field effect transistor 场效[应]晶体管 15.127

field emission 场致发射 01.191

field index 磁场指数 21.227

field induced phase transition 场致相变 04.037

field intensity meter 场强计 30.115

field line 场线 01.023

field pole 磁[场]极 07.280

field regulator 励磁调节器 20.113

field reliability test 现场可靠性试验 28.158

field rheostat 励磁变阻器 09.186

field shunting 磁场分流 20.210

field spool 磁极线圈框架 07.274

field system 磁场系统 07.339

field test 现场试验 28.061

field weakening 磁场减弱 20.209

field weakening by tapping 磁场分接减弱 20.211

[field] weakening ratio [磁场]减弱比 20.161

field winding 磁场绕组 07.222

filament 灯丝 22.220

filled band 满带 02.222

filled charged cell 带液荷电蓄电池 24.090

filled discharged cell 带液非荷电蓄电池 24.093

filler 填充物 05.113

filling time 填充时间 21.206

fill-in ratio 占积率, * 填充因数 05.200

film capacitor 薄膜电容器 11.025

film casting 薄膜流延 03.211

filter 滤波器 01.613, 滤光器 22.084, 滤光片 22.085

filter capacitor 滤波电容器 11.013

filter coffee maker 过滤咖啡壶 23.080

filter reactor 滤波电抗器 08.241

final condition 终止状态 14.006

final controlling element 执行装置, * 末级施控元件 16.049

final examination and measurement 最后检测 27.026

final inspection 最终检验 28.048

final voltage 终止电压 24.129

fin type radiator 叶片式电暖器 23.114

fire alarm system 火警信号系统 29.102

fire hazard 着火危险 29.036

fire-resistant cable 耐火电缆 05.059

fire-resistive construction 防火结构 29.097

fire retardant 阻燃剂 03.122

firing 开通 15.371

firing failure 失通 15.373

first item inspection　首件检验　28.046

first-pole-to-clear factor　首开极因数　09.328

fit dimension　配合尺寸　01.665

fixed acceleration test　恒加速度试验　27.200

fixed connection　固定联结　09.005

fixed contact　静触头　09.249，静触点　14.148

fixed light　不变光信号　22.336

fixed number truncated test　定数截尾试验　28.152

fixed time truncated test　定时截尾试验　28.153

fixed trip mechanical switching device　固定脱扣机械
开关装置　09.053

fixed-type　固定式　01.669

fixture　夹持机构　19.091

flame arc lamp　火焰弧光灯　22.187

flame arrester　阻火器　29.160

flame arrester vent plug　安全塞　24.118

flameproof electrical apparatus　隔爆型电气设备
25.038

flameproof enclosure　隔爆外壳　25.039

flameproof joint　隔爆接合面　25.041

flameproof joint with floating gland　浮动密封隔爆接
合面　25.048

flame resistance　耐燃性　03.166

flame-retarding construction　阻燃结构　29.099

flanged flameproof joint　平面隔爆接合面　25.044

flash butt welding machine　闪光对焊机　18.025

flashing light　闪光信号　22.380

flashover　闪络　01.794

flash point　闪点　03.144

flash tube　电子闪光灯　22.204

flat base construction　平底形结构　15.073

flat characteristic　平特性　18.089

flat compounded DC machine　平复励直流电机
07.089

flat formation　平面敷设　05.154

flat micanite　硬质云母板　03.107

flat [multicore] cable　扁[多芯]电缆　05.027

flexibility ratio　调磁变速比　20.163

flexible cable　软电缆　05.040

flexible carrier　挠性载体　17.067

flexible conductor　软导线　05.077

flexible connection　软联结　09.007

flexible graphite　柔性石墨　02.148

flexible mica material　柔软云母材料　03.109

flexible shaft drive electric tool　软轴传动电动工具
19.004

flexible surface heater　挠性表面加热器　17.068

flexivity　温曲率　02.019

flicker　闪烁　22.129

floating action　浮动作用　16.105

floating cell　浮充蓄电池　24.097

floating charge　浮充电　24.056

floating control　浮动控制　16.066

floating ring　浮动环　20.102

floodlight　投光灯　22.315

floodlighting　投光照明　22.264

floor lamp　落地灯　22.310

floor polisher　地板擦光机　23.045

floor waxing machine　地板打蜡机　23.046

flora　植物群　27.113

fluctuating power　波动功率　01.529

fluidized bed coating　流化床涂敷　03.225

fluidized bed furnace　流化粒子炉　17.096

fluorescence　荧光　22.159

fluorescent lamp　荧光灯　22.176

fluorocarbon oil　氟油　03.019

flush-type　嵌入安装式　01.675

flutter factor　调变度因数　21.232

flux　通[量]　01.012

fluxmeter　磁通计　26.088

focal point　焦点　17.208

focal spot　焦斑　17.207

focusing　聚焦　21.017

focusing coil　聚焦线圈　21.143

focusing electrode　聚焦电极　21.142

focusing magnet　聚焦磁铁　21.141

fog lamp　雾灯　22.367

foil coil　箔式线圈　08.128

foil window　箔窗　21.172

folding endurance　耐摺性　03.182

follow current　续流　13.038

follower drive　随动传动　16.016

follow-up control　随动控制　16.057

food freezer　食品冷冻箱　23.040

food preparation machine　食品加工机　23.098

foot switch　脚踏开关　09.172

forbidden band 禁带 02.221

forced-air cooled type 风冷式 01.715

forced-air cooler 风冷却器 08.189

forced-air cooling 风冷 01.650

forced characteristic 强制特性 15.433

forced commutation 强迫换相 15.345

forced cooling 强迫冷却 01.649

forced-directed-oil and forced-air cooled type 强迫油循环导向风冷式 01.698

forced-directed-oil and water cooled type 强迫油循环导向水冷式 01.699

forced-oil and forced-air cooled type 强迫油循环风冷式 01.696

forced-oil and water cooled type 强迫油循环水冷式 01.697

forced oscillation 强迫振荡 01.112

forced response 强迫响应 16.191

forced-ventilated type 强迫通风式 01.709

forcing 强制 16.092

form factor 波形因数 01.087, 形状因数 06.078

forming 成型 02.070

forward breakdown 正向击穿 15.377

forward breakover 正向转折 15.090

forward characteristic 正向特性 15.157

forward controlling element 正向施控元件 16.144

forward current 正向电流 15.147

forward direction 正向 15.082

forward gate current 门极正向电流 15.200

forward gate voltage 门极正向电压 15.182

forward path 正向通道 16.087

forward power dissipation 正向耗散功率 15.154

forward recovery time 正向恢复时间 15.162

forward recovery voltage 正向恢复电压 15.163

[forward] slope resistance [正向]斜率电阻 15.160

[forward] threshold voltage [正向]阈值电压, *[正向]门槛电压 15.159

forward voltage 正向电压 15.140

forward wave 前向波 01.125

FOTS 光纤传输系统 05.256

Fourier integral 傅里叶积分, *傅里叶逆变换 01.040

Fourier series 傅里叶级数 01.038

Fourier transform 傅里叶变换 01.039

four quadrant convertor 四象限变流器 15.266

fractional slot winding 分数槽绕组 07.256

frame mounted motor 架承式电动机 20.103

frame yoke 机座磁轭 07.293

free air condition 自由空气条件 27.030

free electron 自由电子 01.180

free-fall test 自由跌落试验 27.206

free inlet ventilating fan 自由进风式排气扇 23.019

free oscillation 自由振荡 01.111

free oscillation frequency 自由振荡频率 21.240

free outlet ventilating fan 自由出风式排气扇 23.020

free push-button 自由按钮 09.158

free-radiation frequency 自由辐射频率 30.013

free volume 净容积 25.040

freewheeling arm 续流臂 15.321

freezing rain 冻雨 27.065

frequency 频率 01.071

frequency band 频带 01.072

frequency changer set 变频机组 07.107

frequency convertor 变频机 07.105

frequency domain 频域 27.091

frequency meter 频率表 26.059

frequency of operation 操作频率 09.375

frequency relay 频率继电器 14.090

frequency response 频率响应 16.190

frequency response characteristic 频率响应特性 07.416

frequency-selective voltmeter 选频电压表 30.116

frequency-sensitive rheostat 频敏变阻器 09.184

frequency sensitivity 频率敏感性 07.500

[frequency] spectrum 频谱 22.007

frequency [speed] control 变频调速 16.038

frequency type telemeter 频率型遥测仪 16.220

frog-leg winding 蛙绕组 07.238

front-connected fuse 前接熔断器 10.021

front of wave impulse sparkover voltage 波前冲击放电电压 13.042

front time of impulse current 冲击电流波前时间 12.097

frosted bulb　磨砂玻壳　22.227

frying pan　电煎锅　23.090

FTA　故障树分析　28.098

fuel battery　燃料电池组　24.148

fuel-battery power-to-volume ratio　燃料电池组功率－容积比　24.155

fuel-battery power-to-weight ratio　燃料电池组功率－重量比　24.156

fuel cell　燃料电池　24.147

fuel-cell system　燃料电池系统　24.149

fuel-cell-system energy-to-volume ratio　燃料电池系统能量－容积比　24.157

fuel-cell-system energy-to-weight ratio　燃料电池系统能量－重量比　24.158

fuel-cell-system standard thermal efficiency　燃料电池系统标准热效率　24.159

full lightning impulse　雷电冲击全波　12.076

full lightning impulse test　雷电冲击全波试验　12.081

full load　满载　01.757

full-pitch winding　整距绕组　07.210

full-power tapping　满容量分接　08.154

full radiator　全辐射体　17.044

full-wave resistance welding power source　全波电阻焊电源　18.065

fully charged state　全充电[状]态　24.066

fully controllable connection　全控联结　15.336

fully ducted ventilating fan　全导管式排气扇　23.021

fully insulated current transformer　全绝缘电流互感器　08.269

functional block　功能框　16.080

functional chain　功能链　16.081

functional evaluation　功能性评定　03.238

functional layout　功能布局法　01.944

functional mark　功能标记　01.932

function chart　功能表图　01.953

function diagram　功能图　01.948

fundamental [component]　基波[分量]　01.077

fundamental factor　基波因数　01.508

fundamental null voltage　基波零位电压　07.453

fundamental power　基波功率　01.530

fungi　真菌　27.115

[furnace] casing　炉壳　17.232

[furnace] chamber　炉室，＊炉膛　17.239

[furnace] door　炉门　17.235

[furnace] lining　炉衬　17.238

[furnace] roof　炉顶　17.243

[furnace] roof ring　炉顶圈　17.244

[furnace] shell　炉壳　17.232

furnace transformer　电炉变压器　08.019

fuse　熔断器　10.001

fuse-base　熔断器底座　10.035

fuse-blade　熔断器插片　10.040

fuse-carrier　熔断体载体　10.034

fuse combination unit　熔断器组合单元　10.024

fused capacitor　带熔断器电容器　11.017

fuse-disconnector　熔断体－隔离器　09.095

fused short-circuit current　熔断短路电流　10.053

fuse-element　熔件　10.025

fuse-holder　熔断器支持件　10.036

fuselage lights　机身灯　22.360

fuse-link　熔断体　10.026

fuse-mount　熔断器底座　10.035

fuses for external protection　外部熔断器　11.091

fuse-switch　熔断体－开关　09.114

fuse-switch-disconnector　熔断体－隔离器式开关　09.111

fusion frequency　停闪频率　22.130

G

GaAs$_{i-x}$P$_x$ semiconductor　镓砷磷半导体　02.204

GaAs semiconductor　砷化镓半导体　02.193

galvanic cell　原电池　24.012

galvanic corrosion　原电池腐蚀　27.124

galvanometer　检流计　26.072

gamma distribution　伽马分布　28.170

gap in arcing chamber　灭弧间隙，＊内间隙　13.025

gap [of a flameproof joint]　[隔爆接合面]间隙

25.049

gas-absorbing liquid 吸气液体 03.021

gas-blast circuit-breaker 压缩气体断路器 09.063

gas conduction 气体导电 01.246

gas content 气体含量 03.150

gaseous arc 气体电弧 09.001

gaseous discharge lamp 气体放电灯 22.170

gas-evolving circuit-breaker 产气断路器 09.072

gas-evolving liquid 放气液体 03.022

gas-evolving switch 产气开关 09.105

gas-filled bushing 充气套管 06.046

gas-filled capacitor 充气式电容器 11.022

gas-filled lamp 充气灯 22.163

gas-filled switchgear 充气式金属封闭开关设备 09.042

gas-filled type 充气式 01.733

gas insulated bushing 气体绝缘套管 06.044

gas insulated metal-enclosed switchgear 封闭式组合电器，＊气体绝缘金属封闭开关设备 09.043

gas-oil sealed system 气－油密封系统 08.139

gas relay 气体继电器 08.186

gas shielded arc welding machine 气体保护弧焊机 18.006

gassing 析气 24.048

gassy mine 沼气矿井 25.019

gas turbine set 燃气轮发电机组 07.042

gate control 门极控制 15.363

gate controlled delay time ［门极控制］延迟时间 15.210

gate controlled rise time ［门极控制］上升时间 15.211

gate controlled turn-off time ［门极控制］关断时间 15.209

gate controlled turn-on time ［门极控制］开通时间 15.208

gate current 门极电流 15.199

gate [electrode] 门极，＊栅极 15.056

gate non-trigger current 门极不触发电流 15.204

gate non-trigger voltage 门极不触发电压 15.187

gate protection action 门极保护作用 15.380

gate region 门区，＊栅区 15.059

gate-source voltage 栅－源电压 15.234

gate suppression 门极抑制 15.381

gate trigger current 门极触发电流 15.203

gate trigger voltage 门极触发电压 15.186

gate turn-off current 门极关断电流 15.205

gate turn-off thyristor 门极关断晶闸管 15.111

gate turn-off thyristor assemble 门极关断晶闸管组件，＊GTO组件 15.139

gate turn-off thyristor module 门极关断晶闸管模块，＊GTO模块 15.138

gate turn-off voltage 门极关断电压 15.188

gate voltage 门极电压 15.181

gating advance angle 触发超前角 15.404

gating delay angle 触发延迟角 15.403

gauge for transit vehicles 联运车辆限界 20.201

gauss 高斯 01.892

Gauss distribution 正态分布，＊高斯分布 28.169

Gaussian process 高斯过程 01.046

Geiger-Müller counter 盖革－米勒计数器 26.114

gelling 胶化 03.206

gel time 胶化时间 03.207

general diffused lighting 一般漫射照明 22.257

general lighting 一般照明 22.247

general purpose 通用 01.667

general purpose motor 通用电动机 07.025

general symbol 一般符号 01.907

generator 发电机 07.012

generator transformer 发电机变压器 08.018

Ge semiconductor 锗半导体 02.191

giant transistor 电力晶体管 15.122

GIS 封闭式组合电器，＊气体绝缘金属封闭开关设备 09.043

glare 眩光 22.132

glass-bonded mica 云母玻璃 03.111

[glass] bulb 玻壳 22.225

glass bushing 玻璃套管 06.037

glass-ceramic material 玻璃陶瓷材料 03.115

glass fiber 玻璃纤维 03.057

glass fiber covered wire 玻璃丝包线 05.018

glass fiber reinforced melamine moulding material 三聚氰胺玻璃纤维增强模塑料 03.079

glass insulating material 玻璃绝缘材料 03.114

glass insulator 玻璃绝缘子 06.024

glass rubbing machine 擦玻璃窗机 23.047

glaze 釉 06.094

glaze 雨凇 27.068

global radiation 总辐射 27.081

gloss 光泽 22.069

glossmeter 光泽计 22.149

glow conduction 辉光导电 01.280

glow discharge 辉光放电 01.279

glow [mode] current 辉光[状态]电流 13.054

glow [mode] voltage 辉光[状态]电压 13.055

glow-to-arc transition current 辉光到电弧过渡电流 13.056

glow-wire test 灼热丝试验 23.220

grade 等级 28.041

graded index fiber 渐变折射率光纤 05.265

graded index profile 渐变折射率分布 05.317

gradient 梯度 01.027

gradient-index fiber 渐变折射率光纤 05.265

gradient-index profile 渐变折射率分布 05.317

grading resistor 均压电阻 13.019

grading ring 均压环 13.023

grading screen 分级屏蔽, *均压屏蔽 01.583

grading shield 均压罩 06.071

gradual failure 渐变失效 28.084

granular-filled fuse 充粒熔断器 10.023

graphic symbol 图形符号 01.905

graphite electrode 石墨电极 02.147

graphitization 石墨化 02.179

graphitizing furnace 石墨化炉 02.183

graph of a network 网络图 01.459

gravity feed furnace 斜底式炉, *重力输送式炉 17.290

green compact 压块, *生坯 02.110

green house effect 温室效应 27.084

grey body 灰体 22.025

grid line 网格线 01.662

grid point 网格点 01.663

grid type plate 涂膏式极板 24.103

grooved hearth furnace 炉底开槽式炉 17.276

gross load hauled 牵引总重, *牵引载荷 20.172

gross traffic hauled 牵引运输量 20.182

ground 地 01.571

ground conductor 地联结线 29.152

ground current 泄地电流 01.787

ground detector 接地探测器 29.105

ground detector relay 接地探测继电器 29.106

grounded conduit 接地导管 05.172

ground environment 地面环境 27.007

ground fault 接地故障 01.798

ground fault protection 接地故障保护 14.042

ground indication 接地指示 29.103

grounding 接地 01.797

grounding device 接地装置 29.158

grounding switch 接地开关 09.097

grounding system 接地系统 29.137

grounding transformer 接地变压器 08.035

ground light 地面光信号 22.339

ground plate 接地板 29.157

ground terminal 接地端子 01.577

ground vehicle condition 地面车载条件 27.140

group control 群控 16.058

group velocity 群速[度] 01.139

growing by pulling 拉制生长 15.029

growing by zone melting 区熔生长 15.030

grown junction 生长结 15.013

GTO 门极关断晶闸管 15.111

GTR 电力晶体管 15.122

guard 网罩 23.154

guard ground system 保护接地系统 30.105

guard post 照明标柱 22.382

guard screen 保护屏蔽 30.073

guide bearing 导轴承 07.318

guided push-button 导向按钮 09.156

gun welding machine 点焊枪 18.028

guy insulator 拉线绝缘子 06.058

gyrobus 飞轮车 20.030

gyromagnetic effect 旋磁效应 04.055

gyromagnetic material 旋磁材料 04.005

gyromagnetic resonance loss 旋磁谐振损耗 04.091

H

hail 冰雹 27.069

hair care appliance 毛发护理电器 23.127

hair dryer 吹发器，＊电吹风 23.128

half-coil 半线圈，＊线棒 07.192

half controllable connection 半控联结 15.337

Hall angle 霍尔角 01.378

Hall effect 霍尔效应 01.377

hand-held electric beveller 手持式电动坡口机 19.022

hand-held electric tool 手持式电动工具 19.002

hand-held type 手持式 01.672

hand lamp 手提灯 22.311

handle 手柄 19.084

hand-reset relay 手动复归继电器 14.109

hard carbon brush 硬碳质电刷 02.121

hard magnetic material 永磁材料，＊硬磁材料 04.003

harm 伤害 29.043

harmonic acceleration 谐波加速 21.004

harmonic coil 谐波线圈 21.103

harmonic content 谐波含量 01.093

harmonic factor 谐波因数，＊畸变因数 01.509

harmonic number 谐波次数，＊谐波序数 01.080

harmonic order 谐波次数，＊谐波序数 01.080

harmonics [component] 谐波[分量] 01.078

harmonic test 谐波试验 07.625

hazard 危险 29.032

hazard control 危险控制 29.128

headlamp 前灯 22.363

head shield [电焊]头罩 18.060

hearth 炉底 17.233

hearth plate 炉底板 17.234

heat capacity 热容[量] 17.023

heat conduction 热传导 17.033

heat-dissipating specimen 散热试验样品 27.028

heat distortion temperature 热变形温度 03.172

heater 加热器 17.058

heat formable micanite 塑型云母板 03.108

heating cable 加热电缆 17.061

heating cable unit 加热电缆单元 17.070

heating capacitor 加热电容器 17.193

heating capacity 制热量 23.183

heating chamber 加热室 17.231

heating conductor 加热电阻体 17.052

heating conductor green rot 加热导体绿蚀 17.078

heating conductor surface rating 加热导体表面比负荷 17.077

heating element 加热元件 17.053

heating inductor 加热感应器 17.152

heating resistance collar 加热套 17.064

heating resistance mat 加热垫 17.063

heating resistance pad 加热垫 17.063

heating resistor 加热电阻体 17.052

heating resistor battery 加热电阻体组 17.062

heating station 加热台 17.186

heating tape unit 加热带单元 17.071

heating time 加热时间 17.326

heating-up time 升温时间 23.209

heat pump type air conditioner 热泵式空调器 23.030

heat shield 隔热屏 17.237

heat sink 散热件 15.075

heat time 热时间 18.104

heat transfer 传热 17.032

heat transfer agent 热转移媒质 01.645

[Heaviside] unit step [赫维赛德]单位阶跃函数 01.035

heavy-sea-proof type 防海浪式 01.724

height of reserve layer 储备层高度 25.063

helical coil 螺旋线圈 08.121

helical element 螺旋形元件 02.032

helimagnetism 螺磁性 04.066

helmet [电焊]头罩 18.060

helmet-type hair dryer 帽式吹发器 23.129

henry 亨[利] 01.885

hermetically sealed 气密外壳 25.033

hermetically sealed cell 全密封蓄电池 24.088

hermetic type 气密式 01.728

hertz 赫[兹] 01.890

heteropolar machine 异极电机 07.004

high capacity type dry cell 高容量干电池 24.015

higher level designation 高层代号 01.914

highest explosive pressure mixture 最大爆炸压力混
合物 25.012

highest voltage for equipment 设备最高电压
12.025

high frequency 高频 01.860

high frequency capacitance 高频电容 11.065

high frequency ignition 高频点火装置 17.230

high frequency induction heater 高频感应加热器
17.164

high frequency resistance welding machine 高频电阻
焊机 18.027

high impact shock test 强冲击试验 27.203

high intensity carbon arc lamp 高强度碳弧灯
22.186

high-key lighting 亮色调照明 22.262

high-loss fiber 高损耗光纤 05.280

high-low action 高低作用 16.102

high power-factor transformer 高功率因数变压器
08.058

high power pulsed accelerator 高功率脉冲加速器
21.089

high power type dry cell 高功率干电池 24.016

high purity graphite product 高纯石墨制品
02.140

high reactance transformer 高电抗变压器 08.060

high resistivity material 高电阻率材料 02.009

high-speed circuit-breaker 快速断路器 09.084

high-speed relay 高速继电器 14.119

high temperature and pressure test 高温高压试验
27.157

high temperature molten carbonate fuel cell 高温熔
融碳酸盐燃料电池 24.152

high temperature rectifier diode 高温整流管
15.101

high temperature solid electrolyte fuel cell 高温固体
电解质燃料电池 24.153

high temperature thermocouple 高温热电偶
02.039

high temperature type thermo-bimetal 高温型热双

金属 02.017

high voltage 高[电]压 01.223

high voltage direct current generator 直流高压发生
器 12.116

high voltage electric power equipment 高压电力设备
12.023

high-voltage electrode voltage 高压电极电压
21.214

high voltage protection 高电压保护 29.118

high voltage rectifier stack 高压整流堆 15.098

high voltage standard capacitor 高压标准电容器
12.115

high voltage switchgear 高压开关设备 09.035

high voltage switching device 高压开关装置
09.036

high voltage technique 高电压技术 12.053

high voltage terminal 高电压端子 11.039

high voltage test 高[电]压试验 12.049

high voltage testing equipment 高电压试验设备
12.106

hill magnetic field "峰"磁场 21.224

hinged cantilever 旋转悬臂 20.075

hold-closed device 保持闭合机构 09.210

hold-closed operation 保持[闭]合操作 09.367

holding action 保持作用 16.097

holding braking 恒速制动 20.193

holding braking force 恒速制动力 20.145

holding current 维持电流 15.192

holding temperature 保温温度 17.321

holding torque 保持转矩 07.526

hold-off interval 关断间隔 15.415

hold time 维持时间 18.107

hole 空穴 02.207

hole conduction 空穴导电 02.208

hole semiconductor P 型半导体, * 空穴型半导体
02.198

hollow conductor 空心导线 05.082

hollow insulator 空心绝缘子, * 绝缘套 06.022

hollow shaft motor drive 空心轴电动机驱动
20.222

homopolar machine 同极电机 07.003

horizontal coil winding machine 卧式绕线机
07.650

horn 电极臂 18.069

hose-proof type 防喷式 01.722

hot cathode 热阴极 22.239

hot cathode lamp 热阴极灯 22.178

hot curing 热固化 03.205

hot curing varnish 热固化漆，＊烘干漆 03.049

hot face 热面 17.098

hot mixing 热混合 02.172

hot plate 平板电炉 23.076

hot pressing 热压 02.175

hot resistance 热态电阻 02.160

hot-start lamp 热起动灯，＊预热型灯 22.180

hot state 热[炉状]态 17.305

hottest spot temperature 最热点温度 08.074

hot topping 顶部加热 17.318

hot wall vacuum furnace 热壁真空炉 17.270

hourly tractive effort 小时牵引力 20.148

household and similar [electrical] appliance 日用电器 23.001

household [electrical] appliance 家用电器 23.002

hue 色调 22.114

humidity correction factor 湿度修正因数 12.066

hump locomotive 驼峰调车机车 20.022

hunting 追逐 07.575

hybrid system 混合系统 01.053

hydraulic generator 水轮发电机 07.048

hydroelectric set 水轮发电机组 07.043

hydrogen-cooled type 氢气冷却式 01.692

hydrogen-oxygen fuel cell 氢氧燃料电池 24.150

hydrogen treatment 氢处理 03.196

hydrolytic stability 水解稳定性 03.151

hysteresis constant 磁滞常数 04.093

hysteresis coupling 磁滞耦合器 07.113

hysteresis loop 磁滞回线 01.323

hysteresis loss 磁滞损耗 04.089

hysteresis material 磁滞材料 04.010

hysteresis motor 磁滞电动机 07.060

hysteresisograph 磁滞回线仪 26.091

hysteresis synchronous motor 磁滞同步电动机 07.161

hysteresis torque 磁滞转矩 07.543

I

I-action 积分作用，＊I 作用 16.106

ice-cream machine 冰淇淋机 23.107

ice-making capacity 制冰能力 23.186

ideal amplifier 理想放大器 01.501

ideal attenuator 理想衰减器 01.500

ideal capacitor 理想电容器 01.412

ideal [circuit] element 理想[电路]元件 01.406

ideal crystal 理想晶体 02.235

ideal current source 理想电流源 01.435

ideal filter 理想滤波器 01.489

ideal gyrator 理想回转器 01.499

ideal impedance convertor 理想阻抗变换器 01.505

ideal inductor 理想电感器 01.413

ideal no-load direct voltage 理想空载直流电压 15.391

ideal paralleling 理想并联 07.561

ideal resistor 理想电阻器 01.411

ideal shock pulse 理想冲击脉冲 27.183

ideal synchronizing 理想整步 07.550

ideal transformer 理想变压器 01.498

ideal voltage source 理想电压源 01.434

identification mark 识别标记 01.919

idle interval 不导通间隔 15.417

IGBT 绝缘栅双极晶体管 15.126

IGFET 绝缘栅场效[应]晶体管 15.128

ignition 引燃 01.274

ignition temperature 引燃温度 25.007

ignition transformer 点火变压器 08.036

ignition wire 点火电线 05.019

Ilgner generator set 伊尔格纳发电机组 07.159

Ilgner system 伊尔格纳系统 16.044

illuminance [光]照度 22.039

illuminance meter 照度计 22.144

illuminant 施照体 22.052

illuminated bollard 照明标柱 22.382

illuminated push-button 发光按钮 09.160

illumination 光照 22.028

image arc furnace 映象电弧炉 17.128

immersion type water heater 浸入式热水器 23.070

immittance 导抗 01.430

immunity 抗[骚]扰度 30.081

immunity characteristic 抗扰特性 30.092

immunity level 抗扰度电平 30.086

immunity margin 抗扰度裕度 30.087

impact energy 冲击能量 19.094

impact strength 冲击强度 03.177

impact strength test 冲击强度试验 19.096

impedance 阻抗 01.421

impedance drop 阻抗压降 07.579

impedance earthed system 阻抗接地系统 12.006

impedance irregularity 阻抗不均匀性 05.192

impedance relay 阻抗继电器 14.092

impedance voltage 阻抗电压 08.099

impeller 波轮 23.170

impeller type washing machine 波轮式洗衣机 23.053

imperfection of crystal lattice 晶格缺陷 02.236

implant energy 掺杂能量 21.271

implant uniformity 掺杂均匀度 21.270

impregnated paper 浸渍纸 03.059

impregnated paper insulation 浸渍纸绝缘 05.096

impregnating 浸渍 03.216

impregnating resin 浸渍树脂 03.029

impregnating varnish 浸渍漆 03.035

impregnation autoclave 浸渍罐 02.184

impregnation tank 浸渍罐 02.184

impulse 冲击 01.076

impulse capacitor 脉冲电容器 11.029

impulse current 冲击电流 12.095

impulse current generator 冲击电流发生器 12.117

impulse current test 冲击电流试验 12.055

impulse discharge capacity 冲击通流能力 13.067

impulse emission 脉冲发射 30.009

impulse factor 冲击因数 13.051

impulse flashover voltage 冲击闪络电压 06.088

impulse flashover voltage-time characteristic 冲击闪络电压－时间特性 06.092

impulse inertia 冲击惯性 13.078

impulse mechanical strength 冲击机械强度 13.071

impulse ratio 冲击比 13.079

impulse response 冲击响应 05.324, 脉冲响应 16.189

impulse sparkover voltage 冲击放电电压 13.040

impulse sparkover voltage-time curve 冲击放电伏秒特性曲线 13.049

impulse voltage generator 冲击电压发生器 12.114

impulse voltage test 冲击电压试验 12.054

impulse withstand voltage 冲击耐受电压 12.033

impulsive disturbance 脉冲骚扰 30.033

impulsive noise 脉冲噪声 30.020

impurity 杂质 02.205

impurity band 杂质带 02.227

impurity compensation 杂质补偿 15.034

impurity concentration transition region 杂质浓度过渡区 15.004

impurity [energy] level 杂质能级 02.226

incandescent [electric] lamp 白炽[电]灯 22.161

inching 点动 07.588

incipient discharge voltage 起始放电电压 05.178

inclined catenary 斜悬链 20.062

incoherent fiber bundle 非相干光纤束, *不定位光纤束 05.283

incorrect operation 不正确动作 14.017

increased operating frequency circuit-breaker 频繁操作断路器 09.076

increased safety electrical apparatus 增安型电气设备 25.071

incremental hysteresis loop 增量磁滞回线 01.327

incremental permeability 增量磁导率 01.340

increment relay 增量继电器 14.121

[independent] current source [独立]电流源 01.437

independent manual operating mechanism 人力储能操作机构 09.209

independent manual operation 人力储能操作 09.360

independent marking 独立标记 01.929

independent-time measuring relay 自定时限量度继电器 14.055

[independent] voltage source [独立]电压源

01.436

indicated value 指示值 26.119

indicating control switch 指示控制开关 09.164

indicating device 指示器 01.616

indicating fuse 指示熔断器 10.015

indicating [measuring] instrument 指示[测量]仪表 26.024

indicator 指示器 01.616

indicator light 指示灯 20.096

indirect AC convertor 交－直－交变流器 15.256

indirect acting instrument 间接作用式仪表 26.030

indirect arc furnace 间接电弧炉 17.127

indirect arc heating 间接电弧加热 17.111

indirect arc plasma torch 非转移弧等离子枪，＊间接弧等离子枪 17.222

indirect commutation 间接换相 15.352

indirect contact 间接接触 29.040

indirect cooling 间接冷却 01.647

indirect DC convertor 间接直流变流器 15.263

indirect electric heating 间接电加热 17.009

indirect entry 间接引入 25.032

indirect induction heating 间接感应加热，＊感应容器加热 17.162

indirect lighting 间接照明 22.259

indirect [lightning] stroke protection 间接雷击保护 13.077

indirectly controlled system 间接受控系统 16.032

indirect measurement 间接测量 26.005

indirect overcurrent release 间接过[电]流脱扣器 09.226

indirect resistance furnace 间接电阻炉 17.081

indirect resistance heating 间接电阻加热 17.051

indirect resistance kiln 间接加热电阻窑 17.082

indirect resistance oven 间接电阻炉 17.081

individual axle drive locomotive 独立轴机车 20.020

individual contactor controlled traction equipment 单动式间控牵引设备 20.090

individual drive 单独驱动，＊独立驱动 20.218

individually screened cable 分相屏蔽电缆 05.037

individual pole operation 分极操作 09.368

indoor climate 室内气候 27.040

indoor-immersed bushing 户内浸入式套管 06.004

indoor type 户内式 01.701

induced environment 诱发环境 27.004

induced voltage 感应电压 01.367

induced voltage test 感应电压试验 08.219

inductance 电感 01.415

inductance meter 电感表 26.063

induction acceleration 感应加速 21.002

induction cavity 感应腔 21.115

induction channel furnace 熔沟式感应炉，＊有心感应炉 17.171

induction coupling 感应耦合器 07.111

induction crucible furnace 坩埚式感应炉，＊无心感应炉 17.170

induction frequency convertor 感应变频机 07.108

induction furnace 感应炉 17.167

induction furnace installation 感应炉成套设备 17.168

induction generator 感应发电机 07.065

induction heating 感应加热 17.145

induction heating equipment 感应加热装置 17.163

induction holding furnace 感应保温炉 17.172

induction linac 感应直线加速器 21.079

induction linear accelerator 感应直线加速器 21.079

induction machine 感应电机 07.063

induction melting furnace 感应熔炼炉 17.169

induction motor 感应电动机 07.067

induction phase shifter 感应移相器 07.134

induction platen heater 平板式感应加热器 17.184

induction relay 感应[式]继电器 14.065

induction vessel heating 间接感应加热，＊感应容器加热 17.162

induction voltage regulator 感应调压器 08.225

induction "lift off coil" crucible melting furnace 坩埚可更换的感应炉 17.173

inductive circuit 感性电路 01.395

[inductive] coupling factor [感应]耦合因数 01.441

inductive direct voltage regulation 感性直流电压调整值 15.399

inductively coupled capacitor commutation 电感耦合

式电容换相 15.349

inductive reactance 感抗 01.431

inductive shunt 感应分流器 20.097

inductor 电感[器] 01.593

inductor assembly 感应体 17.161

inductor coil 感应器线圈 17.153

inductor frequency convertor 感应子变频机 07.109

inductor generator 感应子发电机 07.050

inductor machine 感应子电机 07.045

inductor type synchronous motor 感应子同步电动机 07.056

inductosyn 感应同步器 07.136

industrial accelerator 工业加速器 21.071

industrial electroheat 工业电热 17.003

industrial interference 工业干扰 30.042

industrial locomotive 工业机车 20.024

industrial safety 工业安全 29.004

industrial, scientific and medical equipment or appliance 工业、科学和医疗设备或器具, * 工科医设备 30.001

inert atmosphere 惰性气氛 17.299

inert gas pressure system 惰性气体压力系统 08.140

inertia constant 惯性常数 07.380

inertial damping servomotor 惯性阻尼伺服电机 07.150

inertia relay 惯性继电器 14.128

inertia storage traction 惯性蓄能牵引 20.004

infiltration 熔渗 02.072

influence coefficient 影响系数 26.136

influence quantity 影响量 01.856

influencing factor 影响因素 14.198

influencing quantity 影响量 01.856

infrared ceramic panel emitter 红外陶瓷板发射器 17.104

infrared emitter reflector 红外发射反射器 17.107

infrared glass panel emitter 红外玻璃板发射器 17.103

infrared heater 红外加热器 17.106

infrared heating 红外加热 17.099

infrared heating element 红外加热元件 17.100

infrared lamp 红外线灯 22.215

infrared oven 红外炉 17.105

infrared radiation 红外辐射 01.192

infrared radiation panel 红外辐射板 17.102

infrared ray 红外线 22.005

infrasound 次声 27.103

inherent characteristic 固有特性 16.182

[inherent] closing time [固有]闭合时间, *[固有]合时间 09.332

inherent delay angle 固有延迟角 15.405

inherent inductance 固有电感 11.064

[inherent] opening time [固有]断开时间, *[固有]分时间 09.331

inherent speed regulation 固有转速调整率 07.583

inherent voltage regulation 固有电压调整率 07.582

inherent [weakness] failure 固有失效, *本质失效 28.080

inhibited oil 阻化油 03.023

initial charge 初充电 24.065

initial condition 初始状态 14.005

initial examination and measurement 初始检测 27.023

initial excitation system response 励磁系统初始响应 07.398

initial magnetization curve 起始磁化曲线 01.320

initial permeability 起始磁导率 01.338

initial shock response spectrum 起始冲击响应谱 27.186

initial temperature 初始温度 24.137

initial transient recovery voltage 起始瞬态恢复电压 09.285

initial voltage 初始电压 24.141

injection 注入 21.045

injection energy 注入能量 21.187

injection moulding 注塑 03.214

injector 注入器 21.095

injury accident 负伤事故 29.023

injury due to electromagnetic field 电磁场伤害 29.029

inner covering 内衬层 05.115

in opposition 反相 01.100

inorganic insulating material 无机绝缘材料

03.002

inorganic material bushing　无机材料套管　06.038

in phase　同相　01.099

in-phase null voltage　同相零速输出电压　07.493

in-phase speed-sensitive output voltage　同相速敏输出电压　07.496

in-process inspection　工序间检验　28.047

input　输入　01.746

input capacitance　输入电容　15.239

input circuit　输入电路　14.142

input element　输入元件　16.141

input energizing quantity　输入激励量　14.201

input immittance　输入导抗　01.493

input unit　输入单元　16.147

input variable　输入[变]量　16.113

in quadrature　正交　01.098

insensitive interval　不灵敏区　07.503

insertion current　插入电流　11.079

inspection　检验　28.045

inspection earthing　检修接地　29.111

inspection hole　观察孔　08.203

installing dimension　安装尺寸　01.664

instantaneous operation　瞬时动作　09.381

instantaneous power　瞬时功率　01.523

instantaneous release　瞬时脱扣器　09.220

instantaneous value　瞬时值　01.081

instantaneous water heater　快热式热水器　23.068

instant of chopping　截断瞬间　12.073

instant-start lamp　冷起动灯，＊快速起动灯　22.179

instructed person　初级人员　29.046

instruction　指令　16.083

instrument auto-transformer　自耦式互感器　08.260

instrument for measuring partial discharge　局部放电测试仪　12.120

instrument security factor　仪表保安因数　08.297

instrument transformer　互感器　08.004

insulant　绝缘体　01.774

insulated cable　绝缘电缆　05.022

insulated gate bipolar transistor　绝缘栅双极晶体管　15.126

insulated gate field effect transistor　绝缘栅场效[应]晶体管　15.128

insulated overlap　绝缘端交叠分段　20.077

insulated return system　绝缘回流系统　20.039

insulated tape heating element　绝缘加热带　17.066

[insulating] bushing　[绝缘]套管　06.002

insulating envelope　空心绝缘子，＊绝缘套　06.022

insulating oil　绝缘油　03.005

insulating paper　绝缘纸　03.058

insulating-tube winding machine　绝缘管卷制机　08.308

insulating varnish　绝缘漆　03.034

insulation　绝缘　01.776，绝缘层　05.093

insulation breakdown　绝缘击穿　29.059

insulation co-ordination　绝缘配合　12.001

insulation-encased electric tool　绝缘外壳电动工具　19.006

insulation-enclosed switchgear　绝缘封闭开关设备　09.038

insulation fault　绝缘故障　29.060

insulation level　绝缘水平　01.831

insulation monitoring and warning device　绝缘监测装置　29.107

insulation power factor　绝缘功率因数　08.094

insulation property　绝缘性能　01.777

insulation resistance　绝缘电阻　01.778

insulation resistance meter　绝缘电阻表　26.079

insulation screen　绝缘屏蔽层，＊线芯屏蔽　05.111

insulation shielding　绝缘屏蔽　29.058

insulation system　绝缘结构　03.239

insulator　绝缘子　06.001

insulator set　绝缘子组　06.032

insulator string　绝缘子串　06.031

insulator with external fittings　外胶装绝缘子　06.049

insulator with internal and external fittings　联合胶装绝缘子　06.050

insulator with internal fittings　内胶装绝缘子　06.048

insurance period　保用期　28.039

integral action　积分作用，＊I作用　16.106

integral-action coefficient　积分作用系数　16.203

integral-action time constant　积分作用时间常数
16.205

integral control　积分控制　16.070

integrally-fused circuit-breaker　带熔断器断路器
09.087

integral slot winding　整数槽绕组　07.255

integrating circuit　积分电路　01.642

integrating [measuring] instrument　积算[测量]仪
表　26.026

intelligent measuring instrument　智能测量仪表
26.046

interaxis error　轴间误差　07.477

intercell connector　连接条　24.125

interchangeability　互换性　01.656

interchangeable bushing　可互换套管　06.055

interconnected delta connection　互连三角形联结
01.633

interconnection　互联　01.623

interconnection diagram　互连接线图　01.965

interconnection table　互连接线表　01.966

intercrystalline corrosion　晶间腐蚀　24.165

interface　接口　16.170

interference　干涉　22.016，干扰　30.039

interference field strength　干扰场强　30.060

interference power　干扰功率　30.063

interference signal　干扰信号　30.048

interference source　干扰源　30.055

interference suppression　干扰抑制　30.070

interference suppression equipment　干扰抑制装置
30.094

interference voltage　干扰电压　30.059

interlacing impedance voltage　交错阻抗电压
08.075

interleaved and continuous coil　纠结连续线圈
08.123

interleaved coil　纠结线圈　08.122

interlock　联锁装置　23.149

interlocking　联锁　09.406

interlocking device　联锁机构　09.217

interlocking relay　联锁继电器　14.127

intermediate examination and measurement　中间检
测　27.024

intermediate voltage　中间电压　11.058

intermediate voltage terminal　中间电压端子
11.040

intermittent discharge　间歇放电　24.010

intermittent duty　断续工作制　01.823

intermittent failure　间歇失效　28.085

intermittent flow　断续流通　15.383

intermittent periodic duty　断续周期工作制
01.827

internal beam current　内束流　21.209

internal combustion set　内燃机发电机组　07.041

internal discharge　内部放电　01.792

internal electric field　内建电场　15.023

internal equivalent temperature　等效温度　15.061

internal fuse　内部熔丝　11.038

internal gas pressure cable　充气电缆　05.047

internal gun　内部枪，＊真空电子枪　17.211

internal inductor　内部感应器　17.160

internal insulation　内绝缘　12.027

internal oxidation　内氧化法　02.076

internal reflection　内反射　05.326

internal rotor　内转子　07.359

internal rotor hysteresis synchronous motor　内转子式
磁滞同步电动机　07.163

internal stator　内定子　07.357

internal target　内靶　21.175

internal wiring　内接线　19.085

international system of units　国际单位制　01.870

interphase reactor　平衡电抗器　08.238

interphase transformer　相间变压器　08.037

interposing relay　中介继电器　14.118

interruption　中断　16.084

interruptive ratio　切断比　13.060

inter-system electromagnetic compatibility　系统间电
磁兼容性　30.075

interturn insulation　匝间绝缘　07.264

interturn test　匝间试验　07.640

intra-system electromagnetic compatibility　系统内电
磁兼容性　30.076

intrinsically safe circuit　本质安全电路　25.077

intrinsically safe electrical apparatus　本质安全型电
气设备　25.076

intrinsic conduction　本征导电　02.210

intrinsic conductivity　本征电导率　02.247

intrinsic error 固有误差 26.124

intrinsic magnetic properties 内禀磁性 04.058

intrinsic semiconductor 本征半导体, *Ⅰ型半导体 02.195

inverse Fourier transform 傅里叶积分, *傅里叶逆变换 01.040

inverse Laplace transform 拉普拉斯逆变换 01.042

inverse time-delay operation 反时延动作 09.384

inverse time-delay overcurrent release 反时延过[电]流脱扣器 09.224

inverse-time relay 反时限继电器 14.080

inversion efficiency 逆变效率 15.430

inversion factor 逆变因数 15.390

inversion layer 反型层 15.017

inverted type current transformer 倒立式电流互感器 08.281

invisible light 不可见光 22.003

involute core 渐开线铁心 08.110

ion 离子 01.183

ion accelerator 离子加速器 21.070

ion beam 离子束 21.013

ion focusing 离子聚焦 21.021

ionic conduction 离子导电 02.211

ionic current 离子电流 01.240

ionic semiconductor 离子半导体 02.194

ion implantation 离子注入 15.042

ion implantor 离子注入机 21.090

ionization 电离 01.186

ionization chamber 电离室 21.180

ionization current 电离电流 13.033

ionization voltage 电离电压 13.037

ionized cluster beam 离化团粒束 21.016

ionized radiation resistance 耐电离辐射性 03.192

ionizing energy of acceptor 受主电离能 02.234

ionizing energy of donor 施主电离能 02.233

ionizing radiation measurement 电离辐射测量 26.003

ion mass resolution 离子质量分辨率 21.272

ion source 离子源 21.094

ironing pressure 熨平压力 23.208

ironing width 熨平宽度 23.207

iron loss 铁耗 01.761

irradiance 辐照度 22.021

irradiation 辐照 22.009

irradiation depth 辐照厚度 21.261

irradiation effect 辐照效应 21.061

irradiation power 辐照功率 21.263

irreversible magnetizing 不可逆磁化 04.047

irrotational field 无旋场 01.026

ISM 工业、科学和医疗设备或器具, *工科医设备 30.001

isocandela curve 等发光强度曲线 22.266

isocandela diagram 等发光强度图 22.267

isochronous magnetic field 等时性磁场 21.223

isodose curve 等剂量曲线 21.257

isolated neutral system 中性点绝缘系统 12.007

isolating transformer 隔离变压器 08.045

isolation 隔离 01.775

isolator 隔离器, *隔离开关 09.090

isoluminance curve 等亮度曲线 22.271

isolux curve 等照度曲线 22.272

isostatic pressing 等静压压制 02.071

I^2t characteristic 焦耳积分特性, *I^2t 特性 10.049

item designation 项目代号 01.911

iterative earthing 重复接地 29.114

ITRV 起始瞬态恢复电压 09.285

IT system IT 系统 29.140

I-type semiconductor 本征半导体, *Ⅰ型半导体 02.195

J

jack 插口 01.610

jacket 护套 05.116

jack shaft 中间轴 07.310

jet fan 喷流扇 23.025

jet-proof type 防喷式 01.722

Josephson effect 约瑟夫森效应 01.385

joule 焦[耳] 01.886

Joule effect 焦耳效应 01.254

Joule-integral 焦耳积分 10.046

Joule's law 焦耳定律 01.253

journal bearing 轴颈轴承 07.319

jumper cable 跨接电缆 20.040

jumping characteristic 跃变特性 15.441

junction 结 15.006

just value 适时值 14.177

K

kelvin 开[尔文] 01.894

Kelvin bridge 开尔文电桥 26.074

Kerr effect 克尔效应 01.270

keyboard switch 琴键开关 23.146

key operated push-button 钥匙操作按钮 09.161

kilowatt-hour meter 电度表 26.067

kind designation 种类代号 01.912

kindling point 燃点 03.145

kinematic viscosity 运动黏度 03.154

Kirchhoff's law 基尔霍夫定律 01.245

kitchen appliance 厨房电器 23.066

knife switch 刀开关 09.112

knob 旋钮 23.148

knob insulator 鼓形绝缘子 06.052

Kraemer [electric] drive 克雷默[电气]传动 16.013

Kraemer system 克雷默系统，*串级调速系统 16.041

kraft capacitor paper 电容器纸 03.062

L

laboratory reliability test 试验室可靠性试验 28.157

labyrinth flameproof joint 曲路隔爆接合物 25.047

ladder network 梯形网络 01.486

lag 滞后 01.097

lagging phase 弱相，*滞后相 17.115

laminar plasma torch 层流等离子枪 17.225

laminated core 叠片铁心 07.281

laminated product 层压制品 03.095

laminated rod 层压棒 03.100

laminated sheet 层压板 03.096

laminated tube 层压管 03.099

laminating 层压 03.208

lamination 成层 02.113

lamination insulation 片间绝缘 07.262

lamination varnish 叠片漆 03.054

lamp foot 灯芯 22.235

lampholder 灯座 22.233

lamp mount 灯芯 22.235

landfall light 海岸光信号 22.342

landing-area floodlight 着陆区投光灯 22.346

landing light 着陆灯 22.348

Laplace's law 拉普拉斯定律 01.256

Laplace transform 拉普拉斯变换 01.041

Laplacian 拉普拉斯算子 01.022

lapped insulation 绕包绝缘 05.095

lapped wire 绕包线 05.014

lapping 绕包 05.209

lapping angle 绕包角 05.198

lap winding 叠绕组 07.236

large flake mica paper 大鳞片粉云母纸 03.105

latched contactor 锁扣接触器 09.128

latched push-button 锁扣式按钮 09.154

latching current 擎住电流 15.193

latching device 锁扣机构 09.216

latching relay [自]保持继电器 14.059

latent heat 潜热 17.027

lattice 晶格 02.243

lattice defect 晶格缺陷 02.236

lattice network X形网络，*格形网络 01.484

layer coil 层式线圈 08.129

layered cable 层式电缆 05.060

layer insulation 层间绝缘 08.199

lay of braiding 编织节距 05.202

lay of lapping 绕包节距 05.201

layout plan 布置图，*平面布置图 01.972

lay ratio 节径比 05.195

lead 超前 01.096

lead-acid cell 铅酸蓄电池 24.074

lead bath furnace 铅浴炉 17.092

lead covered cable 铅包电缆 05.035

lead extrusion 压铅 05.221

leading phase 强相，*超前相 17.114

lead press 压铅机 05.240

leakage 漏液 24.049

leakage current 泄漏电流 01.786

leakage current circuit-breaker 泄漏电流断路器 09.089

leakage current operated protective device 漏电[动作]保护器 09.108

leakage flux 漏磁通 01.449

leakage non-operating current 不动作泄漏电流 09.309

leakage operating current 动作泄漏电流 09.307

leakproof 耐漏液性 24.046

Leblanc connection 勒布朗克联结 01.634

length of lay 绞[合节]距 05.193

lengthwise flatness 纵向平直度 02.029

lens spotlight 透镜式聚光灯 22.329

Leriz's law 楞次定律 01.258

letter symbol 文字符号 01.902

let-through current 截断电流，*允通电流 09.312

let-through sparkover 允通火花放电 13.031

level of safety 安全水平 29.011

levitation melting 悬浮熔炼 17.302

lid 蓄电池盖 24.122

life 寿命 28.113

lifting electromagnet 起重电磁铁 09.190

light 光 22.001

light activated thyristor 光控晶闸管 15.117

light adaptation 明适应 22.101

light center 光中心 22.156

[light] exposing 曝光 22.044

[light] exposure 曝光量 22.043

lighthouse 灯标，*灯塔 22.335

lighting 照明 22.243

lighting console 照明控制台 22.242

lighting effectiveness factor 照明有效性因数 22.095

lighting fitting 灯具，*照明器 22.286

lighting technology 照明技术 22.244

light load test 轻载试验 07.620

light loss factor 光损失因数 22.096

lightness 明度 22.116

lightning arrester 避雷器 13.001

lightning current 雷电流 12.008

lightning impulse 雷电冲击 12.075

lightning impulse current 雷电冲击电流 13.034

lightning impulse test 雷电冲击试验 12.080

lightning overvoltage 快波前过电压，*雷电过电压 12.013

lightning surge 雷电浪涌 13.047

light running 单机运行 20.187

light signal 光信号 22.333

light source color 光源色 22.155

[light] spectrum 光谱 22.008

light stimulus 光刺激 22.047

limited angle torque motor 有限转角力矩电机 07.171

limited current circuit 限流电路 29.133

limiting allowed temperature 极限允许温度 01.816

limiting allowed temperature rise 极限允许温升 01.843

limiting availability 极限可用度 28.134

limiting breaking capacity 极限分断容量 14.194

limiting continuous current 连续极限电流 14.191

limiting current 极限电流 11.077

limiting cycling capacity 极限循环容量 14.195

limiting error 极限误差 26.126

limiting making capacity 极限接通容量 14.193

limiting short-time current 短时极限电流 14.192

limiting temperature 极限温度 25.074

limiting value [极]限值 01.807

limiting voltage 极限电压 11.074

limit of interference 干扰限值 30.062

limit speed 极限转速 07.404

limit switch 限位开关 09.167

linac 直线加速器 21.078

linear absorption coefficient 线性吸收系数 22.083

linear accelerator 直线加速器 21.078

linear attenuation coefficient 线性衰减系数，*线性消光系数 22.082

linear [circuit] element 线性[电路]元件 01.405

linear [electric] charge density 线电荷密度 01.171

linear [electric] circuit 线性电路 01.393

linear extinction coefficient 线性衰减系数，*线性消光系数 22.082

linear inductosyn 直线式感应同步器 07.138

linearity error 线性误差 07.479

linearity temperature range 线性温度范围 02.023

linearizing speed-torque characteristic 线性化机械特性 07.545

linearly rising front chopped impulse 线性上升波前截断冲击，*斜角冲击截波 12.089

linear motion electric drive 直线电气传动 16.010

linear motor 直线电动机 07.037

linear power supply 线性电源 15.286

linear resolver 线性旋转变压器 07.129

linear stepping motor 直线步进电机 07.155

linear structure 直线结构 07.353

linear system 线性系统 16.021

line-charging breaking current 充电线路开断电流 09.293

line commutation 电网换相 15.343

line contact 线接触 09.019

line-drop compensator 线路压降补偿器 08.230

line feeder 加强馈电线 20.061

line impedance stabilization network 线路阻抗稳定网络，*人工电源网络 30.118

line integral 线积分 01.019

line of force 力线 01.014

line-post insulator 线路柱式绝缘子 06.008

line side winding 网侧绕组 08.114

line terminal 线路端子 08.204

line voltage 线[间]电压 01.540

link 连支 01.465

link box 连接箱 05.169

link insulator 拉杆绝缘子 06.016

liquid-filled bushing 充液套管 06.045

liquid insulated bushing 液体绝缘套管 06.043

LISN 线路阻抗稳定网络，*人工电源网络 30.118

lithium cell 锂电池 24.021

lithium-iodine cell 锂碘电池 24.031

lithium-manganese dioxide cell 锂二氧化锰电池 24.032

lithium-sulfur dioxide cell 锂二氧化硫电池 24.033

lithium-thionyl chloride cell 锂亚硫酰氯电池 24.034

live part 带电部分 29.081

live tank circuit-breaker 带电箱壳断路器，*瓷柱式断路器 09.069

L-network L形网络 01.480

load 负载 01.750

load angle 功角 07.400

load angle characteristic 功角特性 07.415

load characteristic 负载特性 07.408

load commutation 负载换相 15.344

load immittance 负载导抗 01.492

loading 加载 01.751

loading gauge 装载限界 20.202

load loss 负载损耗 08.095

load speed 负载转速 18.086

load test 负载试验 08.211

load voltage 负载电压 01.850

local control 就地控制 09.386

local corrosion 局部腐蚀 24.163

local [energy] level 局部能级 02.225

localized heating 局部加热 17.012

localized lighting 局部照明 22.248

location designation 位置代号 01.913

location diagram 位置简图 01.969

location drawing 位置图 01.970

lock chamber 闸室 17.249

locked push-button 定位式按钮 09.155

locked-rotor characteristic 堵转特性 07.504

locked-rotor control current 堵转控制电流 07.507

locked-rotor control power 堵转控制功率 07.509

locked-rotor current 堵转电流 07.381

locked-rotor exciting current 堵转励磁电流 07.506

locked-rotor exciting power 堵转励磁功率 07.508

locked-rotor impedance characteristic 堵转阻抗特性 07.410

locked-rotor test 堵转试验 07.626

locked-rotor torque 堵转转矩 07.369

lockout operation 保持操作 09.369

lockout protection device 锁定保护装置 11.087

locomotive 机车 20.007

locomotive-kilometer 机车－公里 20.175

logarithmic decrement 对数减缩率 01.148

logic diagram 逻辑图 01.949

logic system 逻辑系统 01.054

long arc lamp 长弧灯 22.191

longitudinal covering 纵包 05.219

longitudinal flux heating 纵向磁通加热 17.147

longitudinal inclination 纵倾 27.109

longitudinal insulation 纵绝缘 12.028

longitudinal wave 纵波 01.123

long-pitch winding 长距绕组 07.212

long rod insulator 长棒形绝缘子 06.029

loop 回路 01.462, 半波 09.010

loop inductor 单匝感应器 17.159

loose tube fiber 松套光纤 05.278

loss 损耗 01.760

loss angle 损耗角 01.780

loss ratio 损耗比 08.097

loss tangent test ［介质］损耗因数试验，＊损耗角正切试验 12.051

louver 格栅 22.324

low air pressure test 低气压试验 27.149

low-energy accelerator 低能加速器 21.068

lower beam 近光 22.365

low frequency 低频 01.858

low frequency induction heater 低频感应加热器 17.166

low-inertia electric machine 低惯量电机 07.173

low-key lighting 暗色调照明 22.263

low-loss fiber 低损耗光纤 05.279

low power-factor transformer 低功率因数变压器 08.059

low remanence current transformer 低剩磁电流互感器 08.286

low temperature fluorescent lamp 低温荧光灯 22.183

low temperature thermocouple 低温热电偶 02.041

low thermal mass furnace 低热惯性炉 17.087

low voltage 低［电］压 01.221

low voltage apparatus 低压电器 09.049

low voltage switchgear 低压开关设备 09.046

low voltage switching device 低压开关装置 09.047

low voltage terminal 低电压端子 11.041

lubrification 润滑性 02.164

lumen 流［明］ 01.897

luminaire 灯具，＊照明器 22.286

luminaire dirt depreciation 灯具污垢减光 22.280

luminaire efficiency 灯具效率 22.269

luminaire for agriculture use 农用灯具 22.292

luminaire for air-traffic 航空灯具 22.293

luminaire for civil use and building 民用和建筑用灯具 22.294

luminaire for factory and mine use 厂矿灯具 22.295

luminaire for garden use 庭院灯具 22.296

luminaire for land-traffic 陆上交通灯具 22.297

luminaire for marine use 船用灯具 22.298

luminaire for military use 军用灯具 22.299

luminaire for public lighting 公共照明灯具 22.300

luminaire for road and street lighting 道路灯具 22.301

luminaire surface depreciation factor 灯具表面减光因数 22.281

luminance 亮度 22.037

luminance factor 亮度因数 22.093

luminance meter 亮度计 22.145

luminescence 发光 22.157

luminescence center 发光中心 22.158

luminosity 视亮度 22.113

luminous ceiling 发光顶棚 22.308

luminous efficacy 光视效能 22.032, 发光效能 22.034

luminous efficiency 光视效率 22.033

luminous element 发光体 22.219

luminous environment 光环境 22.246

luminous exitance 光出射度 22.045

luminous flux 光通量 22.030

luminous flux [surface] density 光通量[面]密度 22.038

luminous intensity 发光强度 22.035

[luminous] intensity distribution curve 发光强度分

布曲线 22.265

luminous reflectance 光反射比 22.071

luminous transmittance 光透射比 22.072

lumped capacitive load 集总容性负载 09.353

lumped circuit 集中参数电路 01.407

lux 勒[克斯] 01.898

M

magnesium dry cell 镁干电池 24.027

magnet 磁体 04.017

magnetic after-effect 磁后效 04.057

magnetic ageing 磁老化 04.041

magnetic amplifier 磁放大器 16.175

magnetic anisotropy 磁各向异性 04.086

magnetic anneal 磁退火 04.039

magnetic axis 磁轴 01.351

magnetic blow-out 磁吹 01.277

magnetic blow-out circuit-breaker 磁吹断路器 09.073

magnetic blow-out spark gap 磁吹放电间隙 13.017

magnetic bubble 磁泡 04.031

magnetic channel 磁通道 21.057

magnetic circuit 磁路 01.442

magnetic conditioning 磁正常状态化 04.045

magnetic constant 真空[绝对]磁导率, * 磁常数 01.361

[magnetic] core 磁心, * 铁心 01.589

magnetic damping 磁阻尼 01.445

magnetic deflection 磁偏转 21.031

magnetic deflector 磁偏转器 21.161

magnetic device 磁器件 01.559

magnetic dipole 磁偶极子 01.373

magnetic dipole moment 磁偶极矩 01.308

[magnetic] domain structure [磁]畴结构 04.023

magnetic drill 磁座钻 19.011

magnetic energy product 磁能积, * BH积 01.345

[magnetic] ferrite 铁氧体 04.015

magnetic field 磁场 01.289

magnetic field intensity 磁场强度 01.307

magnetic field stability 磁场稳定度 21.228

magnetic field strength 磁场强度 01.307

magnetic flux 磁通[量] 01.366

magnetic flux density 磁感[应]强度, * 磁通密度 01.295

[magnetic] flux linkage 磁链 01.450

magnetic focusing 磁聚焦 21.027

magnetic friction clutch 磁摩擦离合器 07.114

magnetic hysteresis 磁滞 01.322

magnetic induction 磁感[应]强度, * 磁通密度 01.295

magnetic isotropy 磁各向同性 04.087

magnetic leakage factor 漏磁因数 01.349

magnetic levitation 磁悬浮 01.446

magnetic loading 磁负荷 01.356

magnetic material 磁性材料 04.001

magnetic measuring instrument 磁测仪表 26.085

magnetic moment 磁矩 01.294

magnetic ordering structure 磁有序结构 04.022

magnetic-overload release 磁过载脱扣器 09.229

magnetic particle coupling 磁性粉末耦合器 07.115

magnetic phase transition 磁[性]相变 04.036

magnetic polarization 磁极化 01.370, 磁极化强度 01.371

magnetic pole 磁极 01.296

magnetic potential 磁位, * 磁势 01.290

magnetic potential difference 磁位差 01.293

magnetic potentiometer 磁位计 26.087

magnetic pull 磁拉力 01.354

magnetic pulse compressor 磁脉冲压缩器, * 磁开关 21.139

magnetic quadrupole lens 四极磁透镜 21.146

magnetic [quantity] measurement 磁测[量] 26.002

[magnetic] recording medium [磁]记录媒质 04.016

magnetic relaxation 磁弛豫 04.034

magnetic remanence 顽磁 04.077

magnetic rigidity 磁刚度 21.058

magnetics 磁学 01.288

magnetic saturation 磁饱和 04.073

magnetic scalar potential 磁标位，＊磁标势 01.292

magnetic screen 磁屏蔽 01.581

magnetic shell 磁壳 01.350

magnetic shunt 磁分路 08.303

magnetic shunt compensation 磁分路补偿 08.256

magnetic spectrum 磁谱 04.035

magnetic stability 磁稳定性 04.040

magnetic stability test 磁稳定性试验 07.646

magnetic susceptibility 磁化率 01.302

magnetic suspension 磁悬浮 01.446

magnetic switch 磁脉冲压缩器，＊磁开关 21.139

magnetic thin-film 磁性薄膜 04.013

magnetic variometer 磁变化仪 26.095

magnetic vector potential 磁矢位 01.291

magnetic viscosity 磁黏滞性 01.355

magnetism 磁学 01.288

magnetization 磁化 01.299，磁化强度 01.300

magnetization curve 磁化曲线 01.317

magnetization process 磁化过程 04.048

magnetizing current 磁化电流 01.303

magnetizing field 磁化场 01.301

magneto-electric relay 磁电[式]继电器 14.064

magnetometer 磁强计 26.086

magnetomotive force 磁动势，＊磁通势 01.369

magneto-optic effect 磁光效应 01.357

magnetostriction 磁致伸缩 04.084

magnetostriction testing meter 磁致伸缩测试仪 26.089

magnetostrictive material 磁致伸缩材料 04.009

magnet wire 绕组线，＊电磁线 05.013

magnification ratio 放大率 22.270

main arc 主电弧 17.219

main beam 远光 22.364

main catenary 主承力索 20.052

main circuit 主电路，＊主回路 01.636

main contact 主触头 09.246

main electrode 主电极 22.236

main exciter 主励磁机 07.018

main feedback path 主反馈通道 16.089

main flux 主磁通 01.444

main generator 主发电机 20.112

main magnetic circuit 主磁路 01.443

main marking 主标记 01.924

main protection 主保护 14.025

main protection equipment 主保护装置 14.130

mains-borne disturbance 供电网骚扰 30.038

mains-cord pulling test 电源线拉力试验 23.216

mains decoupling factor 供电网去耦因数 30.089

mains immunity 供电网抗扰度 30.088

mains powered appliance 市电供电电器 23.008

mains switch 电源开关 23.143

maintainability [可]维修性 28.067，[可]维修度 28.128

maintenance 维修 28.093

maintenance factor 维持因数 22.279

maintenance-free cell 免维护蓄电池 24.096

maintenance time 维修时间 28.107

main terminal 主端子 15.081

main transformer 主变压器 08.038

main winding 主绕组 07.215

majority carrier 多数载流子 02.238

major loop 大半波 09.011

make-break time 接通－分断时间，＊关合－开断时间 09.333

make contact 动合触头，＊常开触头，＊a触头 09.250，动合触点，＊常开触点 14.152

make-time 接通时间，＊关合时间 09.330

making 接通，＊关合 09.397

making capacity 接通能力，＊关合能力 09.345

making capacity test 接通能力试验，＊关合能力试验 09.427

making current 接通电流，＊关合电流 09.271

making current release 接通电流脱扣器 09.233

making operation 接通操作，＊关合操作 09.363

making switch 接通开关 09.103

manganin 锰铜 02.012

manipulated range 校正范围，＊操纵范围 16.091

manipulated variable 操纵[变]量 16.116

man-made noise 人为噪声 30.018

manual control 人力控制，＊手动控制 01.742

manual starter 人力[操作]起动器 09.140

marine transformer 船用变压器 08.030

mark 标记 01.920

marked ratio 标定比，＊标称比 08.299

Martens temperature 马丁温度 03.170

Martens thermal endurance *马丁耐热 03.170

Marx generator 马克斯发生器 21.137

massager 按摩器 23.136

mass-impregnated non-draining insulation 整体浸渍不滴流绝缘 05.099

mass-impregnated paper insulation 整体浸渍纸绝缘 05.098

mass resistivity 质量电阻率 02.007

mass spectrograph 质谱摄谱仪 26.112

mass spectrometer 质谱仪 26.111

master controller 主令控制器 09.123

master core 主线芯 05.086

master drive 主令传动 16.015

master switch 主令开关 09.166

material measure 定值量器 26.014

maximum bare table acceleration 空载最大加速度 27.191

maximum breaking current 最大分断电流, *最大开断电流 10.057

maximum continuous operating temperature 最高连续运行温度 17.021

maximum continuous rating 最大连续定额 07.365

maximum current interrupting rating 断流上限额定值 13.068

maximum demand meter 最大需量计 26.084

maximum experimental safe gap 最大试验安全间隙 25.050

maximum full load acceleration 满载最大加速度 27.192

maximum linear operation speed 最大线性工作转速 07.490

maximum no-load speed 最大空载转速 07.531

maximum peak collector current 最大集电极峰值电流 15.225

maximum permissible current 最大允许电流 11.078

maximum permissible dose 最大允许剂量 29.052

maximum permissible voltage 最高允许电压 11.075

maximum permitted gap 最大许可间隙 25.051

maximum prospective peak current 最大预期峰值电流 09.317

maximum short-circuit current 最大短路电流 18.092

maximum short-circuit power 最大短路功率 18.093

maximum speed of vehicle 车辆结构最高速度 20.133

maximum turn-off current 最大关断电流 15.213

maximum welding power 最大焊接功率 18.094

maximum zone of expulsion 最大排气范围 13.073

maxwell 麦克斯韦 01.893

MCT MOS门控晶闸管 15.121

mean availability 平均可用度 28.133

mean cylindrical illuminance 平均柱面照度 22.040

mean error 平均误差 26.125

mean failure rate 平均失效率 28.127

mean life 失效前平均[工作]时间, *平均寿命 28.114

mean Q-percentile life 平均可靠寿命 28.116

mean repair rate 平均修复率 28.131

mean sea level 平均海平面 27.076

mean-square acceleration 方均加速度 27.173

mean time between failures 平均无故障工作时间 28.120

mean time to failure 失效前平均[工作]时间, *平均寿命 28.114

mean time to repair 平均修复时间 28.129

mean value 平均值 01.082

mean voltage 平均电压 24.142

[measurable] quantity [可测]量 01.862

measurement of partial discharge 局部放电测量 08.216

measuring bridge 测量电桥 26.037

measuring current transformer 测量电流互感器 08.264

measuring element 测量元件 14.164

measuring equipment 测量设备 26.017

measuring instrument 测量仪表 26.013

measuring junction 测温接点 02.043

measuring range 测量范围 16.085

measuring relay 量度继电器, *测量继电器 14.047

measuring spark gap 测量[用火花]间隙 26.080

measuring system 测量系统 26.018

[measuring] transmitter [测量]变送器 16.180

measuring unit 测量单元 16.148

measuring voltage transformer 测量电压互感器 08.265

mechanical ageing test 机械老化试验 03.230

mechanical back-to-back test 对拖试验 07.613

mechanical characteristic test 机械特性试验 09.428

[mechanical] contactor 接触器 09.125

mechanical deformation 机械变形 02.158

mechanical effect 机械效应 27.033

mechanical end stop 机械端位止动装置 08.176

mechanical endurance 机械耐久性，＊机械寿命 09.348

mechanical endurance test 机械耐久性试验，＊机械寿命试验 09.429

mechanical failure load 机械破坏负荷 06.084

mechanical hazard 机械危险 29.033

mechanical impact strength 机械冲击强度 06.089

mechanically reset relay 机械复归继电器 14.108

mechanical structure 机械结构 01.655

mechanical switching device 机械开关装置 09.052

mechanical torque rate 机械转矩率 02.026

medium frequency 中频 01.859

medium frequency induction heater 中频感应加热器 17.165

medium frequency transformer 中频变压器 08.021

medium temperature thermocouple 中温热电偶 02.040

medium voltage 中[电]压 01.222

megohmmeter 兆欧表 26.061

melt-down time 熔化时间 17.308

melting charge 熔炼加料量 17.314

melting cycle 熔炼周期 17.307

melting point 熔点 17.029

melting rate 熔化[速]率 17.316

melting-speed ratio 熔化速度比 10.060

melting time 熔化时间 17.308

meniscus 驼峰 17.151

mercury [vapor] lamp 汞[蒸气]灯 22.173

mesa technique 台面工艺 15.039

MESG 最大试验安全间隙 25.050

mesh 网孔 01.467

mesh current 网孔电流 01.468

mesopic vision 中间视觉 22.105

metal-clad conductor 金属包层导线 05.070

metal-clad switchgear 金属铠装开关设备 09.039

metal-coated conductor 金属镀层导线 05.068

metal electrodeposition 金属电沉积 24.185

metal-encased electric tool 金属外壳电动工具 19.007

metal-enclosed capacitor 金属封闭式电容器 11.031

metal-enclosed switchgear 金属封闭开关设备 09.037

metal foil capacitor 金属箔电容器 11.026

metal-graphite brush 金属石墨电刷 02.125

metal-graphite contact 金属石墨触点 02.144

metal halide lamp 金属卤化物灯 22.175

metal-impregnated graphite brush 金属浸渍石墨电刷 02.126

metal impregnation 金属浸渍 02.074

metal inert-gas arc welding machine 熔化极惰性气体保护弧焊机 18.009

metallic sheath 金属护套 05.118

metallized capacitor 金属化电容器 11.027

metal oxide arrester 金属氧化物避雷器 13.007

metal vapor lamp 金属蒸气灯 22.172

metamagnetism 变磁性 04.065

MGT MOS栅控晶体管 15.133

MIC 最小点燃电流 25.014

mica 云母 03.101

mica paper 粉云母纸 03.104

mica splitting 片云母 03.103

mica tape 云母带 03.110

micro-alloy technique 微合金工艺 15.038

microammeter 微安表 26.051

microbe 微生物 27.114

micro-climate 微气候 27.041

micro-gap switch 微隙开关 23.147

micro-plasma arc welding machine 微束等离子弧焊机 18.011

microvoltmeter 微伏表 26.053

microwave applicator 微波加热器 17.201

microwave emitter 微波发射器 17.200

microwave generator 微波发生器 21.135

microwave heating 微波加热 17.199

microwave heating installation 微波加热成套设备 17.202

microwave oven 微波炉 23.095

microwave-pilot protection 微波纵联保护 14.036

microwave-pilot protection equipment 微波[纵联]保护装置 14.138

mid-line 中间线 01.556

MIG arc welding machine 熔化极惰性气体保护弧焊机 18.009

MIG gun 熔化极惰性气体保护焊枪 18.051

miliammeter 毫安表 26.050

milivoltmeter 毫伏表 26.052

Milliken conductor 分割导线, *米利肯导线 05.081

mincer 绞肉机 23.100

mine locomotive 矿山机车 20.025

mineral insulating oil 矿物绝缘油 03.006

mineral insulation 矿物绝缘 05.109

miniature lamp 微型灯 22.196

minimum breaking current 最小分断电流, *最小开断电流 10.056

minimum closing voltage 最低[闭]合操作电压 09.278

minimum current interrupting rating 断流下限额定值 13.069

minimum igniting current 最小点燃电流 25.014

minimum safe height 最小安全高度 25.061

mining cable 矿用电缆 05.052

mining transformer 矿用变压器 08.027

minority carrier 少数载流子 02.239

minority carrier life time 少[数载流]子寿命 02.256

minor loop 小半波 09.012

minus tapping 负分接 08.153

mirror reflection 规则反射, *镜[面]反射 22.064

misoperation 误动作 09.385

mist curling winder 电热蒸汽卷发器 23.133

misuse 误用 29.044

misuse failure 误用失效 28.081

mixed-blast extinguishing chamber 纵横吹灭弧室 09.243

mixed cooling 混合冷却 01.651

mixed-loop series street-lighting system 混合环路道路照明系统 22.376

MMF 磁动势, *磁通势 01.369

mobile unit-substation 可移动单元变电站 09.200

mobility 迁移率 02.252

mode of operation 操作状态 03.243

modified-constant voltage charge 改型恒压充电 24.069

modified Kraemer system 改型克雷默系统 16.045

modular dimension series 模数尺寸系列 01.660

modular grid 模数网格 01.661

modulating action 调制作用 16.094

module 模数 01.658

modulus of admittance 导纳模 01.425

modulus of elasticity 弹性模数 02.022

modulus of impedance 阻抗模 01.422

moisture absorption 吸湿性 03.161

moisture test 潮湿试验 27.150

molar reaction heat 摩尔反应热 17.025

molar reduction heat 摩尔还原热 17.026

mole 摩[尔] 01.901

moment of inertia 转动惯量 07.378

momentum compaction 动量压缩 21.044

momentum compaction factor 动量压缩因数 21.269

momentum spread 动量散度 21.233

monitoring 监视 16.048

monitoring point 监测点 27.182

monitoring relay 监控继电器 14.106

monobloc battery 整体蓄电池组 24.085

monobloc container 整体壳 24.116

monofiber cable 单芯光缆 05.284

monomode fiber 单模光纤 05.262

monostable relay 单稳态继电器 14.057

monthly maximum temperature 月最高温度 27.047

monthly mean relative humidity 月平均相对湿度 27.059

monthly mean temperature 月平均温度 27.049

monthly minimum temperature 月最低温度

27.048

Moore [light] lamp 穆尔[光]灯 22.209

Moore [light] tube 穆尔[光]灯 22.209

MOS controlled thyristor MOS 门控晶闸管 15.121

MOS gate bipolar transistor MOS 栅控晶体管 15.133

most easily ignitable mixture 最易点燃混合物 25.011

most transmittable mixture 最易传爆混合物 25.013

motor 电动机 07.021

motor combination 电动机组合 20.092

motor convertor 电动变流机 07.104

motor-drive mechanism 电动机构 08.174

motor-driven camshaft controlled traction equipment 电动凸轮式间控牵引设备 20.091

motor-driven relay 电动机式继电器 14.067

motor-generator set 电动发电机组 07.038

motor operated starter 电动机操作起动器 09.149

motor running capacitor 电动机运转电容器 11.012

motor starting capacitor 电动机起动电容器 11.011

motor synchronizing 自整步 07.552

motor timer 电动机定时器 23.142

mould 结晶器 17.137

mould 霉菌 27.116

moulded case circuit-breaker 模压外壳断路器, *塑料外壳式断路器 09.081

moulded laminated product 层压模制品 03.098

moulding 模塑 03.213

moulding powder 压粉 02.108

mould test 霉菌试验 27.210

mounting size 安装尺寸 01.664

movable deflection tube 移动式偏转管 21.160

movable electric contact 可动电接触 09.017

movable-type 移动式 01.670

mover 动子 07.364

moving-coil DC servomotor 杯型电枢直流伺服电机 07.145

moving-coil voltage regulator 动圈调压器 08.226

moving contact 动触头 09.248, 动触点 14.149

moving winding 动绕组 08.228

MTBF 平均无故障工作时间 28.120

MTTF 失效前平均[工作]时间, *平均寿命 28.114

MTTR 平均修复时间 28.129

muffler 限弧件 10.038

multi-bundle fiber cable 多束光缆 05.294

multi-channel fiber cable 多通道光缆 05.290

multiconductor cable 多导体电缆 05.024

multi-constant speed motor 多级恒速电动机 07.031

multi-core cable 多芯电缆 05.026

multicycle control 多周控制 15.362

multicycle control factor 多周控制因数 15.411

multi-die wire drawing machine 多模拉线机 05.225

multi-element insulator 多元件绝缘子 06.019

multi-fiber cable 多芯光缆 05.285

multiframe core 多框铁心 08.108

multi-frequency system 多频系统 01.454

multi-function [measuring] instrument 多功能[测量]仪表 26.035

multilayer plating 多层电镀 24.171

multi-line representation 多线表示法 01.939

multimode fiber 多模光纤 05.263

multipacting 次级电子倍增 21.043

multiple-channel recorder 多通道记录仪 26.039

multiple cone insulator 叠锥体绝缘子 06.035

multiple connection 多重联结 15.339

multiple convertor 多重变流器 15.270

multiple inductive shunt 多线圈感应分流器 20.101

multiple-operator arc welding machine 多头弧焊机 18.013

multiple-operator power source 多头焊接电源 18.039

multiple sampling 多次抽样 28.027

multiple stranded conductor 复绞导线 05.076

multiple street-lighting system 复联道路照明系统 22.378

multiple twin quad 复对四线组 05.090

multiple unit train 多动力单元列车 20.015

multiplex frog-leg winding 复蛙绕组 07.247

multiplex lap winding　复叠绕组　07.245

multiplex wave winding　复波绕组　07.246

multipole fuse　多极熔断器　10.019

multipole operation　多极操作　09.365

multi-purpose electric tool　多用电动工具　19.005

multi-purpose kitchen machine　厨房多用机
　23.108

multi-range [measuring] instrument　多量程[测量]
　仪表　26.032

multi-scale [measuring] instrument　多标度[测量]
　仪表　26.033

multi-secondary instrument transformer　多二次绕组
　互感器　08.287

multi-socket outlet　多路插座　23.174

multi-speed hysteresis synchronous motor　多速磁滞
　同步电动机　07.165

multi-speed motor　多速电动机　07.030

multi-step action　多位作用　16.100

multivariable system　多变量系统　16.027

multi-varying speed motor　多级变速电动机
　07.032

multi-winding transformer　多绕组变压器　08.048

multi-wire drawing machine　多线拉线机　05.226

multi-zone furnace　多区炉　17.278

must value　必须值　14.178

mutual inductance　互感[系数]　01.382

mutual induction　互感应　01.381

N

NA　数值孔径　05.319

naphthenic oil　环烷基油　03.007

narrow angle lighting fitting　窄角灯具　22.289

narrow-band interference　窄带干扰　30.046

narrow-band random vibration　窄带随机振动
　27.100

narrow-band random vibration test　窄带随机振动试
　验　27.208

natural atmosphere　自然气氛　17.293

natural attenuation　固有衰减　05.186

natural characteristic　自然特性　15.432

natural cooling　自然冷却, ＊对流冷却　01.648

natural environment　自然环境　27.003

natural graphite brush　天然石墨电刷　02.123

naturally ventilated area　自然通风场所　25.021

natural noise　自然噪声　30.016

naval air environment　海洋大气环境　27.008

navigation lights　导航光信号　22.334

N channel　N 沟[道]　15.021

N-channel field effect transistor　N 沟[道]场效[应]
　晶体管　15.129

near accident　未遂事故　29.022

near-end crosstalk　近端串音　05.187

needle flame test　针焰试验　23.222

needle material transfer　针状材料转移　02.098

Néel point　奈尔点, ＊奈尔温度　04.070

Néel temperature　奈尔点, ＊奈尔温度　04.070

Néel wall　奈尔壁　04.026

negative differential resistance region　负[微分电]阻
　区　15.088

negative electrode　负极　24.036

negative-glow lamp　负辉光灯　22.171

negative half-wave　负半波　01.128

negative ion beam　负离子束　21.014

negative material transfer　负向材料转移　02.096

negative-phase-sequence relay　负序继电器　14.103

negative plate　负极板　24.101

negative sequence　负序　01.156

negative sequence component　负序分量　01.159

negative sequence impedance　负序阻抗　07.432

negative sequence reactance　负序电抗　07.440

negative sequence resistance　负序电阻　07.444

negative terminal　负极柱　24.114

neon tube　氖灯　22.210

neper　奈培　01.900

net traffic　净运输量　20.183

net weight hauled　营业载荷, ＊牵引净重　20.176

network　网络　01.456

Γ-network　Γ 形网络　01.481

Π-network　Π 形网络　01.483

network analysis　网络分析　01.471

network interconnecting circuit-breaker　联络断路器

09.075

network map 网络地图 01.976

network synthesis 网络综合 01.472

network test 网络试验 09.418

neutral atmosphere 中性气氛 17.298

neutral conductor 中性导体 29.154

neutral earthed transformer 中性点接地变压器
08.061

neutral earthing reactor 中性点接地电抗器
08.242

neutral grounded transformer 中性点接地变压器
08.061

neutralization 中性化 04.081

neutral line 中[性]线 01.555

neutral point 中性点 01.544

neutral region 中性区 01.545

neutral section 中性区段, *分相段 20.079

neutral state 中性状态 01.363

neutral terminal 中性点端子 08.205

neutral zone 中性区 01.545

neutral zone control 中性区控制 16.074

neutron beam 中子束 21.012

neutron generator 中子发生器 21.091

newton 牛[顿] 01.876

N-gate thyristor N 门极晶闸管 15.116

nichrome 镍铬合金 02.013

nickel-cadmium cell 镉镍蓄电池 24.077

nickel-iron cell 铁镍蓄电池 24.076

nickel-zinc cell 锌镍蓄电池 24.080

night light 夜灯 22.200

node 波节 01.130, 节点 01.458

noise 噪声 27.104

noise eliminator 消声装置 23.167

noise test 噪声试验 07.647

no-load apparent power 空载表观功率 18.096

no-load characteristic 开路特性, *空载特性
07.407

no-load loss 空载损耗, *励磁损耗 08.096

no-load operation 空载运行 01.754

no-load speed 空载转速 07.405

no-load test 空载试验 07.616

nominal ratio 标定比, *标称比 08.299

nominal value 标称值 01.806

non-adjustable speed electric drive 非调速电气传动
16.007

non-combustible construction 不燃结构 29.098

non-conducting direction 不导通方向 15.319

non-conduction interval 不导通间隔 15.417

non-conforming unit 不合格品 28.031

non-conformity 不合格 28.029

non-consumable arc welding electrode 不熔化[弧焊
电]极 18.058

non-consumable electrode refining arc furnace 非自耗
电极精炼电弧炉 17.131

non-controllable connection 不可控联结 15.334

non-degenerate semiconductor 非简并半导体
02.201

non-detachable cord 不可拆软线 19.089

non-detachable flexible cable 不可拆软电缆
19.088

non-detachable part 不可拆件 19.081

non-draining cable 不滴流电缆 05.029

non-encapsulated winding dry-type transformer 非包
封绕组干式变压器 08.054

non-equilibrium carrier 过剩载流子, *非平衡载流
子 02.240

non-explosion hazard area 非爆炸危险场所
25.018

non-heat-dissipating specimen 非散热试验样品
27.029

non-heating lead 不发热引线 17.072

non-inductive circuit 无感电路 01.396

non-linear coefficient 非线性系数 13.062

non-linear [electric] circuit 非线性电路 01.394

non-linear resistor 阀片, *非线性电阻 13.014

non-linear resistor type arrester 阀式避雷器
13.002

non-linear system 非线性系统 16.022

non-metallic sheath 非金属护套 05.120

non-operating state 非工作状态 27.128

non-operating value 不动作值 14.170

non-polarized relay 非极化继电器 14.061

non-powder-filled cartridge fuse 无填料管式熔断器
10.003

non-releasing value 不释放值 14.172

non-relevant failure 非关联失效 28.092

non-renewable fuse-link 不可更换熔断体 10.031

non-repairable product 不可修复产品 28.071

non-repetitive peak off-state voltage 断态不重复峰值电压 15.179

non-repetitive peak reverse voltage 反向不重复峰值电压 15.146

non-required time 无需求时间 28.103

non-reverse-reverting value 反向不回复值 14.176

non-reversible convertor 不可逆变流器 15.268

non-reversible electric drive 不可逆电气传动 16.005

non-reverting value 不回复值 14.174

non-rewirable connector 不可重接连接器 23.178

non-rewirable plug 不可重接插头 23.177

non-salient pole 隐极 07.287

non-salient pole machine 隐极电机 07.009

non-self-maintained gas conduction 非自持气体导电 01.248

non-self-restoring insulation 非自恢复绝缘 12.030

non-self-revealing fault 非自显故障 25.037

non-short-circuit-proof transformer 非耐短路变压器 08.064

non-sparking metal 无危险火花金属 25.025

non-specified-time relay 非定时限继电器 14.054

non-stationary use 非固定使用 27.135

non-synchronous initiation 非同步[引弧]起动 18.110

non-transferred arc plasma torch 非转移弧等离子枪，＊间接弧等离子枪 17.222

non-uniform connection 非均一联结 15.333

non-uniform insulation 分级绝缘 08.136

non-uniformity of scanning 扫描不均匀性 21.267

non-unit protection system 非单元保护系统 14.045

non-weather-protected location 无气候防护场所 27.133

non-woven fabric 非织布 03.061

normal condition 正常状态 29.012

normal distribution 正态分布，＊高斯分布 28.169

normal hysteresis loop 正常磁滞回线 01.326

normal induction 正常磁感应 01.329

normalized emittance 归一化发射度 21.208

normal load 正常负载 19.093，正常载荷 20.177

normal magnetization curve 正常磁化曲线 01.321

normal overload 正常超载 20.178

normal permeability 正常磁导率 01.309

no-sky line 天空视见线，＊无天[空]界线 22.284

notching press 冲槽机 07.664

notching ratio 换级比 20.140

nozzle 喷嘴 17.229

n-port network n 端口网络，＊n 端对网络 01.477

n-step starter n 级起动器 09.142

n-terminal circuit n 端电路 01.398

n-terminal-pair network n 端口网络，＊n 端对网络 01.477

N-type conductivity N 型电导率 02.248

N-type semiconductor N 型半导体，＊电子型半导体 02.197

nuclear graphite 核石墨 02.141

nuclei of reversed domain 反磁化核 04.028

null measurement 指零测量 26.010

null phase error 零相位误差 07.456

null position in phase 相位零位 07.482

null position voltage 零位电压 07.470

null voltage 零速输出电压 07.492

number of beats 拍数 07.530

number of dees D 形电极数 21.217

number of inherent tapping positions 固有分接位置数 08.160

number of service tapping positions 工作分接位置数 08.161

number plate lamp 车牌灯 22.371

numerical aperture 数值孔径 05.319

O

observed reliability 观测可靠度 28.122

obstacle 阻挡物 29.096

obstruction gauge limit 障碍限界 20.203

obstruction lights 障碍光信号 22.352

ocean climate 海洋气候 27.037

oersted 奥斯特 01.891

off-circuit tap-changer 无励磁分接开关 08.165

off-circuit-tap-changing transformer 无励磁调压变
压器 08.016

office [electrical] appliance 办公用电器 23.004

off-set coefficient 偏移系数 16.201

off-state 断态 15.085

off-state current 断态电流 15.196

off-state voltage 断态电压 15.175

off time 休止时间 18.108

ohm 欧[姆] 01.888

ohmic contact 欧姆接触 15.015

ohmic polarization 欧姆极化 24.008

ohmmeter 电阻表，*欧姆表 26.065

Ohm's law 欧姆定律 01.244

oil absorption 吸油性 03.163

oil bath furnace 油浴炉 17.091

oil circuit-breaker 油断路器 09.065

oil conservator 储油柜 08.181

oil-filled bushing 充油套管 06.056

oil-filled cable 充油电缆 05.045

oil-filled pipe-type cable 管式充油电缆 05.046

oil-immersed switching device 油浸开关装置
09.058

oil-immersed type 油浸式 01.731

oil-impregnated paper bushing 油浸纸套管 06.040

oil-jacked bearing 油顶起轴承 07.323

oil level indicator 油位计 08.193

oil-minimum circuit-breaker 少油断路器 09.070

oil resistance 耐油性 03.164

oil switch 油开关 09.099

on-axis coupling 轴耦合 21.042

on-axis coupling cavity 轴耦合腔 21.128

one-hour electromechanical test 一小时机电试验
06.105

one-hour rated output 小时输出功率 20.157

one-hour speed 小时速度 20.137

one-port network 一端口网络，*二端网络
01.475

one-quadrant convertor 单象限变流器 15.264

on-load factor 负载因数 09.327

on-load operation 有载运行 01.753

on-load tap-changer 有载分接开关 08.164

on-load-tap-changing transformer 有载调压变压器
08.015

on-load voltage 有载电压 01.851

on-off action 通断作用 16.101

on-state 通态 15.084

on-state characteristic 通态特性 15.217

on-state current 通态电流 15.190

on-state power dissipation 通态耗散功率 15.215

[on-state] slope resistance [通态]斜率电阻
15.220

[on-state] threshold voltage [通态]阀值电压，
*[通态]门槛电压 15.219

on-state voltage 通态电压 15.173

opal bulb 乳白玻壳 22.228

opaque body 不透明体 22.088

open-air climate 露天气候 27.039

open area 开阔场地 30.112

open cell 排气式蓄电池，*开口蓄电池 24.084

open circuit 断开电路，*开路 01.618

open circuit characteristic 开路特性，*空载特性
07.407

open circuit cooling 开路冷却 01.652

open circuit intermediate voltage 开路中间电压
11.059

open circuit operation 开路运行 01.755

open circuit spinning 开路自转 07.601

open circuit test 开路试验 07.617

open circuit time constant 开路时间常数 07.388

open [circuit] transition 开路转换 09.413

open [circuit] transition auto-transformer starting 自

耦变压器断电换接起动 07.566

open circuit voltage 开路电压 24.130

open-close time 开－合时间，＊分－合时间 09.336

open-delta connection 开口三角形联结 01.631

open-ended coil 开口线圈 07.194

opening 断开，＊分 09.396

opening operation 断开操作，＊分操作 09.362

opening simultaneity 断开同期性，＊分同期性 09.343

opening time 断开时间 14.216

open lapping 间隙绕包 05.211

open-loop control 开环控制 16.051

open-loop series street-lighting system 开环串联道路照明系统 22.377

open-outlet water heater 敞流式热水器 23.074

open-phase protection 断相保护 29.119

open-phase relay 断相继电器 14.099

open position 断开位置，＊分位 09.388

open type 开启式 01.706

open winding 开口绕组 08.130

operate condition 动作状态 14.004

operate time 动作时间 14.217

operate time of protection 保护动作时间 14.229

operating 动作 14.012

operating ampere-turns 动作安匝 14.203

operating characteristic 动作特性 14.181

operating coil 操作线圈 09.264

operating condition 工况 01.812

operating current 动作电流 09.320

operating cycle 操作循环 01.744

operating duty test 动作负载试验 13.081

operating Joule-integral 熔断焦耳积分 10.048

operating limit 使用极限 02.024

operating mechanism 操作机构，＊操动机构 09.205

operating sequence 操作顺序 09.356

operating state 工作状态 27.127

operating temperature 运行温度 01.815

operating time 熔断时间 10.045, 工作时间 28.101

operating value 动作值 14.169

operating voltage 工作电压 24.043

operation 操作 09.355

operational environment 工作环境 27.005

operational grade 操作组段 11.085

operation counter 操作计数器 08.180, 动作计数器，＊放电计数器 13.021

operation indicator 动作指示器 14.161

operation time coefficient 工作时间系数 23.193

operation wavelength 工作波长 05.332

optical channel 光通道 05.255

optical conductor 光导体 05.250

optical fiber 光纤 05.251

optical fiber absorption 光纤吸收 05.259

optical fiber adaptor 光纤转接器 05.313

optical fiber attenuation 光纤衰减 05.261

optical [fiber] cable 光缆 05.253

optical fiber concentrator 光纤集中器 05.312

optical fiber connector 光纤连接器 05.311

optical fiber cord 光纤软线 05.292

optical fiber coupling 光纤耦合 05.257

optical fiber dispersion 光纤色散 05.258

optical fiber scattering 光纤散射 05.260

optical fiber splice 光纤接头 05.314

optical output ratio 光输出比 22.268

optical viewing system 光学观察系统 17.212

optimal control 最优控制 16.067

optimal control system 最优控制系统 16.023

optoelectronic phenomena 光电子现象 01.263

orbit stability 轨道稳定度 21.230

ordinary appliance 普通型电器 23.005

ordinary person 普通人员 29.047

organic ester 有机酯 03.014

organic insulating material 有机绝缘材料 03.003

organic semiconductor 有机半导体 02.202

oriented crystallization 定向结晶 04.042

oscillating circuit test 振荡回路试验 09.419

oscillating discharge test 振荡放电试验 11.072

oscillating mechanism 摇头机构 23.155

oscillating quantity 振荡量 01.060

oscillation 振荡 01.109

oscillation controller 摇头控制装置 23.156

oscillator 振荡器 01.604

oscillograph 录波器 26.076

oscilloscope 示波器 26.075

outdoor-immersed bushing　户外浸入式套管　06.005

outdoor-indoor bushing　户外-户内套管　06.003

outdoor type　户外式　01.700

outer terminal of a pair of arms　臂对外接端子　15.317

outline inspection　外形检验　28.051

outline size　外形尺寸　01.657

out of phase　失相　01.101

out-of-phase breaking current　失步开断电流　09.292

out of step　失步　01.752

out of synchronism　失步　01.752

output　输出　01.747

output at the draw-bar　车钩输出功率　20.159

output at the wheel rim　轮周输出功率　20.158

output break circuit　动断输出电路　14.144

output characteristic　输出特性　07.488

output circuit　输出电路　14.143

output frequency stability　输出频率稳定性　15.431

output immittance　输出导抗　01.494

output make circuit　动合输出电路　14.145

output phase shift　输出相[位]移　01.748

output variable　输出[变]量　16.114

output voltage gradient　输出斜率　07.480

overall dimension　外形尺寸　01.657

overcharge　过充电　24.059

over-compounded DC machine　过复励直流电机　07.088

overcurrent　过电流　01.766

overcurrent blocking device　过电流闭锁装置　08.179

overcurrent discrimination　过[电]流鉴别, *选择性保护　10.051

overcurrent protection　过电流保护　29.116

overcurrent protective coordination　过[电]流保护配合　10.052

overcurrent protective device　过电流保护装置　29.148

overcurrent relay　过电流继电器　14.088

overcurrent release　过[电]流脱扣器　09.222

overdischarge　过放电　24.060

overhang packing　端部衬垫　07.269

overhead conductor rail　架空导电轨　20.037

overhead contact line　架空接触网　20.043

overhead crossing　架空线网交叉器　20.065

overhead junction crossing　架空线网并线器　20.067

overhead junction knuckle　架空线网线岔　20.068

overhead stranded conductor　架空绞线　05.006

overhead switching　架空线网分线器　20.066

overlapping　重叠绕包　05.210

overload　过载　01.758

overload characteristic　过载特性　10.059

overload current　过载电流　01.767

overload relay　过载继电器　14.084

overload release　过载脱扣器　09.227

overload test　过载试验　28.151

overpotential　过电位　24.042

overpressure disconnector　过压力隔离器　11.090

overreaching protection　过范围保护　14.030

oversheath　外护套　05.117

overshoot　超调　16.196

overshoot　过冲　01.114

overshoot duration　过冲持续时间　13.064

overshoot response time　过冲响应时间　13.065

overspeed test　超速试验　07.633

over-synchronous braking　超同步制动　07.597

over-torque test　过转矩试验　19.095

overvoltage　过电压　01.764

overvoltage protection　过电压保护　29.117

overvoltage relay　过电压继电器　14.083

overvoltage suppressor　过[电]压抑制器　15.304

overvoltage to earth　对地过电压　29.070

oxidation stability　氧化稳定性　03.149

oxidizing atmosphere　氧化性气氛　17.296

oxygen blow　吹氧　17.319

P

packing 密实度 25.064

packing material 隔离料 02.112

P-action 比例作用,＊P作用 16.104

pad-mounted transformer 基座安装式变压器 08.067

pad type bearing 瓦块轴承 07.322

pair of antiparallel arms 反并联臂对 15.314

pair of arms 臂对 15.313

pancake inductor 扁平感应器 17.158

pan charger 盘式装料装置 17.256

panel lamp 表盘灯,＊面板灯 22.199

panel-type 屏式 01.674

pantograph 受电弓 20.127

paper capacitor 纸介电容器 11.024

paper insulated cable 纸绝缘电缆 05.034

paper lapping machine 纸包机 05.245

parabolic profile 抛物线型分布 05.318

paraffinic oil 石蜡基油 03.008

parallel capacitive compensation 并联[电容]补偿 11.098

parallel connection 并联 01.625

parallel control device 并联控制装置 08.177

parallel [electric] circuits 并联电路 01.389

paralleling 并联[运行] 07.560

parallel [magnetic] circuits 并联磁路 01.390

parallel spark gap 并联放电间隙 13.016

parallel system 并联系统 28.140

paramagnetism 顺磁性 04.061

parking lamp 停车灯 22.373

partial-automatic control 半自动控制 16.050

partial-automatic transfer equipment 半自动转接设备 16.156

partial discharge 局部放电 01.790

partial discharge extinction voltage 局部放电熄灭电压 12.070

partial discharge inception test 局部放电起始试验 12.060

partial discharge inception voltage 局部放电起始电压 12.069

partial discharge intensity 局部放电强度 01.793

partial discharge repetition rate 局部放电重复率 12.068

partial discharge test 局部放电试验 12.058

partial failure 部分失效 28.090

partially occupied band 部分占有带 02.218

partially weather-protected location 部分有气候防护场所 27.132

particle acceleration 粒子加速 21.003

particle accelerator 粒子加速器 21.067

particle fluence ratemeter 粒子注量率计 26.108

particle size 粉末粒度 02.080

particle size distribution 粒度分布 02.081

partition type ventilating fan 隔离式排气扇 23.018

parts list 元件表 01.977

part-winding starting 部分绕组起动 07.572

passing contact 滑过触点 14.158

passivated oil 钝化油 03.025

passivation 钝化 24.172

passive [electric] circuit 无源电路 01.403

passive [electric circuit] element 无源[电路]元件 01.401

paste 糊料 02.109

pasted plate 涂膏式极板 24.103

payload 营业载荷,＊牵引净重 20.176

PC 可编程[序]控制器 16.164

P channel P沟[道] 15.020

P-channel field effect transistor P沟[道]场效[应]晶体管 15.130

PDM 脉宽调制 15.364

peak arc voltage 峰值电弧电压 09.280

peak control power at locked-rotor 峰值堵转控制功率 07.534

peak current 峰值电流 01.801

peak current at locked-rotor 峰值堵转电流 07.532

peak detector 峰值检波器 30.124

peak distortion factor 峰值纹波因数,＊峰值畸变因数 01.521

peak factor 峰值因数 01.088

peak factor of line transient recovery voltage 线路瞬态恢复电压峰值因数 09.288

peak forward gate current 门极正向峰值电流 15.201

peak forward gate voltage 门极正向峰值电压 15.183

peak forward voltage 正向峰值电压 15.141

peak gate power 门极峰值功率 15.216

peak load duty 峰值负载工作制 15.365

peak making current 峰值接通电流,＊峰值关合电流 09.299

peak on-state voltage 通态峰值电压 15.174

peak overvoltage 峰值过电压 01.765

peak reverse gate voltage 门极反向峰值电压 15.185

peak-ripple factor 峰值纹波因数,＊峰值畸变因数 01.521

peak-switching current 闭合峰值电流 07.384

peak-to-peak value 峰－峰值,＊峰谷值 01.085

peak torque at locked-rotor 峰值堵转转矩 07.538

peak-to-valley value 峰－峰值,＊峰谷值 01.085

peak [value] 峰值 01.084

peak voltage at locked-rotor 峰值堵转电压 07.536

peak voltmeter 峰值电压表 26.057

peak withstand current 峰值耐受电流,＊动稳定性电流 09.305

peak withstand current test 峰值耐受电流试验,＊动稳定性试验 09.432

peak working off-state voltage 断态工作峰值电压 15.177

peak working reverse voltage 反向工作峰值电压 15.144

pedestal bearing 座式轴承 07.316

pedestal fan 落地[式电风]扇 23.013

pedestal post insulator 针式支柱绝缘子 06.011

pedestrian crossing lights 人行横道光信号 22.381

Peltier coefficient 佩尔捷系数 02.047

Peltier effect 佩尔捷效应 01.266

PEN conductor 保护中性导体 29.155

pendant fitting 吊灯[具] 22.304

percentage error 百分数误差 26.144

percentage of braiding coverage 编织覆盖率 05.203

percent conductivity 百分数电导率 05.176

percent impedance 百分数阻抗 08.093

percent ratio correction 变比校正百分数 08.301

perception 知觉,＊感知 22.108

performance factor 正确动作率 14.180

performance index 性能指标 28.033

performance test 性能试验 28.063

period 周期 01.055

periodical test 定期试验 28.064

periodic component 周期分量 01.061

periodic deviation 周期偏差 26.138

periodic duty 周期工作制 01.825

periodic quantity 周期量 01.056

periodic vibration 周期振动 27.086

permanent magnet 永磁[体] 04.018

permanent magnet generator 永磁发电机 07.015

permanent magnetic material 永磁材料,＊硬磁材料 04.003

permanent magnet synchronous motor 永磁同步电动机 07.057

permanent split capacitor motor 电容运转电动机 07.185

permeability rise factor 磁导率上升因数 01.339

permeameter 磁导计 26.094

permeance 磁导 01.448

permissive protection 允许式保护 14.028

permitted band 允带 02.220

permitted payload 容许营业载荷 20.167

P-gate thyristor P门极晶闸管 15.115

phase 相[位] 01.067

phase advancer 进相机 07.102

phase angle 相角 16.192

phase break 中性区段,＊分相段 20.079

phase characteristic 相位特性 07.489

phase coil insulation 相间线圈绝缘 07.271

phase-comparator relay 相位比较继电器 14.101

phase-comparison protection 相位比较保护 14.037

phase control 相位控制,＊相控 01.743

phase control factor 相控因数 15.410

phase control power 相控功率 15.396

phase control range 相控范围 15.409

phase convertor 变相机 07.110

phase difference 相[位]差 01.095

phase displacement 相[位]移 01.094

phase displacement verification 相位移校验 08.215

phase error 相位误差 07.481

phase failure sensitive thermal-overload release 断相保护热过载脱扣器 09.236

phase focusing 相[位]聚焦 21.020

phase mark 相位标记 01.933

phase meter 相位表 26.060

phase oscillation 相[位]振荡 21.034

phase reference voltage 相位基准电压 07.451

phase segregated terminal box 隔相接线盒 07.309

phase-selector relay 选相继电器 14.100

phase separated terminal box 分相接线盒 07.308

phase sequence 相序 01.546

phase-sequence relay 相序继电器 14.102

phase-sequence test 相序试验 07.637

phase-shift constant 相移常数 05.184

phase-shift controller 相移控制器 18.068

phase shifter 移相器 01.599

phase-shifting capacitor 移相电容器 11.033

phase-shifting parameter 移相参数 07.483

phase-shifting transformer 移相变压器 08.039

phase stability 相位稳定度 21.231

phase swinging 相[位]摆动 07.576

phase-to-earth overvoltage per unit 相对地过电压标幺值 12.019

phase-to-phase overvoltage per unit 相间过电压标幺值 12.020

phase velocity 相速 01.138

phase voltage 相电压 01.543

phase winding 相绕组 08.116

phasor 相量 01.066

phenolic plastics 酚醛塑料 03.077

phosphorescence 磷光 22.160

phosphoric acid fuel cell 磷酸燃料电池 24.154

photoelectric device 光电器件 01.614

photoelectric effect 光电效应 01.262

photoelectric emission 光电发射 01.190

photoelectric relay 光电继电器 14.074

photoflash lamp [摄影]闪光灯 22.203

photoflood lamp 摄影灯 22.202

photometer 光度计 22.142

photometry 光度测量 22.138，光度学 22.139

photopic vision 明视觉 22.103

photo thyristor 光控晶闸管 15.117

photovoltaic effect 光生伏打效应 01.268

piezoelectric effect 压电效应 01.261

piezoelectricity 压电 01.214

piezomagnetic effect 压磁效应 04.056

pilot arc 引导电弧 17.218

pilot exciter 副励磁机 07.019

pilot protection 纵联保护 14.031

pilot switch 监控开关 09.165

pilot wire 辅助导线 20.047

pin 插销 01.611

pin ball 脚球 06.063

pin base 插脚灯头 22.232

pin cap 插脚灯头 22.232

pin check 探针检查 23.212

pinch effect 箍缩效应 01.285

pin insulator 针式绝缘子 06.033

pin resistor 针形电阻体 17.075

pipe-type cable 管式电缆 05.044

pipe-ventilated type 管道通风式 01.688

pitch factor 节距因数 07.207

pitching 纵摇 27.111

pit furnace 井式炉 17.266

pivot support frame 枢轴支架 17.176

plain conductor 单一导线 05.067

plan 平面图 01.971

planar graph 网络平面图 01.470

planar technique 平面工艺 15.037

plane sinusoidal wave 平面正弦波 01.121

plane wave 平面波 01.119

Planté plate 形成式极板，*普朗泰极板 24.102

plasma 等离子体 17.213

plasma arc 等离子弧 17.216

plasma arc welding machine 等离子弧焊机 18.010

plasma furnace 等离子炉 17.227

plasma gas 等离子气体 17.215

plasma gun 等离子焊枪 18.054

plasma heater 等离子加热器 17.228

plasma heating 等离子加热 17.214

plasma jet 等离子流 17.220

plasma stabilization 等离子体稳定化 17.217

plasma torch 等离子枪 17.221, 等离子焊炬 18.053

[plastic] extruding 挤塑 05.215

plastic extruding machine 挤塑机 05.231

plastic fiber 塑料光纤 05.272

plastic film 塑料薄膜 03.087

plastic insulation 塑料绝缘 05.104

plasticizer 增塑剂 03.117

plastic processing 塑料成形加工 03.210

plastic sheet 塑料片材 03.083

plastic sheeting 塑料片卷 03.084

plate 极板 24.099

plate couple 极板对 24.109

plate electrode 平板电极 17.192

plate group 极板组 24.110

platen 电极台板 18.070

plate pack 组合极板组 24.121

plate pair 极板对 24.109

platform 平台 17.141

pliers spot welding machine 点焊钳 18.029

plow blade 敷设机犁片 05.168

plug 插头 01.608

plug braking 反接制动 07.598

plugging 反接制动 07.598

plug-in circuit-breaker 插入式断路器 09.082

plug-in termination 插塞式终端 05.134

plug-in type 插入式 01.676

plug-in type bearing 盒式滑动轴承 07.325

plug-in type fuse 插入式熔断器 10.005

plus tapping 正分接 08.152

PN boundary PN 界面 15.002

pneumatic contactor 气动接触器 09.130

pneumatic starter 气动起动器 09.146

PN junction PN 结 15.010

Pockels effect 泡克耳斯效应 01.269

pocket lamp 袖珍灯 22.312

pocket type plate 袋式极板 24.107

point brilliance 点耀度 22.042

point contact 点接触 09.018

point [light] source 点光源 22.019

point [radiation] source 点辐射源 22.018

point source lamp 点光源灯 22.212

Poisson distribution 泊松分布 28.172

polarity 极性 01.353

polarity mark 极性标记 01.934

polarity reverser 极性反向器 20.111

polarity test 极性试验 07.638

polarization current 极化电流 01.234

polarization index 极化指数 07.386

polarized radiation 偏振辐射 01.144

polarized relay 极化继电器 14.060

pole 极 09.265

pole body 极身 07.290

pole changing [speed] control 变极调速 16.039

pole end plate 磁极端板 07.292

pole face [磁]极面 01.352

pole-face winding 极面绕组 21.102

pole-mounting type 柱上式 01.683

pole pitch 极距 07.205

pole retriever 自动降杆器 20.126

pole shoe 极靴 07.291

pole slipping 极距滑动 07.586

polishing property 研磨性 02.161

pollution flashover 污闪 06.083

pollution flashover test 污闪试验 12.103

pollution layer 污[秽]层 06.067

pollution layer conductance 污[秽]层电导 06.077

pollution layer conductivity 污[秽]层电导率 06.079

polyamideimide impregnating varnish 聚酰胺亚胺浸渍漆 03.037

polyamideimide wire enamel 聚酰胺亚胺漆包线漆 03.043

polybutene 聚丁烯 03.010

polychlorinated biphenyl 多氯联苯 03.017

polycrystal 多晶 02.245

polyester film 聚酯薄膜 03.088

polyesterimide wire enamel 聚酯亚胺漆包线漆 03.042

polyester wire enamel 聚酯漆包线漆 03.040

polygonal catenary 折线悬链 20.063

polygonal voltage 边电压 01.541

polygon connection 多边形联结 01.629

polyimide film 聚酰亚胺薄膜 03.090

polymethyl methacrylate plastics 有机玻璃，＊聚甲基丙烯酸甲酯 03.076

polyolefin liquid 聚烯烃液体 03.009

polyphase circuit 多相电路 01.538

polyphase linear quantity 多相线性量 01.554

polyphase node 多相节点 01.548

polyphase port 多相端口 01.549

polyphase source 多相电源 01.550

polyphase system 多相系统 01.539

polypropylene film 聚丙烯薄膜 03.089

polytetrafluoroethylene 聚四氟乙烯 03.075

polytetrafluoroethylene film 聚四氟乙烯薄膜 03.091

polyurethane wire enamel 聚氨酯漆包线漆 03.041

porcelain bushing 瓷套管 06.036

porcelain cleat 瓷夹板 06.053

porcelain insulator 瓷绝缘子 06.023

porcelain tube 瓷管 06.054

pore 气孔 02.117

porosity 孔隙度 02.083

port 端口，＊端对 01.474

portable lighting 移动照明 22.250

portable-type 便携式 01.671

4 port circulator 四端环流器 21.136

position indicating device 位置指示器 09.269

position lights 位置光信号 22.345

position of rest 休止位置 09.389

position switch 位置开关 09.174

position transducer 位置传感器 07.334

positive driven operation 肯定驱动操作 09.374

positive electrode 正极 24.035

positive glow 阳极辉光 01.278

positive half-wave 正半波 01.127

positive material transfer 正向材料转移 02.095

positive-negative action 正负作用 16.103

positive opening operation 肯定断开操作，＊肯定分操作 09.373

positive-phase-sequence relay 正序继电器 14.105

positive plate 正极板 24.100

positive sequence 正序 01.155

positive sequence component 正序分量 01.158

positive sequence reactance 正序电抗 07.439

positive sequence resistance 正序电阻 07.443

positive terminal 正极柱 24.113

positron 正电子 01.178

post-acceleration 后加速 21.011

post-arc current 弧后电流 09.350

post insulator 支柱绝缘子 06.010

post insulator stack 支柱绝缘子叠柱 06.017

potato peeler 土豆削皮机 23.105

potential barrier 势垒 15.005

potential dividing ring 分压环 21.098

potential drop 电压降，＊电位降 01.226

potential hazard 潜在危险 29.038

potential transformer 电压互感器 08.267

potentiometer 电位器 01.606，电位差计 26.071

Potier reactance 保梯电抗 07.438

pot life 适用期，＊有效使用期 03.194

potting 灌注 03.223

potting compound 灌注胶 03.047

pot type furnace 坩埚式炉 17.272

pouring time 出料时间 17.312，浇注时间 17.313

powder bonded magnet 粉末黏结永磁[体] 04.020

powder coating 粉末涂敷 03.224

powder-filled cartridge fuse 有填料管式熔断器 10.002

powder metallurgy 粉末冶金 02.066

powder sintered magnetic material 粉末烧结磁性材料 04.008

[power] bipolar transistor [电力]双极晶体管，＊[电力]结型晶体管 15.124

power cable 电力电缆 05.028

power capacitor 电力电容器 11.005

power efficiency 功率效率 15.387

power electronic capacitor 电力电子电容器 11.006

power electronic device 电力电子器件 15.091

power electronic equipment 电力电子设备 15.248

power electronic technology 电力电子技术 15.001

power factor 功率因数 01.536

power-factor meter 功率因数表 26.064

power factor of the fundamental 位移因数，＊基波

功率因数 01.537

power frequency 工频 01.861

power-frequency induction furnace transformer 工频感应炉变压器 08.022

power-frequency recovery voltage 工频恢复电压 09.283

power-frequency sparkover voltage 工频放电电压 13.041

power-frequency testing transformer 工频试验变压器 12.110

power-frequency withstand voltage 工频耐受电压 12.032

power fuse 电力熔断器 10.009

power gain 功率增益 21.194

[power] junction transistor [电力]双极晶体管，＊[电力]结型晶体管 15.124

power metal-oxide-semiconductor field effect transistor 电力 MOS 场效晶体管 15.123

power MOSFET 电力 MOS 场效晶体管 15.123

power relay 功率继电器 14.096

power semiconductor device 电力半导体器件 15.093

[power] semiconductor diode [电力]半导体二极管 15.094

power semiconductor equipment 电力半导体设备 15.249

power source welding voltage 电源焊接电压 18.074

power spectral density 功率谱密度 27.175

power spectrum density 功率谱密度 27.175

power transformer 电力变压器 08.009

power transistor 电力晶体管 15.122

power transistor module 电力晶体管模块，＊GTR 模块 15.136

[power] transmission line 输电线路 30.004

[power] unipolar transistor [电力]单极晶体管 15.125

Poynting vector 坡印亭矢量 01.386

pre-acceleration 预加速 21.010

pre-arcing Joule-integral 弧前焦耳积分 10.047

pre-arcing time 预击穿时间 09.335，弧前时间 10.044

precipitation 降水 27.064

precipitation hardened alloy 脱溶硬化合金 04.007

precision 精[密]度 26.128

preconditioning 预处理 03.226

pre-deposited pollution method 预沉积污层法，＊固体污层法 12.104

predicted reliability 预计可靠度 28.125

prefix sign 前缀符号 01.917

preformed winding 成形绕组 07.250

preheating blanket 预热电热毯 23.119

preheat lamp 热起动灯，＊预热型灯 22.180

pre-impregnated material 预浸渍材料 03.071

pre-impregnated paper insulation 预浸渍纸绝缘 05.097

pre-injection 预注入 21.046

preliminary adjustment 预调 26.131

preoxidation 预氧化法 02.079

preseptum 预切割板 21.159

pressboard 压纸板 03.066

press-button sprinkler 按压喷水器 23.173

pressing 压制 02.174

presspaper 薄纸板 03.067

pressure cable 压力型电缆 05.042

pressure piling 压力重叠 25.016

pressure-relief device 压力释放装置 13.020

pressure reservoir 压力箱 05.149

pressure-sensitive adhesive tape 压敏黏带 03.093

pressure tank 压力箱 05.149

pressure test 压力试验 25.054

pressure type termination 压力型终端 05.135

pressurization by continuous circulation of protective gas 气体流通保压 25.068

pressurization with leakage compensation 泄漏补偿保压 25.069

pressurized electrical apparatus 正压型电气设备 25.065

pressurized enclosure 正压外壳 25.066

pressurized type 充压式 01.712

prevention of accident 事故预防 29.020

preventive maintenance 维护 28.094

preventive maintenance time 维护时间 28.106

PRF 脉冲重复频率 21.204

primary cell 原电池 24.012

primary coating 一次被覆层 05.300

primary coating fiber 一次被覆光纤 05.267

primary current 一次电流 08.079

primary light source 一次光源 22.151

primary relay 一次继电器 14.050

primary standard thermocouple 原基准热电偶 02.045

primary transmission parameter 一次传输参数 05.181

primary voltage 一次电压 08.077

primary winding 初级绕组 07.213，一次绕组 08.131

principal arm 主臂 15.310

principal current 主电流 15.189

principal tapping 主分接，* 额定分接 08.151

principal voltage 主电压 15.168

principal [voltage-current] characteristic 主[电压－电流]特性 15.171

printed-armature DC servomotor 印刷绕组直流伺服电机 07.148

printed-circuit board 印制电路板 01.574

printed-circuit direct current motor 印制绕组直流电动机 07.177

printed-circuit structure 印制绕组结构 07.354

probability 概率 01.043

probability density 概率密度 01.045

probability distribution 概率分布，* 累积分布 01.044

probe 探头 21.181

process 过程 16.047

process computer 过程[控制]计算机 16.176

process control 过程控制 16.065

process flow diagram 过程流程图 01.952

processing atmosphere 工艺气氛 17.292

processing unit 处理单元 16.169

process liability 过程责任 28.043

product inspection 成品检验 28.049

production per cycle 周期产量 17.315

product liability 产品责任 28.042

profile spotlight 投影式聚光灯 22.330

program 程序 16.059

programable controller 可编程[序]控制器 16.164

program control switch 程序控制开关 23.172

program diagram 程序图 01.959

programed control 程控 16.060

programing relay 程序继电器 14.120

program table 程序表 01.960

progressive junction 缓变结 15.008

progressive wave 前进波 01.120

projection lamp 放映灯，* 投影灯 22.201

projection welding machine 凸焊机 18.022

projector 散光灯 22.314

projector lamp 放映灯，* 投影灯 22.201

propagation constant 传播常数 01.151

propelling movement 推送运行 20.191

proportional action 比例作用，* P 作用 16.104

proportional-action coefficient 比例作用系数 16.202

proportional control 比例控制 16.069

proportional resolver 比例式旋转变压器 07.130

prospective breaking current 预期分断电流，* 预期开断电流 09.290

prospective current 预期电流 09.313

prospective making current 预期接通电流，* 预期关合电流 09.316

prospective peak current 预期峰值电流 09.314

prospective short-circuit current 预期短路电流 09.310

prospective symmetrical current 预期对称电流 09.315

prospective touch voltage 预期接触电压 29.066

prospective transient recovery voltage 预期瞬态恢复电压 09.284

protected creepage distance 保护爬电距离 06.073

protected heating element 防护式加热元件 17.055

protected type 有防护式 01.703

protection against direct contact 直接接触防护，* 基本防护 29.120

protection against indirect contact 间接接触防护，* 附加防护 29.121

protection code of enclosure 外壳防护代码 01.685

protection equipment for bus-bar 母线保护装置 14.134

protection equipment for generator 发电机保护装置 14.133

protection equipment for transformer 变压器保护装

置 14.132

protection factor 保护因数 12.022

protection height 保护高度 25.062

protection level 保护水平 12.021

protection power gap 保护电力间隙 11.096

protection relay 保护继电器 14.048

protection system 保护系统 29.131

protection type of enclosure 外壳防护型式 01.684

protective characteristics 保护特性 13.058

protective circuit 保护电路 01.640

protective conductor 保护导体 29.153

protective cover 防护罩 29.094

protective current transformer 保护电流互感器 08.262

protective device 保护器件 11.043，防护器件 19.092，保护装置 29.147

protective earthing 保护接地 29.113

protective gap 保护间隙 29.093

protective gas 保护气体 25.070

protective lighting 保护照明 22.253

protective margin 保护裕度 13.075

protective range 保护范围 13.059

protective ratio 保护比 13.074

protective resistor 保护电阻器 12.112

protective shroud 护圈 25.027

protective switchgear 保护开关设备 15.301

protective voltage transformer 保护电压互感器 08.263

proton electrostatic accelerator 质子静电加速器 21.074

proton linear accelerator 质子直线加速器 21.082

protruding type 凸出安装式 01.677

proximity effect 邻近效应 01.287

proximity switch 接近开关 09.168

P-type conductivity P型电导率 02.249

P-type semiconductor P型半导体，* 空穴型半导体 02.198

pull and torsion test 拉扭试验 19.097

pull-button 拉钮 09.151

pulling into synchronism 牵入同步 07.557

pulling out of synchronism 牵出同步 07.558

pull-in test 牵入转矩试验 07.628

pull-in torque 牵入转矩 07.374

pull-off 软定位器 20.072

pull-out test 最大转矩试验 07.629

pull-out torque 最大转矩，* 牵出转矩 07.375

pull strength 脱出拉力 02.157

pull-through winding 拉入绕组 07.254

pull-up torque 最小转矩 07.373

pulsating current 脉动电流 01.514

pulsating quantity 脉动量 01.057

pulsating voltage 脉动电压 01.513

pulsation factor 脉动因数 01.519

pulse 脉冲 01.075

pulse control 脉冲控制，* 斩波控制 16.075

pulse control factor 脉冲控制因数 15.412

pulsed magnet 脉冲磁铁 21.133

pulsed quantity 脉冲量 01.058

pulse duration 脉冲宽度 01.091

pulse duration control 脉宽控制 15.360

pulse duration modulation 脉宽调制 15.364

pulse forming line 脉冲形成线 21.140

pulse frequency control 脉冲频率控制 15.361

pulse generator 脉冲发生器 30.117

pulse modulator 脉冲调制器 21.131

pulse number 脉波数 15.385

pulse repetition frequency 脉冲重复频率 21.204

pulse repetition rate 脉冲重复频率 21.204

pulse rise time 脉冲上升时间 01.092

pulse tachogenerator 脉冲测速发电机 07.143

pulse transformer 脉冲变压器 21.132

pulse width 脉冲宽度 01.091

pulse width control 脉宽控制 15.360

pulse width modulation 脉宽调制 15.364

puncture 击穿 01.284

puncture voltage 击穿电压 03.143

pure logic diagram 纯逻辑图 01.951

purging 换气 25.067

push-button 按钮 09.150

pusher 推送装置 17.255

pusher furnace 推送式炉 17.288

pusher operation 补机推送 20.190

push-pull button 按－拉钮 09.152

push-pull running 推拉运行 20.192

push-through winding 插入绕组 07.253

PWM 脉宽调制 15.364

pyroelectricity　热电　01.215

radiation hazard 辐射危险 29.035

radiation head 辐射头 21.178

radiation indicator 辐射指示器 26.102

radiation leakage 漏辐射率 21.260

radiation measurement 辐射测量 30.128

radiation measuring assembly 辐射测量仪 26.101

radiation meter 辐射测量仪 26.101

radiation monitor 辐射监测仪 26.103

radiation shield 辐射屏蔽 29.130

radiation spectrometer 辐射[能]谱仪 26.110

radiation test 辐射试验 27.160

radiator 散热器 08.187, 散热体 15.076

radio and television interference suppressor 无线电和电视干扰抑制器 30.099

radio-freqnency generator 射频发生器 21.119

radio-freqnency resonator 射频共振器 21.121

radio-freqnency transformer 射频变压器 21.120

radio-frequency anechoic enclosure 射频无反射室, *电波暗室 30.109

radio-frequency cable 射频电缆 05.064

radio[-frequency] disturbance 无线电[频率]骚扰 30.032

radio-frequency electrode 射频电极 21.112

radio-frequency electrostatic quadrupole 射频静电四[电]极 21.151

radio-frequency interference 射频干扰 30.041

radio-frequency linac 射频直线加速器 21.080

radio-frequency linear accelerator 射频直线加速器 21.080

radio[-frequency] noise 无线电[频率]噪声 30.019

radio-frequency pulse length 射频脉冲长度 21.235

radio-frequency quadrupole linac 射频四极直线加速器 21.086

radio-frequency single cavity accelerator 射频单腔加速器 21.085

radio-frequency stability 射频稳定度 21.229

radio-interference filter 无线电干扰滤波器 30.100

radiometer 辐射计 22.137

radiometry 辐射度测量 22.136

rain-proof type 防雨式 01.723

rain test 淋雨试验 27.161

rammed lining 捣结炉衬 17.180

ramming machine 填塞机 02.187

random deviation 随机偏差 26.139

random disturbance 随机骚扰 30.035

random failure 偶然失效 28.087

random noise 随机噪声 30.021

random paralleling 不规则并联 07.562

random sampling 随机抽样 28.024

random separation 随机分隔 29.127

random synchronizing 不规则整步 07.551

random vibration 随机振动 27.087

random winding 散嵌绕组 07.251

range 量程 26.141

range of regulation 调压范围 08.234

rapid-discharge-rate capacity 快速放电率容量 24.146

rapidly saturable current transformer 速饱和电流互感器 08.278

rare earth permanent magnet 稀土永磁[体] 04.021

rated capacity 额定容量 01.835

rated condition 额定工况 01.817

rated current 额定电流 01.837

rated data test 额定数据测定 28.054

rated duty 额定工作制 01.830

rated frequency 额定频率 01.839

rated power 额定功率 01.836

rated quantity 额定量 01.834

rated speed 额定转速 01.840

rated value 额定值 01.808

rated voltage 额定电压 01.838

rated voltage factor 额定电压因数 08.296

rate of air circulation 空气循环率 23.185

rate-of-change protection 变化率保护 14.033

rate-of-change relay 变化率继电器 14.091

rate of rise of transient recovery voltage 瞬态恢复电压上升率 09.289

rate-of-rise suppressor 上升率抑制器 15.302

rating 定额 01.809

ratio correction factor 变比校正因数 08.300

ratio error verification 比值误差校验 08.214

Rayleigh region 瑞利区 04.092

reactance 电抗 01.427

reactance relay 电抗继电器 14.094

reactance voltage 电抗电压 08.100

reaction brush 前倾式电刷 02.129

reaction hysteresis synchronous motor 反应式磁滞同步电动机 07.166

reactive current 无功电流 01.535

reactive power 无功功率 01.527

reactor 电抗器 08.003

reactor starting 电抗器起动 07.568

readily accessible part 易及部分 29.085

readily climbable part 易攀登部分 29.088

readjustment 重调 26.133

real no-load direct voltage 实际空载直流电压 15.395

rear lamp 尾灯 22.372

recalescent point 复辉点 17.198

recessed lighting fitting 嵌入式灯[具] 22.305

rechargeable cell 可充电干电池 24.023

reciprocal color temperature 倒色温 22.027

reciprocal two-port network 互易二端口网络 01.490

reciprocating device 往复机构 09.211

reclaiming 再生 03.198

reclosing fuse 重合熔断器 10.010

reclosing relay 重[闭]合继电器 14.115

reclosing time 重[闭]合时间 09.339

recognized overload 认可过载 25.073

recoil curve 回复线，＊回复曲线 01.347

recoil line 回复线，＊回复曲线 01.347

recoil permeability 回复磁导率 01.348

recoil state 回复状态 01.346

reconditioning 再处理 03.197

recording [measuring] instrument 记录[测量]仪表 26.025

recovered charge 恢复电荷 15.166

recovery 恢复 27.025

recovery time 恢复时间 14.223

recovery voltage 恢复电压 09.281

rectangular impulse 冲击方波 13.061

rectangular impulse current 方波冲击电流 12.096

rectification factor 整流因数 15.389

rectified [mean] value 整流[平均]值 01.512

rectifier connection 整流联结 15.328

rectifier electric locomotive 整流器式电力机车 20.009

rectifier electric motor vehicle 整流器式电动车辆 20.010

rectifier transformer 整流变压器 08.026

rectifying relay 整流式继电器 14.071

recuperative heat 回收热 17.015

reduced length of flameproof joint 隔爆接合面折算长度 25.042

reduced power tapping 降容量分接 08.155

reducing atmosphere 还原性气氛 17.297

redundancy 冗余 28.142

reed contact 舌簧触点 14.159

reed relay 舌簧继电器 14.068

reference consistency 基准一致性 14.227

reference electrical null position 基准电气零位 07.458

reference frequency 参比频率 30.108

reference junction 参比接点 02.044

reference point temperature 参比点温度 15.065

reference pressure 参比压力 25.053

reference range of frequency 参比频率范围 11.057

reference range of temperature 参比温度范围 11.056

reference surface 参比面 22.273

reference value of an influencing quantity 影响量基准值 14.199

reference variable 参比[变]量 16.117

refill-unit 更换件 10.037

refining slag 精炼渣 17.323

refining time 精炼时间 17.310

reflectance 反射比，＊反射因数 22.070

reflection 反射 22.010

reflection factor 反射比，＊反射因数 22.070

reflection of radiation 辐射反射 17.045

reflectivity 反射率，＊反射度 22.073

reflectometer 反射计 22.146

reflector 反射器，＊反光器 22.322

reflector infrared lamp 反射式红外灯 17.108

reflector lamp 反射灯 22.195

reflector spotlight 反射式聚光灯 22.327

reflex reflection　逆反射　22.068

refraction　折射　22.014

refraction index profile　折射率分布　05.315

refractive index　折射率　22.098

refractor　折射器　22.321

refractory hot spot　耐火材料热区　17.113

refrigerant compressor　制冷压缩机　23.159

refrigerating appliance　制冷电器　23.034

refrigerating capacity　制冷量　23.182

refrigerating system　制冷系统　23.158

refrigerating volume　制冷容积　23.187

refuse operation　拒动　01.745

regenerative arm　再生臂　15.323

regenerative braking　回馈制动，＊再生制动
　07.596

register　寄存器　16.177

registration arm　定位臂　20.073

regular reflection　规则反射，＊镜[面]反射
　22.064

regular transmission　规则透射　22.074

regulating relay　调节继电器　14.107

regulating winding　调压绕组　08.231

re-ignition　复燃　09.013

reinforced insulation　加强绝缘　29.057

reinforced plastics　增强塑料　03.085

reinforcement　加强层　05.122

reinforcing material　增强材料　03.120

reinsertion　再插入　11.080

reinsertion current　再插入电流　11.081

reinsertion voltage　再插入电压　11.082

relative complex permittivity　相对复电容率
　03.130

relative density　相对密度　02.085

relative error　相对误差　26.122

relative humidity　相对湿度　27.055

relative permeability　相对磁导率　01.311

relative permittivity　相对电容率　01.203

relative temperature index　相对温度指数　03.188

relaxation oscillation　张弛振荡，＊弛豫振荡
　01.113

relaying protection　继电保护　14.024

[relaying] protection equipment　[继电]保护装置
　14.002

relaying protection system　继电保护系统　14.043

release　脱扣器　09.219

release agent　脱模剂　03.121

release ampere-turns　释放安匝　14.204

release condition　释放状态　14.003

release current　释放电流　09.303

release time　释放时间　14.218

releasing　释放　14.013

releasing value　释放值　14.171

relevant failure　关联失效　28.091

reliability　可靠性　28.066，可靠度　28.121

reliability allocation　可靠性分配　28.136

reliability assessment　可靠性评估　28.138

reliability certification　可靠性认证　28.165

reliability compliance test　可靠性验证试验　28.156

reliability design　可靠性设计　28.135

reliability design review　可靠性设计评审　28.163

reliability determination test　可靠性测定试验
　28.155

reliability growth　可靠性增长　28.164

reliability growth test　可靠性增长试验　28.145

reliability management　可靠性管理　28.161

reliability prediction　可靠性预计　28.137

reliability program　可靠性计划　28.162

reliability test　可靠性试验　28.144

reluctance　磁阻　01.447

reluctance motor　磁阻电动机　07.058

reluctance synchronizing　磁阻整步　07.554

reluctance [synchronous] motor　磁阻[同步]电动机
　07.179

reluctance torque　磁阻转矩　07.544

reluctivity　磁阻率　04.085

re-make time　重接通时间，＊重关合时间　09.338

remanent magnetic induction　剩余磁感应强度
　04.074

remanent magnetic polarization　剩余磁极化强度
　04.075

remanent magnetization　剩余磁化强度　04.076

remote control　遥控　16.209

remote data logging　遥控数据记录　16.211

remote indication　远距离指示　16.212

remotely operable part　可远距离操作部分　29.090

remote metering　遥测　16.208

08.023

resistance grading of corona shielding 电阻防晕层 07.276

resistance grounded transformer 电阻接地变压器 08.066

resistance heating 电阻加热 17.049

resistance method of temperature determination 电阻法测温 08.220

resistance per unit length 单位长度电阻 02.005

resistance relay 电阻继电器 14.093

resistance start split phase motor 电阻起动分相电动机 07.183

resistance to breakdown by discharge 耐放电击穿性 03.190

resistance to wear 耐磨性 02.162

resistance type thermo-bimetal 电阻型热双金属 02.016

resistance voltage 电阻电压 08.101

resistance welding machine 电阻焊机 18.020

resistive direct voltage regulation 阻性直流电压调整值 15.398

resistivity 电阻率 01.251

resistor 电阻[器] 01.592

resistor element 电阻器元件 02.010

resolution 分辨力 22.109, 分辨率 26.146

resolving power 分辨力 22.109

resonance 谐振, *共振 01.115

resonance acceleration 谐振加速 21.001

resonance frequency 共振频率 27.089

resonance measurement 谐振测量 26.012

resonant cavity 共振腔 21.117

resonant circuit 谐振电路 01.635

resonant earthed system 谐振接地系统 12.004

resonant line 共振线 21.118

resonant load commutation 谐振负载换相 15.346

resonator 共振器, *谐振器 01.605

response time 响应时间 01.802

restoring force 恢复力 09.378

restoring torque 恢复力矩 09.379

restraint coefficient 制动系数 14.231

restraint current 制动电流 14.230

restricted-radiation frequency 有限辐射频率 30.014

re-strike 重击穿 09.014

retaining ring 护环 07.279

retardation test 自减速试验 07.615

retarding braking 减速制动 20.194

retarding force 减速力 20.153

retort [chamber] 炉罐 17.248

retort furnace 有罐炉 17.085

retro-reflection 逆反射 22.068

return cable 回流电缆 20.046

return circuit 回流电路 20.045

return yoke 旁轭 08.195

reverberation 混响 27.105

reverberation time 混响时间 27.106

reversal 反极 24.047

reverse blocking current 反向阻断电流 15.198

reverse blocking diode thyristor 反向阻断二极晶闸管 15.107

reverse blocking impedance 反向阻断阻抗 15.214

reverse blocking state 反向阻断状态 15.087

reverse blocking triode thyristor 反向阻断[三极]晶闸管 15.108

reverse breakdown 反向击穿 15.378

reverse breakdown current 反向击穿电流 15.212

reverse breakdown voltage 反向击穿电压 15.180

reverse conducting diode thyristor 逆导二极晶闸管 15.112

reverse conducting triode thyristor 逆导[三极]晶闸管 15.113

reverse current 反向电流 15.150

reverse-current relay 逆电流继电器 14.087

reverse-current release 逆电流脱扣器 09.232

reverse direction 反向 15.083

reverse gate current 门极反向电流 15.202

reverse gate voltage 门极反向电压 15.184

reverse magnetization process 反磁化过程 04.049

reverse power dissipation 反向耗散功率 15.155

reverse recovery current 反向恢复电流 15.152

reverse recovery time 反向恢复时间 15.161

reverse-reverting 反向回复 14.015

reverse-reverting value 反向回复值 14.175

reverse voltage 反向电压 15.142

reverse voltage divider 反向分压器 15.303

reversible change over 可逆转换 09.404

rubber extruding 挤橡 05.216

rubber extruding machine 挤橡机 05.232

rubber insulation 橡皮绝缘 05.103

rug shampooer 洗地毯机 23.049

running frequency 运行频率 07.522

running inertia-frequency characteristic 运行惯频特

性 07.520

running torque-frequency characteristic 运行矩频特

性 07.518

runway lights 跑道光信号 22.350

runway surface lights 跑道路面灯 22.357

rupture of case 外壳爆裂 11.092

S

safe clearance working 安全距离作业 29.050

safe distance 安全距离 29.091

safe logic assembly 安全逻辑装置 29.150

safe mark 安全标志 01.918

safety 安全 29.001

safety circuit 安全电路 29.132

safety color 安全色 29.100

safety extra-low voltage 安全特低电压 29.062

safety factor 安全因数 29.006

safety function 安全功能 29.009

safety impedance 安全阻抗 29.079

safety interlock system 安全联锁系统 29.135

safety isolating transformer 安全隔离变压器
08.046

safety monitoring system 安全监测系统 29.134

safety program 安全规划 29.007

safety signal 安全信号 29.108

safety socket-outlet 安全式插座 23.180

safety switch 安全开关 29.159

safety system 安全系统 29.008

safety test 安全试验 23.228

safety voltage 安全电压 29.061

safe working voltage to ground 安全对地工作电压
29.063

salient pole 凸极 07.288

salient pole machine 凸极电机 07.008

salient pole synchronous induction motor 凸极同步感
应电动机 07.055

saline fog method 盐雾法 12.105

salinity 盐度 06.082

salt bath electrode furnace 电极盐浴炉 17.093

salt bath furnace 盐浴炉 17.090

salt bath furnace transformer 盐浴炉变压器
08.024

salt bath furnace with immersed electrodes 插入式电
极盐浴炉 17.094

salt bath furnace with submerged electrodes 埋入式
电极盐浴炉 17.095

salt fog 盐雾 27.071

salt-laden atmosphere test 含盐气氛试验 27.213

salt mist 盐雾 27.071

salt mist test 盐雾试验 27.211

sample 样本 28.018, 样品 28.019

sampled signal 采样信号 16.128

sampler 采样器 16.178

sampling 采样, ＊取样 01.805, 抽样 28.022

sampling action 采样作用 16.096

sampling control system 采样控制系统 16.028

sampling plan 抽样方案 28.023

sampling test 抽样试验 28.056

sand and dust test 沙尘试验 27.159

sand-filled electrical apparatus 充砂型电气设备
25.058

sand material 砂粒材料 25.059

sandwich brush 夹层电刷 02.138

sandwich coil 交叠线圈 08.125

sandwich-interleaved coil 交叠纠结线圈 08.124

saponification value 皂化值 03.148

saturable reactor 饱和电抗器 08.252

saturated air 饱和空气 27.056

saturation 饱和 16.186

saturation characteristic 饱和特性 07.406

saturation curve 饱和曲线 04.080

saturation factor 饱和因数 01.857

saturation hysteresis loop 饱和磁滞回线 01.331

saturation magnetization 饱和磁化 01.304, 饱和
磁化强度 01.305

scalar potential 标位, ＊标势 01.028

scalar product　标[量]积　01.005

scalar [quantity]　标量　01.002

scale　定尺　07.361

scale factor　刻度因数　12.118

scanner　扫描器　21.163

scanning　扫描　21.051

scanning area　扫描面积　21.265

scanning coil　扫描线圈　21.164

scanning frequency　扫描频率　21.266

scanning magnet　扫描磁铁　21.165

scanning width　扫描宽度　21.264

schedule speed　表定速度　20.132

Scherbius [electric] drive　舍比乌斯[电气]传动　16.014

Scherbius machine　舍比乌斯电机　07.160

Schottky barrier diode　肖特基势垒二极管　15.104

Schrage motor　多相换向器电动机, *施拉革电动机　07.024

scintillation counter　闪烁计数器　26.113

scintillation detector　闪烁探测器　26.098

scotopic vision　暗视觉　22.104

Scott connection　T联结, *斯科特联结　01.630

screen　屏蔽　01.579, 格网　25.060

screened room　屏蔽室　30.110

screening effectiveness　屏蔽效能　30.071

screening test　筛选试验　28.154

screw base　螺口灯头　22.230

screw cap　螺口灯头　22.230

screw conveyor furnace　螺旋输送式炉　17.286

screw type fuse　螺旋式熔断器　10.004

sealed beam lamp　光束灯　22.328

sealed cell　密封蓄电池　24.087

sealed type　密封式　01.681

sealing end pothead　密封电缆头, *终端头　05.130

sealing gasket　密封衬垫　25.034

seam welding machine　缝焊机　18.023

secondary battery　蓄电池组　24.072

secondary cell　蓄电池　24.071

secondary coating　二次被覆层　05.301

secondary coating fiber　二次被覆光纤　05.268

secondary current　二次电流　08.080

secondary light source　二次光源　22.152

secondary limiting EMF　二次极限感应电势　08.295

secondary relay　二次继电器　14.051

secondary standard thermocouple　副基准热电偶　02.046

secondary transmission parameter　二次传输参数　05.182

secondary voltage　二次电压　08.078

secondary winding　次级绕组　07.214, 二次绕组　08.132

second derivative action　二阶微分作用, *D^2作用　16.108

section　线段　08.197

sectionalized cross-bonding　分段交叉互连　05.160

sectionalizer　分段器　09.080

sectionalizing joint　分段接头, *绝缘接头　05.142

sectioning device　电分段器　20.076

section insulation　段间绝缘　08.198

section insulator　分段绝缘器　20.078

section of an arrester　避雷器比例单元　13.013

sector　扇形叶片　21.105

sector magnet　扇形磁铁　21.104

sector magnetic field　扇形磁场　21.222

sector-shaped conductor　扇形导线　05.079

Seebeck coefficient　泽贝克系数　02.050

Seebeck effect　泽贝克效应　01.265

Seebeck EMF　泽贝克电动势, *热电动势　02.051

segmental rim rotor　叠片磁轭转子　07.341

segregation　分离　09.003

selective opening　选择性断开, *选择性分　09.402

selective protection　过[电]流鉴别, *选择性保护　10.051

selective release　选择性脱扣器　09.235

selectivity　选择性　14.023

selector switch　转换开关, *选择开关　09.101

self-aligning time　自整步时间　07.468

self-baking electrode　自焙电极　17.119

self-ballasted mercury lamp　复合灯, *自镇流汞灯　22.207

self-braking time　自制动时间　07.511

self-commutated convertor　自换相变流器　15.273

self-commutated inverter 自换相逆变器 15.275

self-commutation 自换相 15.347

self-contained pressure cable 自容式压力型电缆 05.043

self-cooled type 自冷式 01.713

self-damping conductor 自阻尼导线 05.011

self-demagnetization field strength 自退磁磁场强度 04.082

self-discharge 自放电 24.050

self-energy extinguishing chamber 自能灭弧室 09.239

self-excited DC machine 自励直流电机 07.081

self-extinguishing 自熄 03.167

self-focusing fiber 自聚焦光纤 05.269

self-healing capacitor 自愈式电容器 11.028

self-inductance 自感[系数] 01.380

self-induction 自感应 01.379

self-maintained gas conduction 自持气体导电 01.247

self-maintained push-button 自持按钮 09.157

self-mending fuse 自复熔断器 10.007

self-operated controller 自作用控制器 16.160

self-regulation 自调 07.419

self-restoring insulation 自恢复绝缘 12.029

self-revealing fault 自显故障 25.036

self-sustained discharge test 自持放电试验 11.071

self-ventilated type 自通风式 01.708

selsyn 自整角机 07.118

SELV 安全特低电压 29.062

semi-assembled representation 半集中表示法 01.942

semi-automatic arc welding machine 半自动弧焊机 18.003

semi-automatic control 半自动控制 16.050

semi-automatic controller 半自动控制器 16.159

semiconducting glaze [半]导电釉 06.095

semiconductive varnish 半导电漆 03.055

semiconductor 半导体 02.188

semiconductor assemble [半导体]组件 15.135

semiconductor contactor 半导体接触器 09.134

semiconductor convertor 半导体变流器 15.276

semiconductor detector 半导体探测器 26.099

semiconductor device 半导体器件 15.092

semiconductor module [半导体]模块 15.134

semiconductor rectifier diode 半导体整流[二极]管 15.095

semiconductor rectifier stack 半导体整流堆 15.096

semiconductor switching device 半导体开关装置 09.056

semiconductor type refrigerator 半导体冰箱 23.037

semiconductor valve device 半导体阀器件 15.293

semi-direct lighting 半直接照明 22.256

semi-indirect lighting 半间接照明 22.258

semi-permanent magnetic material 半永磁材料 04.004

sensation 感觉 22.110

sensitive switch 微动开关, *灵敏开关 09.169

sensitivity 灵敏度 26.134

separately cooled type 他冷式 01.714

separately excited DC machine 他励直流电机 07.080

separately lead-sheathed cable 分相铅护套电缆 05.038

separately pumped electron gun 外部枪, *单独抽气电子枪 17.210

separate winding transformer 独立绕组变压器 08.052

separation 分隔 09.004

separation distance 分隔距离 29.126

separator 隔离层 05.114, 隔板 24.120

septum 切割板 21.158

septum magnet 切割磁铁 21.153

sequence chart 顺序表图 01.954

sequence of tests 试验顺序 27.022

sequential control 顺控 16.062

sequential controller 顺序控制器 16.165

sequential order of the phases 相序 01.546

sequential phase control 顺序相控 15.358

sequential program 顺序程序 16.061

sequential sampling 序贯抽样 28.025

series capacitive compensation 串联[电容]补偿 11.099

series capacitor 串联电容器 11.008

series connected starting-motor starting 串接电动机

起动 07.573

series connection 串联 01.624

series DC machine 串励直流电机 07.084

series [electric] circuit 串联电路 01.391

series lamp 串联灯 22.193

series [magnetic] circuit 串联磁路 01.392

series-parallel [speed] control 串并联调速 16.036

series-parallel starting 串并联起动 07.571

series reactor 串联电抗器 08.245

series-resonant testing equipment 串联谐振试验设备 12.113

series spark gap 串联放电间隙 13.015

series street-lighting system 恒流道路照明系统，*串联道路照明系统 22.375

series street-lighting transformer 串联路灯用变压器 08.040

series system 串联系统 28.139

series unit 串联单元 08.206

series winding 串励绕组 07.227，串联绕组 08.117

serviceability 运行能力 03.242

service condition 使用条件 01.811，运行条件 03.240

service liability 服务责任 28.044

service life 使用寿命 28.118

service mass 使用质量 24.051

service position 工作位置 09.390

service requirement 运行要求 03.241

serving 外被层 05.126

servomotor 伺服电[动]机 07.144

servomotor actuator 伺服电机执行器 16.174

servo system 伺服系统 16.030

set-point 设定值 16.119

setting 整定 01.739

setting range 整定范围 14.207

setting ratio 整定比 14.208

setting value 整定值 14.179

settling time 建立时间 16.193

severity of environmental parameter 环境参数严酷等级 27.012

SF₆ circuit-breaker 六氟化硫断路器 09.066

shackle insulator 蝶式绝缘子 06.034

shade 灯罩 22.323

shaded pole motor 罩极电动机 07.182

shading coil 罩极线圈 07.260

shaft-voltage test 轴电压试验 07.635

shaker conveyor 震底输送装置 17.257

shaker hearth furnace 震底式炉 17.291

shaped conductor 异形导线 05.078

sheath 护套 05.116

sheathed heating element 铠装式加热元件 17.056

shed 裙，*伞 06.060

sheet resistor 片电阻 02.014

shelf life 贮存寿命 28.117

shell type reactor 壳式电抗器 08.251

shell type transformer 壳式变压器 08.070

shield 接地屏蔽 05.112

shield bonding lead 接地屏蔽层互连引线 05.170

shielded enclosure 屏蔽室 30.110

shielded joint 屏蔽接头 05.143

shielded type cable 屏蔽电缆 05.036

shielding angle 保护角 22.319

shielding conductor 接地屏蔽导体 05.146，屏蔽线 08.200

shield standing voltage 接地屏蔽持续电压 05.166

shipboard cable 船用电缆 05.053

ship condition 船用条件 27.139

shock [机械]冲击 27.094

shock current 电击电流 29.071

shock pulse 冲击脉冲 27.184

shock response spectrum 冲击响应谱 27.185

shock test 冲击试验 27.202

short arc lamp 短弧灯 22.190

short circuit 短路 01.619

short-circuit breaking 短路分断，*短路开断 09.027

short-circuit breaking capacity 短路分断能力，*短路开断能力 09.347

short-circuit breaking current 短路分断电流，*短路开断电流 09.274

short-circuit characteristic 短路特性 07.409

short-circuit commutator test 短路换向器试验 02.168

short-circuit current 短路电流 01.783

short-circuited turn 短路匝 08.304

short-circuited turn compensation 短路匝补偿

08.257

short-circuit generator circuit test　短路发电机回路试验　09.417

short-circuit input rating　短路输入额定值　08.076

short-circuit making　短路接通，＊短路关合　09.029

short-circuit making capacity　短路接通能力，＊短路关合能力　09.346

short-circuit making current　短路接通电流，＊短路关合电流　09.272

short-circuit operation　短路运行　01.756

short-circuit-proof transformer　耐短路变压器　08.063

short-circuit ratio　短路比　07.446

short-circuit ring　分磁环，＊短路环　09.263

short-circuit spinning　短路自转　07.602

short-circuit test　短路试验　08.213

short-circuit time constant　短路时间常数　07.389

short-duration power-frequency withstand voltage　短时工频耐受电压　12.036

short-duration voltage test　短时电压试验　11.067

short-line fault　近区故障　09.024

short-line fault breaking　近区故障开断　09.025

short-line fault breaking current　近区故障开断电流　09.295

short-pitch winding　短距绕组　07.211

short-time current　短时电流　08.102

short-time duty　短时工作制　01.824

short-time rating　短时定额　01.810

short-time thermal current　短时热电流　08.292

short-time voltage　短时电压　11.076

short-time withstand current　短时耐受电流　09.304

short-time withstand current test　短时耐受电流试验，＊热稳定性试验　09.431

shrinkage　收缩率　03.175

shunt　分流器　01.595

shunt capacitor　并联电容器　11.007

shunt DC machine　并励直流电机　07.083

shunt [electric] circuits　并联电路　01.389

shunting locomotive　调车机车　20.023

shunt [magnetic] circuits　并联磁路　01.390

shunt reactor　并联电抗器　08.246

shunt relay　分流继电器　14.052

shunt release　分励脱扣器　09.230

shunt resistor　分流电阻器　20.098

shunt safety component　分流安全元件　25.080

shunt transformer　并联变压器　08.068

shunt transition　分路转换　20.206

shunt winding　并励绕组　07.226

SI　国际单位制　01.870

SI base unit　SI 基本单位　01.871

side conductor rail　旁置导电轨　20.036

side coupling　边耦合　21.041

side coupling cavity　边耦合腔　21.127

side door　侧门　17.236

sideflash　侧向放电　13.030

sidelamp　侧灯　22.366

side marker lamp　侧灯　22.366

SI derived unit　SI 导出单位　01.872

siemens　西[门子]　01.889

signal　信号　16.121

signal cable　信号电缆　05.056

signal circuit　信号电路　01.639

signal converter　信号转换器　16.172

signal lamp　信号灯　22.198

signal level　信号电平　30.064

signal relay　信号继电器　14.079

signal repeater　信号复示器　20.095

signal-to-noise ratio　信噪比　30.065

signum　正负号函数　01.036

silicon bidirection switch　硅双向开关　15.281

silicon carbide valve type arrester　碳化硅阀式避雷器　13.006

silicone enamel　有机硅瓷漆　03.052

silicone impregnating varnish　有机硅浸渍漆　03.036

silicone oil　硅油　03.018

silicon fiber　石英光纤　05.271

silicon steel sheet　硅钢片　04.012

silicon steel sheet insulating machine　硅钢片涂漆机　07.666

silicon unidirection switch　硅单向开关　15.280

silk covered wire　丝包线　05.017

silver-cadmium cell　镉银蓄电池　24.079

silver-cadmium oxide contact　银氧化镉触头

02.061

silver contact 银触头 02.059

silver-iron [alloy] contact 银铁[合金]触头 02.065

silver-tungsten [alloy] contact 银钨[合金]触头 02.062

silver-zinc cell 锌银蓄电池 24.078

simple harmonic vibration 简谐振动 27.096

simplex frog-leg winding 单蛙绕组 07.241

simplex lap winding 单叠绕组 07.239

simplex wave winding 单波绕组 07.240

simplified statistical procedure of insulation co-ordination 绝缘配合简化统计法 12.048

simulation test 模拟试验 02.169

simultaneously accessible part 同时可及部分 29.086

sine-cosine function error 正余弦函数误差 07.476

sine-cosine resolver 正余弦旋转变压器 07.128

sine winding 正弦绕组 07.259

single-break contact assembly 单断点触头组 09.261

single-bundle fiber cable 单束光缆 05.293

single capacitor bank breaking current 单电容器组开断电流 09.296

single-channel recorder 单通道记录仪 26.038

single-coil filament 单螺旋灯丝 22.222

single-conductor cable 单导体电缆，＊单芯电缆 05.023

single-conductor wire 单线 05.004

single-contact wire system 单接触导线系统 20.054

single-container washing and extracting machine 全自动洗衣机 23.056

single-container washing machine 单桶洗衣机 23.054

single convertor 单变流器 15.271

single-core cable 单导体电缆，＊单芯电缆 05.023

single crystal 单晶 02.244

single-domain particle 单畴颗粒 04.030

single-element semiconductor 元素半导体 02.189

single-faced tape 单面上胶带 03.073

single-face internal oxidation 单面内氧化法

02.077

single-fiber cable 单芯光缆 05.284

single-function [measuring] instrument 单功能[测量]仪表 26.034

single inductive shunt 单线圈感应分流器 20.099

single-layer winding 单层绕组 07.248

single-line representation 单线表示法 01.940

single-operator arc welding machine 单头弧焊机 18.012

single-operator power source 单头焊接电源 18.038

single overhead contact line 单架空线接触网 20.048

single-phase circuit 单相电路 01.453

single-phase series motor 单相串励电动机 07.188

single-phase system 单相系统 01.452

single-phase three-limb core 单相单柱旁轭式铁心 08.104

single-phase two-limb core 单相二柱式铁心 08.105

single-phasing 单相运行 07.587

single-point bonding 单点互连 05.158

single-polarization fiber 单偏振态光纤 05.266

single-pole switching 单极切换 09.380

single-range [measuring] instrument 单量程[测量]仪表 26.031

single sampling 一次抽样 28.026

single-way connection 单拍联结 15.329

single-wire circuit 单线电路 01.451

sintered plate 烧结式极板 24.108

sintering 烧结 02.073

sintering furnace 烧结炉 02.182

sinusoidal quantity 正弦量 01.064

sinusoidal vibration test 正弦振动试验 27.197

[siphon] oil filter [虹吸]净油器 08.191

Si semiconductor 硅半导体 02.190

SI supplementary unit SI辅助单位 01.873

SIT 静电感应晶体管 15.132

SITH 静电感应晶闸管 15.120

SI unit SI单位 01.874

skew factor 斜槽因数 07.296

skid hearth furnace 滑底式炉 17.284

skid wire 滑线 05.128

skilled person 熟练人员 29.045

skin care appliance 皮肤护理电器 23.126

skin effect 趋肤效应，＊集肤效应 01.286

skip hoist 翻斗提升装置 17.261

skip monorails 翻斗单轨输送装置 17.260

sky factor 天空因数 22.283

sky radiation 天空辐射 27.080

slagging door 出渣门 17.253

SL cable 分相铅护套电缆 05.038

sleeve 插套 01.612

sleeve bearing 套筒轴承 07.320

sleeving 软套管 03.086

SLF 近区故障 09.024

slicing machine 切片机 23.099

slide 滑尺 07.362

slide fan 台地[式电风]扇 23.012

slider type rheostat 滑线式变阻器 09.182

sliding contact 滑动接触 09.023，滑动触头 09.255

sliding noise 滑动噪声 02.167

slip 转差率 07.426

slip frequency control 转差频率控制 16.077

slipping time 滑行时间 07.512

slip regulator 转差率调节器 07.335

sloping hearth furnace 斜底式炉，＊重力输送式炉 17.290

slot 槽 07.283

slotless-armature DC servomotor 无槽电枢直流伺服电机 07.146

slotless[-armature] direct current motor 无槽[电枢]直流电动机 07.178

slot liner 槽绝缘 07.268

slot packing 槽衬 07.267

slotted hearth furnace 炉底开槽式炉 17.276

slot wedge 槽楔 07.278

slow-action contact 慢动作触头 09.260

slow-discharge-rate capacity 慢速放电率容量 24.145

slow-front overvoltage 缓波前过电压，＊操作过电压 12.012

slow-operate relay 慢动继电器 14.111

small inductive breaking current 小电感开断电流 09.298

small-power gear-motor 小功率齿轮电动机 07.176

small-power locomotive 小功率机车 20.027

small-power motor 小功率电动机 07.175

smoke detector 烟尘探测器 29.104

smoothed pressure 平滑压力 25.052

smoothing inductor 扼流圈，＊平滑电感器 09.197

smoothing reactor 平波电抗器 08.237

snap-on contact 瞬接触点 14.151

snow load 雪载 27.073

soaking time 均热时间，＊保温时间 17.328

socket 插座 01.609，帽窝 06.064，灯座 22.233

socket-outlet 插座 01.609

sodium [vapor] lamp 钠[蒸气]灯 22.174

softening point 软化温度，＊软化点 03.169

softening temperature 软化温度，＊软化点 03.169

softlight 无影灯 22.332

soft magnetic material 软磁材料 04.002

solar constant 太阳常数 27.082

solar radiation 太阳辐射 27.079

solar spectrum 太阳光谱 27.083

solenoid 螺线管 01.587

solenoid actuator 螺线管执行器 16.181

solenoidal field 零散度场 01.018

solenoid inductor 螺线管感应器，＊圆筒形感应器 17.156

solid adsorbent treatment 固体吸附剂处理 03.199

solid bond 紧固互连 05.157

solid brush 整体电刷 02.134

solid conductor 实心导线 05.071

solid-core insulator 实心绝缘子 06.018

solid-core post insulator 棒形支柱绝缘子 06.015

solid electrolyte cell 固体电解质电池 24.022

solidifying point 凝固点 17.028

solid layer method 预沉积污层法，＊固体污层法 12.104

solidly earthed neutral system 中性点直接接地系统 12.005

solid-pole synchronous motor 实心磁极同步电动机 07.052

solid rotor 实心转子 07.360

solid short-circuit 完全短路 29.031

solid solution semiconductor 固溶体半导体 02.203

solid-state device 固态器件 16.137

solventless polymerisable resinous compound 无溶剂可聚合树脂复合物 03.044

sonic boom 声震 27.107

sound intensity level 声强级 08.007

sound level test 声级试验 08.217

sound power level 声功率级 08.005

sound pressure level 声压级 08.006

source current 电源电流 01.228

source electrode 源极 15.054

source of release 释放源 25.020

source region 源区 15.057

source voltage 电源电压 01.227

space charge region 空间电荷区 15.016

space environment 空间环境 27.006

spacer 隔离物 24.111

spacer shaft 间接轴 07.312

spacing 结构高度 06.074

span 量程 26.141

spare parts list 备件表 01.978

spark-gap 火花间隙 01.596

sparking test 火花试验 06.103

sparkover 火花放电 01.273

spark plug suppressor 火花塞抑制器 30.097

spark sintering 火花烧结 02.075

spark test apparatus 火花试验装置 25.081

special atmosphere 特殊气氛 17.294

special fastener 特殊紧固件 25.026

special function resolver 特殊函数旋转变压器 07.131

special purpose 特殊用途 01.668

special purpose motor 特殊用途电动机 07.027

specific capacity 比容量 24.131

specific characteristic 比特性 01.773

specific electric energy consumption for melt-down 熔化电耗 17.317

specific electrode consumption 电极消耗率 17.117

specific energy 比能量 01.749

specific energy consumption 能耗率 20.184

specific fuel consumption 燃料消耗率 20.185

specific heat [capacity] 比热[容] 17.024

specific hysteresis losses 比磁滞损耗 04.068

specific magnetization 比磁化强度 04.094

specific power 比功率 24.132

specific saturation magnetization 比饱和磁化强度 01.306

specific surface 比表面 02.082

specific thermal deflection 比弯曲 02.020

specific train resistance 单位列车阻力 20.154

specified time 定时限 14.214

specified-time relay 定时限继电器 14.053

specimen 试样 28.021

spectral distribution 光谱分布 22.046

spectral luminous efficiency 光谱光视效率 22.029

spectroscopic lamp 光谱灯 22.217

specular angle 镜面反射角 22.065

specular reflection 规则反射，*镜[面]反射 22.064

specular surface 镜面表面 22.066

speed at continuous rating 持续速度 20.136

speed at end of rheostatic starting period 变阻起动末级速度 20.135

speed at instant of contacts separating 触头刚分速度 09.400

speed at instant of contacts touching 触头刚合速度 09.401

speed at one-hour rating 小时速度 20.137

speed of melting 熔化[速]率 17.316

speed ratio 速度比 20.164, 调速比 23.199

speed regulating rheostat 调速变阻器 09.185

speed regulation 转速调整率 07.581

speed regulation characteristic 转速调整特性 07.413

speed regulator 调速器 23.157

speed restriction 限制速度 20.134

speed-sensitive output voltage 速敏输出电压 07.495

speed-sensitive transformation ratio 速敏变压比 07.498

sphere-gap 球隙 12.109

spherical reduction factor 球面降低因数 22.036

spider 转子支架 07.340

spigot flameproof joint 止口隔爆接合物 25.046

spike 尖峰信号 30.052

spill shield 格栅 22.324

spin dryer tube 甩干桶 23.171

spin extractor 离心式脱水机 23.059

spinning 自转 07.600

spiral binder tape 螺旋扎紧带 05.124

spiral resistor 螺旋形电阻体 17.076

spiral sector 螺旋形扇叶 21.106

splash-proof type 防溅式 01.721

split brush 分瓣电刷 02.135

split brush with metal clip 带金属压板分瓣电刷 02.136

split concentric cable 分芯同心电缆 05.032

split core type current transformer 钳式电流互感器 08.277

split mounting type 拼装式 01.678

split phase motor 分相电动机 07.181

split sleeve bearing 对开[套筒]轴承 07.321

splitter box 分支盒 05.132

split throw winding 异槽绕组 07.232

spontaneous magnetization 自发磁化 04.043

spool insulator 线轴式绝缘子 06.051

spore 孢子 27.117

spot corrosion 点腐蚀 24.173

spotlight 聚光灯 22.316

spot welding machine 点焊机 18.021

spout 出料槽 17.252

spray electric iron 喷雾电熨斗 23.065

spray-proof type 防淋式 01.720

spread factor 分布因数 07.206

spring contact 弹性触头 02.054

spring transmission 弹簧传动 20.224

spurious signal 乱真信号 30.050

squeeze time 预压时间 18.103

squirrel-cage induction motor 笼型感应电动机 07.068

stability 稳定性 01.833

stability error 稳定性误差 26.137

stability of dose rate 剂量率稳定度 21.255

stability of vibration test 振动稳定性试验 27.196

stability recovery time 恢复稳定时间 27.146

stability test [机械]稳定性试验 23.214

stabilization 稳定 15.247

stabilized current characteristic 稳流特性 15.438

stabilized current power supply 稳流电源 16.151

stabilized insulator 稳定化绝缘子 06.021

stabilized non-operating temperature 稳定非工作温度 07.644

stabilized operating temperature 稳定工作温度 07.643

stabilized output characteristic 稳定输出特性 15.436

stabilized power supply 稳定电源 15.285

stabilized shunt DC machine 稳并励直流电机 07.091

stabilized voltage characteristic 稳压特性 15.437

stabilized voltage power supply 稳压电源 16.150

stabilized voltage regulation 稳定电压调整值 15.400

stabilizer 稳定剂 03.118

stabilizing winding 稳定绕组 08.111

stable temperature 稳定温度 01.814

stable temperature rise 稳定温升 01.842

stacking machine 铁心叠压机 07.665

stage of series connection 串联联结的级 15.340

standard annealed copper 标准软铜 02.003

standard atmospheric conditions 标准大气条件 12.062

standard atmospheric pressure 标准大气压 27.075

standard capacitor 标准电容器 11.010, 标准电容 26.045

standard cell 标准电池 26.042

standard chopped lightning impulse 标准雷电冲击截波 12.079

standard deviation 标准偏差 26.140

standard electrode potential 标准电极电位 24.040

standard inductor 标准电感 26.044

standard insulation level 标准绝缘水平 12.042

standard lamp 落地灯 22.310

standard lightning impulse 标准雷电冲击 12.078

standard lightning impulse sparkover voltage 标准雷电冲击放电电压 13.045

standard resistor 标准电阻 26.043

standard switching impulse 标准操作冲击 12.094

standard test frequency 标准试验频率 30.106

standard type dry cell 普通型干电池 24.014

standard voltage shape　标准电压波形　12.071

standby cooling　备用冷却，＊应急冷却　01.654

standby lighting　备用照明　22.252

standby loss　保温损耗　17.022

standby system　旁联系统，＊冗余系统　28.141

standby time　备用时间，＊待命时间　28.104

standing loss　保温损耗　17.022

standing wave　驻波　01.122

standing wave electron linear accelerator　驻波电子直
线加速器　21.084

star connection　星形联结　01.626

star-delta starter　星－三角起动器　09.139

star-delta starting　星－三角起动，＊Y－Δ起动
07.564

star quad　星形四线组　05.089

star quadding machine　星绞机　05.237

starter　起动器　09.135

starter battery　起动用蓄电池组　24.081

starterless fluorescent lamp　无起动器荧光灯
22.182

starting　起动　07.547

starting auto-transformer　起动自耦变压器　08.031

starting capability　起动能力　24.053

starting current　起动电流　07.382

starting electrode　起动电极　22.237

starting element　起动元件　14.162

starting frequency　起动频率，＊响应频率　07.521

starting inertia-frequency characteristic　起动惯频特
性　07.519

starting motor　起动电动机　07.036

starting reactor　起动电抗器　08.236

starting rheostat　起动变阻器　09.183

starting switch　起动开关　07.330

starting test　起动试验　07.627

starting torque　起动转矩　07.371

starting torque-frequency characteristic　起动矩频特
性　07.517

starting value　起动值　14.165

starting winding　起动绕组　07.220

state variable　状态变量　16.118

statically neutralized state　静态中性化状态
01.313

static electrode potential　静态电极电位　24.178

static friction torque　静摩擦力矩　07.454

static hysteresis loop　静态磁滞回线　01.324

static induction thyristor　静电感应晶闸管　15.120

static induction transistor　静电感应晶体管　15.132

static Kramer system　静止克雷默系统　16.042

static magnetization curve　静态磁化曲线　01.318

static output characteristic　静态输出特性　07.459

static overvoltage　静电过电压　29.064

static receiver error　静态误差　07.466

static relay　静态继电器　14.070

static relay without output contact　无输出触点的静
态继电器　14.076

static relay with output contact　带输出触点的静态
继电器　14.075

static short-circuit ratio　静态短路比　18.080

static stepping angle error　静态步距角误差
07.529

static synchronizing torque　静态整步转矩　07.463

static synchronizing torque characteristic　静态整步转
矩特性　07.460

static test [of pressure]　静态[压力]试验　25.055

static torque　静转矩　07.525

stationary electric contact　固定电接触　09.016

stationary noise　稳定噪声　30.022

stationary random noise　稳定随机噪声　30.024

stationary use　固定使用　27.134

station service transformer　电站变压器　08.017

station type cubicle switchgear　站用柜式开关设备
09.045

statistical impulse withstand voltage　统计冲击耐受
电压　12.035

statistical overvoltage　统计过电压　12.018

statistical procedure of insulation co-ordination　绝缘
配合统计法　12.047

statistical safety factor　统计安全因数　12.043

stator　定子　07.336

stator frame　机座　07.344

stator resistance starting　定子串接电阻起动
07.570

stator winding　定子绕组　07.216

stator winding machine　定子绕嵌机　07.656

stator yoke　定子磁轭　07.294

stay　静子　07.363，拉线　20.084

steady acceleration 稳定加速度 27.093

steady arm 刚性定位臂 20.074

steady short-circuit current 稳态短路电流 07.385

steady state 稳态 01.104

steady state acceleration test 稳态加速度试验 27.201

steady state damp heat test 稳态湿热试验 27.154

steady state deviation 稳态偏差 16.199

steam electric iron 蒸气电熨斗 23.064

steel reinforced aluminium conductor 钢芯铝绞线 05.009

steep impulse current 陡波冲击电流 13.036

steepness of voltage collapse 电压骤降陡度 12.088

stem 芯柱 22.234

step action 位式作用 16.099

step angle 步距角, *步进角 07.528

step-by-step control 逐级控制 08.163

step control 步进控制 16.068

step-down transformer 降压变压器 08.012

step frequency 步进频率 07.523

step function 阶跃函数 01.034

step index fiber 突变折射率光纤 05.264

step index profile 突变折射率分布 05.316

step motion electric drive 步进电气传动 16.009

stepping motor 步进电[动]机 07.152

step pitch 步距 07.527

step response 阶跃响应 01.803

step stress test 步进应力试验 28.150

step-up transformer 升压变压器 08.011

step voltage 级电压 08.158, 跨步电压 29.068

stiffness 硬挺度 03.174

stop joint 塞止接头 05.140

stop lamp 刹车灯 22.370

stopping braking 停车制动 20.195

storage 贮存 27.136

storage battery 蓄电池组 24.072

storage cell 蓄电池 24.071

storage condition 贮存条件 27.137

storage life 贮存寿命 28.117

storage period 贮存期 28.040

storage temperature 储存温度 15.063

storage time 储存时间 15.221

storage water heater 贮水式热水器 23.069

stored-energy constant 储能常数 07.379

stored-energy operating mechanism 储能操作机构 09.208

stored-energy operation 储能操作 09.359

stored heat 储存热 17.013

straight filament 直灯丝 22.221

straight-joint 直通接头 05.137

straight line approximation of forward characteristic 正向特性近似直线 15.158

straight line approximation of on-state characteristic 通态特性近似直线 15.218

strain insulator 拉紧绝缘子 06.009

stranded conductor 绞合导体 05.005, 绞[合导]线 05.072

stranded wire 绞[合导]线 05.072

stranding 绞合 05.206

stranding angle 绞合角 05.197

stranding constant 绞合常数 05.196

stranding machine 绞线机 05.235

strand insulation 股间绝缘 07.261

stray light 杂散光 22.154

streetcar 有轨电车 20.028

streetlighting luminaire 道路灯具 22.301

stress corrosion 应力腐蚀 27.126

striker 撞击器 10.039

striker fuse 撞击熔断器 10.014

stringinsulator unit 绝缘子串单元 06.030

strip-on-edge winding machine 扁绕机 07.652

strip surfacing machine 带极堆焊机 18.015

stroboscopic effect 频闪效应 22.131

stroboscopic lamp 频闪灯 22.218

stroke of electrode 电极行程 18.099

strong focusing 交变梯度聚焦, *强聚焦 21.019

structure-sensitive magnetic properties 结构敏感磁性 04.059

stub shaft 加伸轴 07.311

studio floodlight 摄影棚投光灯 22.326

stud-mounted construction 螺栓形结构 15.072

stud welding gun 螺柱焊枪 18.055

stud welding machine 螺柱焊机 18.030

stuffing box 密封箱 05.148

subharmonic protector 次谐波保护器 11.093

submarine cable 海底电缆 05.057

submarine fiber cable 海底光缆 05.289

submerged arc furnace 埋弧炉, *埋弧电阻炉 17.129

submerged arc heating 埋弧加热, *电弧电阻加热 17.112

submerged arc welding machine 埋弧焊机 18.005

submerged resistance furnace 埋弧炉, *埋弧电阻炉 17.129

submersible type 潜水式 01.725

subsample 子样 28.020

substitution measurement 替代测量 26.009

substrate 衬底 15.060

subsynchronous reluctance motor 亚同步磁阻电动机 07.059

subtransient current 初始瞬态电流 01.236

subtransient open circuit time constant 初始瞬态开路时间常数 07.392

subtransient reactance 初始瞬态电抗 07.437

subtransient short-circuit time constant 初始瞬态短路时间常数 07.393

subtransient state 初始瞬态 01.106

subtransient voltage 初始瞬态电压 07.429

subway transformer 地铁变压器 08.042

sudden failure 突变失效 28.083

sudden short-circuit test 突然短路试验 07.619

sulphur hexafluoride 六氟化硫 03.027

summation [measuring] instrument 总和[测量]仪表 26.028

superheating 过热 17.320

superimposed arc plasma torch 叠加弧等离子枪 17.224

super-lattice magnetic material 超晶格磁性材料 04.006

superparamagnetism 超顺磁性 04.067

supersaturation 过饱和 27.057

supervisory control system 监控系统 16.033

supplementary insulation 附加绝缘 29.055

supplementary load loss 附加损耗 08.098

supplementary marking 补充标记 01.931

supplementary protection 间接接触防护, *附加防护 29.121

support type current transformer 支柱式电流互感器 08.273

suppression 抑制 30.069

suppression capacitor 抑制电容器 30.103

suppression characteristic 抑制特性 30.093

suppression component 抑制元件 30.095

suppression element 抑制元件 30.095

suppressive wiring technique 抑制布线技术 30.101

surface band 表面带 02.224

surface contact 面接触 09.020

surface discharge 表面放电 01.791

surface [electric] charge density 面电荷密度 01.170

surface [energy] level 表面能级 02.232

surface integral 面积分 01.020

surface-mounted luminaire 吸顶灯[具] 22.303

surface passivation 表面钝化 15.041

surface recombination velocity 表面复合速度 02.251

surface resistance [表]面电阻 03.124

surface resistivity 面电阻率 03.125

surface roughness 表面粗糙度 03.176

surface temperature 表面温度, *壳体温度 27.141

surge arrester 避雷器 13.001

surge breakdown voltage 浪涌击穿电压 13.057

surge forward current 正向浪涌电流 15.149

surge on-state current 通态浪涌电流 15.195

surge reverse power dissipation 反向浪涌耗散功率 15.167

susceptance 电纳 01.429

susceptance relay 电纳继电器 14.095

susceptibility threshold 敏感度阈值 30.082

susceptor lining 导电炉衬 17.182

suspended luminaire 吊灯[具] 22.304

suspended roof 悬挂炉顶 17.245

suspension clamp 吊线夹 20.083

suspension insulator 悬式绝缘子 06.057

sustained gap-arc protection 持续间隙电弧保护 11.094

sustained short-circuit test 持续短路试验 07.618

sweating 热析 02.116

sweep 扫频 27.177

sweep rate 扫频速率 27.178

swelling of case 外壳鼓胀 11.089

switch 开关 09.096

switch arm 开关臂 15.312

switch connection 开关联结 15.326

switch control factor 开关控制因数 15.413

switch-disconnector 隔离器式开关 09.104

switch-disconnector-fuse 带熔断器的隔离器式开关 09.110

switched reluctance motor 开关磁阻电动机 07.180

switch-fuse 带熔断器开关 09.113

switchgear 开关设备 09.032

switch hook 开关钩棒 09.270

switching 通断 01.620, 切换 01.621, 开合 09.399

switching contact 通断触头 08.170

switching device 开关装置 09.034

switching diode 开关二极管 15.102

switching impulse 操作冲击 12.092

switching impulse current 操作冲击电流 13.035

switching impulse sparkover voltage 操作冲击放电电压 13.046

switching impulse test 操作冲击试验 12.083

switching magnet 开关磁铁 21.154

switching overvoltage 缓波前过电压, * 操作过电压 12.012

switching torque 切换转矩 07.546

switching value 切换值 14.166

switching voltage 开断电压 10.058

switch-start fluorescent lamp 开关起动荧光灯 22.181

switch stick 开关钩棒 09.270

swivel gantry 旋转座 17.143

symbol element 符号要素 01.906

symmetrical alternating quantity 对称交变量 01.063

symmetrical breaking 对称分断, * 对称开断 09.026

symmetrical cable 对称电缆 05.062

symmetrical co-ordinates 对称坐标 01.153

symmetrical deflection 对称偏转 21.032

symmetrical fiber 对称光纤 05.281

symmetrical lighting fitting 对称灯具 22.287

symmetrical phase control 对称相控 15.356

symmetrical polyphase circuit 对称多相电路 01.552

symmetrical system 对称系统 01.154

symmetrical twin 对称线对 05.091

symmetrical two-port network 对称二端口网络 01.479

symmetric [characteristic circuit] element 对称[特性电路]元件 01.409

synchro 自整角机 07.118

synchro differential receiver 差动自整角接收机 07.126

synchro differential transmitter 差动自整角发送机 07.125

synchronism 同步 01.103

synchronizing 整步 07.549

synchronizing reactor 整步电抗器 08.243

synchronizing relay 整步继电器 14.126

synchronizing torque 整步转矩 07.462

synchronizing winding 整步绕组 07.257

synchronous coefficient 同步系数 07.447

synchronous compensator 同步调相机, * 同步补偿机 07.101

synchronous condenser 同步调相机, * 同步补偿机 07.101

synchronous coupling 同步耦合器 07.112

synchronous generator 同步发电机 07.046

synchronous impedance 同步阻抗 07.430

synchronous induction motor 同步感应电动机 07.054

synchronous initiation 同步[引弧]起动 18.109

synchronous machine 同步电机 07.044

synchronous motor 同步电动机 07.051

synchronous operation 同步运行 07.555

synchronous phase angle 同步相角 21.236

synchronous power coefficient 同步功率系数 07.448

synchronous pull-out torque 失步转矩, * 最大同步转矩 07.376

synchronous reactance 同步电抗 07.435

synchronous speed 同步转速 07.425

synchro receiver 自整角接收机 07.123

synchro transformer 自整角变压器 07.124

synchro transmitter　自整角发送机　07.122

synchrotron　同步加速器　21.088

synchrotron frequency　同步加速器振荡频率
　21.242

synchrotron oscillation　同步加速器振荡　21.035

synchrotron radiation　同步[加速器]辐射　21.036

synchrotron radiation loss　同步辐射损失　21.268

synthetic mica　合成云母　03.102

synthetic paper　合成纤维纸　03.060

synthetic test　合成试验　09.420

system antenna　系统用天线　30.007

system control equipment　系统控制设备　15.300

system deviation　系统偏差　16.197

system diagram　系统图　01.946

system impedance ratio　系统阻抗比　14.236

system interconnection transformer　联络变压器
　08.014

system of units　单位制　01.869

system safety　系统安全　29.005

system with effectively earthed neutral　中性点有效
　接地系统　12.002

system with non-effectively earthed neutral　中性点
　非有效接地系统　12.003

T

table　表格　01.938

table cooker　台灶　23.089

table fan　台[式电风]扇　23.011

table lamp　台灯　22.309

tachogenerator　测速发电机　07.139

tail lamp　尾灯　22.372

take-over current　交接电流　09.301

tandem electric drive　串级电气传动　16.012

tandem electrostatic accelerator　串列式静电加速器
　21.075

tandem motor　双电枢共轴电动机　07.097

tandem [speed] control　串级调速　16.037

tank voltage　槽电压　24.177

tank with bend pipe　带散热管油箱　08.185

tap　抽头　07.203

tap-change in progress indicator　分接转换指示器
　08.175

tap-change operation　分接变换操作　08.162

tapping　分接　08.141

tapping current　分接电流　08.148

tapping duty　分接工况　08.143

tapping factor　分接因数　08.144

tapping power　分接容量　08.147

tapping quantities　分接参数　08.142

tapping range　分接范围　08.145

tapping step　分接级　08.146

tapping voltage　分接电压　08.149

tapping voltage ratio　分接电压比　08.150

tap position indicator　分接位置指示器　08.172

tap-selector　分接选择器　08.167

tare weight　皮重　20.165

target　靶　21.174

target chamber　靶室　21.177

tarnish　失泽物　02.090

tear strength　抗撕强度　03.178

technical magnetization　技术磁化　04.044

tee joint　T型接头　05.144

teleadjusting　远距离调节　16.217

telecommand　远距离命令　16.216

telecommunication cable　通信电缆　05.058

telecontrol　遥控　16.209

telecounting　远距离计算　16.215

teleinstruction　远距离指令　16.218

telemetering　遥测　16.208

telemonitoring　远距离监视　16.214

TEM cell　横电磁波室　30.111

temperature class　温度组别　25.006

temperature coefficient　温度系数　01.844

temperature coefficient of capacity　容量温度系数
　24.140

temperature coefficient of electromotive force　电动势
　温度系数　24.139

temperature coefficient of resistance　电阻温度系数
　02.008

temperature-compensated electric machine　温度补偿
　电机　07.174

temperature cycle test　温度循环试验　06.106

temperature gradient　温度梯度　27.050

temperature index　温度指数　03.187

temperature limiter　限温器　23.151

temperature relay　温度继电器　14.073

temperature-resistance curve　温度－电阻曲线 02.037

temperature rise　温升　01.841

temperature rise of hot wind　热风温升　23.210

temperature-rise test　温升试验　08.212

temperature sensitivity　温度敏感性　07.502

temperature stability　温度稳定性　27.142

temporary overvoltage　暂态过电压　12.011

tensioning device　张力调整器　20.080

tensor permeability　张量磁导率　01.335

tensor susceptibility　张量磁化率　04.095

terminal　端　01.397,端子　01.566,极柱 24.112

terminal block　接线板　01.573

terminal board　端子板　01.572

terminal box　终端盒　05.131,接线盒　07.307

terminal connection diagram　端子接线图　01.967

terminal connection table　端子接线表　01.968

terminal designation　端子代号　01.915

terminal function diagram　端子功能图　01.958

terminal interference voltage　端子干扰电压 30.067

terminal marking　接线端子标记　01.921

terminal of a network　网络端　01.473

terminal pair　端口，＊端对　01.474

terminal voltage　端电压　01.849

terminating immittance　端接导抗　01.491

termination　终端　01.567,接线装置　07.306

termination control　终止控制　15.359

termite　白蚁　27.119

tertiary winding　三次绕组　08.133

tesla　特［斯拉］　01.883

test　试验　28.053

test chamber　试验容器　25.035,试验箱　27.143

test data　试验数据　28.159

test duration　试验［持续］时间　28.065

test duty　试验方式　09.414

test finger check　试指检查　23.211

test for non-transmission of an internal explosion　隔爆性能试验　25.057

testing transformer　试验变压器　08.028

test model　试验模型　03.237

test of ability to keep warm　保温能力试验　23.227

test of rinsing performance　漂洗性能试验　23.225

test of washing performance　洗净性能试验　23.223

test of water extracting efficiency　脱水效率试验 23.226

test position　试验位置　09.393

test series　试验系列　09.415

test site　试验场地　30.113

test specimen　试验样品　27.027

theoretical numerical aperture　理论数值孔径 05.320

thermal activation of magnetic domain　磁畴热激活 04.029

thermal ageing test　热老化试验　03.229

thermal breakdown　热击穿　15.027

thermal capacitance　热容　15.068

thermal cell　热电池　24.030

thermal conductivity　热导率　17.035

thermal convection　热对流　17.037

thermal current limit　热极限电流　25.072

thermal deflection rate　热偏转率　02.025

thermal derating factor　热降额因数　15.064

thermal diffusion　热扩散　17.034

thermal diffusivity　热扩散率　17.036

thermal effect　热效应　27.032

thermal electrical relay　电热继电器　14.072

thermal EMF　泽贝克电动势，＊热电动势 02.051

thermal EMF stability　热电动势稳定性　02.052

thermal endurance　耐热性　03.183

thermal endurance class　耐热等级　03.186

thermal endurance profile　耐热概貌　03.189

thermal equilibrium　热平衡，＊热稳定　01.845

thermal forced convection　强迫热对流　17.039

thermal generating set　热力发电机组　07.039

thermal impedance under pulse conditions　脉冲条件热阻抗　15.067

thermal insulation　热绝缘　17.018,绝热材料 17.019

thermal life 热寿命 03.184

thermal life graph 热寿命图 03.185

thermal loss 热损失 17.016

thermally neutralized state 热致中性化状态，＊原
状态 01.314

thermal-mechanical performance test 热机[械性能]
试验 06.107

thermal natural convection 自然热对流 17.038

thermal-overload protection 热过载保护 11.095

thermal-overload release 热过载脱扣器 09.228

thermal radiation 热辐射 17.042

thermal radiator 热辐射体 17.043

thermal resistance 热阻 01.847

thermal runaway 热崩溃 13.032，热失控
24.058

thermal shock test 热冲击试验，＊热震试验
03.235

thermal stability 热平衡，＊热稳定 01.845，热稳
定性 01.846

thermal stability test 热稳定试验 11.069

thermal stability test for bushing 套管热稳定试验
06.104

thermal steady state 热稳定状态 17.306

[thermal] storage room heater 贮热式房间电暖器
23.112

thermal time-delay switch 热延时开关 09.176

thermal transmission 传热 17.032

thermal transmission coefficient 传热系数 17.048

thermionic emission 热离子发射 01.189

thermistor 热敏电阻 07.331，热敏电阻器
09.196

thermo-bimetal 热双金属 02.015

thermocouple 热电偶 02.038

thermo-electric material 电热材料 02.030

thermo-electric traction 热－电牵引 20.002

thermogravimetry 热失重法 03.232

thermomagnetic treatment 热磁处理 04.038

thermometer method of temperature determination
温度计法测温 08.221

thermoplastics 热塑性塑料 03.082

thermoset plastics 热固性塑料 03.081

thermostat 温控器 23.150

thermostatic iron 调温电熨斗 23.063

thermostatic switch 定温开关 09.177

Thomson coefficient 汤姆孙系数 02.048

Thomson effect 汤姆孙效应 01.267

Thomson EMF 汤姆孙电动势 02.049

threaded flameproof joint 螺纹隔爆接合面 25.043

three-phase five-limb core 三相三柱旁轭式铁心
08.107

three-phase neutral reactor 三相中性点电抗器
08.235

three-phase three-limb core 三相三柱式铁心
08.106

three-wire type current transformer 三线式电流互感
器 08.284

threshold current 阈值电流 10.064

threshold of deadly current 致命[电流]阈值
29.074

threshold of let-go current 摆脱[电流]阈值
29.073

threshold of perception current 感知[电流]阈值
29.072

threshold of ventricular fibrillation current 致颤[电
流]阈值 29.075

threshold ratio 阈值比 10.062

threshold voltage 阈电压 21.220

throat depth 电极臂伸出长度 18.098

throat gap 电极臂间距 18.097

through-current 通过电流 08.157

through heating 穿透加热 17.011

through type current transformer 穿贯式电流互感
器 08.275

throughway bushing 穿通[式]套管 06.013

thrust bearing 推力轴承 07.317

thunderstorm 雷暴 27.072

thyristor 晶闸管 15.105

thyristor module 晶闸管模块 15.137

TIG arc welding machine 钨极惰性气体保护弧焊
机 18.008

tight tube fiber 紧套光纤 05.277

TIG torch 钨极惰性气体保护焊炬 18.050

tilting cradle 倾炉架 17.175

tilting furnace 倾倒式炉 17.273

tilting system 倾炉系统 17.142

time between failures 无故障工作时间 28.119

time constant 时间常数 01.150

time-current characteristic 时间－电流特性 10.050

time-current zone 时间－电流区 10.054

time-current zone limits 时间－电流区限值 10.055

time-delay leakage current operated protective device 延时型漏电[动作]保护器 09.109

time-delay of transient recovery voltage 瞬态恢复电压时延 09.286

time-delay operation 延时动作 09.382

time-delay relay 时间继电器 14.078

time-delay residual current operated protective device 延时型剩余电流[动作]保护器 09.107

time domain 时域 27.090

time effect of eddy current 涡流性时间效应 04.054

time effect of magnetic hysteresis 磁滞性时间效应 04.053

time effect of magnetization 磁化时间效应 04.052

time-load withstand strength 时间－负荷耐受强度 06.090

time program 时[间程]序 01.804

timer 定时器 23.141

time response 时间响应 16.188

time sequence chart 时序表图 01.955

time t_E 极限温度时间，* t_E 时间 25.075

time to chopping 截断时间 12.074

time to half value of an impulse 冲击半峰值时间 12.086

time to impulse flashover 冲击闪络时间 06.093

time to peak of switching impulse 操作冲击波前时间 12.093

time to sparkover 击穿预放电时间 13.048

time-to-tracking 起痕时间 03.139

time-travel diagram 时间－行程特性 09.354

time-undervoltage protection 定时欠电压保护 14.041

tinned conductor 镀锡导线 05.069

tinning 镀锡 05.205

tinning machine 镀锡机 05.243

tinsel conductor 铜皮线 05.084

T-network T形网络 01.482

TN system TN系统 29.138

toaster 面包片烘烤器 23.094

toggle switch 拨动开关 09.179

tongue 扁脚 06.065

tonne-kilometer 吨－公里 20.173

tooth 齿 07.284

tooth pitch 齿距 07.204

topographical layout 实地布局法 01.945

topographical map 网络地图 01.976

topographical plan 平面图 01.971

topology of networks 网络拓扑学 01.455

top type current transformer 倒立式电流互感器 08.281

toroidal coil winding machine 环形线圈绕线机 08.306

torque-angle displacement characteristic 矩角特性 07.516

torque gradient 比整步转矩 07.465

torque motor 力矩电[动]机 07.167

torque ripple coefficient 转矩波动系数 07.541

torque sensitivity at locked-rotor 堵转转矩灵敏度 07.540

torque shaft 扭转轴 07.313

torque synchro 力矩式自整角机 07.119

torsional device 扭转机构 09.212

total amplitude 总振幅 01.089

total current 全电流 01.231

total gross traffic 总运输量 20.181

total impedance of a human body 人体总阻抗 29.080

total internal reflection angle 临界角，* 全内反射角 05.327

totally-enclosed fan-ventilated air-cooled type 全封闭风扇通风空气冷却式 01.693

totally-enclosed fan-ventilated type 全封闭风扇通风式 01.690

totally enclosed type 全封闭式 01.705

totally-enclosed water-cooled type 全封闭水冷却式 01.694

totally weather-protected location 完全有气候防护场所 27.131

total null voltage 总值零位电压 07.452

total power dissipation 总耗散功率 15.153

total quality control　全面品质控制，＊全面品质管理　28.008

total resistance　总阻力　20.151

touchdown zone lights　触陆区灯　22.358

touch voltage　接触电压　29.065

toughened glass　钢化玻璃　06.096

TQC　全面品质控制，＊全面品质管理　28.008

track　电痕　03.137

tracking　[漏电]起痕　03.136

tracking erosion　[漏电]起痕蚀损　03.138

tracking index　起痕指数　03.140

tracking test　漏电起痕试验　23.218

track return system　轨道回流系统　20.038

traction battery　牵引用蓄电池组　24.082

traction motor　牵引电动机　07.093

traction reactor　牵引电抗器　08.248

traction transformer　牵引变压器　08.032

tractive effort　牵引力　20.143

tractive effort at continuous rating　持续牵引力　20.147

tractive effort at hourly rating　小时牵引力　20.148

tractive electromagnet　牵引电磁铁　09.189

traffic　运输量　20.180

traffic lights　交通光信号　22.379

traffic signals　交通光信号　22.379

trailer　拖车　20.013

trailing brush　后倾式电刷　02.130

trailing load　牵引总重，＊牵引载荷　20.172

train-kilometer　列车－公里　20.174

train line　列车线　20.114

train of waves　波列　01.135

train resistance　列车阻力　20.149

tramcar　有轨电车　20.028

transconductance　跨导　15.237

transfer factor　传递因数　15.414

transfer function　传递函数　01.502

transfer immittance　传递导抗　01.503

transfer ratio　传递比　01.504

transferred arc plasma torch　转移弧等离子枪，＊直接弧等离子枪　17.223

transformation ratio　变比　01.853

transformation voltage ratio test　变压比试验　08.207

transformer　变压器　08.001

transformer tank　油箱　08.182

transformer type voltage regulator　变压器式调压器　08.233

transient current　瞬态电流　01.235

transient deviation　瞬态偏差　16.200

transient digital recorder　瞬态数字记录仪　26.041

transient open circuit time constant　瞬态开路时间常数　07.390

transient overvoltage　瞬态过电压　12.016

transient phenomena　瞬变现象　01.848

transient reactance　瞬态电抗　07.436

transient recovery voltage　瞬态恢复电压　09.282

transient short-circuit time constant　瞬态短路时间常数　07.391

transient state　瞬态　01.105

transient thermal impedance　瞬态热阻抗　15.066

transient voltage　瞬态电压　07.428

transition　转换，＊转接　01.736

transition coil　过渡线圈　08.126

transition contact　过渡触头　08.171

transition current　过渡电流　15.397

transition impedance　过渡阻抗　08.159

transition joint　过渡接头　05.141

transition region　过渡区　15.003

transition resistance　过渡电阻　08.092

translucent body　半透明体　22.087

transmissibility　传递率　27.167

transmission　透射　22.011

transmission factor　透射比，＊透射因数　22.077

transmission line　传输线　30.003

transmission parameter　传输参数　05.180

transmission system　传输系统　26.020

transmissivity　透射率　22.078

transmittance　透射比，＊透射因数　22.077

transolver　传输解算器　07.133

transparent body　透明体　22.086

transportation condition　运输条件　27.138

transposition　换位　01.738

transverse electromagnetic cell　横电磁波室　30.111

transverse flux heating　横向磁通加热　17.148

transverse focusing　横向聚焦　21.025

transverse inclination　横倾　27.108

twin cable　双芯电缆　05.025

twin locomotive　双联机车　20.018

twinning　对绞　05.212

twinning machine　双绞机　05.236

twin-T network　双T形网络　01.487

two-axis stepping motor　平面步进电机　07.154

two-direction switch　双向开关　09.115

two-layer winding　双层绕组　07.249

two-phase operation　两相运行　07.608

two-phase servomotor　两相伺服电机　07.149

two-port network　二端口网络，＊二端对网络　01.476

two-quadrant convertor　双象限变流器　15.265

two-rate charge　两步充电　24.070

two-speed hysteresis synchronous motor　双速磁滞同步电动机　07.164

two-step charge　两步充电　24.070

two-terminal circuit　二端电路　01.399

two-terminal network　一端口网络，＊二端网络　01.475

two-terminal-pair network　二端口网络，＊二端对网络　01.476

two-value capacitor motor　双值电容电动机　07.187

two-winding transformer　双绕组变压器　08.047

type of action　作用方式　16.093

type of explosion-proof construction　防爆型式　25.005

type test　型式试验　28.055

typical daylight　典型日光　22.061

U

UHV　特高[电]压　01.225

ultra-high voltage　特高[电]压　01.225

ultrasound　超声　27.102

ultra-violet lamp　紫外线灯　22.216

ultra-violet ray　紫外线　22.004

unaligned fiber bundle　非相干光纤束，＊不定位光纤束　05.283

unconnected network　非连通网络　01.461

under-compounded DC machine　欠复励直流电机　07.090

under-current relay　欠电流继电器　14.086

underground cable　地下电缆　05.049

underload　欠载　01.759

underreaching protection　欠范围保护　14.029

under-voltage　欠电压　01.768

under-voltage protection　欠电压保护　29.122

under-voltage relay　欠电压继电器　14.082

under-voltage release　欠电压脱扣器　09.231

undesired signal　无用信号　30.051

undulate resistor　波形电阻体　17.073

unearthed voltage transformer　不接地电压互感器　08.280

unenergized condition　未激励状态　14.007

unfirm closing　鸟啄　14.235

unformed dry cell　未化成干态蓄电池　24.095

unidirectional binding tape　无纬绑扎带　03.072

unidirectional current　单向电流　01.241

unidirectional [electronic] valve　单向[电子]阀　15.292

unidirectional thyristor　单向晶闸管　15.106

uniform connection　均一联结　15.332

uniform diffusion　均匀漫射　22.090

uniform field　均匀场　01.009

uniform insulation　均匀绝缘　08.135

uniformity ratio of illuminance　照度均匀比　22.278

uniform major section　均匀大段　05.161

unilateral gearing　单侧齿轮机构　20.106

unilateral transmission　单侧传动　20.216

uninhibited oil　非阻化油　03.024

uninterrupted duty　不间断工作制　01.821

uninterrupted power supply　不间断电源　15.288

unit connection diagram　单元接线图　01.963

unit connection table　单元接线表　01.964

unit-impulse signal　单位脉冲信号　16.130

unit of an arrester　避雷器元件　13.012

unit [of measurement]　[测量]单位　01.864

unit protection system　单元保护系统　14.044

unit pulse　狄拉克函数，＊单位脉冲　01.037

unit ramp　单位斜坡函数　01.033

unit-step response　单位阶跃响应　12.119

unit-step signal 单位阶跃信号 16.131

unit substation 单元变电站 09.199

unit test 单元试验 09.425

unit tube 单位管 01.016

unit type cable 单位式电缆 05.061

unity power-factor test 满功率因数试验 07.622

universal fuse-link 通用熔断体 10.027

universal instrument 万用表 26.066

universal motor 交直流两用电动机 07.189

unprotected type 无防护式 01.702

unsafe temperature 不安全温度 29.041

unspillable cell 无泄漏蓄电池 24.086

unsteadiness 不稳定性 22.150

unsuccessful auto-reclosing operation 不成功自动重

合操作 09.372

unwanted operation 误动 14.018

unwanted signal 无用信号 30.051

upper beam 远光 22.364

UPS 不间断电源 15.288

upsetting force 顶锻力 18.101

up state 可使用状态 27.129

up time 能工作时间 28.099

urea moulding material 脲醛模塑料 03.078

useful heat 有效热 17.014

useful life 使用寿命 28.118

utilance 利用率 22.277

utilization factor 利用因数 22.275

utilized flux 利用光通量，＊有效光通量 22.274

V

vacuum arc 真空电弧 09.002

vacuum chamber 真空室 21.122

vacuum circuit-breaker 真空断路器 09.067

vacuum cleaner 真空吸尘器 23.043

vacuum consumable electrode arc furnace 真空自耗
电弧炉 17.132

vacuum contactor 真空接触器 09.133

vacuum degassing 真空脱气 11.047

vacuum degree 真空度 23.202

vacuum furnace 真空炉 17.268

vacuum gun 内部枪，＊真空电子枪 17.211

vacuum lamp 真空灯 22.162

vacuum melting 真空熔炼 17.300

vacuum-pressure impregnation plant 真空－压力浸
渍设备 07.659

vacuum-pumping system 真空抽气系统 21.184

vacuum remelting 真空重熔 17.301

vacuum remelting arc furnace 真空重熔电弧炉
17.130

vacuum starter 真空起动器 09.141

vacuum storage 真空储存 11.048

vacuum switching device 真空开关装置 09.059

vacuum treatment 真空处理 03.200

valence band 价带 02.214

valley magnetic field "谷"磁场 21.225

valley value 谷值 01.086

value before notching 换级前值 20.160

value of a quantity 量值 01.863

[valve] arm [阀]臂 15.309

valve blocking 阀闭锁 15.379

valve device assembly 阀器件装置 15.295

[valve device] stack [阀器件]堆 15.294

valve element 阀片，＊非线性电阻 13.014

valve reactor 阀电抗器 15.299

valve side winding 阀侧绕组 08.115

valve type arrester 阀式避雷器 13.002

var 乏 01.880

var-hour meter 乏时计 26.069

variable 变量 16.111

variable field [speed] control 调磁调速 16.035

variable flux voltage regulation 变磁通调压
08.223

variable frequency electric drive 变频电气传动
16.017

variable frequency power supply 变频电源 15.287

variable reluctance stepping motor 磁阻式步进电机
07.153

variable speed electric drive 调速电气传动，＊变速
传动 16.006

variable voltage electric drive 调压传动 16.008

variable voltage [speed] control 调压调速 16.034

variable-voltage transformer 接触调压器 08.227

variometer 变感器 09.198

varistor [电]压敏变阻器 09.195

varmeter 无功功率表，*乏表 26.055

varnish 清漆 03.033

varnished fabric 浸漆织物 03.069

varying duty 变载工作制 01.828

varying speed motor 变速电动机 07.029

varying-voltage control 变压控制 16.056

vault-type transformer 窨室变压器 08.043

V-curve characteristic V形曲线特性 07.414

vector control 矢量控制 16.076

vector field 矢量场 01.008

vector potential 矢位，*矢势 01.029

vector power 矢量功率 01.528

vector product 矢[量]积 01.006

vector [quantity] 矢量 01.003

vehicle 车辆 20.005

vehicle gauge 车辆限界 20.200

velocity amplitude 速度幅值 27.171

velocity of wave 波速 01.136

velocity transducer 速度传感器 27.195

vented cell 排气式蓄电池，*开口蓄电池 24.084

vented fuse 通风式熔断器 10.011

vented water heater 开口式热水器 23.075

ventilated type 通风式 01.707

ventilating duct 通风[坑]道 07.350

ventilating fan 排气扇 23.017

vent plug 液孔塞，*气塞 24.117

vent valve 排气阀 24.123

vertex 节点 01.458

vertical coil winding machine 立式绕线机 07.651

very-fast-front overvoltage 陡波前过电压 12.014

vestibule 前室 17.246

vibration 振动 27.085

vibration absorber 减震器 23.164

vibration exciter 激振器 27.190

vibration frequency 振动频率 27.169

vibration generator 激振器 27.190

vibration isolator 减振器，*隔振器 27.189

vibration machine 振动台 27.188

vibration period 振动周期 27.168

vibration strength test 振动强度试验 27.198

vibration table 振动台 27.188

vibration test 振动试验 27.205

vibratory conveyor 振动输送装置 17.258

vibratory feed 振动输送装置 17.258

V-I characteristic 伏安特性 15.156

viewing angle 视角 22.123

viewing field 视场 22.121

virgin state 热致中性化状态，*原状态 01.314

virtual junction temperature [等效]结温 15.062

virtual origin 视在原点 12.085

virtual temperature 等效温度 15.061

viscosity 黏度 03.152

[viscous] damping coefficient [黏性]阻尼系数 27.165

visibility 可见度 22.128

visible light 可见光 22.002

visibly glowing radiant heater 可见发光的辐射电暖器 23.113

vision 视觉 22.102

[vision] saturation [视觉]饱和度 22.115

visual angle 视角 22.123

visual comfort probability 视觉舒适概率 22.124

visual field 视场 22.121

visual inspection 外观检验 28.050

visual range 能见范围 22.125

volt 伏[特] 01.879

Volta effect 伏打效应 01.255

voltage 电压 01.220

voltage between lines 线[间]电压 01.540

voltage build-up 建压 07.578

voltage circuit 电压回路 09.422

voltage coefficient of capacitance 电容电压系数 11.062

voltage collapse 电压骤降 01.510

voltage control 电压控制 07.607

voltage-current characteristic 伏安特性 15.156

voltage dip 电压暂降 01.511

voltage divider 分压器 12.107

voltage drop 电压降，*电位降 01.226

voltage error 电压误差 08.290

voltage fluctuation 电压波动 30.068

voltage gradient 比电压 07.461

voltage grading 电压递减 01.796

voltage injection 电压引入 09.424

voltage-life characteristic 电压－寿命特性 05.177

voltage on line side 网侧电压 08.085

voltage on valve side 阀侧电压 08.086

voltage overshoot 电压过冲 01.769

voltage ratio 电压比 08.087, 分压比 12.108

voltage recovery time 电压恢复时间 18.085

voltage reducing device ［空载］电压降低装置 18.073

voltage regulation 电压调整率 01.852

voltage regulation characteristic 电压调整特性 07.412

voltage regulator 调压器 08.002

voltage relay 电压继电器 14.081

voltage sensitivity 电压敏感性 07.501

voltage stability 电压稳定度 21.215

voltage stabilizing circuit 稳压电路 01.643

voltage surge suppressor 电压浪涌抑制器 15.305

voltage test 电压试验 11.066

voltage/time curve for impulse 冲击波伏秒特性曲线 12.090

voltage/time curve for linearly rising impulse 线性上升冲击伏秒特性曲线 12.091

voltage to earth 对地电压 29.069

voltage transformer 电压互感器 08.267

volt-ampere 伏安 01.878

volt-ampere meter 伏安表 26.056

voltmeter 电压表, ＊伏特表 26.049

volume current density 体电流密度 24.167

volume [electric] charge density 体电荷密度 01.169

volume integral 体积分 01.021

volume resistance 体电阻 03.126

volume resistivity 体电阻率 02.006

vulcanization 硫化 05.218

vulcanized fiber paper 硫化纤维纸 03.064

vulcanizer 硫化罐 05.233

W

walking beam furnace 步进式炉 17.285

wall bracket 壁灯［具］ 22.302

wall fan 壁［式电风］扇 23.014

wall fitting 壁灯［具］ 22.302

wanted signal 有用信号 30.049

Ward-Leonard [electric] drive 沃德－伦纳德［电气］传动 16.011

Ward-Leonard generator set 沃德－伦纳德发电机组，＊电动机－直流发电机组 07.158

Ward-Leonard system 沃德－伦纳德系统 16.043

warming appliance 取暖电器 23.109

warming drawer 电热屉 23.092

warming plate 保温板 23.088

warning signal 警告信号 29.109

washing capacity 洗涤容量 23.205

washing machine 洗衣机 23.050

washing time 洗涤时间 23.204

washing tube 洗涤桶 23.168

water absorption 吸水性 03.162

water cooler 水冷却器 08.190, 饮水冷却器 23.041

water heater 热水器 23.067

water penetration 透水性 03.160

water-suction cleaning appliance 吸水式吸尘器 23.044

water test 浸水试验 27.162

water-tight type 水密式 01.718

watt 瓦［特］ 01.887

watt-hour 瓦［特小］时 01.882

watt-hour efficiency 能量效率，＊瓦时效率 24.136

watt-hour meter 瓦时计 26.068

wattmeter 功率表，＊瓦特表 26.054

waveform 波形 01.129

waveform measurement 波形测量 07.624

waveform test 波形试验 07.623

wave front 波前 01.134

waveguide window 波导窗 21.171

wave heater 电磁波加热器 17.187

wave length 波长 01.133

wave number 波数，＊波率 01.137

wave tail 波尾 01.132

wave train 波列 01.135

wave winding 波绕组 07.237

weak focusing 等梯度聚焦，＊弱聚焦 21.018

wear 磨损 02.154

wearout failure 耗损失效 28.088

wearout failure period 耗损失效期 28.111

weatherability 耐气候性 03.191

weather-proof type 气候防护式 01.711

weather-protected location 有气候防护场所 27.130

weber 韦[伯] 01.884

wedge contact 楔形触头 09.258

Wehnelt electrode 控制极，＊韦内尔特极 18.064

Weibull distribution 韦布尔分布 28.168

weight in working order 整备重量 20.166

weight transfer 重量转移 20.142

[Weiss] domain [外斯]磁畴 04.071

welding current 焊接电流 18.079

welding current decay unit 焊接电流衰减器 18.045

welding current growth unit 焊接电流增长器 18.044

welding cycle 焊接周期 18.091

welding electrode 焊接电极 17.189

welding electrode holder 焊钳 18.048

welding wheel 滚轮电极 18.071

weld time 焊接时间 18.106

wettability 浸润度 03.159

wet test 湿试验 12.100

wetting tension 湿润张力 03.173

wet-withstand voltage 湿耐受电压 12.038

Wheatstone bridge 惠斯通电桥 26.073

wide adjustable speed DC servomotor 宽调速直流伺服电机 07.147

wide angle diffusion 广角漫射 22.091

wide angle lighting fitting 广角灯具 22.290

wide-band random vibration 宽带随机振动 27.099

wide-band random vibration test 宽带随机振动试验 27.207

wild phase 强相，＊超前相 17.114

wind indicator 风信标 22.354

winding arbor extraction press 脱管机 08.309

winding factor 绕组因数 07.208

winding overhang 绕组端部 07.201

winding overhang support 绕组端部支架 07.273

winding pitch 绕组节距 07.209

winding wire 绕组线，＊电磁线 05.013

wind pressure 风压 23.197

wing clearance lights 机翼宽度灯 22.353

wire enamel 漆包线漆 03.039

wire feed unit 送丝装置 18.047

wire flattening and profiling machine 型线轧拉机 05.224

withdrawable circuit-breaker 抽屉式断路器 09.083

withdrawable part 可抽件 09.268

withstand pollution test 污秽耐压试验 12.102

withstand surge current 耐受浪涌电流 13.080

withstand voltage 耐受电压 12.031

withstand voltage test 耐[受电]压试验 12.050

Wood's lamp 黑光灯，＊伍德灯 22.211

work distance of electron gun 电子枪工作距离 18.090

work electrode 工作电极 17.188

working clearance 工作间隙 29.092

working earthing 工作接地 29.112

working face locomotive 采掘面机车 20.026

working head 工作头 19.090

working life 适用期，＊有效使用期 03.194

working space 工作空间，＊有效空间 27.144

working temperature 工作温度 17.020

working temperature limit 极限工作温度 03.171

wound core 卷绕铁心 08.109

wound-primary type current transformer 绕线式电流互感器 08.271

wound-rotor induction motor 绕线转子感应电动机 07.069

X

X-network X形网络，＊格形网络 01.484
X-ray field X射线场 21.039
X-ray irradiation X射线辐照 21.060

X-wax X蜡 03.020
XY recorder XY记录仪 26.036

Y

yield strength 屈服强度 03.179
Y joint Y型接头 05.145

yoke 磁轭，＊铁轭 01.590

Z

Zener breakdown 齐纳击穿，＊隧道击穿 15.028
zero divergence field 零散度场 01.018
zero-phase-sequence relay 零序继电器 14.104
zero position of testing 测试零位 07.642
zero power-factor characteristic 零功率因数特性 07.411
zero power-factor test 零功率因数试验 07.621
zero sequence 零序 01.157
zero-sequence component 零序分量 01.160
zero sequence impedance 零序阻抗 07.433
zero sequence reactance 零序电抗 07.441
zero sequence resistance 零序电阻 07.445
zero speed output voltage 零速输出电压 07.492

zigzag connection 曲折形联结，＊Z形联结 01.628
zinc-air cell 锌空气电池 24.028
zinc chloride dry cell 氯化锌干电池 24.026
zinc-manganese dioxide dry cell 锌锰干电池 24.017
zinc-mercuric oxide cell 锌汞电池 24.020
zinc oxide arrester 氧化锌避雷器 13.008
zinc-silver oxide cell 锌银电池 24.019
zone levelling 区熔夷平 15.032
zone melting and refining 区熔 17.303
zone refining 区熔提纯 15.031

汉 英 索 引

A

爱泼斯坦测量装置 Epstein measuring system 26.093

安[培] ampere 01.875

*安培表 ammeter 26.048

安培导体 ampere-conductor 07.422

安全 safety 29.001

安全标志 safe mark 01.918

安全电路 safety circuit 29.132

安全电压 safety voltage 29.061

安全对地工作电压 safe working voltage to ground 29.063

安全隔离变压器 safety isolating transformer 08.046

安全功能 safety function 29.009

安全规划 safety program 29.007

安全监测系统 safety monitoring system 29.134

安全距离 safe distance 29.091

安全距离作业 safe clearance working 29.050

安全开关 safety switch 29.159

安全联锁系统 safety interlock system 29.135

安全逻辑装置 safe logic assembly 29.150

安全塞 flame arrester vent plug 24.118

安全色 safety color 29.100

安全式插座 safety socket-outlet 23.180

安全试验 safety test 23.228

安全水平 level of safety 29.011

安全特低电压 safety extra-low voltage, SELV 29.062

安全系统 safety system 29.008

安全信号 safety signal 29.108

安全因数 safety factor 29.006

安全阻抗 safety impedance 29.079

安时计 ampere-hour meter 26.070

*安时效率 charge efficiency, ampere-hour efficiency 24.135

安匝 ampere-turn 07.423

安装尺寸 installing dimension, mounting size 01.664

氨空气燃料电池 ammonia-air fuel cell 24.151

按－拉钮 push-pull button 09.152

按摩器 massager 23.136

按钮 push-button 09.150

按压喷水器 press-button sprinkler 23.173

暗色调照明 low-key lighting 22.263

暗适应 dark adaptation 22.100

暗室灯 darkroom lamp 22.205

暗视觉 scotopic vision 22.104

奥斯特 oersted 01.891

B

巴克豪森跳变 Barkhausen jump, Barkhausen effect 04.050

*巴克豪森效应 Barkhausen jump, Barkhausen effect 04.050

靶 target 21.174

靶室 target chamber 21.177

白炽[电]灯 incandescent [electric] lamp 22.161

白蚁 termite 27.119

百分数电导率 percent conductivity 05.176

百分数误差 percentage error 26.144

百分数阻抗 percent impedance 08.093

摆脱[电流]阈值 threshold of let-go current 29.073

a－斑点 a-spot 02.087

半波 loop 09.010

半导电漆 semiconductive varnish 03.055

[半]导电釉 semiconducting glaze 06.095

半导体 semiconductor 02.188

半导体变流器 semiconductor convertor 15.276

半导体冰箱 semiconductor type refrigerator 23.037

半导体阀器件 semiconductor valve device 15.293

半导体接触器 semiconductor contactor 09.134

半导体开关装置 semiconductor switching device 09.056

[半导体]模块 semiconductor module 15.134

半导体器件 semiconductor device 15.092

半导体探测器 semiconductor detector 26.099

半导体整流堆 semiconductor rectifier stack 15.096

半导体整流[二极]管 semiconductor rectifier diode 15.095

[半导体]组件 semiconductor assemble 15.135

半集中表示法 semi-assembled representation 01.942

半间接照明 semi-indirect lighting 22.258

半控联结 half controllable connection 15.337

半透明体 translucent body 22.087

半线圈 half-coil, bar 07.192

半永磁材料 semi-permanent magnetic material 04.004

半直接照明 semi-direct lighting 22.256

半自动弧焊机 semi-automatic arc welding machine 18.003

半自动控制 partial-automatic control, semi-automatic control 16.050

半自动控制器 semi-automatic controller 16.159

半自动转接设备 partial-automatic transfer equipment 16.156

办公用电器 office [electrical] appliance 23.004

绑箍 binding band 07.277

棒式电流互感器 bar-type current transformer 08.285

棒形电阻体 rod resistor 17.074

棒形支柱绝缘子 solid-core post insulator 06.015

包层不圆度 cladding non-circularity 05.336

包层光纤 cladded fiber 05.276

包封 encapsulating 03.221

包封胶 encapsulating compound 03.045

包封绕组干式变压器 encapsulated winding dry-type transformer 08.053

包封式 encapsulated type 01.729

孢子 spore 27.117

薄膜电容器 film capacitor 11.025

薄膜流延 film casting 03.211

薄纸板 presspaper 03.067

*保安变压器 fail-safe transformer 08.065

保安性 fail-safe 29.010

保持[闭]合操作 hold-closed operation 09.367

保持闭合机构 hold-closed device 09.210

保持操作 lockout operation 09.369

保持转矩 holding torque 07.526

保持作用 holding action 16.097

保护比 protective ratio 13.074

保护导体 protective conductor 29.153

保护电力间隙 protection power gap 11.096

保护电流互感器 protective current transformer 08.262

保护电路 protective circuit 01.640

保护电容器 capacitor for voltage protection 11.019

保护电压互感器 protective voltage transformer 08.263

保护电阻器 protective resistor 12.112

保护动作时间 operate time of protection 14.229

保护断路器 backup circuit-breaker 09.077

保护范围 protective range 13.059

保护高度 protection height 25.062

保护继电器 protection relay 14.048

保护间隙 protective gap 29.093

保护角 shielding angle 22.319

保护接地 protective earthing 29.113

保护接地系统 guard ground system 30.105

保护开关设备 protective switchgear 15.301

保护爬电距离 protected creepage distance 06.073

保护屏蔽 guard screen 30.073

保护器件 protective device 11.043

保护气体 protective gas 25.070

保护水平 protection level 12.021

保护特性 protective characteristics 13.058

保护系统　protection system　29.131
保护因数　protection factor　12.022
保护裕度　protective margin　13.075
保护照明　protective lighting　22.253
保护中性导体　PEN conductor　29.155
保护装置　protective device　29.147
保梯电抗　Potier reactance　07.438
保温板　warming plate　23.088
保温能力试验　test of ability to keep warm　23.227
*保温时间　soaking time　17.328
保温损耗　standby loss, standing loss　17.022
保温温度　holding temperature　17.321
保用期　insurance period　28.039
饱和　saturation　16.186
饱和磁化　saturation magnetization　01.304
饱和磁化强度　saturation magnetization　01.305
饱和磁滞回线　saturation hysteresis loop　01.331
饱和电抗器　saturable reactor　08.252
饱和空气　saturated air　27.056
饱和曲线　saturation curve　04.080
饱和特性　saturation characteristic　07.406
饱和因数　saturation factor　01.857
暴露　exposure　27.014
曝光　[light] exposing　22.044
曝光表　exposure meter　22.148
曝光量　[light] exposure　22.043
爆炸　explosion　25.015
爆炸危险　explosion hazard　29.037
爆炸危险场所　explosion hazard area　25.017
爆炸性粉尘环境　explosive dust atmosphere　25.004
爆炸性粉尘混合物　explosive dust mixture　25.010
爆炸性环境　explosive atmosphere　25.002
爆炸性混合物　explosive mixture　25.008
爆炸性气体环境　explosive gas atmosphere　25.003
爆炸性气体混合物　explosive gas mixture　25.009
杯型电枢直流伺服电机　moving-coil DC servomotor　07.145
背对背电容器组开断电流　back-to-back capacitor bank breaking current　09.297
背景噪声　background noise　08.008
备件表　spare parts list　01.978
备用电源保护装置　automatic switching-on equipment of standby power supply　14.140
备用冷却　standby cooling, emergency cooling　01.654
备用时间　standby time　28.104
备用照明　standby lighting　22.252
焙烧　baking　02.178
焙烧炉　baking furnace　02.181
本征半导体　intrinsic semiconductor, I-type semiconductor　02.195
本征导电　intrinsic conduction　02.210
本征电导率　intrinsic conductivity　02.247
本质安全电路　intrinsically safe circuit　25.077
本质安全型电气设备　intrinsically safe electrical apparatus　25.076
*本质失效　inherent [weakness] failure　28.080
比饱和磁化强度　specific saturation magnetization　01.306
比表面　specific surface　02.082
比磁化强度　specific magnetization　04.094
比磁滞损耗　specific hysteresis losses　04.068
比电压　voltage gradient　07.461
比功率　specific power　24.132
比较测量　comparison measurement　26.007
比较单元　comparing unit　16.146
比较元件　comparing element　16.140
比较值　comparison value　26.120
比例控制　proportional control　16.069
比例式旋转变压器　proportional resolver　07.130
比例作用　proportional action, P-action　16.104
比例作用系数　proportional-action coefficient　16.202
比能量　specific energy　01.749
比热[容]　specific heat [capacity]　17.024
比容量　specific capacity　24.131
比特性　specific characteristic　01.773
比弯曲　specific thermal deflection　02.020
比整步转矩　torque gradient　07.465
比值误差校验　ratio error verification　08.214
毕奥－萨伐尔定律　Biot-Savart law　01.257
[闭]合　closing　09.395
[闭]合操作　closing operation　09.361
闭[合电]路　closed circuit　01.617
闭合－断开时间　close-open time　09.340

闭合峰值电流 peak-switching current 07.384

闭合空气回路水冷却式 closed air-circuit water-cooled type 01.695

闭合时间 closing time 14.215

[闭]合同期性 closing simultaneity 09.342

[闭]合位置 closed position 09.387

闭合－延时－断开操作 close-time delay-open operation 09.366

闭环控制 closed-loop control, feedback control 16.052

闭口气孔率 closed porosity 02.151

闭路冷却 closed-circuit cooling 01.653

闭路转换 closed[-circuit] transition 09.412

闭锁继电器 blocking relay 14.116

闭锁式保护 blocking protection 14.027

必须值 must value 14.178

壁灯[具] wall fitting, wall bracket 22.302

壁[式电风]扇 wall fan 23.014

臂对 pair of arms 15.313

臂对外接端子 outer terminal of a pair of arms 15.317

臂对中心端子 center terminal of a pair of arms 15.316

避雷器 surge arrester, lightning arrester 13.001

避雷器比例单元 section of an arrester 13.013

避雷器脱离装置 arrester disconnector 13.022

避雷器元件 unit of an arrester 13.012

边电压 polygonal voltage 01.541

边耦合 side coupling 21.041

边耦合腔 side coupling cavity 21.127

边缘聚焦 edge focusing 21.022

边缘响应 edge response 05.325

编织 braiding 05.220

编织层 braid 05.127

编织覆盖率 percentage of braiding coverage 05.203

编织机 braiding machine 05.246

编织角 braiding angle 05.199

编织节距 lay of braiding 05.202

扁[多芯]电缆 flat [multicore] cable 05.027

扁脚 tongue 06.065

扁平感应器 pancake inductor 17.158

扁绕机 strip-on-edge winding machine 07.652

扁形触头 blade contact 02.057

便携式 portable-type 01.671

变比 transformation ratio 01.853

变比校正百分数 percent ratio correction 08.301

变比校正因数 ratio correction factor 08.300

变磁通调压 variable flux voltage regulation 08.223

变磁性 metamagnetism 04.065

变感器 variometer 09.198

变化率保护 rate-of-change protection 14.033

变化率继电器 rate-of-change relay 14.091

变极调速 pole changing [speed] control 16.039

变量 variable 16.111

变流臂 convertor arm 15.311

变流变压器 convertor transformer 08.025

变流联结 convertor connection 15.324

变流因数 conversion factor 15.388

变流装置 convertor assembly 15.296

变频电气传动 variable frequency electric drive 16.017

变频电源 variable frequency power supply 15.287

变频机 frequency convertor 07.105

变频机组 frequency changer set 07.107

变频调速 frequency [speed] control 16.038

* 变速传动 adjustable speed electric drive, variable speed electric drive 16.006

变速电动机 varying speed motor 07.029

变相机 phase convertor 07.110

变压比试验 transformation voltage ratio test 08.207

变压控制 varying-voltage control 16.056

变压器 transformer 08.001

变压器保护装置 protection equipment for transformer 14.132

变压器式调压器 transformer type voltage regulator 08.233

变载工作制 varying duty 01.828

变阻起动末级速度 speed at end of rheostatic starting period 20.135

变阻起动器 rheostatic starter 09.144

变阻器 rheostat 09.181

变阻调速 rheostatic [speed] control 16.040

变阻制动临界建立速度 critical build-up speed under rheostatic braking conditions 20.138

遍历性噪声 ergodic noise 30.023

* 标称比 marked ratio, nominal ratio 08.299

标称值 nominal value 01.806

标定比 marked ratio, nominal ratio 08.299

标记 mark 01.920

标量 scalar [quantity] 01.002

标[量]积 scalar product 01.005

* 标势 scalar potential 01.028

标位 scalar potential 01.028

标准操作冲击 standard switching impulse 12.094

标准大气条件 standard atmospheric conditions 12.062

标准大气压 standard atmospheric pressure 27.075

标准电池 standard cell 26.042

标准电感 standard inductor 26.044

标准电极电位 standard electrode potential 24.040

标准电容 standard capacitor 26.045

标准电容器 standard capacitor 11.010

标准电压波形 standard voltage shape 12.071

标准电阻 standard resistor 26.043

CIE 标准光源 CIE standard light source 22.055

标准绝缘水平 standard insulation level 12.042

标准雷电冲击 standard lightning impulse 12.078

标准雷电冲击放电电压 standard lightning impulse sparkover voltage 13.045

标准雷电冲击截波 standard chopped lightning impulse 12.079

标准偏差 standard deviation 26.140

标准软铜 standard annealed copper 02.003

CIE 标准施照体 CIE standard illuminant 22.054

标准试验频率 standard test frequency 30.106

表定速度 schedule speed 20.132

表格 table 01.938

表观电荷 apparent charge 12.067

表观功率 apparent power 01.524

表观密度 apparent density 03.155

表观内阻 apparent internal resistance 24.144

表观温度 apparent temperature 02.035

表观硬度 apparent hardness 02.086

表面粗糙度 surface roughness 03.176

表面带 surface band 02.224

表面电加热 electric surface heating 17.010

[表]面电阻 surface resistance 03.124

表面钝化 surface passivation 15.041

表面放电 surface discharge 01.791

表面复合速度 surface recombination velocity 02.251

表面剂量率系数 coefficient of surface dose rate 21.259

表面能级 surface [energy] level 02.232

表面温度 surface temperature, case temperature 27.141

表盘灯 panel lamp, dashboard lamp 22.199

表图 chart 01.937

冰雹 hail 27.069

冰淇淋机 ice-cream machine 23.107

饼式线圈 disc coil 08.119

并励绕组 shunt winding 07.226

并励直流电机 shunt DC machine 07.083

并联 parallel connection 01.625

并联变压器 shunt transformer 08.068

并联磁路 parallel [magnetic] circuits, shunt [magnetic] circuits 01.390

并联电抗器 shunt reactor 08.246

并联电路 parallel [electric] circuits, shunt [electric] circuits 01.389

并联[电容]补偿 parallel capacitive compensation 11.098

并联电容器 shunt capacitor 11.007

并联放电间隙 parallel spark gap 13.016

并联间隙避雷器 arrester with shunt gaps 13.011

并联控制装置 parallel control device 08.177

并联系统 parallel system 28.140

并联[运行] paralleling 07.560

玻壳 [glass] bulb 22.225

玻璃绝缘材料 glass insulating material 03.114

玻璃绝缘子 glass insulator 06.024

玻璃丝包线 glass fiber covered wire 05.018

玻璃陶瓷材料 glass-ceramic material 03.115

玻璃套管 glass bushing 06.037

玻璃纤维 glass fiber 03.057

拨动开关 toggle switch 09.179

波长 wave length 01.133

波导窗 waveguide window 21.171

波动功率 fluctuating power 01.529

波腹 antinode 01.131

波节 node 01.130

波列 wave train, train of waves 01.135

*波率 wave number, repetency 01.137

波轮 impeller 23.170

波轮式洗衣机 impeller type washing machine 23.053

波前 wave front 01.134

波前冲击放电电压 front of wave impulse sparkover voltage 13.042

波绕组 wave winding 07.237

波数 wave number, repetency 01.137

波速 velocity of wave 01.136

波尾 wave tail 01.132

波纹油箱生产线 corrugated sheet tank production line 08.310

波形 waveform 01.129

波形测量 waveform measurement 07.624

波形电阻体 undulate resistor 17.073

波形试验 waveform test 07.623

波形因数 form factor 01.087

箔窗 foil window 21.172

箔式线圈 foil coil 08.128

泊松分布 Poisson distribution 28.172

补偿半导体 compensation semiconductor 02.199

补偿布线技术 compensating wiring technique 30.102

补偿参数 compensating parameter 07.484

补偿点 compensation point 07.641

补偿电感 compensating inductance 07.486

补偿电阻 compensating resistance 07.485

补偿光纤 compensated fiber 05.275

补偿器 compensator 05.150

补偿绕组 compensating winding 07.223

补偿式推斥电动机 compensated repulsion motor 07.072

补偿调节 compensated regulation 07.420

补偿线 compensating wire 02.042

补偿阻抗 compensating impedance 07.478

补充标记 supplementary marking 01.931

补机 assisting vehicle 20.031

补机推送 pusher operation 20.190

补色波长 complementary wavelength 22.059

不安全温度 unsafe temperature 29.041

不变光信号 fixed light 22.336

不成功自动重合操作 unsuccessful auto-reclosing operation 09.372

不导通方向 non-conducting direction 15.319

不导通间隔 idle interval, non-conduction interval 15.417

不滴流电缆 non-draining cable 05.029

*不定位光纤束 incoherent fiber bundle, unaligned fiber bundle 05.283

不动作剩余电流 residual non-operating current 09.308

不动作泄漏电流 leakage non-operating current 09.309

不动作值 non-operating value 14.170

*不对称度 degree of unbalance, asymmetry 01.161

不对称硅双向开关 asymmetrical silicon bidirection switch 15.282

不对称[三极]晶闸管 asymmetrical triode thyristor 15.114

不发热引线 cold lead, non-heating lead 17.072

不规则并联 random paralleling 07.562

不规则整步 random synchronizing 07.551

不合格 non-conformity 28.029

不合格品 non-conforming unit 28.031

不回复值 non-reverting value 14.174

不间断电源 uninterrupted power supply, UPS 15.288

不间断工作制 uninterrupted duty 01.821

不接地电压互感器 unearthed voltage transformer 08.280

不可拆件 non-detachable part 19.081

不可拆软电缆 non-detachable flexible cable 19.088

不可拆软线 non-detachable cord 19.089

不可重接插头 non-rewirable plug 23.177

不可重接连接器 non-rewirable connector 23.178

不可更换熔断体 non-renewable fuse-link 10.031

不可见光 invisible light 22.003

不可控联结 non-controllable connection 15.334

不可逆变流器 non-reversible convertor 15.268

不可逆磁化 irreversible magnetizing 04.047

不可逆电气传动 non-reversible electric drive 16.005

不可修复产品 non-repairable product 28.071

不良接触试验 bad contact test 23.221

不灵敏区 insensitive interval 07.503

不能工作时间 down time 28.100

不平衡度 degree of unbalance, asymmetry 01.161

不燃结构 non-combustible construction 29.098

不熔化[弧焊电]极 non-consumable arc welding electrode 18.058

不释放值 non-releasing value 14.172

不舒适眩光 discomfort glare 22.107

不透明体 opaque body 22.088

不稳定性 unsteadiness 22.150

不正确动作 incorrect operation 14.017

布洛赫壁 Bloch wall 04.025

布置图 layout plan 01.972

步进电[动]机 stepping motor 07.152

步进电气传动 step motion electric drive 16.009

*步进角 step angle 07.528

步进控制 step control 16.068

步进频率 step frequency 07.523

步进式炉 walking beam furnace 17.285

步进应力试验 step stress test 28.150

步距 step pitch 07.527

步距角 step angle 07.528

部分绕组起动 part-winding starting 07.572

部分失效 partial failure 28.090

部分有气候防护场所 partially weather-protected location 27.132

部分占有带 partially occupied band 02.218

C

擦玻璃窗机 glass rubbing machine 23.047

采掘面机车 working face locomotive 20.026

采样 sampling 01.805

采样控制系统 sampling control system 16.028

采样器 sampler 16.178

采样信号 sampled signal 16.128

采样作用 sampling action 16.096

彩灯 festoon lamp 22.197

彩度 chroma 22.120

参比[变]量 reference variable 16.117

参比点温度 reference point temperature 15.065

参比接点 reference junction 02.044

参比面 reference surface 22.273

参比频率 reference frequency 30.108

参比频率范围 reference range of frequency 11.057

参比温度范围 reference range of temperature 11.056

参比压力 reference pressure 25.053

残压 residual voltage 13.039

残压-电流特性 residual voltage-current characteristic 13.043

舱壁灯[具] bulkhead fitting 22.307

*操动机构 operating mechanism 09.205

操动件 actuator 09.266

操动力 actuating force 09.376

操动力矩 actuating torque 09.377

操纵[变]量 manipulated variable 16.116

*操纵范围 correcting range, manipulated range 16.091

操作 operation 09.355

操作冲击 switching impulse 12.092

操作冲击波前时间 time to peak of switching impulse 12.093

操作冲击电流 switching impulse current 13.035

操作冲击放电电压 switching impulse sparkover voltage 13.046

操作冲击试验 switching impulse test 12.083

*操作过电压 slow-front overvoltage, switching overvoltage 12.012

操作机构 operating mechanism 09.205

操作计数器 operation counter 08.180

操作频率 frequency of operation 09.375

操作顺序 operating sequence 09.356

操作线圈 operating coil 09.264

操作循环 cycle of operation, operating cycle 01.744

操作状态 mode of operation 03.243

操作组段　operational grade　11.085

槽　slot　07.283

槽衬　slot packing　07.267

槽电压　tank voltage　24.177

槽绝缘　slot liner　07.268

槽内导电轨　conduit conductor rail　20.035

槽楔　slot wedge　07.278

槽型连接　clevis and tongue coupling　06.062

策动点导抗　driving point immittance　01.497

策动点导纳　driving point admittance　01.496

策动点阻抗　driving point impedance　01.495

侧灯　sidelamp, side marker lamp　22.366

侧门　side door　17.236

侧向放电　sideflash　13.030

侧向弯度　camber　02.028

测功机试验　dynamometer test　07.610

[测量]变送器　[measuring] transmitter　16.180

[测量]单位　unit [of measurement]　01.864

测量单元　measuring unit　16.148

测量电流互感器　measuring current transformer　08.264

测量电桥　measuring bridge　26.037

测量电压互感器　measuring voltage transformer　08.265

测量范围　measuring range　16.085

*测量继电器　measuring relay　14.047

测量设备　measuring equipment　26.017

测量系统　measuring system　26.018

测量仪表　measuring instrument　26.013

测量[用火花]间隙　measuring spark gap　26.080

测量元件　measuring element　14.164

测试零位　zero position of testing　07.642

测速发电机　tachogenerator　07.139

测温接点　measuring junction　02.043

层间绝缘　layer insulation　08.199

层流等离子枪　laminar plasma torch　17.225

层式电缆　layered cable　05.060

层式线圈　layer coil　08.129

层压　laminating　03.208

层压板　laminated sheet　03.096

层压棒　laminated rod　03.100

层压管　laminated tube　03.099

层压模制品　moulded laminated product　03.098

层压制品　laminated product　03.095

插脚灯头　pin cap, pin base　22.232

插口　jack　01.610

插入电流　insertion current　11.079

[插入]电容线圈　capacitor shield coil　08.127

插入绕组　push-through winding　07.253

插入式　plug-in type　01.676

插入式电极盐浴炉　salt bath furnace with immersed electrodes　17.094

插入式断路器　plug-in circuit-breaker　09.082

插入式熔断器　plug-in type fuse　10.005

插塞式终端　plug-in termination　05.134

插套　sleeve　01.612

插头　plug　01.608

插销　pin　01.611

插座　socket-outlet, socket　01.609

差动电流　differential current　14.232

差动继电器　differential relay　14.123

差动自整角发送机　synchro differential transmitter　07.125

差动自整角接收机　synchro differential receiver　07.126

差复励直流电机　differential compounded DC machine　07.087

差模无线电噪声　differential mode radio noise　30.028

差频测量　beat measurement　26.011

差热分析　differential thermal analysis　03.233

差示扫描量热法　differential scanning calorimetry　03.234

掺杂　doping　15.033

掺杂均匀度　implant uniformity　21.270

掺杂能量　implant energy　21.271

产品责任　product liability　28.042

产气断路器　gas-evolving circuit-breaker　09.072

产气开关　gas-evolving switch　09.105

产气率　factor of created gas　13.072

*常闭触点　break contact　14.153

*常闭触头　break contact, b-contact　09.251

常规试验　routine test　28.060

*常开触点　make contact　14.152

*常开触头　make contact, a-contact　09.250

常态电阻　room temperature resistance　02.159

长棒形绝缘子 long rod insulator 06.029

长弧灯 long arc lamp 22.191

长距绕组 long-pitch winding 07.212

厂矿灯具 luminaire for factory and mine use 22.295

场 field 01.007

场强计 field intensity meter 30.115

场线 field line 01.023

场效[应]晶体管 field effect transistor, FET 15.127

场致发射 field emission 01.191

场致相变 field induced phase transition 04.037

敞流式热水器 open-outlet water heater 23.074

超出同步 rising out of synchronism 07.559

超高[电]压 extra-high voltage, EHV 01.224

超晶格磁性材料 super-lattice magnetic material 04.006

超前 lead 01.096

*超前相 wild phase, leading phase 17.114

超声 ultrasound 27.102

超顺磁性 superparamagnetism 04.067

超速试验 overspeed test 07.633

超调 overshoot 16.196 .

超同步制动 over-synchronous braking 07.597

潮湿试验 moisture test 27.150

车底式炉 bogie furnace 17.283

车钩牵引力 draw-bar pull 20.146

车钩输出功率 output at the draw-bar 20.159

车辆 vehicle 20.005

车辆结构最高速度 maximum speed of vehicle 20.133

车辆限界 vehicle gauge 20.200

车牌灯 number plate lamp 22.371

车轴电路 axle circuit 20.041

车轴发电机 axle driven generator 20.110

尘密式 dust-tight type 01.717

沉积速率 deposition rate 24.168

沉浸树脂 dipping resin 03.031

衬底 substrate 15.060

成层 lamination 02.113

成缆 cabling 05.214

成缆机 cabler 05.230

成品检验 product inspection 28.049

成型 forming 02.070

成形绕组 preformed winding 07.250

程控 programed control 16.060

程序 program 16.059

程序表 program table 01.960

程序继电器 programing relay 14.120

程序控制开关 program control switch 23.172

程序图 program diagram 01.959

承力索 catenary [wire] 20.051

持续电流 continuous current 01.782

持续短路试验 sustained short-circuit test 07.618

持续[工频]电压 continuous [power-frequency] voltage 12.009

持续间隙电弧保护 sustained gap-arc protection 11.094

持续牵引力 tractive effort at continuous rating, continuous tractive effort 20.147

持续输出功率 continuous output 20.156

持续速度 speed at continuous rating, continuous speed 20.136

持续运行电压 continuous operating voltage 13.050

*弛豫振荡 relaxation oscillation 01.113

齿 tooth 07.284

齿距 tooth pitch 07.204

充电 [electric] charging 01.271

充电保持能力 charge retention 24.055

充电电缆开断电流 cable-charging breaking current 09.294

充电电流 charging current 11.054

充电接受能力 charge acceptance 24.054

充电率 charge rate 24.133

充电线路开断电流 line-charging breaking current 09.293

充电效率 charge efficiency, ampere-hour efficiency 24.135

充电因数 charge factor 24.134

充电终止电压 end-of-charge voltage 24.143

充粒熔断器 granular-filled fuse 10.023

充气灯 gas-filled lamp 22.163

充气电缆 internal gas pressure cable 05.047

充气式 gas-filled type 01.733

充气式电容器 gas-filled capacitor 11.022

充气式金属封闭开关设备 gas-filled switchgear 09.042

充气套管 gas-filled bushing 06.046

充砂型电气设备 sand-filled electrical apparatus 25.058

充压式 pressurized type 01.712

充液套管 liquid-filled bushing 06.045

充油电缆 oil-filled cable 05.045

充油套管 oil-filled bushing 06.056

冲槽机 notching press 07.664

冲击 impulse 01.076

冲击半峰值时间 time to half value of an impulse 12.086

冲击比 impulse ratio 13.079

冲击波伏秒特性曲线 voltage/time curve for impulse 12.090

冲击电扳手 electric impact wrench 19.032

冲击电流 impulse current 12.095

冲击电流波前时间 front time of impulse current 12.097

冲击电流发生器 impulse current generator 12.117

冲击电流试验 impulse current test 12.055

冲击电压发生器 impulse voltage generator 12.114

冲击电压试验 impulse voltage test 12.054

冲击电钻 electric impact drill 19.054

冲击方波 rectangular impulse 13.061

冲击放电电压 impulse sparkover voltage 13.040

冲击放电伏秒特性曲线 impulse sparkover voltage-time curve 13.049

冲击惯性 impulse inertia 13.078

冲击机械强度 impulse mechanical strength 13.071

[冲击]截波 chopped impulse 12.072

冲击脉冲 shock pulse 27.184

冲击耐受电压 impulse withstand voltage 12.033

冲击能量 impact energy 19.094

冲击强度 impact strength 03.177

冲击强度试验 impact strength test 19.096

冲击闪络电压 impulse flashover voltage 06.088

冲击闪络电压-时间特性 impulse flashover voltage-time characteristic 06.092

冲击闪络时间 time to impulse flashover 06.093

冲击试验 shock test 27.202

冲击通流能力 impulse discharge capacity 13.067

冲击响应 impulse response 05.324

冲击响应谱 shock response spectrum 27.185

冲击因数 impulse factor 13.051

重[闭]合继电器 reclosing relay 14.115

重[闭]合时间 reclosing time 09.339

重叠角 angle of overlap 15.402

重叠绕包 overlapping 05.210

重复负载工作制 repetitive load duty 15.366

重复接地 iterative earthing 29.114

重复试验 duplicate test 28.059

重复性 repeatability 28.036

*重关合时间 re-make time 09.338

重合器 automatic circuit-recloser 09.079

重合熔断器 reclosing fuse 10.010

重击穿 re-strike 09.014

重接通时间 re-make time 09.338

重调 readjustment 26.133

抽屉式断路器 withdrawable circuit-breaker 09.083

抽头 tap 07.203

抽样 sampling 28.022

抽样方案 sampling plan 28.023

抽样试验 sampling test 28.056

畴壁 domain wall 04.024

畴壁钉扎 domain wall pinning 04.027

初充电 initial charge 24.065

初级绕组 primary winding 07.213

初级人员 instructed person 29.046

初始电压 initial voltage 24.141

初始检测 initial examination and measurement 27.023

初始瞬态 subtransient state 01.106

初始瞬态电抗 subtransient reactance 07.437

初始瞬态电流 subtransient current 01.236

初始瞬态电压 subtransient voltage 07.429

初始瞬态短路时间常数 subtransient short-circuit time constant 07.393

初始瞬态开路时间常数 subtransient open circuit time constant 07.392

初始温度 initial temperature 24.137

初始状态 initial condition 14.005

*出厂试验 routine test 28.060

出料槽　spout　17.252

出料电极　electrode tapping　17.144

出料时间　pouring time　17.312

出渣门　slagging door　17.253

厨房电器　kitchen appliance　23.066

厨房多用机　multi-purpose kitchen machine　23.108

除气　degassing　17.324

除霜装置　defrosting device　23.165

除水器　dehydrator　23.162

处理单元　processing unit　16.169

处理空气量　treated-air delivery　23.188

储层高度　height of reserve layer　25.063

储备电池　reserve cell　24.025

储备蓄电池　reserve [storage] cell　24.098

储存热　stored heat　17.013

储存时间　storage time　15.221

储存温度　storage temperature　15.063

储能操作　stored-energy operation　09.359

储能操作机构　stored-energy operating mechanism　09.208

储能常数　stored-energy constant　07.379

储能电容器　energy storage capacitor　11.014

储油柜　oil conservator　08.181

＊触点　contact　02.053

＊触点超行程　contact follow　14.185

触点电路　contact circuit　14.146

触点抖动　contact chatter　14.020

触点负载　contact load　14.189

触点跟随　contact follow　14.185

触点滚动　contact roll　14.022

触点滑动　contact wipe　14.021

[触点]回跳　[contact] bouncing　14.019

触点间隙　contact gap　14.182

触点耐久性　contact endurance　14.190

＊触点寿命　contact endurance　14.190

触点行程　contact travel　14.184

触点组件　contact assembly　14.147

＊触电　electric shock　29.027

触发　triggering　15.370

触发超前角　gating advance angle　15.404

触发间隙　trigger gap　11.088

触发延迟角　gating delay angle　15.403

触发装置　trigger equipment　16.168

触陆区灯　touchdown zone lights　22.358

触轮　trolley-wheel　20.120

触头　contact　02.053

＊a触头　make contact, a-contact　09.250

＊b触头　break contact, b-contact　09.251

触头超[额行]程　contact over-travel　09.323

触头初压力　contact initial pressure　09.325

触头刚分速度　speed at instant of contacts separating　09.400

触头刚合速度　speed at instant of contacts touching　09.401

触头开距　clearance between open contacts　09.322

触头预行程　contact pre-travel　09.324

触头终压力　contact terminate pressure　09.326

触靴　contact shoe, contact slipper　20.121

穿贯式电流互感器　through type current transformer　08.275

穿缆[式]套管　draw lead bushing　06.027

穿通　break through　15.369

穿通[式]套管　throughway bushing　06.013

穿透加热　through heating　17.011

传播常数　propagation constant　01.151

传导测量　conduction measurement　30.127

传导电流　conduction current　01.232

传导电子　conduction electron　02.206

传导发射　conducted emission　30.010

传导干扰　conducted interference　30.045

传导敏感度　conducted susceptibility　30.079

传导噪声　conducted noise　30.030

传递比　transfer ratio　01.504

传递导抗　transfer immittance　01.503

传递函数　transfer function　01.502

传递率　transmissibility　27.167

传递因数　transfer factor　15.414

传热　thermal transmission, heat transfer　17.032

传热系数　thermal transmission coefficient　17.048

传输参数　transmission parameter　05.180

传输解算器　transolver　07.133

传输系统　transmission system　26.020

传输线　transmission line　30.003

传送带式炉　belt conveyor furnace　17.287

船用变压器　marine transformer　08.030

船用灯具　luminaire for marine use　22.298

船用电缆　shipboard cable　05.053

船用条件　ship condition　27.139

串并联起动　series-parallel starting　07.571

串并联调速　series-parallel [speed] control　16.036

串级变流器　cascade convertor　15.269

串级电气传动　tandem electric drive　16.012

串级工频试验变压器　cascade power-frequency testing transformers　12.111

串级控制　cascade control　16.073

串级式互感器　cascade type instrument transformer　08.274

串级试验变压器　cascaded [testing] transformer　08.029

串级调速　tandem [speed] control　16.037

*串级调速系统　Kraemer system　16.041

串接电动机起动　series connected starting-motor starting　07.573

串励绕组　series winding　07.227

串励直流电机　series DC machine　07.084

串联　series connection　01.624

串联磁路　series [magnetic] circuit　01.392

串联单元　series unit　08.206

*串联道路照明系统　constant-current street-lighting system, series street-lighting system　22.375

串联灯　series lamp　22.193

串联电抗器　series reactor　08.245

串联电路　series [electric] circuit　01.391

串联[电容]补偿　series capacitive compensation　11.099

串联电容器　series capacitor　11.008

串联放电间隙　series spark gap　13.015

串联间隙避雷器　arrester with series gaps　13.010

串联联结的级　stage of series connection　15.340

串联路灯用变压器　series street-lighting transformer　08.040

串联绕组　series winding　08.117

串联系统　series system　28.139

串联谐振试验设备　series-resonant testing equipment　12.113

串列式静电加速器　tandem electrostatic accelerator　21.075

串扰　crosstalk　30.054

*串音　crosstalk　30.054

串音防卫度　crosstalk ratio　05.189

吹发器　hair dryer　23.128

吹弧线圈　blow-out coil　09.245

吹氧　oxygen blow　17.319

醇酸浸渍漆　alkyd impregnating varnish　03.038

纯逻辑图　pure logic diagram　01.951

纯时滞　dead time, delay　16.195

磁饱和　magnetic saturation　04.073

磁变化仪　magnetic variometer　26.095

*磁标势　magnetic scalar potential　01.292

磁标位　magnetic scalar potential　01.292

磁测[量]　magnetic [quantity] measurement　26.002

磁测仪表　magnetic measuring instrument　26.085

*磁常数　[absolute] permeability of vacuum, magnetic constant　01.361

磁场　magnetic field　01.289

磁场分接减弱　field weakening by tapping　20.211

磁场分流　field shunting　20.210

磁[场]极　field pole　07.280

磁场减弱　field weakening　20.209

[磁场]减弱比　[field] weakening ratio　20.161

磁场控制　field control　07.604

磁场强度　magnetic field strength, magnetic field intensity　01.307

磁场绕组　field winding　07.222

磁场稳定度　magnetic field stability　21.228

磁场系统　field system　07.339

磁场指数　field index　21.227

磁弛豫　magnetic relaxation　04.034

[磁]畴结构　[magnetic] domain structure　04.023

磁畴热激活　thermal activation of magnetic domain　04.029

磁吹　magnetic blow-out　01.277

磁吹断路器　air-break circuit-breaker, magnetic blow-out circuit-breaker　09.073

磁吹放电间隙　magnetic blow-out spark gap　13.017

磁导　permeance　01.448

磁导计　permeameter　26.094

磁导率上升因数　permeability rise factor　01.339

磁电[式]继电器　magneto-electric relay　14.064

磁动势 magnetomotive force, MMF 01.369

磁轭 yoke 01.590

磁放大器 magnetic amplifier 16.175

磁分路 magnetic shunt 08.303

磁分路补偿 magnetic shunt compensation 08.256

磁负荷 magnetic loading 01.356

磁感[应]强度 magnetic induction, magnetic flux density 01.295

磁刚度 magnetic rigidity 21.058

磁各向同性 magnetic isotropy 04.087

磁各向异性 magnetic anisotropy 04.086

磁光效应 magneto-optic effect 01.357

磁过载脱扣器 magnetic-overload release 09.229

磁后效 magnetic after-effect 04.057

磁化 magnetization 01.299

磁化场 magnetizing field 01.301

磁化电流 magnetizing current 01.303

磁化过程 magnetization process 04.048

磁化率 magnetic susceptibility 01.302

磁化强度 magnetization 01.300

磁化曲线 magnetization curve 01.317

磁化时间效应 time effect of magnetization 04.052

磁化特性 characteristic of magnetization 04.072

磁极 magnetic pole 01.296

磁极端板 pole end plate 07.292

磁极化 magnetic polarization 01.370

磁极化强度 magnetic polarization 01.371

[磁]极面 pole face 01.352

磁极线圈 field coil 07.196

磁极线圈框架 field spool 07.274

[磁]记录媒质 [magnetic] recording medium 04.016

磁晶各向异性等效场 effective field of magnetocrystalline anisotropy 04.033

磁矩 magnetic moment 01.294

磁聚焦 magnetic focusing 21.027

* 磁开关 magnetic pulse compressor, magnetic switch 21.139

磁壳 magnetic shell 01.350

磁拉力 magnetic pull 01.354

磁老化 magnetic ageing 04.041

磁链 [magnetic] flux linkage 01.450

磁路 magnetic circuit 01.442

磁脉冲压缩器 magnetic pulse compressor, magnetic switch 21.139

磁摩擦离合器 magnetic friction clutch 07.114

磁能积 magnetic energy product, BH product 01.345

磁黏滞性 magnetic viscosity 01.355

磁偶极矩 magnetic dipole moment 01.308

磁偶极子 magnetic dipole 01.373

磁泡 magnetic bubble 04.031

磁偏转 magnetic deflection 21.031

磁偏转器 magnetic deflector 21.161

磁屏蔽 magnetic screen 01.581

磁谱 magnetic spectrum 04.035

磁器件 magnetic device 01.559

磁强计 magnetometer 26.086

磁矢位 magnetic vector potential 01.291

* 磁势 magnetic potential 01.290

磁特性自动测量装置 automatic system for measuring magnetic characteristics 26.096

磁体 magnet 04.017

磁通道 magnetic channel 21.057

磁通计 fluxmeter 26.088

磁通[量] magnetic flux 01.366

* 磁通密度 magnetic induction, magnetic flux density 01.295

* 磁通势 magnetomotive force, MMF 01.369

磁退火 magnetic anneal 04.039

磁位 magnetic potential 01.290

磁位差 magnetic potential difference 01.293

磁位计 magnetic potentiometer 26.087

磁稳定性 magnetic stability 04.040

磁稳定性试验 magnetic stability test 07.646

磁心 [magnetic] core 01.589

磁性薄膜 magnetic thin-film 04.013

磁性材料 magnetic material 04.001

磁性粉末耦合器 magnetic particle coupling 07.115

磁[性]相变 magnetic phase transition 04.036

磁悬浮 magnetic levitation, magnetic suspension 01.446

磁学 magnetism, magnetics 01.288

磁有序结构 magnetic ordering structure 04.022

磁正常状态化 magnetic conditioning 04.045

磁致伸缩　magnetostriction　04.084

磁致伸缩材料　magnetostrictive material　04.009

磁致伸缩测试仪　magnetostriction testing meter
26.089

磁滞　magnetic hysteresis　01.322

磁滞材料　hysteresis material　04.010

磁滞常数　hysteresis constant　04.093

磁滞电动机　hysteresis motor　07.060

磁滞回线　hysteresis loop　01.323

磁滞回线仪　hysteresisograph　26.091

磁滞耦合器　hysteresis coupling　07.113

磁滞损耗　hysteresis loss　04.089

磁滞同步电动机　hysteresis synchronous motor
07.161

磁滞性时间效应　time effect of magnetic hysteresis
04.053

磁滞转矩　hysteresis torque　07.543

磁轴　magnetic axis　01.351

磁阻　reluctance　01.447

磁阻电动机　reluctance motor　07.058

磁阻率　reluctivity　04.085

磁阻尼　magnetic damping　01.445

磁阻式步进电机　variable reluctance stepping motor
07.153

磁阻[同步]电动机　reluctance [synchronous] motor
07.179

磁阻整步　reluctance synchronizing　07.554

磁阻转矩　reluctance torque　07.544

磁座钻　magnetic drill　19.011

瓷管　porcelain tube　06.054

瓷夹板　porcelain cleat　06.053

瓷绝缘子　porcelain insulator　06.023

瓷漆　enamel　03.051

瓷套管　porcelain bushing　06.036

*瓷柱式断路器　live tank circuit-breaker　09.069

次级电子倍增　multipacting　21.043

次级绕组　secondary winding　07.214

次品　degraded unit, degraded product　28.032

次声　infrasound　27.103

次谐波保护器　subharmonic protector　11.093

从属本端标记　dependent local-end marking
01.926

从属标记　dependent marking　01.925

从属两端标记　dependent both-end marking
01.928

从属失效　dependent failure　28.082

从属远端标记　dependent remote-end marking
01.927

粗调选择器　coarse change-over selector　08.169

粗整步　coarse synchronizing　07.553

猝发　burst　30.053

D

大半波　major loop　09.011

大鳞片粉云母纸　large flake mica paper　03.105

大陆气候　continental climate　27.038

大气暴露试验　exposure test　27.156

大气腐蚀　atmospheric corrosion　27.120

大气条件修正因数　atmospheric correction factor
12.064

大气透射率　atmospheric transmissivity　22.079

大气压　atmospheric pressure　27.074

带电部分　live part　29.081

带电箱壳断路器　live tank circuit-breaker　09.069

带极堆焊机　strip surfacing machine　18.015

带金属压板分瓣电刷　split brush with metal clip
02.136

带绝缘电缆　belted cable　05.033

带熔断器的隔离器式开关　switch-disconnector-fuse
09.110

带熔断器电容器　fused capacitor　11.017

带熔断器断路器　integrally-fused circuit-breaker
09.087

带熔断器隔离器　disconnector-fuse　09.094

带熔断器开关　switch-fuse　09.113

带散热管油箱　tank with bend pipe　08.185

带输出触点的静态继电器　static relay with output
contact　14.075

带突出压板电刷　cantilever brush　02.137

带形电阻体　ribbon resistor　17.065

带形绝缘　belt insulation　07.270

带液非荷电蓄电池　filled discharged cell　24.093

带液荷电蓄电池　filled charged cell　24.090

带状元件　ribbon element　02.031

代表性过电压　representative overvoltage　12.010

代号段　designation block　01.916

[代]码　code　01.050

*代码光信号　character light, code light　22.338

袋式极板　pocket type plate　24.107

*待命时间　standby time　28.104

单变流器　single convertor　15.271

单波绕组　simplex wave winding　07.240

单侧齿轮机构　unilateral gearing　20.106

单侧传动　unilateral transmission　20.216

单层绕组　single-layer winding　07.248

单畴颗粒　single-domain particle　04.030

单导体电缆　single-conductor cable, single-core cable 05.023

单点互连　single-point bonding　05.158

单电容器组开断电流　single capacitor bank breaking current　09.296

单叠绕组　simplex lap winding　07.239

单动式间控牵引设备　individual contactor controlled traction equipment　20.090

*单独抽气电子枪　external gun, separately pumped electron gun　17.210

单独驱动　individual drive　20.218

单断点触头组　single-break contact assembly 09.261

单功能[测量]仪表　single-function [measuring] instrument　26.034

单机运行　light running　20.187

单极电机　acyclic machine　07.005

单极切换　single-pole switching　09.380

单架空线接触网　single overhead contact line 20.048

单接触导线的悬链　catenary suspension with one contact wire　20.056

单接触导线系统　single-contact wire system 20.054

单晶　single crystal　02.244

单量程[测量]仪表　single-range [measuring] instrument　26.031

单螺旋灯丝　single-coil filament　22.222

单面内氧化法　single-face internal oxidation 02.077

单面上胶带　single-faced tape　03.073

单模光纤　monomode fiber　05.262

单拍联结　single-way connection　15.329

单偏振态光纤　single-polarization fiber　05.266

单束光缆　single-bundle fiber cable　05.293

单通道记录仪　single-channel recorder　26.038

单桶洗衣机　single-container washing machine 23.054

单头焊接电源　single-operator power source 18.038

单头弧焊机　single-operator arc welding machine 18.012

单蛙绕组　simplex frog-leg winding　07.241

SI单位　SI unit　01.874

单位长度电阻　resistance per unit length　02.005

单位管　unit tube　01.016

单位阶跃响应　unit-step response　12.119

单位阶跃信号　unit-step signal　16.131

单位列车阻力　specific train resistance　20.154

*单位脉冲　Dirac function, unit pulse　01.037

单位脉冲信号　unit-impulse signal　16.130

单位式电缆　unit type cable　05.061

单位斜坡函数　unit ramp　01.033

单位制　system of units　01.869

单稳态继电器　monostable relay　14.057

单线　single-conductor wire　05.004

单线表示法　single-line representation　01.940

单线电路　single-wire circuit　01.451

单线圈感应分流器　single inductive shunt　20.099

单相串励电动机　single-phase series motor　07.188

单相单柱旁轭式铁心　single-phase three-limb core 08.104

单相电路　single-phase circuit　01.453

单相二柱式铁心　single-phase two-limb core 08.105

单相系统　single-phase system　01.452

单相运行　single-phasing　07.587

单向电流　unidirectional current　01.241

单向[电子]阀　unidirectional [electronic] valve 15.292

单向晶闸管　unidirectional thyristor　15.106

单象限变流器 one-quadrant convertor 15.264

*单芯电缆 single-conductor cable, single-core cable 05.023

单芯光缆 single-fiber cable, monofiber cable 05.284

单一导线 plain conductor 05.067

单元保护系统 unit protection system 14.044

单元变电站 unit substation 09.199

单元段 elementary section 05.156

单元接线表 unit connection table 01.964

单元接线图 unit connection diagram 01.963

单元试验 unit test 09.425

单匝感应器 loop inductor 17.159

挡板 baffle 24.124

挡风圈 fan shroud 07.346

刀开关 knife switch 09.112

捣结炉衬 rammed lining 17.180

导出单位 derived unit 01.868

SI 导出单位 SI derived unit 01.872

导出量 derived quantity 01.866

导带 conduction band 02.213

导电材料 electric conducting material 02.001

导电轨 conductor rail 20.032

导电轨系统 conductor rail system 20.033

导电炉衬 susceptor lining 17.182

导电性 conductivity 01.249

导管引入装置 conduit entry 25.030

导航光信号 navigation lights 22.334

导抗 immittance 01.430

导流构件 air guide 07.347

导纳 admittance 01.424

导纳模 modulus of admittance 01.425

导体 conductor 02.002

导体绝缘 conductor insulation 05.094

导体屏蔽 conductor screen 05.110

导通比 conduction ratio 15.418

导通方向 conducting direction 15.318

导通间隔 conduction interval 15.416

导线 conductor 05.066

导向按钮 guided push-button 09.156

导轴承 guide bearing 07.318

倒角机 edging machine 02.186

倒车灯 reversing lamp, back-up lamp 22.368

倒立式电流互感器 inverted type current transformer, top type current transformer 08.281

倒色温 reciprocal color temperature 22.027

倒向开关 reversing switch 09.171

道路灯具 luminaire for road and street lighting, streetlighting luminaire 22.301

*德里电动机 Deri motor 07.071

灯标 beacon, lighthouse 22.335

灯具 lighting fitting, luminaire 22.286

灯具表面减光因数 luminaire surface depreciation factor 22.281

灯具污垢减光 luminaire dirt depreciation 22.280

灯具效率 luminaire efficiency 22.269

灯丝 filament 22.220

*灯塔 beacon, lighthouse 22.335

灯头 cap, base 22.229

灯芯 lamp foot, lamp mount 22.235

灯罩 shade 22.323

灯座 lampholder, socket 22.233

等电位联结 equipotential bonding 29.125

等电位联结导体 equipotential bonding conductor 29.156

等发光强度曲线 isocandela curve 22.266

等发光强度图 isocandela diagram 22.267

等级 grade 28.041

等级指数 class index 14.228

等剂量曲线 isodose curve 21.257

等静压压制 isostatic pressing 02.071

等离子焊炬 plasma torch 18.053

等离子焊枪 plasma gun 18.054

等离子弧 plasma arc 17.216

等离子弧焊机 plasma arc welding machine 18.010

等离子加热 plasma heating 17.214

等离子加热器 plasma heater 17.228

等离子流 plasma jet 17.220

等离子炉 plasma furnace 17.227

等离子气体 plasma gas 17.215

等离子枪 plasma torch 17.221

等离子体 plasma 17.213

等离子体稳定化 plasma stabilization 17.217

等亮度曲线 isoluminance curve 22.271

等时性磁场 isochronous magnetic field 21.223

等梯度加速器结构 constant-gradient accelerator

structure 21.124

等梯度聚焦 constant-gradient focusing, weak focusing 21.018

等位环 equipotential ring 21.097

等位面 equipotential surface 01.031

等位体 equipotential volume 01.032

等位线 equipotential line 01.030

等效串联电阻 equivalent series resistance 11.063

等效电导 equivalent conductance 01.420

等效电路 equivalent electric circuit 01.433

等效电路图 equivalent circuit diagram 01.957

等效电阻 equivalent resistance 01.417

等效光幕亮度 equivalent veiling luminance 22.133

[等效]结温 virtual junction temperature 15.062

等效连续定额 equivalent continuous rating 07.366

等效球照度 equivalent spherical illuminance 22.041

[等效]热网络 equivalent thermal network 15.069

[等效]热网络热容 equivalent thermal network capacitance 15.070

[等效]热网络热阻 equivalent thermal network resistance 15.071

等效双绕组千伏安额定值 equivalent two-winding kVA rating 08.073

等效温度 virtual temperature, internal equivalent temperature 15.061

等照度曲线 isolux curve 22.272

等值附盐量 equivalent salt deposit 06.080

等值附盐密度 equivalent salt deposit density 06.081

等阻抗加速器结构 constant-impedance accelerator structure 21.125

低[电]压 low voltage 01.221

低电压端子 low voltage terminal 11.041

低功率因数变压器 low power-factor transformer 08.059

低惯量电机 low-inertia electric machine 07.173

低能加速器 low-energy accelerator 21.068

低频 low frequency 01.858

低频感应加热器 low frequency induction heater 17.166

低气压试验 low air pressure test 27.149

低热惯性炉 low thermal mass furnace 17.087

低剩磁电流互感器 low remanence current transformer 08.286

低损耗光纤 low-loss fiber 05.279

低温热电偶 low temperature thermocouple 02.041

低温荧光灯 low temperature fluorescent lamp 22.183

低压电器 low voltage apparatus 09.049

低压开关设备 low voltage switchgear 09.046

低压开关装置 low voltage switching device 09.047

滴浸 trickle impregnating 03.217

滴浸树脂 trickle resin 03.030

滴漆机 trickle impregnation machine 07.662

狄拉克函数 Dirac function, unit pulse 01.037

地 earth, ground 01.571

地板擦光机 floor polisher 23.045

地板打蜡机 floor waxing machine 23.046

地灯 blister light 22.355

地联结线 earth conductor, ground conductor 29.152

地面车载条件 ground vehicle condition 27.140

地面光信号 ground light 22.339

地面环境 ground environment 27.007

地上灯 elevated light 22.356

地铁变压器 subway transformer 08.042

地下电缆 underground cable 05.049

地震 earthquake 27.101

点动 inching 07.588

点辐射源 point [radiation] source 22.018

点腐蚀 spot corrosion 24.173

点光源 point [light] source 22.019

点光源灯 point source lamp 22.212

点焊机 spot welding machine 18.021

点焊钳 pliers spot welding machine 18.029

点焊枪 gun welding machine 18.028

点火变压器 ignition transformer 08.036

点火电线 ignition wire 05.019

点火分配器抑制器 distributor suppressor 30.098

点接触 point contact 09.018

点耀度 point brilliance 22.042

典型日光 typical daylight 22.061

垫层 bedding 05.125

电　electricity　01.165
电扳手　electric wrench　19.031
电刨　electric planer　19.040
[电]冰箱　[electric] refrigerator　23.035
*电波暗室　radio-frequency anechoic enclosure
　　30.109
电测[量]　electric [quantity] measurement　26.001
电茶壶　[electric] tea kettle　23.078
电场　electric field　01.194
电场强度　electric field strength　01.195
*电常数　absolute permittivity of vacuum, electric
　　constant　01.201
电池　cell　24.003
电池供电电器　battery powered appliance　23.007
电冲剪　electric nibbler　19.014
[电]传感器　[electric] transducer　01.600
*电吹风　hair dryer　23.128
电锤　electric rotary hammer　19.052
电磁波　electromagnetic wave　01.387
电磁波加热器　wave heater　17.187
电磁场　electromagnetic field　01.360
电磁场伤害　injury due to electromagnetic field
　　29.029
电磁单元　electromagnetic unit　11.042
电磁发射　electromagnetic emission　30.011
电磁干扰　electromagnetic interference, EMI
　　30.040
电磁干扰安全裕度　electromagnetic interference
　　safety margin　30.083
电磁干扰测量仪　electromagnetic interference mea-
　　suring apparatus　30.114
电磁干扰控制　electromagnetic interference control
　　30.080
电磁感应　electromagnetic induction　01.376
电磁轨制动　electromagnetic track braking　20.197
电磁环境　electromagnetic environment　30.005
电磁环境电平　electromagnetic environment level
　　30.006
电磁兼容[性]　electromagnetic compatibility, EMC
　　30.074
[电磁]兼容性电平　[electromagnetic] compatibility
　　level　30.085
电磁兼容性故障　electromagnetic compatibility mal-

function　30.091
电磁兼容性裕度　electromagnetic compatibility mar-
　　gin　30.084
电磁搅拌器　electromagnetic stirrer　17.133
电磁接触器　electromagnetic contactor　09.126
电磁螺线管制动　electromagnetic solenoid braking
　　20.198
[电磁]敏感度　electromagnetic susceptibility
　　30.077
电磁能　electromagnetic energy　01.383
电磁频谱　electromagnetic spectrum　17.041
电磁屏蔽　electromagnetic screen　01.582
电磁起动器　electromagnetic starter　09.136
电磁器件　electromagnetic device　01.560
电磁气动接触器　electromagnetic pneumatic contac-
　　tor　09.127
*电磁扰动　electromagnetic disturbance　30.031
电磁骚扰　electromagnetic disturbance　30.031
电磁骚扰特性　electromagnetic disturbance charac-
　　teristic　30.056
电磁[式]继电器　electromagnetic relay　14.063
电磁体　electromagnet　04.019
电磁铁　electromagnet　09.187
电磁透镜　electromagnetic lens　21.144
电磁系统　electromagnetic system　14.141
*电磁线　winding wire, magnet wire　05.013
电磁学　electromagnetism, electromagnetics
　　01.359
电磁噪声　electromagnetic noise　30.015
电磁振荡式冰箱　electrodynamic oscillation type re-
　　frigerator　23.036
电磁制动　electromagnetic braking　07.591
电导　conductance　01.419
电导率　conductivity　01.250
电导率调制　conductivity modulation　02.250
电动变流机　motor convertor　07.104
[电动]擦鞋机　[electric] shoe-polisher　23.048
电动裁布机　electric fabric cutter　19.076
电动采茶剪　electric tea leaflet cutter　19.050
电动测功机　electrical dynamometer　07.098
电动铲刮机　electric scaling scraper　19.059
电动车辆　[electric] motor vehicle　20.006
电动车组　[electric] motor train unit　20.014

电动除锈机　electric rust remover　19.071

电动锤钻　electric hammer drill　19.053

电动打字机　electric typewriter　23.140

电动带锯　electric belt saw　19.038

电动刀锯　electric sabre saw　19.017

*电动倒角机　electric weld joint beveller　19.023

电动地毯剪　electric carpet shear　19.077

电动雕刻机　electric carving tool　19.075

电动发电机组　motor-generator set　07.038

电动缝纫机　electric sewing machine　23.060

电动钢筋切断机　electric rebar cutter　19.064

电动割草机　electric mower　19.074

电动工具　electric tool　19.001

电动攻丝机　electric tapper　19.020

电动刮刀　electric scraper　19.025

电动焊缝坡口机　electric weld joint beveller　19.023

电动夯实机　electric rammer　19.062

电动混凝土振动器　electric concrete vibrator　19.056

电动机　motor　07.021

电动机操作起动器　motor operated starter　09.149

电动机定时器　motor timer　23.142

电动机构　motor-drive mechanism　08.174

电动机起动电容器　motor starting capacitor　11.011

电动机驱动电器　electric motor-operated appliance　23.006

电动机式继电器　motor-driven relay　14.067

电动机运转电容器　motor running capacitor　11.012

*电动机－直流发电机组　Ward-Leonard generator set　07.158

电动机组合　motor combination　20.092

电动挤奶机　electric milking machine　19.047

电动剪毛机　electric wool shear　19.048

电动搅拌机　electric mixer, electric agitator　19.079

电动截枝机　electric branch cutter　19.045

电动锯管机　electric pipe cutter, electric pipe saw　19.018

电动卷花机　electric picker　19.070

电动咖啡磨　[electric] coffee grinder　23.084

电动咖啡碾　[electric] coffee mill　23.083

电动开槽机　electric groover　19.043

[电动]开罐头器　[electric] tin opener　23.106

电动客车　[electric] motor coach　20.011

电动拉铆枪　electric blind-riveting tool　19.036

电动力学　electrodynamics　01.260

电动粮食扦样机　electric grain sampler　19.051

电动螺丝刀　electric screwdriver　19.034

电动木铣　electric router　19.042

电动木钻　electric wood drill　19.041

电动抛光机　electric polisher　19.028

电动切割机　electric cut-off machine　19.024

电动清管器　electric tube cleaner　19.078

电动曲线锯　electric jig saw　19.016

电动砂光机　electric sander　19.027

电动砂轮机　electric grinder　19.026

电动湿式磨光机　electric wet grinder　19.061

电动石材切割机　electric marble cutter　19.058

电动[式]继电器　electromotive relay　14.066

电动势　electromotive force, EMF　01.217

电动势温度系数　temperature coefficient of electromotive force　24.139

电动榫孔机　electric chain mortiser　19.044

电动套丝机　electric pipe threading machine　19.021

电动剃须刀　electric shaver　23.131

电动凸轮式间控牵引设备　motor-driven camshaft controlled traction equipment　20.091

电动弯管机　electric pipe bender　19.063

电动往复锯　electric reciprocating saw　19.015

电动行李车　[electric] motor luggage car　20.012

电动修蹄机　electric hoof renovation tool　19.049

电动修枝剪　electric shrub and hedge trimmer　19.046

电动凿岩机　electric rock drill　19.066

电动胀管机　electric tube expander　19.035

电动制动系统　electrodynamic braking system　20.128

电动砖墙铣沟机　electric wall chaser　19.060

电动自进式锯管机　electric pipe milling machine　19.019

电镀　electroplating　24.161

电镀槽　electroplating bath　24.188

电度 electrical degree 01.070
电度表 kilowatt-hour meter 26.067
电饭锅 electric rice cooker 23.085
电分段器 sectioning device 20.076
电[风]扇 electric fan 23.010
电辐射管 electric radiant tube 17.060
电负荷 electric loading 07.424
电负性气体 electronegative gas 03.026
电感 inductance 01.415
电感表 inductance meter 26.063
电感耦合式电容换相 inductively coupled capacitor commutation 15.349
电感[器] inductor 01.593
电感应 electric induction 01.375
电镐 electric breaker 19.055
电工 electrotechnics, electrical engineering 01.001
电光效应 electro-optic effect 01.264
电光源 electric light source 22.153
电焊机 electric welding machine 18.001
[电焊]头罩 helmet, head shield 18.060
电荷 electric charge 01.168
电痕 track 03.137
[电]弧 [electric] arc 01.275
[电弧]电流零区 [arc] current zero period 09.009
电弧电压 arc voltage 01.795
*电弧电阻加热 submerged arc heating, arc resistance heating 17.112
电弧加热 arc heating 17.109
电弧距离 arcing distance, dry arcing distance 06.086
电弧炉 arc furnace 17.124
电弧炉变压器 arc furnace transformer 08.020
电弧炉成套设备 arc furnace installation 17.125
电弧炉电极臂 arc furnace [electrode] arm 17.140
电弧气割和气刨电极 air arc cutting and gouging electrode 18.059
电弧[状态]电流 arc [mode] current 13.052
电弧[状态]电压 arc [mode] voltage 13.053
电化当量 electrochemical equivalent 24.038
电化电流 electrification current 03.127
电化石墨电刷 electrographite brush 02.124
电化学 electrochemistry 24.001
电化学腐蚀 electrochemical corrosion 27.123

电化学腐蚀试验 electrochemical corrosion test 27.215
电化学极化 electrochemical polarization, activation polarization 24.007
电击 electric shock 29.027
电击电流 shock current 29.071
电击致死 electrocution 29.028
电机 electric machine 07.001
电机扩大机 rotary amplifier 07.157
电极 electrode 01.568
电极臂 horn 18.069
电极臂间距 throat gap 18.097
电极臂伸出长度 throat depth 18.098
电极电位 electrode potential 24.039
电极电压降 electrode drop 18.083
电极反应 electrode reaction 24.005
电极化 electric polarization 01.205
电极化率 electric susceptibility, electric polarizability 01.207
电极化强度 electric polarization 01.206
电极化曲线 electric polarization curve 01.208
电极接头 electrode nipple 17.134
*电极节省器 electrode economizer 17.135
电极节圆直径 electrode pitch circle diameter 17.118
电极[冷却]圈 electrode economizer 17.135
电极立柱 electrode mast 17.138
电极立柱制动器 electrode mast snubber, electrode mast brake 17.139
电极力 electrode force 18.100
电极台板 platen 18.070
电极调节器 electrode control regulator 17.136
电极握杆 electrode holder 18.072
电极响应时间 electrode response time 17.122
电极消耗率 specific electrode consumption 17.117
电极行程 stroke of electrode 18.099
电极盐浴炉 salt bath electrode furnace 17.093
电极折损 electrode scrap, electrode breakage 17.116
电极滞后时间 electrode dead time 17.123
电加热 electric heating 17.007
电煎锅 frying pan 23.090
电剪 electric shear 19.012

电接触　electric contact　09.015

电解　electrolysis　24.162

电解槽　electrolyte tank　24.179

电解电容器纸　electrolytic capacitor paper　03.063

电解腐蚀　electrolytic corrosion　03.135

电解精炼　electrorefining　24.187

电解清洗　electrolytic cleaning　24.186

电解液　electrolyte　24.061

电解液保持能力　electrolyte retention　24.057

*电解质　electrolyte　24.061

[电]介质　dielectric　03.004

电矩　electric moment　01.368

电卷发器　curling iron　23.132

电咖啡壶　[electric] coffee maker　23.079

电抗　reactance　01.427

电抗电压　reactance voltage　08.100

电抗继电器　reactance relay　14.094

电抗器　reactor　08.003

电抗器起动　reactor starting　07.568

电烤箱　roaster　23.093

*电控设备　electric-driving controlgear　16.133

电控制器　electric controller　16.161

电缆　electric cable　05.021

*电缆敷设表　cable allocation table　01.975

电缆敷设机　cable plow　05.167

*电缆敷设图　cable allocation diagram　01.974

电缆附件　electric cable accessories　05.129

电缆沟　troughing　05.175

电缆管道　cable duct　05.173

电缆互连　cable bond　05.155

电缆接头　cable joint　05.136

电缆连接器　cable connector　05.151

电缆耦合电容器　cable coupling capacitor　11.032

电缆耦合器　cable coupler　05.152

电缆配置表　cable allocation table　01.975

电缆配置图　cable allocation diagram　01.974

电缆填充装置　cable filling applicator　05.248

电缆引入装置　cable entry　25.029

电老化试验　electrical ageing test　03.231

电离　ionization　01.186

电离电流　ionization current　13.033

电离电压　ionization voltage　13.037

电离辐射测量　ionizing radiation measurement 26.003

电离室　ionization chamber　21.180

[电力]半导体二极管　[power] semiconductor diode　15.094

电力半导体器件　power semiconductor device　15.093

电力半导体设备　power semiconductor equipment　15.249

电力变压器　power transformer　08.009

电力 MOS 场效晶体管　power metal-oxide-semiconductor field effect transistor, power MOSFET　15.123

[电力]单极晶体管　[power] unipolar transistor　15.125

电力电缆　power cable　05.028

电力电容器　power capacitor　11.005

*[电力电子]变换　[electronic power] conversion　15.240

[电力电子]变流　[electronic power] conversion　15.240

[电力电子]变流器　[electronic power] convertor　15.251

[电力电子]变流设备　[electronic power] convertor equipment　15.250

[电力电子]变频器　[electronic] frequency convertor　15.257

[电力电子]变相器　[electronic] phase convertor　15.258

电力电子电容器　power electronic capacitor　11.006

[电力电子]电阻控制　[electronic power] resistance control　15.246

电力电子技术　power electronic technology　15.001

[电力电子]交流变流　[electronic power] AC conversion　15.243

[电力]电子开关　electronic [power] switch　15.277

[电力电子]逆变　[electronic power] inversion　15.242

[电力电子]逆变器　[electronic power] inverter　15.253

电力电子器件　power electronic device　15.091

电力电子设备　power electronic equipment　15.248

电喷枪　electric spray gun　19.069

电屏蔽　electric screen　01.580

电器　electric apparatus　01.563

电器插座　appliance inlet　23.181

电器件　electric device　01.558

电器[具]　electric appliance　01.561

电器开关　appliance switch　23.144

电器耦合器　appliance coupler　23.179

电气安全　electrical safety　29.002

电[气]测量仪表　electrical measuring instrument　26.015

电气传动　electric drive　16.001

电气传动成套设备　electric-driving installation　16.132

电气传动控制设备　electric-driving controlgear　16.133

电气附件　electrical accessory　01.615

[电气]继电器　[electrical] relay　14.001

[电气]间隙　clearance　01.788

[电气]绝缘材料　[electrical] insulating material　03.001

电－气控制器　electropneumatic controller　16.163

电气联锁　electrical interlock　20.093

电气零位　electrical null position　07.473

电气气动接触器　electropneumatic contactor　09.131

电气气动起动器　electropneumatic starter　09.147

*电气强度　dielectric strength　03.142

[电气]绕组　[electrical] winding　01.588

电气骚扰　electrical disturbance　30.037

电气设备　electric equipment　01.564

电气设施　electric installation　01.565

电气事故　electric accident　29.014

电气危险　electrical hazard　29.034

电气误差　electrical error　07.471

电气元件　electric component, electric element　01.557

电气噪声　electrical noise　30.017

电气装置　electric device　01.562

电热　electroheat　17.001

电热被　[electric] overblanket　23.117

电热材料　thermo-electric material　02.030

电热成套设备　electroheat installation　17.005

电热垫　electric pad　23.123

电热电容器　capacitor for electric induction heating system　11.020

电热烘房　electrical drying oven　07.663

电热技术　electroheat technology　17.002

电热继电器　thermal electrical relay　14.072

电热卷包机　electrically heated mica wrapping machine　07.655

电热褥　[electric] underblanket　23.118

电热设备　electroheat equipment　17.004

电热梳　comb with electric heater　23.134

电热毯　[electric] blanket　23.116

电热屉　warming drawer　23.092

电热元件　electric heating element　23.152

电热蒸汽卷发器　mist curling winder　23.133

*电热装置　electroheat equipment　17.004

电容　capacitance　01.414

电容表　capacitance meter　26.062

电容不平衡保护装置　capacitance unbalance protection device　11.050

电容电动机　capacitor motor　07.184

电容电流　capacitance current　01.238

电容电压系数　voltage coefficient of capacitance　11.062

电容分压器　capacitor voltage divider　11.016

*电容控制　complex control, capacitance control　07.606

电容耦合　capacitive coupling　05.190

电容－频率特性　capacitance-frequency characteristic　11.061

电容起动电动机　capacitor start motor　07.186

电容[器]　capacitor　01.594

电容器成套装置　capacitor installation　11.004

电容器单元　capacitor unit　11.001

电容器叠柱　capacitor stack　11.002

电容器放电装置　discharge device of a capacitor　11.045

电容器节段　capacitor section　11.046

电容器开关　capacitor switch　09.100

电容器器身　capacitor body　11.036

电容器切换级　capacitor switching step　11.052

电容器外壳　capacitor case　11.037

电容器心子　capacitor packet　11.035

电容器元件 capacitor element 11.034

电容器指示熔断器 capacitor indicating fuse 11.051

电容器纸 kraft capacitor paper 03.062

电容器制动 capacitor braking 07.594

电容器组 capacitor bank 11.003

电容器组关合涌流 capacitor bank inrush making current 09.300

电容式电压互感器 capacitor voltage transformer 11.021

电容[式]套管 capacitance graded bushing, capacitor bushing 06.026

电容－温度特性 capacitance-temperature characteristic 11.060

电容允[许偏]差 capacitance tolerance 11.073

电容运转电动机 permanent split capacitor motor, capacitor start and run motor 07.185

电容贮能点焊机 capacitor spot welding machine 18.026

电时间常数 electrical time constant 07.515

电蚀 electrical erosion 02.099

* 电势 electric potential 01.175

* 电势差 [electric] potential difference 01.184

* 电寿命 electrical endurance 09.349

* 电寿命试验 electrical endurance test 09.430

电枢 armature 07.338

电枢反应 armature reaction 07.427

电枢控制 armature control 07.603

电枢绕嵌机 armature winding machine 07.658

电枢绕组 armature winding 07.218

电刷 brush 02.120

电水壶 [electric] kettle 23.077

电碳 electrical carbon 02.100

电通[量] electric flux 01.200

电通密度 electric flux density, electric displacement 01.199

电推子 electric hair clipper 23.130

电网换相 line commutation 15.343

电位 electric potential 01.175

电位差 [electric] potential difference 01.184

电位差计 potentiometer 26.071

* 电位降 voltage drop, potential drop 01.226

电位器 potentiometer 01.606

* 电位移 electric flux density, electric displacement 01.199

电线 electric wire 05.001

电效应 electrical effect 27.035

电信号转换器 electric signal transducer 01.598

电学 electricity 01.166

电压 voltage 01.220

电压比 voltage ratio 08.087

电压表 voltmeter 26.049

电压波动 voltage fluctuation 30.068

电压递减 voltage grading 01.796

电压过冲 voltage overshoot 01.769

电压互感器 voltage transformer, potential transformer 08.267

电压恢复时间 voltage recovery time 18.085

电压回路 voltage circuit 09.422

电压继电器 voltage relay 14.081

电压降 voltage drop, potential drop 01.226

电压控制 voltage control 07.607

电压浪涌抑制器 voltage surge suppressor 15.305

电压力锅 electric pressure cooker 23.086

[电]压敏变阻器 varistor 09.195

电压敏感性 voltage sensitivity 07.501

电压试验 voltage test 11.066

电压－寿命特性 voltage-life characteristic 05.177

电压调整率 voltage regulation 01.852

电压调整特性 voltage regulation characteristic 07.412

电压稳定度 voltage stability 21.215

电压误差 voltage error 08.290

电压引入 voltage injection 09.424

电压暂降 voltage dip 01.511

电压骤降 voltage collapse 01.510

电压骤降持续时间 duration of voltage collapse 12.087

电压骤降陡度 steepness of voltage collapse 12.088

电牙刷 electric toothbrush 23.135

电遥测仪 electric telemeter 16.219

电泳 electrophoresis 24.160

电圆锯 electric circular saw 19.037

电源电流 source current 01.228

电源电压 source voltage 01.227

电源焊接电压 power source welding voltage

18.074

电源开关　mains switch　23.143

电源线拉力试验　mains-cord pulling test　23.216

电晕　corona　01.282

电晕环　corona ring　21.099

电晕屏蔽　corona shielding　07.275

电熨斗　electric iron　23.062

电灶　electric range　23.087

电渣重熔　electroslag remelting　17.322

电渣重熔炉　electroslag remelting furnace　17.088

电渣焊机　electroslag welding machine　18.018

电炸锅　deep frying pan　23.091

电站变压器　station service transformer　08.017

[电]执行器　[electric] actuator　01.601

*电致发光板　electroluminescent lamp, electrolumi-
nescent panel　22.214

电致发光灯　electroluminescent lamp, electrolumi-
nescent panel　22.214

电致伸缩　electrostriction　01.213

电制动　electric braking　07.592

电滞回线　electric hysteresis loop　01.210

电中性　electric neutrality　01.362

电灼伤　electric burn　29.026

电子　electron　01.177

电子变压器　electronic transformer　08.034

电子剥离　electron stripping　21.008

电子剥离器　electron stripper　21.101

电子测量仪表　electronic measuring instrument
26.016

电子场　electron field　21.038

电子导电　electron conduction　02.209

电子电流　electronic current　01.239

电子发射　electron emission　01.188

[电子]阀　[electronic] valve　15.290

[电子]阀器件　[electronic] valve device　15.289

电子伏[特]　electronvolt　01.895

电子感应加速器　betatron　21.087

电子感应加速器振荡　betatron oscillation　21.033

电子感应加速器振荡频率　betatron frequency
21.241

电子轰击炉　electron bombardment furnace　17.209

电子换向装置　electronic commutating device
07.305

电子加速器　electron accelerator　21.069

电子交流电力控制器　electronic AC power controller
15.283

电子静电加速器　electron electrostatic accelerator
21.073

电子控制器　electronic controller　16.162

电子帘加速器　electrocurtain accelerator　21.077

电子枪　electron gun　21.092

电子枪工作距离　work distance of electron gun
18.090

电子闪光灯　flash tube, electronic flash lamp
22.204

电子束　electron beam　01.182

电子束辐照　electron beam irradiation　21.059

电子束焊机　electron beam welding machine
18.019

电子束加热　electron beam heating　17.203

电子束孔径角　electron beam aperture　17.206

电子束能量　electron beam energy　21.250

电子通信设备　electronic communication equipment
30.002

电子透入深度　electron penetration depth　17.204

电子稳速器　electronic governor　07.333

*电子型半导体　N-type semiconductor, electron
semiconductor　02.197

[电子]雪崩　[electron] avalanche　01.283

电子源　electron source　21.093

电子直流电力控制器　electronic DC power controller
15.284

电子直线加速器　electron linear accelerator, electron
linac　21.081

电阻　resistance　01.416

电阻表　ohmmeter　26.065

电阻电压　resistance voltage　08.101

电阻对焊机　resistance butt welding machine
18.024

电阻法测温　resistance method of temperature deter-
mination　08.220

电阻防晕层　resistance grading of corona shielding
07.276

电阻焊机　resistance welding machine　18.020

电阻继电器　resistance relay　14.093

电阻加热　resistance heating　17.049

电阻接地变压器 resistance grounded transformer, resistance earthed transformer 08.066

电阻炉 resistance furnace 17.079

电阻炉变压器 resistance furnace transformer 08.023

电阻炉成套设备 resistance furnace installation 17.080

电阻率 resistivity 01.251

电阻起动分相电动机 resistance start split phase motor 07.183

电阻[器] resistor 01.592

电阻器元件 resistor element 02.010

电阻温度系数 temperature coefficient of resistance 02.008

电阻型热双金属 resistance type thermo-bimetal 02.016

电阻制动 resistance braking 20.196

电钻 electric drill 19.008

吊灯[具] pendant fitting, suspended luminaire 22.304

吊[式电风]扇 ceiling fan 23.016

吊线夹 suspension clamp 20.083

调车机车 shunting locomotive 20.023

跌落[式]熔断器 drop-out fuse 10.012

蝶式绝缘子 shackle insulator 06.034

叠加弧等离子枪 superimposed arc plasma torch 17.224

叠片磁轭转子 segmental rim rotor 07.341

叠片漆 lamination varnish 03.054

叠片铁心 laminated core 07.281

叠绕组 lap winding 07.236

叠锥体绝缘子 multiple cone insulator 06.035

顶部加热 hot topping 17.318

顶锻力 upsetting force 18.101

顶[式电风]扇 cabin fan 23.015

顶值电压 ceiling voltage 07.396

定尺 scale 07.361

定额 rating 01.809

定扭矩电扳手 electric definite torque wrench 19.033

定期试验 periodical test 28.064

定时截尾试验 fixed time truncated test 28.153

定时器 timer 23.141

定时欠电压保护 time-undervoltage protection 14.041

定时限 specified time 14.214

定时限继电器 specified-time relay 14.053

定时延动作 definite time-delay operation 09.383

定时延过[电]流脱扣器 definite time-delay overcurrent release 09.223

定数截尾试验 fixed number truncated test 28.152

定位臂 registration arm 20.073

*定位光纤束 coherent fiber bundle, aligned fiber bundle 05.282

定位式按钮 locked push-button 09.155

定温开关 thermostatic switch 09.177

定向结晶 oriented crystallization 04.042

定向照明 directional lighting 22.260

定值量器 material measure 26.014

定子 stator 07.336

定子串接电阻起动 stator resistance starting 07.570

定子磁轭 stator yoke 07.294

定子绕嵌机 stator winding machine 07.656

定子绕组 stator winding 07.216

动触点 moving contact 14.149

动触头 moving contact 09.248

动电学 electrokinetics 01.216

动断触点 break contact 14.153

动断触头 break contact, b-contact 09.251

动断输出电路 output break circuit 14.144

动合触点 make contact 14.152

动合触头 make contact, a-contact 09.250

动合输出电路 output make circuit 14.145

动力操作 dependent power operation 09.358

动力操作机构 dependent power operating mechanism 09.207

动力黏度 dynamic viscosity 03.153

动量散度 momentum spread 21.233

动量压缩 momentum compaction 21.044

动量压缩因数 momentum compaction factor 21.269

动圈调压器 moving-coil voltage regulator 08.226

动绕组 moving winding 08.228

动态磁化 dynamic magnetization 04.051

动态磁化曲线 dynamic magnetization curve

01.319

动态磁滞回线 dynamic hysteresis loop 01.325

动态力学试验 dynamic test 03.236

动态偏差 dynamic deviation 16.198

动态误差 dynamic receiver error 07.467

动态[压力]试验 dynamic test [of pressure] 25.056

动态整步转矩 dynamic synchronizing torque 07.464

动态中性化状态 dynamically neutralized state 01.312

动稳定电流 dynamic current 08.294

* 动稳定性电流 peak withstand current 09.305

* 动稳定性试验 peak withstand current test 09.432

动物群 fauna 27.112

动子 mover 07.364

动作 operating 14.012

动作安匝 operating ampere-turns 14.203

动作电流 operating current 09.320

动作负载试验 operating duty test 13.081

动作计数器 operation counter, discharge counter 13.021

动作剩余电流 residual operating current 09.306

动作时间 operate time 14.217

动作特性 operating characteristic 14.181

动作泄漏电流 leakage operating current 09.307

动作值 operating value 14.169

动作指示器 operation indicator 14.161

动作状态 operate condition 14.004

冻雨 freezing rain 27.065

陡波冲击电流 steep impulse current 13.036

陡波前过电压 very-fast-front overvoltage 12.014

独立标记 independent marking 01.929

[独立]电流源 [independent] current source 01.437

[独立]电压源 [independent] voltage source 01.436

* 独立驱动 individual drive 20.218

独立绕组变压器 separate winding transformer 08.052

独立轴机车 individual axle drive locomotive 20.020

堵封件 blanking element 25.028

堵转电流 locked-rotor current 07.381

堵转控制电流 locked-rotor control current 07.507

堵转控制功率 locked-rotor control power 07.509

堵转励磁电流 locked-rotor exciting current 07.506

堵转励磁功率 locked-rotor exciting power 07.508

堵转试验 locked-rotor test 07.626

堵转特性 locked-rotor characteristic 07.504

堵转转矩 locked-rotor torque 07.369

堵转转矩灵敏度 torque sensitivity at locked-rotor 07.540

堵转阻抗特性 locked-rotor impedance characteristic 07.410

镀锡 tinning 05.205

镀锡导线 tinned conductor 05.069

镀锡机 tinning machine 05.243

端 terminal 01.397

端部衬垫 overhang packing 07.269

n 端电路 n-terminal circuit 01.398

端电压 terminal voltage 01.849

* 端对 port, terminal pair 01.474

* n 端对网络 n-port network, n-terminal-pair network 01.477

端盖 end bracket, end shield 07.342

端盖式轴承 end bracket type bearing 07.315

端箍绝缘 banding insulation 07.272

端接导抗 terminating immittance 01.491

端口 port, terminal pair 01.474

n 端口网络 n-port network, n-terminal-pair network 01.477

端罩 end winding cover 07.343

端子 terminal 01.566

端子板 terminal board 01.572

端子代号 terminal designation 01.915

端子干扰电压 terminal interference voltage 30.067

端子功能图 terminal function diagram 01.958

端子接线表 terminal connection table 01.968

端子接线图 terminal connection diagram 01.967

短弧灯 short arc lamp 22.190

短距绕组 short-pitch winding 07.211

短路 short circuit 01.619

短路比 short-circuit ratio 07.446

短路[持续]时间 duration of short-circuit 09.275

短路电流 short-circuit current 01.783

短路发电机回路试验 short-circuit generator circuit test 09.417

短路分断 short-circuit breaking 09.027

短路分断电流 short-circuit breaking current 09.274

短路分断能力 short-circuit breaking capacity 09.347

*短路关合 short-circuit making 09.029

*短路关合电流 short-circuit making current 09.272

*短路关合能力 short-circuit making capacity 09.346

*短路环 divided magnetic ring, short-circuit ring 09.263

短路换向器试验 short-circuit commutator test 02.168

短路接通 short-circuit making 09.029

短路接通电流 short-circuit making current 09.272

短路接通能力 short-circuit making capacity 09.346

*短路开断 short-circuit breaking 09.027

*短路开断电流 short-circuit breaking current 09.274

*短路开断能力 short-circuit breaking capacity 09.347

短路时间常数 short-circuit time constant 07.389

短路试验 short-circuit test 08.213

短路输入额定值 short-circuit input rating 08.076

短路特性 short-circuit characteristic 07.409

短路运行 short-circuit operation 01.756

短路匝 short-circuited turn 08.304

短路匝补偿 short-circuited turn compensation 08.257

短路自转 short-circuit spinning 07.602

短时电流 short-time current 08.102

短时电压 short-time voltage 11.076

短时电压试验 short-duration voltage test 11.067

短时定额 short-time rating 01.810

短时工频耐受电压 short-duration power-frequency withstand voltage 12.036

短时工作制 short-time duty 01.824

短时极限电流 limiting short-time current 14.192

短时耐受电流 short-time withstand current 09.304

短时耐受电流试验 short-time withstand current test 09.431

短时热电流 short-time thermal current 08.292

段间绝缘 section insulation 08.198

断开 opening 09.396

断开操作 opening operation 09.362

断开电路 open circuit 01.618

断开时间 opening time 14.216

断开同期性 opening simultaneity 09.343

断开位置 open position 09.388

断裂伸长率 elongation at break 03.181

断流上限额定值 maximum current interrupting rating 13.068

断流下限额定值 minimum current interrupting rating 13.069

断路器 circuit-breaker 09.061

断路器电容器 circuit-breaker capacitor 11.015

断路器失效保护装置 circuit-breaker failure protection equipment 14.135

断态 off-state 15.085

断态不重复峰值电压 non-repetitive peak off-state voltage 15.179

断态重复峰值电流 repetitive peak off-state current 15.197

断态重复峰值电压 repetitive peak off-state voltage 15.178

断态电流 off-state current 15.196

断态电压 off-state voltage 15.175

断态电压临界上升率 critical rate of rise of off-state voltage 15.206

断态工作峰值电压 peak working off-state voltage 15.177

断态直流电压 direct off-state voltage 15.176

断相保护 open-phase protection 29.119

断相保护热过载脱扣器 phase failure sensitive thermal-overload release 09.236

断相继电器 open-phase relay 14.099

断续工作制　intermittent duty　01.823

断续控制　discontinuous control　16.064

断续流通　intermittent flow　15.383

断续周期工作制　intermittent periodic duty　01.827

煅烧　calcination　02.170

煅烧炉　calciner　02.180

对称灯具　symmetrical lighting fitting　22.287

对称电缆　symmetrical cable　05.062

对称多相电路　symmetrical polyphase circuit　01.552

对称二端口网络　symmetrical two-port network　01.479

对称分断　symmetrical breaking　09.026

对称光纤　symmetrical fiber　05.281

对称交变量　symmetrical alternating quantity　01.063

*对称开断　symmetrical breaking　09.026

对称偏转　symmetrical deflection　21.032

对称[特性电路]元件　symmetric [characteristic circuit] element　01.409

对称系统　symmetrical system　01.154

对称线对　symmetrical twin　05.091

对称相控　symmetrical phase control　15.356

对称坐标　symmetrical co-ordinates　01.153

对地电容不平衡　capacitive unbalance to earth　05.191

对地电压　voltage to earth　29.069

对地过电压　overvoltage to earth　29.070

对绞　twinning　05.212

对接触头　butt contact　09.257

对接接触　butt contact　09.021

对开[套筒]轴承　split sleeve bearing　07.321

对流电暖器　convection heater　23.110

*对流冷却　natural cooling, convection cooling　01.648

对流系数　convection coefficient　17.040

对偶网络　dual network　01.488

对数减缩率　logarithmic decrement　01.148

对拖试验　mechanical back-to-back test　07.613

对线组　twin　05.088

吨－公里　tonne-kilometer　20.173

钝化　passivation　24.172

钝化油　passivated oil　03.025

多边形联结　polygon connection　01.629

多变量系统　multivariable system　16.027

多标度[测量]仪表　multi-scale [measuring] instrument　26.033

多层电镀　multilayer plating　24.171

多重变流器　multiple convertor　15.270

多重联结　multiple connection　15.339

多次抽样　multiple sampling　28.027

多导体电缆　multiconductor cable　05.024

多动力单元列车　multiple unit train　20.015

多二次绕组互感器　multi-secondary instrument transformer　08.287

多功能[测量]仪表　multi-function [measuring] instrument　26.035

多极操作　multipole operation　09.365

多极熔断器　multipole fuse　10.019

多级变速电动机　multi-varying speed motor　07.032

多级恒速电动机　multi-constant speed motor　07.031

多晶　polycrystal　02.245

多框铁心　multiframe core　08.108

多量程[测量]仪表　multi-range [measuring] instrument　26.032

多路插座　multi-socket outlet　23.174

多氯联苯　polychlorinated biphenyl　03.017

多模光纤　multimode fiber　05.263

多模拉线机　multi-die wire drawing machine　05.225

多频系统　multi-frequency system　01.454

多区炉　multi-zone furnace　17.278

多绕组变压器　multi-winding transformer　08.048

多数载流子　majority carrier　02.238

多束光缆　multi-bundle fiber cable　05.294

多速磁滞同步电动机　multi-speed hysteresis synchronous motor　07.165

多速电动机　multi-speed motor　07.030

多通道光缆　multi-channel fiber cable　05.290

多通道记录仪　multiple-channel recorder　26.039

多头焊接电源　multiple-operator power source　18.039

多头弧焊机　multiple-operator arc welding machine

18.013

多位作用 multi-step action 16.100

多线表示法 multi-line representation 01.939

多线拉线机 multi-wire drawing machine 05.226

多线圈感应分流器 multiple inductive shunt 20.101

多相电路 polyphase circuit 01.538

多相电路基元 element of a polyphase circuit 01.547

多相电源 polyphase source 01.550

多相端口 polyphase port 01.549

多相换向器电动机 Schrage motor 07.024

多相节点 polyphase node 01.548

多相系统 polyphase system 01.539

多相线性量 polyphase linear quantity 01.554

多芯电缆 multi-core cable 05.026

多芯光缆 multi-fiber cable 05.285

多用电动工具 multi-purpose electric tool 19.005

多油断路器 bulk oil circuit-breaker 09.071

多元件绝缘子 multi-element insulator 06.019

多周控制 multicycle control 15.362

多周控制因数 multicycle control factor 15.411

惰行 coasting 20.188

惰性气氛 inert atmosphere 17.299

惰性气体压力系统 inert gas pressure system 08.140

E

额定电流 rated current 01.837

额定电压 rated voltage 01.838

额定电压因数 rated voltage factor 08.296

额定电压组合 combination of various rated voltages 08.071

*额定分接 principal tapping 08.151

额定工况 rated condition 01.817

额定工作制 rated duty 01.830

额定功率 rated power 01.836

额定量 rated quantity 01.834

额定频率 rated frequency 01.839

额定容量 rated capacity 01.835

额定数据测定 rated data test 28.054

额定值 rated value 01.808

额定转速 rated speed 01.840

额外超载 exceptional overload 20.179

扼流圈 choke, smoothing inductor 09.197

二次被覆层 secondary coating 05.301

二次被覆光纤 secondary coating fiber 05.268

二次传输参数 secondary transmission parameter 05.182

二次电流 secondary current 08.080

二次电压 secondary voltage 08.078

二次光源 secondary light source 22.152

二次极限感应电势 secondary limiting EMF 08.295

二次继电器 secondary relay 14.051

二次绕组 secondary winding 08.132

二端电路 two-terminal circuit 01.399

*二端对网络 two-port network, two-terminal-pair network 01.476

二端口网络 two-port network, two-terminal-pair network 01.476

*二端网络 one-port network, two-terminal network 01.475

二阶微分作用 second derivative action 16.108

二进制 binary system 01.049

二进制逻辑系统 binary-logic system 16.029

二进制信号 binary signal 16.129

二项分布 binomial distribution 28.171

二氧化碳弧焊机 CO_2 arc welding machine 18.007

二氧化碳加热器 CO_2 heater 18.046

二氧化碳气体保护焊枪 CO_2 gun 18.052

F

反时延动作　inverse time-delay operation　09.384

反时延过[电]流脱扣器　inverse time-delay overcurrent release　09.224

反铁磁性　antiferromagnetism　04.063

反相　in opposition　01.100

反向　reverse direction　15.083

反向不重复峰值电压　non-repetitive peak reverse voltage　15.146

反向不回复值　non-reverse-reverting value　14.176

反向重复峰值电流　repetitive peak reverse current　15.151

反向重复峰值电压　repetitive peak reverse voltage　15.145

反向电流　reverse current　15.150

反向电压　reverse voltage　15.142

反向分压器　reverse voltage divider　15.303

反向工作峰值电压　peak working reverse voltage　15.144

反向耗散功率　reverse power dissipation　15.155

反向恢复电流　reverse recovery current　15.152

反向恢复时间　reverse recovery time　15.161

反向回复　reverse-reverting　14.015

反向回复值　reverse-reverting value　14.175

反向击穿　reverse breakdown　15.378

反向击穿电流　reverse breakdown current　15.212

反向击穿电压　reverse breakdown voltage　15.180

反向浪涌耗散功率　surge reverse power dissipation　15.167

反向偏置 PN 结击穿　breakdown of a reverse-biased PN junction　15.024

反向直流电压　direct reverse voltage　15.143

反向阻断电流　reverse blocking current　15.198

反向阻断二极晶闸管　reverse blocking diode thyristor　15.107

反向阻断[三极]晶闸管　reverse blocking triode thyristor　15.108

反向阻断状态　reverse blocking state　15.087

反向阻断阻抗　reverse blocking impedance　15.214

反型层　inversion layer　15.017

反应式磁滞同步电动机　reaction hysteresis synchronous motor　07.166

反转时间　reversing time　07.513

* 返回　resetting　14.011

* 返回比　resetting ratio　14.209

* 返回时间　reset time　14.224

方波冲击电流　rectangular impulse current　12.096

方均根加速度　root-mean-square acceleration　27.174

方均根纹波因数　RMS-ripple factor, ripple content　01.520

方均根值　root-mean-square value, RMS value, effective value　01.083

方均根值检波器　RMS detector　30.125

方均加速度　mean-square acceleration　27.173

方框符号　block symbol　01.909

方向继电器　directional relay　14.097

房间空调器　room air conditioner　23.029

防爆电气设备　electrical apparatus for explosive atmospheres　25.001

防爆式　explosion-proof type　01.726

防爆型式　type of explosion-proof construction　25.005

防闭合锁定断路器　circuit-breaker with lock-out preventing closing　09.078

防尘式　dust-proof type　01.716

防滴式　drip-proof type　01.719

防腐蚀式　corrosion-proof type　01.727

防海浪式　heavy-sea-proof type　01.724

防护等级　degree of protection　01.735

防护器件　protective device　19.092

防护式加热元件　protected heating element　17.055

防护罩　protective cover　29.094

防火结构　fire-resistive construction　29.097

防溅式　splash-proof type　01.721

防淋式　spray-proof type　01.720

防喷式　jet-proof type, hose-proof type　01.722

防跳机构　anti-pumping device　09.215

防雨式　rain-proof type　01.723

防撞光信号　anti-collision light　22.362

放大机用灯　enlarger lamp　22.206

放大率　magnification ratio　22.270

放大器　amplifier　01.603

放电　[electric] discharge　01.272

放电灯　discharge lamp　22.168

放电电流　discharging current　11.055

放电电流限制器件 discharge-current-limiting device 11.053

放电电压－时间曲线 discharge voltage-time curve 13.044

放电电阻器 discharge resistor 09.180

*放电计数器 operation counter, discharge counter 13.021

放电率 discharge rate 24.128

放电能量试验 discharge energy test 12.061

放电起始试验 discharge inception test 12.059

放电曲线 discharge curve 24.044

放电容量 discharge capacity 24.045

放电试验 discharge test 11.068

放电指示器 discharge indicator 13.026

放气液体 gas-evolving liquid 03.022

放映灯 projector lamp, projection lamp 22.201

非包封绕组干式变压器 non-encapsulated winding dry-type transformer 08.054

非爆炸危险场所 non-explosion hazard area 25.018

非本征半导体 extrinsic semiconductor 02.196

非单元保护系统 non-unit protection system 14.045

非定时限继电器 non-specified-time relay 14.054

非对称导电性 asymmetrical conductivity 01.252

非对称灯具 asymmetrical lighting fitting 22.288

非对称电流 asymmetrical current 09.352

非对称分断 asymmetrical breaking 09.028

*非对称开断 asymmetrical breaking 09.028

非对称[特性电路]元件 asymmetric [characteristic circuit] element 01.410

非对称相控 asymmetrical phase control 15.357

非工作状态 non-operating state 27.128

非固定使用 non-stationary use 27.135

非关联失效 non-relevant failure 28.092

非极化继电器 non-polarized relay 14.061

非简并半导体 non-degenerate semiconductor 02.201

非金属护套 non-metallic sheath 05.120

非晶态半导体 amorphous semiconductor 02.246

非晶态磁性合金 amorphous magnetic alloy 04.011

非均一联结 non-uniform connection 15.333

非连通网络 unconnected network 01.461

非连续式炉 discontinuous furnace 17.262

非耐短路变压器 non-short-circuit-proof transformer 08.064

*非平衡载流子 excess carrier, non-equilibrium carrier 02.240

非散热试验样品 non-heat-dissipating specimen 27.029

非调速电气传动 non-adjustable speed electric drive 16.007

非同步[引弧]起动 non-synchronous initiation 18.110

非线性电路 non-linear [electric] circuit 01.394

*非线性电阻 non-linear resistor, valve element 13.014

非线性系数 non-linear coefficient 13.062

非线性系统 non-linear system 16.022

非相干光纤束 incoherent fiber bundle, unaligned fiber bundle 05.283

非正常工作试验 abnormal operation test 23.215

非织布 non-woven fabric 03.061

非周期电路 aperiodic circuit 01.117

非周期分量 aperiodic component 01.062

非周期时间常数 aperiodic time constant 07.387

非周期现象 aperiodic phenomenon 01.116

非转移弧等离子枪 non-transferred arc plasma torch, indirect arc plasma torch 17.222

非自持气体导电 non-self-maintained gas conduction 01.248

非自耗电极精炼电弧炉 non-consumable electrode refining arc furnace 17.131

非自恢复绝缘 non-self-restoring insulation 12.030

非自显故障 non-self-revealing fault 25.037

非阻化油 uninhibited oil 03.024

飞弧 arcover 01.276

[飞机]航行灯 [aircraft] navigation lights 22.359

飞轮车 gyrobus 20.030

费米能级 Fermi level 02.217

酚醛塑料 phenolic plastics 03.077

*分 opening 09.396

分瓣电刷 split brush 02.135

分贝 decibel 01.899

分辨力 resolving power, resolution 22.109

分辨率　resolution　26.146

分别支承隔离器　divided support disconnector　09.091

分别支承接地开关　divided support earthing switch　09.098

分布参数电路　distributed circuit　01.408

分布电阻　distributed resistance　30.104

分布函数　distribution function　01.047

分布绕组　distributed winding　07.229

分布因数　spread factor, distribution factor　07.206

*分操作　opening operation　09.362

分层　delamination　03.168

分磁环　divided magnetic ring, short-circuit ring　09.263

分段交叉互连　sectionalized cross-bonding　05.160

分段接头　sectionalizing joint　05.142

分段绝缘器　section insulator　20.078

分段器　sectionalizer　09.080

分断　breaking　09.398

分断操作　breaking operation　09.364

分断电流　breaking current　09.273

分断能力　breaking capacity　09.344

分断能力试验　breaking capacity test　09.426

分断时间　break-time　09.329

分割导线　Milliken conductor　05.081

分隔　separation　09.004

分隔电容器　blocking capacitor　25.079

分隔距离　separation distance　29.126

*分-合时间　open-close time　09.336

分极操作　individual pole operation　09.368

分级绝缘　non-uniform insulation　08.136

分级屏蔽　grading screen　01.583

分接　tapping　08.141

分接变换操作　tap-change operation　08.162

分接参数　tapping quantities　08.142

分接电流　tapping current　08.148

分接电压　tapping voltage　08.149

分接电压比　tapping voltage ratio　08.150

分接范围　tapping range　08.145

分接工况　tapping duty　08.143

分接级　tapping step　08.146

分接容量　tapping power　08.147

分接位置指示器　tap position indicator　08.172

分接选择器　tap-selector　08.167

分接因数　tapping factor　08.144

分接转换指示器　tap-change in progress indicator　08.175

分开表示法　detached representation　01.943

分开位置　disconnected position　09.394

分离　segregation　09.003

分励脱扣器　shunt release　09.230

分量　component　01.004

分裂式变压器　dual-low-voltage transformer　08.050

分流安全元件　shunt safety component　25.080

分流电阻器　shunt resistor　20.098

分流继电器　shunt relay　14.052

分流器　shunt　01.595

分路转换　shunt transition　20.206

分配箱　distributor box　05.147

分批型废食处理机　batch feed type disposer　23.061

分数槽绕组　fractional slot winding　07.256

*分同期性　opening simultaneity　09.343

*分位　open position　09.388

分析磁铁　analyzing magnet　21.166

分相电动机　split phase motor　07.181

*分相段　neutral section, phase break　20.079

分相接线盒　phase separated terminal box　07.308

分相屏蔽电缆　individually screened cable, radial field cable　05.037

分相铅护套电缆　separately lead-sheathed cable, SL cable　05.038

分芯同心电缆　split concentric cable　05.032

分压比　voltage ratio　12.108

分压环　potential dividing ring　21.098

分压器　voltage divider　12.107

分支光缆　branched optical cable　05.295

分支盒　splitter box, dividing box　05.132

分支接头　branch joint　05.138

粉化　dusting　02.118

粉末粒度　particle size　02.080

粉末黏结永磁[体]　powder bonded magnet　04.020

粉末烧结磁性材料　powder sintered magnetic material　04.008

粉末涂敷　powder coating　03.224

粉末冶金　powder metallurgy　02.066

粉云母纸　mica paper　03.104

封闭轨道　closed orbit　21.006

封闭式　enclosed type, closed type　01.704

封闭式电容器　enclosed capacitor　11.030

封闭式开关板　enclosed switchboard　09.118

封闭式热水器　closed water heater　23.071

封闭式熔断体　enclosed fuse-link　10.029

封闭式组合电器　gas insulated metal-enclosed switchgear, GIS　09.043

封闭式组合装置　enclosed assembly　09.202

封闭通风式　enclosed-ventilated type　01.687

封闭型弧光灯　enclosed arc lamp　22.188

蜂鸣器　buzzer　23.137

蜂音检验棒　buzz stick　06.108

"峰"磁场　hill magnetic field　21.224

峰–峰值　peak-to-peak value, peak-to-valley value　01.085

*峰谷值　peak-to-peak value, peak-to-valley value　01.085

峰值　peak [value]　01.084

峰值持续时间　duration of peak value　12.098

峰值电弧电压　peak arc voltage　09.280

峰值电流　peak current　01.801

峰值电压表　peak voltmeter　26.057

峰值堵转电流　peak current at locked-rotor　07.532

峰值堵转电压　peak voltage at locked-rotor　07.536

峰值堵转控制功率　peak control power at locked-rotor　07.534

峰值堵转转矩　peak torque at locked-rotor　07.538

峰值负载工作制　peak load duty　15.365

*峰值关合电流　peak making current　09.299

峰值过电压　peak overvoltage　01.765

*峰值畸变因数　peak-ripple factor, peak distortion factor　01.521

峰值检波器　peak detector　30.124

峰值接通电流　peak making current　09.299

峰值耐受电流　peak withstand current　09.305

峰值耐受电流试验　peak withstand current test　09.432

峰值纹波因数　peak-ripple factor, peak distortion factor　01.521

峰值因数　peak factor, crest factor　01.088

风道通风式　duct-ventilated type　01.689

风冷　forced-air cooling　01.650

风冷却器　forced-air cooler　08.189

风冷式　forced-air cooled type　01.715

风量　air delivery　23.195

风速　air velocity　23.196

风信标　wind indicator　22.354

风压　wind pressure　23.197

风罩　fan housing　07.345

缝焊机　seam welding machine　18.023

敷设机犁片　plow blade　05.168

辐射　radiation　01.143

辐射曝光量　radiant exposure　22.022

辐射测量　radiation measurement　30.128

辐射测量仪　radiation meter, radiation measuring assembly　26.101

辐射出射度　radiant exitance　22.023

辐射传递　radiant transfer　17.046

辐射度测量　radiometry　22.136

辐射发射　radiated emission　30.008

辐射反射　reflection of radiation　17.045

辐射干扰　radiated interference　30.044

辐射剂量　radiation dose　21.252

辐射计　radiometer　22.137

辐射监测仪　radiation monitor　26.103

辐射控制　radiation control　29.129

辐[射]亮度　radiance　22.020

辐[射]亮度因数　radiance factor　22.094

辐射敏感度　radiated susceptibility　30.078

辐射[能]谱仪　radiation spectrometer　26.110

辐射屏蔽　radiation shield　29.130

辐射试验　radiation test　27.160

辐射探测器　radiation detector　26.097

辐射通量　radiant flux　27.078

辐射通量计　radiant flux meter　26.115

辐射头　radiation head　21.178

辐射危险　radiation hazard　29.035

辐射吸收剂量　absorbed radiation dose　29.053

辐射野　radiation field size　21.251

辐射元件　radiant element　17.059

辐射噪声　radiated noise　30.029

辐射照射剂量　exposure dose of radiation　03.193

辐射指示器 radiation indicator 26.102

辐向通风式 radial-ventilated type 01.686

辐照 irradiation 22.009

辐照度 irradiance 22.021

辐照功率 irradiation power 21.263

辐照厚度 irradiation depth 21.261

辐照效应 irradiation effect 21.061

幅相控制 complex control, capacitance control 07.606

幅值控制 amplitude control 07.605

幅值误差 amplitude error 07.487

氟油 fluorocarbon oil 03.019

符号要素 symbol element 01.906

伏安 volt-ampere 01.878

伏安表 volt-ampere meter 26.056

伏安特性 voltage-current characteristic, V-I characteristic 15.156

伏打效应 Volta effect 01.255

伏[特] volt 01.879

*伏特表 voltmeter 26.049

服务责任 service liability 28.044

浮充电 floating charge 24.056

浮充蓄电池 floating cell 24.097

浮动环 floating ring 20.102

浮动控制 floating control 16.066

浮动密封隔爆接合面 flameproof joint with floating gland 25.048

浮动作用 floating action 16.105

辅助臂 auxiliary arm 15.315

辅助变压器调压 auxiliary transformer regulation 20.117

辅助承力索 auxiliary catenary 20.053

辅助触头 auxiliary contact 09.254

SI辅助单位 SI supplementary unit 01.873

辅助导线 pilot wire 20.047

辅[助]电路 auxiliary circuit 01.637

辅助发电机组 auxiliary generator set 20.109

*辅[助]回路 auxiliary circuit 01.637

辅助激励量 auxiliary energizing quantity 14.202

*辅助继电器 auxiliary relay 14.077

辅助开关 auxiliary switch 09.175

辅助文字符号 auxiliary letter symbol 01.904

辅助线芯 auxiliary core 05.087

辅助阳极 auxiliary anode 24.175

辅助阴极 auxiliary cathode 24.176

腐蚀试验 corrosion test 27.212

副基准热电偶 secondary standard thermocouple 02.046

副励磁机 pilot exciter 07.019

覆铜箔层压板 copper-clad laminate 03.097

复变量 complex variable 16.112

复变压比 complex transformation ratio 07.475

复波绕组 multiplex wave winding 07.246

复磁导率 complex permeability 01.336

复导纳 complex admittance 01.426

复叠绕组 multiplex lap winding 07.245

复对四线组 multiple twin quad 05.090

复功率 complex power 01.525

复归 resetting 14.011

复归百分数 resetting percentage 14.210

复归比 resetting ratio 14.209

复归时间 reset time 14.224

复归值 resetting value 14.168

复合触头 composite contact 02.055

复合传热 combined thermal transmission 17.047

复合磁场减弱 combined field weakening 20.212

复合灯 blended lamp, self-ballasted mercury lamp 22.207

复合电镀 composite plating 24.182

复合粉末 composite powder 02.069

复合介质电容器 composite dielectric capacitor 11.023

复合金属导电材料 composite conducting metal 02.004

复合绝缘子 composite insulator 06.025

复合控制 compound control 16.054

复合套管 composite bushing 06.047

复合误差 composite error 08.291

复合振动 complex vibration 27.097

复合作用 composite action 16.110

复辉点 recalescent point 17.198

复绞导线 multiple stranded conductor 05.076

复励绕组 compound winding 07.228

复励特性 compounding characteristic 07.418

复励直流电机 compound DC machine 07.085

复联道路照明系统 multiple street-lighting system

22.378

复燃 re-ignition 09.013

复绕式电流互感器 compound-wound current transformer 08.282

复式悬链 compound catenary suspension 20.059

复示器 repeater 20.094

复蛙绕组 multiplex frog-leg winding 07.247

复位机构 resetting device 09.214

复印机 copier 23.139

复阻抗 complex impedance 01.423

傅里叶变换 Fourier transform 01.039

傅里叶积分 Fourier integral, inverse Fourier transform 01.040

傅里叶级数 Fourier series 01.038

*傅里叶逆变换 Fourier integral, inverse Fourier transform 01.040

负半波 negative half-wave 01.128

负分接 minus tapping 08.153

负荷 burden 08.253

负辉光灯 negative-glow lamp 22.171

负极 negative electrode 24.036

负极板 negative plate 24.101

负极柱 negative terminal 24.114

负离子束 negative ion beam 21.014

负伤事故 injury accident 29.023

负[微分电]阻区 negative differential resistance re-

gion 15.088

负向材料转移 negative material transfer 02.096

负序 negative sequence 01.156

负序电抗 negative sequence reactance 07.440

负序电阻 negative sequence resistance 07.444

负序分量 negative sequence component 01.159

负序继电器 negative-phase-sequence relay 14.103

负序阻抗 negative sequence impedance 07.432

负载 load 01.750

负载比 duty ratio 01.829

负载持续率 cyclic duration factor 07.584

负载导抗 load immittance 01.492

负载电压 load voltage 01.850

负载换相 load commutation 15.344

负载试验 load test 08.211

负载损耗 load loss 08.095

负载特性 load characteristic 07.408

负载因数 on-load factor 09.327

负载转速 load speed 18.086

富尔极板 Faure plate 24.105

*附加防护 protection against indirect contact, supplementary protection 29.121

附加极分流 auxiliary-pole shunting 20.214

附加绝缘 supplementary insulation 29.055

附加绕组 auxiliary winding 08.229

附加损耗 supplementary load loss 08.098

G

伽马分布 gamma distribution 28.170

改型恒压充电 modified-constant voltage charge 24.069

改型克雷默系统 modified Kraemer system 16.045

概率 probability 01.043

概率分布 probability distribution, cumulative distribution 01.044

概率密度 probability density 01.045

盖革－米勒计数器 Geiger-Müller counter 26.114

干电池 dry cell 24.013

*干弧距离 arcing distance, dry arcing distance 06.086

干耐受电压 dry-withstand voltage 12.037

干扰 interference 30.039

干扰场强 interference field strength 30.060

干扰电压 interference voltage 30.059

干扰功率 interference power 30.063

干扰限值 limit of interference 30.062

干扰信号 interference,signal 30.048

干扰抑制 interference suppression 30.070

干扰抑制装置 interference suppression equipment 30.094

干扰源 interference source 30.055

干热试验 dry heat test 27.152

干涉 interference 22.016

干式 dry-type 01.732

干式非荷电蓄电池 dry discharged cell 24.092

干式荷电蓄电池 dry charged cell 24.089

干试验 dry test 12.099
干衣机 dryer 23.057
杆体 core 06.059
杆形受电器 trolley 20.119
坩埚 crucible 17.247
坩埚可更换的感应炉 induction "lift off coil" crucible melting furnace 17.173
坩埚炉感应器线圈 crucible furnace inductor coil 17.157
坩埚式感应炉 induction crucible furnace, coreless induction furnace 17.170
坩埚式炉 pot type furnace 17.272
柑橘挤汁器 citrus fruit juice squeezer 23.102
感觉 sensation 22.110
感抗 inductive reactance 01.431
感性电路 inductive circuit 01.395
感性直流电压调整值 inductive direct voltage regulation 15.399
感应保温炉 induction holding furnace 17.172
感应变频机 induction frequency convertor 07.108
感应电动机 induction motor 07.067
感应电机 induction machine 07.063
感应电压 induced voltage 01.367
感应电压试验 induced voltage test 08.219
感应发电机 induction generator 07.065
感应分流器 inductive shunt 20.097
感应加热 induction heating 17.145
感应加热装置 induction heating equipment 17.163
感应加速 induction acceleration 21.002
感应炉 induction furnace 17.167
感应炉成套设备 induction furnace installation 17.168
感应耦合器 induction coupling 07.111
[感应]耦合因数 [inductive] coupling factor 01.441
感应器线圈 inductor coil 17.153
感应腔 induction cavity 21.115
感应熔炼炉 induction melting furnace 17.169
*感应容器加热 indirect induction heating, induction vessel heating 17.162
感应[式]继电器 induction relay 14.065
感应体 inductor assembly 17.161

感应调压器 induction voltage regulator 08.225
感应同步器 inductosyn 07.136
感应移相器 induction phase shifter 07.134
感应直线加速器 induction linear accelerator, induction linac 21.079
感应子变频机 inductor frequency convertor 07.109
感应子电机 inductor machine 07.045
感应子发电机 inductor generator 07.050
感应子同步电动机 inductor type synchronous motor 07.056
*感知 perception 22.108
感知[电流]阈值 threshold of perception current 29.072
感知色丰满度 colorfulness of a perceived color 22.118
刚性表面加热器 rigid surface heater 17.069
刚性定位臂 steady arm 20.074
刚性绝缘子 rigid insulator 06.007
钢化玻璃 toughened glass 06.096
钢芯铝绞线 steel reinforced aluminium conductor 05.009
高层代号 higher level designation 01.914
高纯石墨制品 high purity graphite product 02.140
高低作用 high-low action 16.102
高电抗变压器 high reactance transformer 08.060
高[电]压 high voltage 01.223
高电压保护 high voltage protection 29.118
高电压端子 high voltage terminal 11.039
高电压技术 high voltage technique 12.053
高[电]压试验 high voltage test 12.049
高电压试验设备 high voltage testing equipment 12.106
高电阻率材料 high resistivity material 02.009
高峰载荷 crush load 20.169
高功率干电池 high power type dry cell 24.016
高功率脉冲加速器 high power pulsed accelerator 21.089
高功率因数变压器 high power-factor transformer 08.058
高频 high frequency 01.860
高频点火装置 high frequency ignition 17.230

高频电容 high frequency capacitance 11.065

高频电阻焊机 high frequency resistance welding machine 18.027

高频感应加热器 high frequency induction heater 17.164

高频高压加速器 dynamitron accelerator 21.076

高强度碳弧灯 high intensity carbon arc lamp 22.186

高容量干电池 high capacity type dry cell 24.015

高斯 gauss 01.892

*高斯分布 normal distribution, Gauss distribution 28.169

高斯过程 Gaussian process 01.046

高速继电器 high-speed relay 14.119

高损耗光纤 high-loss fiber 05.280

高温高压试验 high temperature and pressure test 27.157

高温固体电解质燃料电池 high temperature solid electrolyte fuel cell 24.153

高温热电偶 high temperature thermocouple 02.039

高温熔融碳酸盐燃料电池 high temperature molten carbonate fuel cell 24.152

高温型热双金属 high temperature type thermo-bimetal 02.017

高温整流管 high temperature rectifier diode 15.101

高压标准电容器 high voltage standard capacitor 12.115

高压电极电压 high-voltage electrode voltage 21.214

高压电力设备 high voltage electric power equipment 12.023

高压开关设备 high voltage switchgear 09.035

高压开关装置 high voltage switching device 09.036

高压整流堆 high voltage rectifier stack 15.098

割集 cut-set 01.466

割钳 cutting electrode holder 18.049

格栅 louver, spill shield 22.324

格网 screen 25.060

*格形网络 X-network, lattice network 01.484

隔板 separator 24.120

隔爆接合面 flameproof joint 25.041

[隔爆接合面]间隙 gap [of a flameproof joint] 25.049

隔爆接合面折算长度 reduced length of flameproof joint 25.042

隔爆外壳 flameproof enclosure 25.039

隔爆型电气设备 flameproof electrical apparatus 25.038

隔爆性能试验 test for non-transmission of an internal explosion 25.057

隔离 isolation 01.775

隔离变压器 isolating transformer 08.045

隔离层 separator 05.114

隔离间隙 external series gap 13.024

*隔离开关 disconnector, isolator 09.090

隔离料 packing material 02.112

隔离器 disconnector, isolator 09.090

隔离器式开关 switch-disconnector 09.104

隔离熔断器 disconnecting fuse 10.018

隔离式排气扇 partition type ventilating fan 23.018

*隔离位置 disconnected position 09.394

隔离物 spacer 24.111

隔热屏 heat shield 17.237

隔相接线盒 phase segregated terminal box 07.309

*隔振器 vibration isolator 27.189

镉镍蓄电池 nickel-cadmium cell 24.077

镉银蓄电池 silver-cadmium cell 24.079

更换件 refill-unit 10.037

工厂组装式组合装置 factory-built assembly, FBA 09.203

*工科医设备 industrial, scientific and medical equipment or appliance, ISM 30.001

工况 operating condition 01.812

工频 power frequency 01.861

工频放电电压 power-frequency sparkover voltage 13.041

工频感应炉变压器 power-frequency induction furnace transformer 08.022

工频恢复电压 power-frequency recovery voltage 09.283

工频耐受电压 power-frequency withstand voltage 12.032

工频试验变压器　power-frequency testing transformer　12.110

工序间检验　in-process inspection　28.047

工业、科学和医疗设备或器具　industrial, scientific and medical equipment or appliance, ISM　30.001

工业安全　industrial safety　29.004

工业电热　industrial electroheat　17.003

工业干扰　industrial interference　30.042

工业机车　industrial locomotive　20.024

工业加速器　industrial accelerator　21.071

工艺气氛　processing atmosphere　17.292

工作波长　operation wavelength　05.332

工作电极　work electrode　17.188

工作电压　operating voltage　24.043

工作分接位置数　number of service tapping positions　08.161

工作环境　operational environment　27.005

工作间隙　working clearance　29.092

工作接地　working earthing　29.112

工作空间　working space, effective space　27.144

工作时间　operating time　28.101

工作时间系数　operation time coefficient　23.193

工作头　working head　19.090

工作位置　service position　09.390

工作温度　working temperature　17.020

工作循环　duty cycle　01.820

工作制　duty　01.818

工作制类型　duty type　01.819

工作周期定额　duty-cycle rating　07.367

工作状态　operating state　27.127

功角　load angle　07.400

功角变化　angular variation　07.401

功角特性　load angle characteristic　07.415

功率表　wattmeter　26.054

功率方向继电器　directional power relay　14.098

功率继电器　power relay　14.096

功率控制绕组　control power winding　08.137

功率谱密度　power spectral density, power spectrum density　27.175

功率效率　power efficiency　15.387

功率因数　power factor　01.536

功率因数表　power-factor meter　26.064

功率增益　power gain　21.194

功能标记　functional mark　01.932

功能表图　function chart　01.953

功能布局法　functional layout　01.944

功能框　functional block　16.080

功能链　functional chain　16.081

功能图　function diagram　01.948

功能性评定　functional evaluation　03.238

公称输出功率　dimensional output　20.155

公共绕组　common winding　08.118

公共照明灯具　luminaire for public lighting　22.300

汞[蒸气]灯　mercury [vapor] lamp　22.173

共沉淀粉末　coprecipitated powder　02.067

共磁路式结构　common magnetic path type structure　07.351

共模无线电噪声　common mode radio noise　30.027

*共振　resonance　01.115

共振频率　resonance frequency　27.089

共振器　resonator　01.605

共振腔　resonant cavity　21.117

共振线　resonant line　21.118

供电网抗扰度　mains immunity　30.088

供电网去耦因数　mains decoupling factor　30.089

供电网骚扰　mains-borne disturbance　30.038

沟道　channel　15.019

N沟[道]　N channel　15.021

P沟[道]　P channel　15.020

N沟[道]场效[应]晶体管　N-channel field effect transistor　15.129

P沟[道]场效[应]晶体管　P-channel field effect transistor　15.130

沟道-管壳热阻　channel-case thermal resistance　15.238

箍缩效应　pinch effect　01.285

鼓形绝缘子　knob insulator　06.052

鼓形控制器　drum controller　09.122

"谷"磁场　valley magnetic field　21.225

谷值　valley value　01.086

股间绝缘　strand insulation　07.261

故障　fault, failure　28.073

故障电流　fault current　01.800

故障接地　fault earthing　29.115

故障母线保护　fault bus protection　14.040

故障排除　fault clearance　29.049

故障树　fault tree　28.097

故障树分析　fault tree analysis, FTA　28.098

故障诊断　fault diagnosis, failure diagnosis　28.096

故障诊断时间　failure diagnosis time　28.108

固定电接触　stationary electric contact　09.016

固定联结　fixed connection　09.005

固定使用　stationary use　27.134

固定式　fixed-type　01.669

固定脱扣机械开关装置　fixed trip mechanical switching device　09.053

固化　curing　03.201

固化时间　curing time　03.203

固化温度　curing temperature　03.202

固溶体半导体　solid solution semiconductor　02.203

固态器件　solid-state device　16.137

固体电解质电池　solid electrolyte cell　24.022

* 固体污层法　pre-deposited pollution method, solid layer method　12.104

固体吸附剂处理　solid adsorbent treatment　03.199

[固有]闭合时间　[inherent] closing time　09.332

固有电感　inherent inductance　11.064

固有电压调整率　inherent voltage regulation　07.582

[固有]断开时间　[inherent] opening time　09.331

固有分接位置数　number of inherent tapping positions　08.160

* [固有]分时间　[inherent] opening time　09.331

* [固有]合时间　[inherent] closing time　09.332

固有失效　inherent [weakness] failure　28.080

固有衰减　natural attenuation　05.186

固有特性　inherent characteristic　16.182

固有误差　intrinsic error　26.124

固有延迟角　inherent delay angle　15.405

固有转速调整率　inherent speed regulation　07.583

挂镀　rack plating　24.181

关断臂　turn-off arm　15.322

关断耗散功率　turn-off power dissipation　15.165

关断间隔　hold-off interval　15.415

* 关合　making　09.397

* 关合操作　making operation　09.363

* 关合电流　making current　09.271

* 关合－开断时间　make-break time　09.333

* 关合能力　making capacity　09.345

* 关合能力试验　making capacity test　09.427

* 关合时间　make-time　09.330

关联电气设备　associated electrical apparatus　25.078

关联失效　relevant failure　28.091

观测可靠度　observed reliability　28.122

观察孔　inspection hole　08.203

管道光缆　duct fiber cable　05.286

管道通风式　pipe-ventilated type　01.688

管道组　duct bank　05.174

管壳　case　15.077

管帽　cap　15.079

管式充油电缆　oil-filled pipe-type cable　05.046

管式电缆　pipe-type cable　05.044

管式极板　tubular plate　24.106

管式熔断器　cartridge fuse　10.016

管芯　die　15.080

管形灯　tubular lamp　22.165

管形放电灯　tubular discharge lamp　22.169

管形透明发射器　tubular clear emitter　17.101

管状加热元件　tubular heating element　17.057

管状元件　tube element　02.034

管座　base　15.078

罐封式　canned type　01.730

惯性常数　inertia constant　07.380

惯性继电器　inertia relay　14.128

惯性蓄能牵引　inertia storage traction　20.004

惯性阻尼伺服电机　inertial damping servomotor　07.150

惯用安全因数　conventional safety factor　12.044

惯用冲击耐受电压　conventional impulse withstand voltage　12.034

惯用最大过电压　conventional maximum overvoltage　12.017

灌注　potting　03.223

灌注胶　potting compound　03.047

光　light　22.001

光出射度　luminous exitance　22.045

光刺激　light stimulus　22.047

光导体　optical conductor　05.250

光电发射　photoelectric emission　01.190

光电继电器　photoelectric relay　14.074

光电器件　photoelectric device　01.614

光电效应　photoelectric effect　01.262

光电子现象　optoelectronic phenomena　01.263

光度测量　photometry　22.138

光度计　photometer　22.142

光度学　photometry　22.139

光反射比　luminous reflectance　22.071

光环境　luminous environment　22.246

光控晶闸管　photo thyristor, light activated thyristor　15.117

光缆　optical [fiber] cable　05.253

光缆分支　fiber cable branch　05.307

光缆护套　fiber cable jacket　05.304

光缆接头　fiber cable joint　05.309

光缆捆束　fiber harness　05.254

光缆捆束分支　fiber harness branch　05.308

光缆捆束主干　fiber harness run　05.306

光缆捆束组件　fiber harness assembly　05.297

光缆主干　fiber cable run　05.305

光缆组件　fiber cable assembly　05.296

光量　quantity of light　22.031

光亮电镀　bright plating　24.169

光谱　[light] spectrum　22.008

光谱灯　spectroscopic lamp　22.217

光谱分布　spectral distribution　22.046

光谱光视效率　spectral luminous efficiency　22.029

光谱碳棒　carbon for spectrochemical analysis　02.131

光生伏打效应　photovoltaic effect　01.268

光视效率　luminous efficiency　22.033

光视效能　luminous efficacy　22.032

光输出比　optical output ratio　22.268

光束灯　sealed beam lamp　22.328

光损失因数　light loss factor　22.096

光通道　optical channel　05.255

光通量　luminous flux　22.030

光通量[面]密度　luminous flux [surface] density　22.038

光透射比　luminous transmittance　22.072

光纤　optical fiber　05.251

[光纤]包层　[fiber] cladding　05.299

光纤尺寸稳定性　fiber dimensional stability　05.340

光纤传输系统　fiber-optic transmission system, FOTS　05.256

光纤串扰　fiber crosstalk　05.339

光纤缓冲层　fiber buffer　05.302

光纤基准面　fiber reference surface　05.333

光纤集中器　optical fiber concentrator　05.312

光纤接头　optical fiber splice　05.314

光纤连接器　optical fiber connector　05.311

光纤耦合　optical fiber coupling　05.257

光纤耦合功率　fiber coupled power　05.337

光纤耦合器　fiber coupler　05.310

光纤软线　optical fiber cord　05.292

光纤散射　optical fiber scattering　05.260

光纤色散　optical fiber dispersion　05.258

光纤束　fiber bundle　05.252

光纤束传递函数　fiber bundle transfer function　05.338

光纤束护套　fiber bundle jacket　05.303

光纤衰减　optical fiber attenuation　05.261

光纤吸收　optical fiber absorption　05.259

光纤应变　fiber strain　05.328

光纤转接器　optical fiber adaptor　05.313

光信号　light signal　22.333

光学观察系统　optical viewing system　17.212

光源色　light source color　22.155

光泽　gloss　22.069，

光泽计　glossmeter　22.149

光照　illumination　22.028

[光]照度　illuminance　22.039

光中心　light center　22.156

广角灯具　wide angle lighting fitting　22.290

广角漫射　wide angle diffusion　22.091

规则反射　regular reflection, specular reflection, mirror reflection　22.064

规则透射　regular transmission　22.074

硅半导体　Si semiconductor　02.190

硅单向开关　silicon unidirection switch　15.280

硅钢片　silicon steel sheet　04.012

硅钢片连续退火炉　continuous annealing oven for silicon steel sheet　07.667

硅钢片涂漆机　silicon steel sheet insulating machine　07.666

硅双向开关　silicon bidirection switch　15.281

硅油 silicone oil 03.018

归一化发射度 normalized emittance 21.208

龟裂 crazing 02.115

轨道回流系统 track return system 20.038

轨道稳定度 orbit stability 21.230

辊底式炉 roller hearth furnace 17.281

辊压 rolling 02.173

滚动触头 rolling contact 09.256

滚动接触 rolling contact 09.022

滚镀 barrel plating 24.183

滚轮电极 welding wheel 18.071

滚桶 rotary drum 23.169

滚筒式干衣机 tumbler dryer 23.058

滚筒式洗衣机 drum type washing machine 23.051

国际单位制 international system of units, SI 01.870

国际照明委员会 Commission Internationale de l'E-clairage, CIE 22.053

过饱和 supersaturation 27.057

过程 process 16.047

过程控制 process control 16.065

过程[控制]计算机 process computer 16.176

过程流程图 process flow diagram 01.952

过程责任 process liability 28.043

过充电 overcharge 24.059

过冲 overshoot 01.114

过冲持续时间 overshoot duration 13.064

过冲响应时间 overshoot response time 13.065

过电流 overcurrent 01.766

过电流保护 overcurrent protection 29.116

过[电]流保护配合 overcurrent protective coordination 10.052

过电流保护装置 overcurrent protective device 29.148

过电流闭锁装置 overcurrent blocking device 08.179

过电流继电器 overcurrent relay 14.088

过[电]流鉴别 overcurrent discrimination, selective protection 10.051

过[电]流脱扣器 overcurrent release 09.222

过电位 overpotential 24.042

过电压 overvoltage 01.764

过电压保护 overvoltage protection 29.117

过电压继电器 overvoltage relay 14.083

过[电]压抑制器 overvoltage suppressor 15.304

过渡触头 transition contact 08.171

过渡电流 transition current 15.397

过渡电阻 transition resistance 08.092

过渡接头 transition joint 05.141

过渡区 transition region 15.003

*过渡时间 bridging time 14.221

过渡线圈 transition coil 08.126

过渡阻抗 transition impedance 08.159

过范围保护 overreaching protection 14.030

过放电 overdischarge 24.060

过复励直流电机 over-compounded DC machine 07.088

过滤咖啡壶 filter coffee maker 23.080

过热 superheating 17.320

过剩载流子 excess carrier, non-equilibrium carrier 02.240

过压力隔离器 overpressure disconnector 11.090

过载 overload 01.758

过载电流 overload current 01.767

过载继电器 overload relay 14.084

过载试验 overload test 28.151

过载特性 overload characteristic 10.059

过载脱扣器 overload release 09.227

过转矩试验 over-torque test 19.095

H

海岸光信号 landfall light 22.342

海拔 altitude 27.077

海底电缆 submarine cable 05.057

海底光缆 submarine fiber cable 05.289

海洋大气环境 naval air environment 27.008

海洋气候 ocean climate 27.037

含盐气氛试验 salt-laden atmosphere test 27.213

寒冷试验 cold test 27.148

焊接电极 welding electrode 17.189

焊接电流 welding current 18.079

焊接电流衰减器　welding current decay unit　18.045

焊接电流增长器　welding current growth unit　18.044

[焊接]二极枪　diode gun　18.062

[焊接]三极枪　triode gun　18.063

焊接时间　weld time　18.106

焊接周期　welding cycle　18.091

焊钳　welding electrode holder　18.048

航道光信号　channel light　22.341

航空灯标　aeronautical beacon　22.344

航空灯具　luminaire for air-traffic　22.293

航空电线　aircraft wire　05.020

航空用地面光信号　aeronautical ground light　22.343

航空用航道光信号　channel lights　22.349

航空用蓄电池组　aircraft battery　24.083

毫安表　miliammeter　26.050

毫伏表　milivoltmeter　26.052

耗尽层　depletion layer　15.018

耗损失效　wearout failure　28.088

耗损失效期　wearout failure period　28.111

核石墨　nuclear graphite　02.141

合成试验　synthetic test　09.420

合成纤维纸　synthetic paper　03.060

合成云母　synthetic mica　03.102

*合－分操作　close-open operation　09.370

*合－分时间　close-open time　09.340

合格　conformity　28.028

合格品　conforming unit　28.030

合格人员　qualified person　29.048

合格试验　conformity test　28.057

合金电镀　alloy plating　24.170

合金工艺　alloy technique　15.035

合金化时间　alloying time　17.309

合金结　alloy junction　15.011

合－开操作　close-open operation　09.370

*合位　closed position　09.387

*合－延时－分操作　close-time delay-open operation　09.366

盒式滚动轴承　cartridge type bearing　07.324

盒式滑动轴承　plug-in type bearing　07.325

[赫维赛德]单位阶跃函数　[Heaviside] unit step 01.035

赫[兹]　hertz　01.890

黑光　black light　22.006

黑光灯　black light lamp, Wood's lamp　22.211

亨[利]　henry　01.885

横波　transverse wave　01.124

横吹灭弧室　cross-blast extinguishing chamber　09.242

横担绝缘子　cross-arm insulator　06.014

横电磁波室　transverse electromagnetic cell, TEM cell　30.111

横跨线　cross span　20.071

横流扇　cross flow fan　23.024

横倾　transverse inclination　27.108

横向磁通加热　transverse flux heating　17.148

横向[定尺]剪切线　cut-to-length line　08.307

横向聚焦　transverse focusing　21.025

横向曲率　cross curvature　02.027

横向振动　transverse vibration　27.098

横摇　rolling　27.110

恒磁通调压　constant-flux voltage regulation　08.222

恒加速度试验　fixed acceleration test　27.200

恒流变压器　constant-current transformer　08.055

恒流充电　constant-current charge　24.068

恒流道路照明系统　constant-current street-lighting system, series street-lighting system　22.375

恒流发电机　constant-current generator　07.016

恒流弧焊电源　constant-current arc-welding power supply　18.036

恒速电动机　constant-speed motor　07.028

恒速制动　holding braking　20.193

恒速制动力　holding braking force　20.145

恒压变压器　constant-voltage transformer　08.056

恒压充电　constant-voltage charge　24.067

恒压发电机　constant-voltage generator　07.014

恒压弧焊电源　constant-voltage arc-welding power supply　18.037

恒应力试验　constant-stress test　28.149

恒值控制　control with fixed set-point　16.055

*烘干漆　hot curing varnish　03.049

[虹吸]净油器　[siphon] oil filter　08.191

红外玻璃板发射器　infrared glass panel emitter

17.103

红外发射反射器　infrared emitter reflector　17.107

红外辐射　infrared radiation　01.192

红外辐射板　infrared radiation panel　17.102

红外加热　infrared heating　17.099

红外加热器　infrared heater　17.106

红外加热元件　infrared heating element　17.100

红外炉　infrared oven　17.105

红外陶瓷板发射器　infrared ceramic panel emitter
17.104

红外线　infrared ray　22.005

红外线灯　infrared lamp　22.215

后备保护　backup protection　14.026

后备保护装置　backup protection equipment
14.131

后备间隙　backup gap　11.049

后备间隙装置　backup air gap device　13.028

后备熔断器　backup fuse　10.022

后加速　post-acceleration　21.011

后接熔断器　back-connected fuse　10.020

后倾式电刷　trailing brush　02.130

后向波　backward wave　01.126

呼吸装置　breather　25.023

糊料　paste　02.109

弧触头　arcing contact　09.247

弧光灯　arc lamp　22.184

弧光碳棒　arc carbon　02.132

弧焊变压器－整流器组　arc welding transformer/
rectifier set　18.031

弧焊电动发电机组　arc welding motor-generator
18.017

弧焊发电机－整流器组　arc welding alternator/rec-
tifier set　18.035

弧焊机　arc welding machine　18.002

弧焊脉冲电源　arc welding pulsed power source
18.040

弧焊旋转变频机　arc welding rotary frequency con-
vertor　18.034

弧焊原动机－发电机组　arc welding engine-genera-
tor　18.016

弧后电流　post-arc current　09.350

弧前焦耳积分　pre-arcing Joule-integral　10.047

弧前时间　pre-arcing time　10.044

护环　retaining ring　07.279

护圈　protective shroud　25.027

护套　sheath, jacket　05.116

互补测量　complementary measurement　26.006

互感器　instrument transformer　08.004

互感[系数]　mutual inductance　01.382

互感应　mutual induction　01.381

互换性　interchangeability　01.656

互联　interconnection　01.623

互连接线表　interconnection table　01.966

互连接线图　interconnection diagram　01.965

互连三角形联结　interconnected delta connection
01.633

互易二端口网络　reciprocal two-port network
01.490

户内浸入式套管　indoor-immersed bushing　06.004

户内式　indoor type　01.701

户外－户内套管　outdoor-indoor bushing　06.003

户外浸入式套管　outdoor-immersed bushing
06.005

户外式　outdoor type　01.700

滑尺　slide　07.362

滑底式炉　skid hearth furnace　17.284

滑动触头　sliding contact　09.255

滑动接触　sliding contact　09.023

滑动噪声　sliding noise　02.167

滑过触点　passing contact　14.158

滑线　skid wire　05.128

滑线式变阻器　slider type rheostat　09.182

滑行时间　slipping time　07.512

化合物半导体　compound semiconductor　02.192

化学电源　chemical power source　24.002

化学腐蚀　chemical corrosion　27.122

化学腐蚀试验　chemical corrosion test　27.214

化学效应　chemical effect　27.034

环境　environment　27.001

环境参数　environmental parameter　27.011

环境参数偏差　environmental parametric deviation
27.145

环境参数严酷等级　severity of environmental pa-
rameter　27.012

环境防护　environmental protection　27.018

环境工程　environmental engineering　27.002

*环境[空气]温度 ambient air temperature 01.813

环境强化试验 environmental strengthen test 27.209

环境适应性 environmental suitability 27.017

环境试验 environmental test 27.019

环境条件 environmental condition 27.009

环境温度 ambient temperature 27.051

环境温度补偿电热毯 blanket with ambient temperature compensation 23.122

环境因素 environmental factor 27.010

环境应力 environmental stress 27.013

环流故障 circulating current fault 15.367

环流量 circulation 01.024

环流扇 air circulating fan 23.027

环烷基油 naphthenic oil 03.007

环网柜 ring main unit 09.060

环形线圈绕线机 toroidal coil winding machine 08.306

环氧玻璃漆布 epoxy resin-impregnated glass cloth 03.070

环氧喷涂机 epoxy spray coating machine 07.661

还原性气氛 reducing atmosphere 17.297

缓变结 progressive junction 15.008

缓波前过电压 slow-front overvoltage, switching overvoltage 12.012

缓冲层 resilient coating 06.098

换级比 notching ratio 20.140

换级前值 value before notching 20.160

换气 purging 25.067

换位 transposition 01.738

换相 commutation 15.341

换相重复瞬变 commutation repetitive transient 15.355

换相电感 commutation inductance 15.428

换相电抗 commutating reactance 08.090

换相电抗器 commutating reactor 08.240

换相电路 commutation circuit 15.353

换相电压 commutation voltage 15.427

换相电阻 commutating resistance 08.091

换相缺口 commutation notch 15.354

换相失败 commutation failure 15.368

换相数 commutation number 15.386

换相周期 commutating period 15.429

换相阻抗 commutating impedance 08.089

换相组 commutating group 15.298

换向 commutation 01.737

换向极 commutating pole 07.289

换向片 commutator segment 07.301

换向片间电阻试验 bar-to-bar test 07.639

换向片升高片 commutator riser 07.304

换向器 commutator 07.298

换向器焊接机 commutator welding machine 07.671

换向器式变频机 commutator type frequency convertor 07.106

换向器下刻机 commutator undercutting machine 07.670

换向器V形绝缘环 commutator V-ring insulation 07.303

换向器V形压圈 commutator V-ring 07.302

换向曲线 commutation curve 01.328

换向绕组 commutating winding 07.224

换向试验 commutation test 07.630

换向性能 commutation ability 02.165

灰体 grey body 22.025

辉光导电 glow conduction 01.280

辉光到电弧过渡电流 glow-to-arc transition current 13.056

辉光放电 glow discharge 01.279

辉光[状态]电流 glow [mode] current 13.054

辉光[状态]电压 glow [mode] voltage 13.055

恢复 recovery 27.025

恢复电荷 recovered charge 15.166

恢复电压 recovery voltage 09.281

恢复力 restoring force 09.378

恢复力矩 restoring torque 09.379

恢复时间 recovery time 14.223

恢复稳定时间 stability recovery time 27.146

回复 reverting 14.014

回复磁导率 recoil permeability 01.348

*回复曲线 recoil line, recoil curve 01.347

回复线 recoil line, recoil curve 01.347

回复值 reverting value 14.173

回复状态 recoil state 01.346

回馈试验 electrical back-to-back test 07.614

回馈制动　regenerative braking　07.596
回流电缆　return cable　20.046
回流电路　return circuit　20.045
回流式热水器　cistern-feed water heater　23.073
回路　loop, ring　01.462
回收热　recuperative heat　17.015
回跳时间　bounce time　14.220
惠斯通电桥　Wheatstone bridge　26.073
会聚　convergence　21.049
混合环路道路照明系统　mixed-loop series street-lighting system　22.376
混合冷却　mixed cooling　01.651
混合调压　combined voltage regulation　08.224
混合通风式　combined-ventilated type　01.710
混合系统　hybrid system　01.053
混合制动　composite braking　20.199
混合制动系统　composite braking system　20.129
混励直流电机　compositely excited DC machine　07.082
混凝土电钻　electric concrete drill　19.057

混响　reverberation　27.105
混响时间　reverberation time　27.106
活度　activity　24.004
活度测量仪　activity meter　26.109
活化　activation　24.164
活化分析　activation analysis　21.064
*活化极化　electrochemical polarization, activation polarization　24.007
活性物质　active material　24.011
火花放电　sparkover　01.273
火花间隙　spark-gap　01.596
火花塞抑制器　spark plug suppressor　30.097
火花烧结　spark sintering　02.075
火花试验　sparking test　06.103
火花试验装置　spark test apparatus　25.081
火警信号系统　fire alarm system　29.102
火焰弧光灯　flame arc lamp　22.187
霍尔角　Hall angle　01.378
霍尔效应　Hall effect　01.377

J

击穿　breakdown, puncture　01.284
击穿电压　puncture voltage, breakdown voltage　03.143
击穿预放电时间　time to sparkover　13.048
基本变流联结　basic convertor connection　15.325
基本操作冲击绝缘水平　basic switching impulse insulation level, BSL　12.041
基本单位　base unit　01.867
SI 基本单位　SI base unit　01.871
基本电流　basic current　14.205
*基本防护　protection against direct contact, basic protection　29.120
基本绝缘　basic insulation　29.054
基本开关联结　basic switch connection　15.327
基本雷电冲击绝缘水平　basic lightning impulse insulation level, BIL　12.040
基本量程　basic range　26.143
基本量　base quantity　01.865
基本模数　base module　01.659
基本文字符号　basic letter symbol　01.903

基波[分量]　fundamental [component]　01.077
基波功率　fundamental power　01.530
*基波功率因数　displacement factor, power factor of the fundamental　01.537
基波零位电压　fundamental null voltage　07.453
基波因数　fundamental factor　01.508
基带频率响应　baseband response　05.329
基尔霍夫定律　Kirchhoff's law　01.245
基极　base [electrode]　15.048
基极端　base terminal　15.043
基极连续电流　continuous base current　15.231
基区　base region　15.051
基体材料　basis material　24.174
[基]元电荷　elementary [electric] charge　01.179
基准电气零位　reference electrical null position　07.458
基准误差　fiducial error　26.123
基准一致性　reference consistency　14.227
基准值　fiducial value　26.118
基座安装式变压器　pad-mounted transformer

08.067

机车 locomotive 20.007

机车－公里 locomotive-kilometer 20.175

机－电联合强度 combined mechanical and electrical strength 06.091

机电破坏负荷 electromechanical failure load 06.085

机电器件 electromechanical device 16.136

机电时间常数 electro-mechanic time constant 07.514

机电[式]继电器 electromechanical relay 14.062

机身灯 fuselage lights 22.360

机械变形 mechanical deformation 02.158

[机械]冲击 shock 27.094

机械冲击强度 mechanical impact strength 06.089

机械端位止动装置 mechanical end stop 08.176

机械复归继电器 mechanically reset relay 14.108

机械结构 mechanical structure 01.655

机械开关装置 mechanical switching device 09.052

机械老化试验 mechanical ageing test 03.230

机械耐久性 mechanical endurance 09.348

机械耐久性试验 mechanical endurance test 09.429

机械破坏负荷 mechanical failure load 06.084

＊机械寿命 mechanical endurance 09.348

＊机械寿命试验 mechanical endurance test 09.429

机械特性试验 mechanical characteristic test 09.428

机械通风场所 artificially ventilated area 25.022

机械危险 mechanical hazard 29.033

[机械]稳定性试验 stability test 23.214

机械效应 mechanical effect 27.033

机械转矩率 mechanical torque rate 02.026

机翼宽度灯 wing clearance lights 22.353

机座 stator frame 07.344

机座磁轭 frame yoke 07.293

畸变 distortion 01.152

畸变电流 distortion current 09.351

畸变功率 distortion power 01.532

＊畸变因数 harmonic factor, distortion factor 01.509

＊BH 积 magnetic energy product, BH product

01.345

积分电路 integrating circuit 01.642

积分控制 integral control 16.070

积分作用 integral action, I-action 16.106

积分作用时间常数 integral-action time constant 16.205

积分作用系数 integral-action coefficient 16.203

积复励直流电机 cumulative compounded DC machine 07.086

积木式 cordwood system type 01.679

积算[测量]仪表 integrating [measuring] instrument 26.026

积蓄热 accumulated heat 17.017

激发带 excitation band 02.219

激活光纤 active fiber 05.274

激励 excitation 27.088

激励量 energizing quantity 14.200

激励状态 energized condition 14.008

激振器 vibration generator, vibration exciter 27.190

极 pole 09.265

极板 plate 24.099

极板对 plate pair, plate couple 24.109

极板组 plate group 24.110

D 极电压 dee voltage 21.219

极端最大相对湿度 extreme maximum relative humidity 27.060

极端最低温度 extreme minimum temperature 27.043

极端最高温度 extreme maximum temperature 27.042

极端最小相对湿度 extreme minimum relative humidity 27.061

极化电流 polarization current 01.234

极化继电器 polarized relay 14.060

极化指数 polarization index 07.386

极距 pole pitch 07.205

极距滑动 pole slipping 07.586

极面绕组 pole-face winding 21.102

极身 pole body 07.290

极限电流 limiting current 11.077

极限电压 limiting voltage 11.074

极限分断容量 limiting breaking capacity 14.194

极限工作温度　working temperature limit　03.171

极限接通容量　limiting making capacity　14.193

极限可用度　limiting availability　28.134

极限温度　limiting temperature　25.074

极限温度时间　time t_E　25.075

极限误差　limiting error　26.126

极限循环容量　limiting cycling capacity　14.195

极限允许温度　limiting allowed temperature
　01.816

极限允许温升　limiting allowed temperature rise
　01.843

[极]限值　limiting value　01.807

极限转速　limit speed　07.404

极性　polarity　01.353

极性标记　polarity mark　01.934

极性反向器　polarity reverser　20.111

极性试验　polarity test　07.638

极靴　pole shoe　07.291

极柱　terminal　24.112

集电环　collector ring　07.297

集电极　collector [electrode]　15.047

集电极端　collector terminal　15.044

集电极－发射极饱和电压　collector-emitter satura-
tion voltage　15.226

集电极－发射极电压　collector-emitter voltage
　15.224

集电极－发射极截止电流　collector-emitter cut-off
current　15.229

集电极耗尽层电容　collector depletion layer capaci-
tance　15.233

集电极－基极截止电流　collector-base cut-off cur-
rent　15.227

集电极连续电流　continuous collector current
　15.230

集电结　collector junction　15.053

集电区　collector region　15.050

*集肤效应　skin effect　01.286

集束架空电缆　bundle assembled aerial cable
　05.051

集中表示法　assembled representation　01.941

集中参数电路　lumped circuit　01.407

集中电阻抑制器　concentrated resistive suppressor
　30.096

集中控制型空调器　central control type air condi-
tioner　23.028

集中器　concentrator　17.177

集中绕组　concentrated winding　07.230

集总容性负载　lumped capacitive load　09.353

急充电　boost charge　24.062

级电压　step voltage　08.158

n 级起动器　n-step starter　09.142

挤包绝缘　extruded insulation　05.100

挤塑　[plastic] extruding　05.215

挤塑机　plastic extruding machine　05.231

挤橡　rubber extruding　05.216

挤橡机　rubber extruding machine　05.232

挤压　extrusion　02.176

技术磁化　technical magnetization　04.044

剂量计　dosemeter　26.105

剂量监测系统　dose monitoring system　21.183

剂量率　dose rate　21.253

剂量率分布　dose rate distribution　21.256

剂量率计　dose ratemeter　26.107

剂量率稳定度　stability of dose rate　21.255

寄存器　register　16.177

计数管　counter tube　26.100

计数机构　counting device　09.213

计算机自动测量和控制　CAMAC, computer auto-
mated measurement and control　26.047

记录[测量]仪表　recording [measuring] instrument
　26.025

XY 记录仪　XY recorder　26.036

继电保护　relaying protection　14.024

继电保护系统　relaying protection system　14.043

[继电]保护装置　[relaying] protection equipment
　14.002

继电式接触器　contactor relay　09.132

夹层电刷　sandwich brush　02.138

夹持机构　fixture　19.091

夹紧力　clamping force　18.102

家用电器　household [electrical] appliance　23.002

加强层　reinforcement　05.122

加强绝缘　reinforced insulation　29.057

加强馈电线　line feeder　20.061

加热带单元　heating tape unit　17.071

加热导体表面比负荷　heating conductor surface rating 17.077

加热导体绿蚀 heating conductor green rot 17.078

加热垫 heating resistance pad, heating resistance mat 17.063

加热电缆 heating cable 17.061

加热电缆单元 heating cable unit 17.070

加热电容器 heating capacitor 17.193

加热电阻体 heating resistor, heating conductor 17.052

加热电阻体组 heating resistor battery 17.062

加热感应器 heating inductor 17.152

加热器 heater 17.058

加热时间 heating time 17.326

加热室 heating chamber 17.231

加热台 heating station 17.186

加热套 heating resistance collar 17.064

加热元件 heating element 17.053

加伸轴 stub shaft 07.311

加速 accelerating 01.832

加速长度 accelerating length 21.247

加速场 accelerating field 21.243

加速场频率 accelerating field frequency 21.244

加速单元 accelerator module 21.138

加速电极 accelerating electrode 21.113

加速电压 accelerating voltage 21.212

加速电子 accelerated electron 21.007

加速度传感器 acceleration transducer 27.193

加速度幅值 acceleration amplitude 27.172

加速度谱密度 acceleration spectral density 27.176

加速度试验 acceleration test 27.199

加速管 accelerating tube 21.096

加速间隙 accelerating gap 21.246

[加速]老化试验 [accelerated] ageing test 03.228

加速力 accelerative force 20.152

加速器 accelerator 21.066

加速器控制系统 accelerator control system 21.185

加速器屏蔽 accelerator shielding 21.065

加速腔 accelerating cavity 21.114

加速时间 accelerating time 07.368

加速室 accelerating chamber 21.116

加速试验 accelerated test 28.146

加速寿命试验 accelerated life test 28.147

加速梯度 accelerating gradient 21.211

加速相位 accelerating phase 21.245

加速转矩 accelerating torque 07.372

加载 loading 01.751

镓砷磷半导体 $GaAs_{i-x}P_x$ semiconductor 02.204

假D形电极 dummy dee [electrode] 21.111

*假线圈 dummy coil 07.198

价带 valence band 02.214

架承式电动机 frame mounted motor 20.103

架空导电轨 overhead conductor rail 20.037

架空电缆 aerial [insulated] cable 05.050

架空光缆 aerial fiber cable 05.288

架空绞线 overhead stranded conductor 05.006

架空接触网 overhead contact line 20.043

架空线网并线器 overhead junction crossing 20.067

架空线网分线器 overhead switching 20.066

架空线网交叉器 overhead crossing 20.065

架空线网线岔 overhead junction knuckle 20.068

驾驶型拖车 driving trailer 20.017

监测点 monitoring point 27.182

监控继电器 monitoring relay 14.106

监控开关 pilot switch 09.165

监控系统 supervisory control system 16.033

监视 monitoring 16.048

监视灯 repeater lamp 22.340

尖峰信号 spike 30.052

检测单元 detecting unit 16.149

检测仪表 detecting instrument 26.021

检测元件 detecting element 16.142

检流计 galvanometer 26.072

检修接地 inspection earthing 29.111

检验 inspection 28.045

碱性锌锰干电池 alkaline zinc-manganese dioxide cell 24.018

碱性蓄电池 alkaline cell 24.075

简并半导体 degenerate semiconductor 02.200

简图 diagram 01.936

简谐振动 simple harmonic vibration 27.096

减光因数 depreciation factor 22.282

减速力 decelerative force, retarding force 20.153

减速制动 retarding braking 20.194

减震器 vibration absorber 23.164

减振器 vibration isolator 27.189

键合结 bonding junction 15.009

间隔式金属封闭开关设备 compartmented switchgear 09.040

间接测量 indirect measurement 26.005

间接电弧加热 indirect arc heating 17.111

间接电弧炉 indirect arc furnace 17.127

间接电加热 indirect electric heating 17.009

间接电阻加热 indirect resistance heating 17.051

间接电阻炉 indirect resistance oven, indirect resistance furnace 17.081

间接感应加热 indirect induction heating, induction vessel heating 17.162

间接过[电]流脱扣器 indirect overcurrent release 09.226

* 间接弧等离子枪 non-transferred arc plasma torch, indirect arc plasma torch 17.222

间接换相 indirect commutation 15.352

间接加热电阻窑 indirect resistance kiln 17.082

间接接触 indirect contact 29.040

间接接触防护 protection against indirect contact, supplementary protection 29.121

间接雷击保护 indirect [lightning] stroke protection 13.077

间接冷却 indirect cooling 01.647

间接受控系统 indirectly controlled system 16.032

间接引入 indirect entry 25.032

间接照明 indirect lighting 22.259

间接直流变流器 indirect DC convertor 15.263

间接轴 dumb-bell shaft, spacer shaft 07.312

间接作用式仪表 indirect acting instrument 26.030

间控牵引设备 contactor controlled traction equipment 20.089

间隙绕包 open lapping 05.211

间歇放电 intermittent discharge 24.010

间歇失效 intermittent failure 28.085

间歇式炉 batch furnace 17.264

渐变失效 gradual failure 28.084

渐变折射率分布 gradient-index profile, graded index profile 05.317

渐变折射率光纤 gradient-index fiber, graded index fiber 05.265

渐开线铁心 involute core 08.110

建立时间 settling time 16.193

建压 voltage build-up 07.578

建压临界电阻 critical build-up resistance 07.394

建压临界转速 critical build-up speed 07.395

浆果榨汁器 berry juice extractor 23.103

降额 derating 28.143

降敏作用 desensitization 30.090

降容量分接 reduced power tapping 08.155

降水 precipitation 27.064

降压变压器 step-down transformer 08.012

焦斑 focal spot 17.207

焦点 focal point 17.208

焦[耳] joule 01.886

焦耳定律 Joule's law 01.253

焦耳积分 Joule-integral 10.046

焦耳积分特性 I^2t characteristic 10.049

焦耳效应 Joule effect 01.254

胶化 gelling 03.206

胶化时间 gel time 03.207

胶浸纸套管 resin-impregnated paper bushing 06.042

胶黏剂 adhesive 03.116

胶黏漆 adhesive varnish 03.053

胶[黏]纸套管 resin-bonded paper bushing 06.041

胶装 cementing 06.099

交变场 alternating field 01.010

交变量 alternating quantity 01.059

交变梯度聚焦 alternating gradient focusing, strong focusing 21.019

交叉互连 cross-bonding 05.159

交错阻抗电压 interlacing impedance voltage 08.075

交叠纠结线圈 sandwich-interleaved coil 08.124

交叠线圈 sandwich coil 08.125

交 - 交变流器 direct AC convertor 15.255

交接电流 take-over current 09.301

* 交界频率 crossover frequency 27.179

交联 cross-linking 05.217

交流 alternating current 01.507

交流变流器 [electronic] AC convertor 15.254

交流测速发电机 alternating current tachogenerator 07.142

交流电动机　alternating current motor　07.022
交流电机　alternating current machine　07.006
交流[电力]电子开关　electronic AC [power] switch　15.278
交流电气传动　alternating current electric drive　16.003
交流电压　alternating voltage　01.506
交流电压变换器　[electronic] AC voltage convertor　15.259
交流发电机　alternating current generator　07.013
交流分量　alternating component　01.516
交流弧焊变压器　alternating current arc welding transformer　08.044
交流弧焊发电机　arc welding alternator　18.033
交流换向器电动机　AC commutator motor　07.023
交流换向器电机　AC commutator machine　07.007
交流力矩电机　alternating current torque motor　07.170
交通光信号　traffic lights, traffic signals　22.379
交越频率　crossover frequency　27.179
交-直-交变流器　indirect AC convertor　15.256
交直流两用电动机　universal motor　07.189
交轴电压　quadrature-axis voltage　07.474
交轴分量　quadrature-axis component　01.108
交轴绕组　quadrature-axis winding　07.258
浇铸　casting　03.218
浇铸炉衬　cast lining　17.181
浇铸树脂套管　cast-resin bushing　06.039
浇注时间　pouring time　17.313
浇注树脂　casting resin　03.032
搅拌器　blender　23.101
搅拌式洗衣机　agitator type washing machine　23.052
*矫顽磁场强度　coercive force, coercive field strength　01.333
矫顽力　coercive force, coercive field strength　01.333
矫顽力计　coercivity meter　26.090
矫顽性　coercivity　01.332
脚球　pin ball　06.063
脚踏开关　foot switch　09.172
角频率　angular frequency　01.073
角位移　angular displacement　01.102

角向电钻　angle electric drill　19.009
角向砂轮机　electric angle grinder　19.030
绞合　stranding　05.206
绞合常数　stranding constant　05.196
绞合导体　stranded conductor　05.005
绞[合导]线　stranded conductor, stranded wire　05.072
绞[合方]向　direction of lay　05.194
绞合角　stranding angle　05.197
绞[合节]距　length of lay　05.193
绞肉机　mincer　23.100
绞线机　stranding machine　05.235
校正垫片　correction shim　21.109
校正范围　correcting range, manipulated range　16.091
校正因数　correction factor　26.145
校正作用　corrective action　16.109
校准　calibration　26.130
校准电机试验　calibrated driving machine test　07.612
校准转速　calibration speed　07.491
接触导线　contact wire　20.044
接触电动势　contact electromotive force　01.218
接触电位差　contact potential difference　01.185
接触电压　touch voltage　29.065
接触电阻　contact resistance　14.187
接触轨限界　conductor rail gauge　20.204
*接触滑块　contact shoe, contact slipper　20.121
接触可靠性检查　contact reliability inspection　07.645
接触力　contact force　14.183
接触器　[mechanical] contactor　09.125
接触时差　contact time difference　14.222
接触调压器　variable-voltage transformer　08.227
接触网　contact line　20.042
接触行程　contacting travel　09.410
接触压降　contact voltage drop　14.188
接地　earthing, grounding　01.797
接地板　ground plate, earth plate　29.157
接地变压器　grounding transformer, earthing transformer　08.035
接地导管　grounded conduit　05.172
接地导体　earthing conductor　29.151

接地电路　earthed circuit　01.575

接地电压互感器　earthed voltage transformer　08.279

接地电阻　earth resistance　01.779

接地端子　earth terminal, ground terminal　01.577

接地短路电流　earth short-circuit current　29.077

接地故障　earth fault, ground fault　01.798

接地故障保护　earth fault protection, ground fault protection　14.042

接地故障电流　earth fault current　29.076

接地故障因数　earth fault factor　01.799

接地回流电刷　earth return brush　20.116

接地极　earth electrode　01.576

接地继电器　earth fault relay　14.124

接地开关　earthing switch, grounding switch　09.097

接地屏蔽　shield　05.112

接地屏蔽层互连引线　shield bonding lead　05.170

接地屏蔽持续电压　shield standing voltage　05.166

接地屏蔽导体　shielding conductor　05.146

接地探测继电器　ground detector relay　29.106

接地探测器　ground detector　29.105

接地位置　earthing position　09.392

接地系统　grounding system, earthing system　29.137

接地箱壳断路器　dead tank circuit-breaker　09.068

接地指示　ground indication　29.103

接地装置　grounding device　29.158

接近开关　proximity switch　09.168

接口　interface　16.170

接通　making　09.397

接通操作　making operation　09.363

接通电流　making current　09.271

接通电流脱扣器　making current release　09.233

接通–分断时间　make-break time　09.333

接通开关　making switch　09.103

接通能力　making capacity　09.345

接通能力试验　making capacity test　09.427

接通时间　make-time　09.330

接线板　terminal block　01.573

接线表　connection table　01.962

接线端子标记　terminal marking　01.921

接线盒　terminal box　07.307

接线图　connection diagram　01.961

接线装置　termination　07.306

阶跃函数　step function　01.034

阶跃响应　step response　01.803

截断　cut-off, chopping　09.030

截断电流　cut-off current, let-through current　09.312

截断电流特性　cut-off [current] characteristic　09.321

截断时间　time to chopping　12.074

截断瞬间　instant of chopping　12.073

截止　cut-off　15.086

截止波长　cut-off wavelength　05.331

截止电压　cut-off voltage　15.236

截止频率　cut-off frequency　01.074

节点　node, vertex　01.458

节径比　lay ratio　05.195

节距因数　pitch factor　07.207

节律光信号　rhythmic light　22.337

结　junction　15.006

PN结　PN junction　15.010

结构高度　spacing　06.074

结构敏感磁性　structure-sensitive magnetic properties　04.059

结晶器　mould　17.137

结晶碳　crystalline carbon　02.102

解耦控制　decoupling control　16.079

介电性能　dielectric property　03.123

[介质]电滞　electric hysteresis　01.209

介质击穿　dielectric breakdown　12.057

介质极化　dielectric polarization　01.198

介质加热　dielectric heating　17.185

介质加热成套设备　dielectric heating installation　17.195

介质加热炉　dielectric heating oven　17.196

介质加热器　dielectric heater　17.194

介质黏[滞]性　dielectric viscosity　01.204

介质强度　dielectric strength　03.142

介质试验　dielectric test　12.052

介质损耗　dielectric loss　03.131

*[介质]损耗角正切　dielectric dissipation factor, [dielectric] loss tangent　03.133

介质损耗因数　dielectric dissipation factor,

[dielectric] loss tangent 03.133

[介质]损耗因数试验 dissipation factor test, loss tangent test 12.051

[介质]损耗指数 [dielectric] loss index 03.132

PN界面 PN boundary 15.002

界限光信号 boundary lights 22.351

金属包层导线 metal-clad conductor 05.070

金属箔电容器 metal foil capacitor 11.026

金属电沉积 metal electrodeposition 24.185

金属镀层导线 metal-coated conductor 05.068

金属防腐 anti-corrosion of metal 24.189

金属封闭开关设备 metal-enclosed switchgear 09.037

金属封闭式电容器 metal-enclosed capacitor 11.031

金属腐蚀 corrosion of metals 27.121

金属护套 metallic sheath 05.118

金属化电容器 metallized capacitor 11.027

金属浸渍 metal impregnation 02.074

金属浸渍石墨电刷 metal-impregnated graphite brush 02.126

金属铠装开关设备 metal-clad switchgear 09.039

金属卤化物灯 metal halide lamp 22.175

金属石墨触点 metal-graphite contact 02.144

金属石墨电刷 metal-graphite brush 02.125

金属-陶瓷密封焊接 ceramic-to-metal sealing 06.101

金属外壳电动工具 metal-encased electric tool 19.007

金属氧化物避雷器 metal oxide arrester 13.007

金属蒸气灯 metal vapor lamp 22.172

紧固互连 solid bond 05.157

紧急报警信号 emergency alarm 29.101

紧急脱扣装置 emergency tripping device 08.178

紧套光纤 tight tube fiber 05.277

紧压导线 compacted conductor 05.080

进场光信号 approach lights 22.347

进相机 phase advancer 07.102

禁带 forbidden band 02.221

近端串音 near-end crosstalk 05.187

近光 dipped beam, lower beam 22.365

近区故障 short-line fault, SLF 09.024

近区故障开断 short-line fault breaking 09.025

近区故障开断电流 short-line fault breaking current 09.295

浸漆织物 varnished fabric 03.069

浸入式热水器 immersion type water heater 23.070

浸润度 wettability 03.159

浸水试验 water test 27.162

浸渍 impregnating 03.216

浸渍罐 impregnation tank, impregnation autoclave 02.184

浸渍漆 impregnating varnish 03.035

浸渍树脂 impregnating resin 03.029

浸渍纸 impregnated paper 03.059

浸渍纸绝缘 impregnated paper insulation 05.096

晶格 lattice 02.243

晶格缺陷 imperfection of crystal lattice, lattice defect 02.236

晶间腐蚀 intercrystalline corrosion 24.165

晶闸管 thyristor 15.105

晶闸管模块 thyristor module 15.137

精炼时间 refining time 17.310

精炼渣 refining slag 17.323

精[密]度 precision 26.128

井式炉 pit furnace 17.266

警告信号 warning signal 29.109

静触点 fixed contact 14.148

静触头 fixed contact 09.249

静电安全 electrostatic safety 29.003

静电电压表 electrostatic voltmeter 26.058

静电感应 electrostatic induction 01.174

静电感应晶体管 static induction transistor, SIT 15.132

静电感应晶闸管 static induction thyristor, SITH 15.120

静电过电压 static overvoltage 29.064

静电环 electrostatic ring 08.201

静电计 electrometer 26.077

静电继电器 electrostatic relay 14.069

静电加速器 electrostatic accelerator 21.072

静电聚焦 electrostatic focusing 21.026

静电偏转 electrostatic deflection 21.030

静电屏 electrostatic shielding 08.202

静电透镜 electrostatic lens 21.145

静电位　electrostatic potential　01.196

静电学　electrostatics　01.167

静电压力　electrostatic pressure　01.197

静摩擦力矩　static friction torque　07.454

静态步距角误差　static stepping angle error　07.529

静态磁化曲线　static magnetization curve　01.318

静态磁滞回线　static hysteresis loop　01.324

静态电极电位　static electrode potential　24.178

静态短路比　static short-circuit ratio　18.080

静态继电器　static relay　14.070

静态输出特性　static output characteristic　07.459

静态误差　static receiver error　07.466

静态[压力]试验　static test [of pressure]　25.055

静态整步转矩　static synchronizing torque　07.463

静态整步转矩特性　static synchronizing torque characteristic　07.460

静态中性化状态　statically neutralized state　01.313

静止克雷默系统　static Kramer system　16.042

静转矩　static torque　07.525

静子　stay　07.363

镜面表面　specular surface　22.066

*镜[面]反射　regular reflection, specular reflection, mirror reflection　22.064

镜面反射角　specular angle　22.065

径电压　diametral voltage　01.542

径向聚焦　radial focusing　21.024

径向式电刷　radial brush　02.128

净容积　free volume　25.040

净运输量　net traffic　20.183

纠结连续线圈　interleaved and continuous coil　08.123

纠结线圈　interleaved coil　08.122

就地控制　local control　09.386

居里点　Curie point, Curie temperature　04.069

*居里温度　Curie point, Curie temperature　04.069

局部放电　partial discharge　01.790

局部放电测量　measurement of partial discharge　08.216

局部放电测试仪　instrument for measuring partial discharge　12.120

局部放电重复率　partial discharge repetition rate　12.068

局部放电起始电压　partial discharge inception voltage　12.069

局部放电起始试验　partial discharge inception test　12.060

局部放电强度　partial discharge intensity　01.793

局部放电试验　partial discharge test　12.058

局部放电熄灭电压　partial discharge extinction voltage　12.070

局部腐蚀　local corrosion　24.163

局部加热　localized heating　17.012

局部能级　local [energy] level　02.225

局部增热电热毯　blanket with increased heating area　23.121

局部照明　localized lighting　22.248

矩角特性　torque-angle displacement characteristic　07.516

聚氨酯漆包线漆　polyurethane wire enamel　03.041

聚丙烯薄膜　polypropylene film　03.089

聚丁烯　polybutene　03.010

聚光灯　spotlight　22.316

*聚甲基丙烯酸甲酯　polymethyl methacrylate plastics　03.076

聚焦　focusing　21.017

聚焦磁铁　focusing magnet　21.141

聚焦电极　focusing electrode　21.142

聚焦线圈　focusing coil　21.143

聚束器　buncher　21.129

聚四氟乙烯　polytetrafluoroethylene　03.075

聚四氟乙烯薄膜　polytetrafluoroethylene film　03.091

聚烯烃液体　polyolefin liquid　03.009

聚酰胺亚胺浸渍漆　polyamideimide impregnating varnish　03.037

聚酰胺亚胺漆包线漆　polyamideimide wire enamel　03.043

聚酰亚胺薄膜　polyimide film　03.090

聚酯薄膜　polyester film　03.088

聚酯漆包线漆　polyester wire enamel　03.040

聚酯亚胺漆包线漆　polyesterimide wire enamel　03.042

拒动 refuse operation, failure to operate 01.745

距离保护 distance protection 14.032

距离保护装置 distance protection equipment 14.136

距离继电器 distance relay 14.125

锯齿形灯丝 bunch filament 22.224

涓流充电 trickle charge 24.064

卷绕 rolling 03.209

卷绕铁心 wound core 08.109

卷绳器 ropewinder 20.125

[绝对]磁导率 [absolute] permeability 01.310

[绝对]电容率 [absolute] permittivity 01.202

绝对湿度 absolute humidity 27.054

绝对误差 absolute error 26.121

绝热材料 thermal insulation 17.019

绝缘 insulation 01.776

绝缘层 insulation 05.093

绝缘电缆 insulated cable 05.022

绝缘电阻 insulation resistance 01.778

绝缘电阻表 insulation resistance meter 26.079

绝缘电阻测定 determination of insulation resistance 08.209

绝缘端交叠分段 insulated overlap 20.077

绝缘封闭开关设备 insulation-enclosed switchgear 09.038

绝缘功率因数 insulation power factor 08.094

绝缘故障 insulation fault 29.060

绝缘故障率 risk of failure of insulation 12.045

绝缘管卷制机 insulating-tube winding machine 08.308

绝缘回流系统 insulated return system 20.039

绝缘击穿 insulation breakdown 29.059

绝缘加热带 insulated tape heating element 17.066

绝缘监测装置 insulation monitoring and warning device 29.107

*绝缘接头 sectionalizing joint 05.142

绝缘结构 insulation system 03.239

绝缘配合 insulation co-ordination 12.001

*绝缘配合的确定性法 conventional procedure of insulation co-ordination, deterministic procedure of insulation co-ordination 12.046

绝缘配合惯用法 conventional procedure of insulation co-ordination, deterministic procedure of in-

sulation co-ordination 12.046

绝缘配合简化统计法 simplified statistical procedure of insulation co-ordination 12.048

绝缘配合统计法 statistical procedure of insulation co-ordination 12.047

绝缘屏蔽 insulation shielding 29.058

绝缘屏蔽层 insulation screen, core screen 05.111

绝缘漆 insulating varnish 03.034

绝缘栅场效[应]晶体管 insulated gate field effect transistor, IGFET 15.128

绝缘栅双极晶体管 insulated gate bipolar transistor, IGBT 15.126

*绝缘试验 dielectric test 12.052

绝缘水平 insulation level 01.831

*绝缘套 hollow insulator, insulating envelope 06.022

[绝缘]套管 [insulating] bushing 06.002

绝缘体 insulant 01.774

绝缘外壳电动工具 insulation-encased electric tool 19.006

绝缘性能 insulation property 01.777

绝缘油 insulating oil 03.005

绝缘纸 insulating paper 03.058

绝缘子 insulator 06.001

绝缘子串 insulator string 06.031

绝缘子串单元 stringinsulator unit 06.030

绝缘子组 insulator set 06.032

均衡充电 equalizing charge 24.063

均衡器 equalizer 16.179

均衡速度 balancing speed 20.130

均热电热毯 blanket with uniform heating area 23.120

均热时间 soaking time 17.328

均压电阻 grading resistor 13.019

均压环 grading ring, control ring 13.023

*均压屏蔽 grading screen 01.583

均压线 equalizer 07.202

均压罩 grading shield 06.071

均一联结 uniform connection 15.332

均匀场 uniform field 01.009

均匀大段 uniform major section 05.161

均匀绝缘 uniform insulation 08.135

均匀漫射 uniform diffusion 22.090

军用灯具　luminaire for military use　22.299

卡装　clamping　06.100

开槽触头　bifurcated contact　02.056

*开断　breaking　09.398

*开断操作　breaking operation　09.364

*开断电流　breaking current　09.273

开断电压　switching voltage　10.058

*开断能力　breaking capacity　09.344

*开断能力试验　breaking capacity test　09.426

*开断时间　break-time　09.329

开[尔文]　kelvin　01.894

开尔文电桥　Kelvin bridge　26.074

开关　switch　09.096

开关臂　switch arm　15.312

开关磁铁　switching magnet　21.154

开关磁阻电动机　switched reluctance motor　07.180

开关二极管　switching diode　15.102

开关钩棒　switch stick, switch hook　09.270

开关控制因数　switch control factor　15.413

开关联结　switch connection　15.326

开关起动荧光灯　switch-start fluorescent lamp　22.181

开关设备　switchgear　09.032

开关装置　switching device　09.034

开合　switching　09.399

开 - 合时间　open-close time　09.336

开环串联道路照明系统　open-loop series street-lighting system　22.377

开环控制　open-loop control　16.051

开口气孔率　apparent porosity　02.152

开口绕组　open winding　08.130

开口三角形联结　open-delta connection　01.631

开口式热水器　vented water heater　23.075

开口线圈　open-ended coil　07.194

*开口蓄电池　vented cell, open cell　24.084

开阔场地　open area　30.112

*开路　open circuit　01.618

开路电压　open circuit voltage　24.130

开路冷却　open circuit cooling　01.652

开路时间常数　open circuit time constant　07.388

开路试验　open circuit test　07.617

开路特性　open circuit characteristic, no-load characteristic　07.407

开路运行　open circuit operation　01.755

开路中间电压　open circuit intermediate voltage　11.059

开路转换　open [circuit] transition　09.413

开路自转　open circuit spinning　07.601

开启式　open type　01.706

开通　firing　15.371

开通耗散功率　turn-on power dissipation　15.164

铠装层　armour　05.123

铠装电缆　armoured cable　05.039

铠装式加热元件　sheathed heating element　17.056

坎[德拉]　candela　01.896

康铜　constantan　02.011

抗磁性　diamagnetism　04.060

抗静电剂　antistatic agent　03.119

抗冷凝装置　anti-condensation device　23.163

抗扰度电平　immunity level　30.086

抗扰度裕度　immunity margin　30.087

抗扰特性　immunity characteristic　30.092

抗[骚]扰度　immunity　30.081

抗撕强度　tear strength　03.178

壳式变压器　shell type transformer　08.070

壳式电抗器　shell type reactor　08.251

*壳体温度　surface temperature, case temperature　27.141

可编程[序]控制器　programable controller, PC　16.164

[可测]量　[measurable] quantity　01.862

可拆件　detachable part　19.080

可拆联结　removable connection　09.006

可拆软电缆　detachable flexible cable　19.086

可拆软线　detachable cord　19.087

可拆元件　removable element　02.033

可充电干电池　rechargeable cell　24.023

可重接插头　rewirable plug　23.175

可重接连接器 rewirable connector 23.176

可抽件 withdrawable part 09.268

可导电部分 conductive part 29.082

可动电接触 movable electric contact 09.017

可更换熔断体 renewable fuse-link 10.030

可互换套管 interchangeable bushing 06.055

可及件 accessible part 19.082

可及面 accessible surface 19.083

可见度 visibility 22.128

可见发光的辐射电暖器 visibly glowing radiant heater 23.113

可见光 visible light 22.002

可靠度 reliability 28.121

可靠寿命 Q-percentile life 28.115

可靠性 reliability, dependability 28.066

可靠性测定试验 reliability determination test 28.155

可靠性分配 reliability allocation 28.136

可靠性管理 reliability management 28.161

可靠性计划 reliability program 28.162

可靠性评估 reliability assessment 28.138

可靠性认证 reliability certification 28.165

可靠性设计 reliability design 28.135

可靠性设计评审 reliability design review 28.163

可靠性试验 reliability test 28.144

可靠性验证试验 reliability compliance test 28.156

可靠性预计 reliability prediction 28.137

可靠性增长 reliability growth 28.164

可靠性增长试验 reliability growth test 28.145

可控联结 controllable connection 15.335

可控雪崩整流管 controlled avalanche rectifier diode 15.099

可逆变流器 reversible convertor 15.267

可逆磁导率 reversible permeability 01.341

可逆磁化 reversible magnetizing 04.046

可逆电气传动 reversible electric drive 16.004

可逆起动器 reversing starter 09.145

可逆运行列车 reversible self-propelled train 20.016

可逆转换 reversible change over 09.404

可使用状态 up state 27.129

可调变速电动机 adjustable varying speed motor 07.035

可调定温开关 adjustable thermostatic switch 09.178

可调恒速电动机 adjustable constant speed motor 07.034

可调聚光灯 adjustable spot lamp 22.369

可外部操作部分 externally operable part 29.089

[可]维修度 maintainability 28.128

[可]维修性 maintainability 28.067

可卸件 removable part 09.267

可修复产品 repairable product 28.070

可移动单元变电站 mobile unit-substation 09.200

可用度 availability 28.132

可用性 availability 28.068

可远距离操作部分 remotely operable part 29.090

克尔效应 Kerr effect 01.270

克雷默[电气]传动 Kraemer [electric] drive 16.013

克雷默系统 Kraemer system 16.041

刻度因数 scale factor 12.118

肯定断开操作 positive opening operation 09.373

*肯定分操作 positive opening operation 09.373

肯定驱动操作 positive driven operation 09.374

空带 empty band 02.223

空间电荷区 space charge region 15.016

空间环境 space environment 27.006

空气断路器 air circuit-breaker 09.062

空气加湿器 air humidifier 23.032

空气间隙避雷器 air gap arrester 13.004

空气间隙浪涌保护器 air gap surge protector 13.005

空气接触器 air contactor 09.129

空气开关装置 air switching device 09.057

空气冷却式 air-cooled type 01.691

空气密度修正因数 air density correction factor 12.065

空气清洁器 air cleaner 23.033

空气去湿器 air dehumidifier 23.031

空气湿度 air humidity 27.052

空气塑料绝缘 air-spaced plastic insulation 05.105

空气循环率 rate of air circulation 23.185

空气纸绝缘 air-spaced paper insulation 05.102

空调[电]器 air conditioning appliance 23.009

空心杯结构 drag cup structure 07.355

空心导线　hollow conductor　05.082

空心电抗器　air-core type reactor　08.249

空心绝缘子　hollow insulator, insulating envelope　06.022

空心轴电动机驱动　hollow shaft motor drive　20.222

空心轴驱动　quill drive　20.221

空穴　hole　02.207

空穴导电　hole conduction　02.208

*空穴型半导体　P-type semiconductor, hole semi-conductor　02.198

空载表观功率　no-load apparent power　18.096

[空载]电压降低装置　voltage reducing device　18.073

空载[荷]运行　empty running　20.186

空载试验　no-load test　07.616

空载损耗　no-load loss, excitation loss　08.096

*空载特性　open circuit characteristic, no-load characteristic　07.407

空载运行　no-load operation　01.754

空载转速　no-load speed　07.405

空载最大加速度　maximum bare table acceleration　27.191

孔隙度　porosity　02.083

控制　control　01.740

控制板　control board　09.193

控制变压器　control transformer　08.033

控制触头　control contact　09.253

控制单元　control unit, control module　16.139

控制电机　electric machine for automatic control system　07.116

控制电缆　control cable　05.055

控制电路　control circuit　01.638

控制电器　control apparatus　09.051

控制电压　control voltage　07.450

控制范围　control range　16.086

控制柜　control cubicle　09.194

控制回路　control loop　16.090

控制极　control electrode, Wehnelt electrode　18.064

控制继电器　control relay　14.049

控制精度　control precision　16.184

控制开关　control switch　09.163

控制励磁机　control exciter　07.156

控制频率　control frequency　07.524

控制器　controller　09.119

控制绕组　control winding　07.225

控制设备　controlgear　09.033

控制式自整角机　control synchro　07.120

控制台　control desk　09.192

控制特性　control characteristic　16.183

控制微电机　electric micro-machine for automatic control system　07.117

控制系统　control system　16.020

控制站　control station　09.124

控制准确度　control accuracy　16.185

控制作用　control action　16.095

扣式电池　button cell　24.024

库[仑]　coulomb　01.877

库仑表　coulometer　26.078

库仑磁矩　Coulomb's magnetic moment　01.298

库仑定律　Coulomb's law　01.193

库仑－洛伦兹力　Coulomb-Lorentz force　01.365

跨步电压　step voltage　29.068

跨导　transconductance　15.237

跨接电缆　jumper cable　20.040

跨越线圈　cranked coil　07.197

快波前过电压　fast-front overvoltage, lightning overvoltage　12.013

快动继电器　fast-operate relay　14.112

快动快释继电器　fast-operate fast-release relay　14.113

快动慢释继电器　fast-operate slow-release relay　14.114

快动作触头　quick-action contact　09.259

快断开关　quick-break switch　09.102

快恢复整流管　fast-recovery rectifier diode　15.100

快热式热水器　instantaneous water heater　23.068

快速断路器　high-speed circuit-breaker　09.084

快速放电率容量　rapid-discharge-rate capacity　24.146

快速咖啡壶　quick coffee maker　23.082

*快速起动灯　cold-start lamp, instant-start lamp　22.179

快速熔断器　fast-acting fuse　10.006

快速[三极]晶闸管　fast-switching triode thyristor

15.110

宽带干扰 broad-band interference 30.047

宽带随机振动 wide-band random vibration 27.099

宽带随机振动试验 wide-band random vibration test 27.207

宽调速直流伺服电机 wide adjustable speed DC servomotor 07.147

框式绕组 diamond winding 07.234

框图 block diagram 01.947

矿山机车 mine locomotive 20.025

矿物绝缘 mineral insulation 05.109

矿物绝缘油 mineral insulating oil 03.006

矿用变压器 mining transformer 08.027

矿用电缆 mining cable 05.052

馈电电缆 feeder cable 20.060

馈电线夹 feeder clamp 20.082

扩径导线 expanded conductor 05.012

扩散 diffusion 02.242

扩散常数 diffusion constant 02.254

扩散长度 diffusion length 02.253

扩散工艺 diffusion technique 15.036

扩散结 diffused junction 15.012

L

拉杆绝缘子 link insulator 06.016

拉紧绝缘子 strain insulator 06.009

拉扭试验 pull and torsion test 19.097

拉钮 pull-button 09.151

拉普拉斯变换 Laplace transform 01.041

拉普拉斯定律 Laplace's law 01.256

拉普拉斯逆变换 inverse Laplace transform 01.042

拉普拉斯算子 Laplacian 01.022

拉入绕组 pull-through winding 07.254

拉线 stay 20.084

拉线挤塑机组 continuous drawing and extruding machine 05.228

拉线绝缘子 guy insulator 06.058

拉线漆包机组 continuous drawing and enamelling machine 05.229

拉线退火机组 continuous drawing and annealing machine 05.227

拉制玻璃光纤 drawn glass fiber 05.273

拉制生长 growing by pulling 15.029

X蜡 X-wax 03.020

浪涌击穿电压 surge breakdown voltage 13.057

老化 ageing 27.031

勒布朗克联结 Leblanc connection 01.634

勒[克斯] lux 01.898

雷暴 thunderstorm 27.072

雷电冲击 lightning impulse 12.075

雷电冲击电流 lightning impulse current 13.034

雷电冲击截波 chopped lightning impulse 12.077

雷电冲击截波试验 chopped lightning impulse test 12.082

雷电冲击全波 full lightning impulse 12.076

雷电冲击全波试验 full lightning impulse test 12.081

雷电冲击试验 lightning impulse test 12.080

*雷电过电压 fast-front overvoltage, lightning overvoltage 12.013

雷电浪涌 lightning surge 13.047

雷电流 lightning current 12.008

*累积分布 probability distribution, cumulative distribution 01.044

0类设备 class 0 equipment 29.142

0 I 类设备 class 0 I equipment 29.143

I 类设备 class I equipment 29.144

II 类设备 class II equipment 29.145

III 类设备 class III equipment 29.146

楞次定律 Lenz's law 01.258

冷壁真空炉 cold-wall vacuum furnace 17.269

冷混合 cold mixing 02.171

冷[炉状]态 cold state 17.304

冷凝点 condensation point 03.146

冷凝器 condenser 23.160

冷凝温度 condensing temperature 23.191

冷凝压力 condensing pressure 23.192

冷起动灯 cold-start lamp, instant-start lamp 22.179

冷墙 cold wall 17.097

冷却媒质 cooling medium 01.644

冷却喷流扇　air-blast cooling fan　23.026
冷却器　cooler　08.188
冷却时间　cooling time　17.327
冷却室　cooling chamber　17.240
冷时间　cool time　18.105
冷阴极　cold cathode　22.238
冷阴极灯　cold cathode lamp　22.177
离合器电动机　clutch motor　07.190
离化团粒束　ionized cluster beam　21.016
离散[时间]系统　discrete [time] system　16.026
离心扇　centrifugal fan　23.023
离心式脱水机　spin extractor　23.059
离心稳速器　centrifugal governor　07.332
离子　ion　01.183
离子半导体　ionic semiconductor　02.194
离子导电　ionic conduction　02.211
离子电流　ionic current　01.240
离子加速器　ion accelerator　21.070
离子聚焦　ion focusing　21.021
离子束　ion beam　21.013
离子源　ion source　21.094
离子质量分辨率　ion mass resolution　21.272
离子注入　ion implantation　15.042
离子注入机　ion implantor　21.090
理论数值孔径　theoretical numerical aperture　05.320
理想变压器　ideal transformer　01.498
理想并联　ideal paralleling　07.561
理想冲击脉冲　ideal shock pulse　27.183
理想电感器　ideal inductor　01.413
理想电流源　ideal current source　01.435
理想[电路]元件　ideal [circuit] element　01.406
理想电容器　ideal capacitor　01.412
理想电压源　ideal voltage source　01.434
理想电阻器　ideal resistor　01.411
理想放大器　ideal amplifier　01.501
理想回转器　ideal gyrator　01.499
理想晶体　ideal crystal　02.235
理想空载直流电压　ideal no-load direct voltage　15.391
理想滤波器　ideal filter　01.489
理想衰减器　ideal attenuator　01.500
理想整步　ideal synchronizing　07.550

理想阻抗变换器　ideal impedance convertor　01.505
锂碘电池　lithium-iodine cell　24.031
锂电池　lithium cell　24.021
锂二氧化硫电池　lithium-sulfur dioxide cell　24.033
锂二氧化锰电池　lithium-manganese dioxide cell　24.032
锂亚硫酰氯电池　lithium-thionyl chloride cell　24.034
励磁　excitation　01.384
励磁变阻器　field rheostat　09.186
励磁电流　exciting current　08.288
励磁电压　exciting voltage　07.449
励磁机　exciter　07.017
励磁机响应　exciter response　07.577
励磁静摩擦力矩　exciting friction torque　07.455
励磁绕组　excitation winding　07.221
* 励磁损耗　no-load loss, excitation loss　08.096
励磁调节器　field regulator　20.113
励磁－调压绕组　excitation-regulating winding　08.232
励磁系统初始响应　initial excitation system response　07.398
励磁响应　excitation response　07.397
励磁响应比　excitation response ratio　07.399
利用光通量　utilized flux　22.274
利用率　utilance　22.277
利用因数　utilization factor　22.275
* 例行试验　routine test　28.060
立式绕线机　vertical coil winding machine　07.651
粒度分布　particle size distribution　02.081
粒子加速　particle acceleration　21.003
粒子加速器　particle accelerator　21.067
粒子注量率计　particle fluence ratemeter　26.108
力管　tube of force　01.015
力矩电[动]机　torque motor　07.167
力矩式自整角机　torque synchro　07.119
力线　line of force　01.014
* 力线束　tube of force　01.015
联合电压试验　combined voltage test　12.084
联合过电压　combined overvoltage　12.015
联合胶装绝缘子　insulator with internal and external fittings　06.050

联结　connection　01.622

T联结　Scott connection　01.630

联结电阻　connection resistance　02.156

联结符号　connection symbol　01.910

联络变压器　system interconnection transformer 08.014

联络断路器　network interconnecting circuit-breaker 09.075

联锁　interlocking　09.406

联锁机构　interlocking device　09.217

联锁继电器　interlocking relay　14.127

联锁装置　interlock　23.149

联运车辆限界　gauge for transit vehicles　20.201

联轴机车　coupled axle locomotive　20.021

联轴驱动　coupled axle drive　20.219

连杆驱动　rod drive　20.220

连接器　connector　01.607

连接条　intercell connector　24.125

连接箱　link box　05.169

连通网络　connected network　01.460

*连续冲击　bump　27.095

连续电极　continuous electrode　17.120

连续堵转电流　continuous current at locked-rotor 07.533

连续堵转电压　continuous voltage at locked-rotor 07.537

连续堵转控制功率　continuous control power at locked-rotor　07.535

连续堵转转矩　continuous torque at locked-rotor 07.539

连续放电　continuous discharge　24.009

连续工作制　continuous duty　01.822

连续功率　continuous power　18.095

连续极限电流　limiting continuous current　14.191

连续交叉互连　continuous cross-bonding　05.162

连续交联机组　continuous cross-linking line 05.238

连续控制　continuous control　16.063

连续硫化机组　continuous vulcanizing line　05.239

连续流通　continuous flow　15.384

连续热电流　continuous thermal current　08.293

连续骚扰　continuous disturbance　30.034

连续式炉　continuous furnace　17.277

连续式有罐炉　continuous retort furnace　17.086

连续退火装置　continuous annealer　05.247

连续线圈　continuous coil　08.120

连续运行时间　continuous operating time　27.147

连续噪声　continuous noise　30.026

连续周期工作制　continuous periodic duty　01.826

连续作用　continuous action　16.098

连支　link　01.465

链式绕组　chain winding　07.235

链输送式炉　chain conveyor furnace　17.280

链条输送装置　chain conveyor　17.259

量程　span, range　26.141

量度继电器　measuring relay　14.047

两步充电　two-step charge, two-rate charge 24.070

两相伺服电机　two-phase servomotor　07.149

两相运行　two-phase operation　07.608

量化　quantization　16.125

量化信号　quantized signal　16.126

量值　value of a quantity　01.863

量子　quantum　01.176

亮度　luminance　22.037

亮度计　luminance meter　22.145

亮度因数　luminance factor　22.093

亮色调照明　high-key lighting　22.262

料盘　charging tray　17.251

列车-公里　train-kilometer　20.174

列车线　train line　20.114

列车阻力　train resistance　20.149

裂缝　crack　02.114

劣化　deterioration　27.015

劣化过程　deterioration process　27.016

磷光　phosphorescence　22.160

磷酸燃料电池　phosphoric acid fuel cell　24.154

临界冲击　critical impulse　14.186

临界冲击闪络电压　critical impulse flashover voltage 06.087

临界电流　critical current　14.196

临界电压　critical voltage　14.197

临界角　critical angle, total internal reflection angle 05.327

临界开断电流　critical breaking current　09.291

临界[黏性]阻尼　critical [viscous] damping

27.164

临界扭力转速　critical torsional speed　07.403

临界频率　critical frequency　27.180

临界温度　critical temperature　24.138

临界转速　critical whirling speed　07.402

临界阻尼　critical damping　01.147

邻近效应　proximity effect　01.287

淋雨试验　rain test　27.161

零功率因数试验　zero power-factor test　07.621

零功率因数特性　zero power-factor characteristic　07.411

零散度场　zero divergence field, solenoidal field　01.018

零速输出电压　zero speed output voltage, null voltage　07.492

零位电压　null position voltage　07.470

零位误差　electrical error of null position　07.472

零相位误差　null phase error　07.456

零序　zero sequence　01.157

零序电抗　zero sequence reactance　07.441

零序电阻　zero sequence resistance　07.445

零序分量　zero-sequence component　01.160

零序继电器　zero-phase-sequence relay　14.104

零序阻抗　zero sequence impedance　07.433

灵敏度　sensitivity　26.134

*灵敏开关　sensitive switch　09.169

溜槽　chute　17.254

硫化　vulcanization　05.218

硫化罐　vulcanizer　05.233

硫化纤维纸　vulcanized fiber paper　03.064

流化床涂敷　fluidized bed coating　03.225

流化粒子炉　fluidized bed furnace　17.096

流[明]　lumen　01.897

流延　casting　03.219

六氟化硫　sulphur hexafluoride　03.027

六氟化硫断路器　SF₆ circuit-breaker　09.066

笼型感应电动机　cage induction motor, squirrel-cage induction motor　07.068

笼型同步电动机　cage synchronous motor　07.053

笼形绕组　cage winding　07.231

漏磁通　leakage flux　01.449

漏磁因数　magnetic leakage factor　01.349

漏电[动作]保护器　leakage current operated protective device　09.108

[漏电]起痕　tracking　03.136

[漏电]起痕蚀损　tracking erosion　03.138

漏电起痕试验　tracking test　23.218

漏辐射率　radiation leakage　21.260

漏极　drain electrode　15.055

漏区　drain region　15.058

漏液　leakage　24.049

漏－源电压　drain-source voltage　15.235

炉衬　[furnace] lining　17.238

炉底　hearth　17.233

炉底板　hearth plate　17.234

炉底开槽式炉　grooved hearth furnace, slotted hearth furnace　17.276

炉顶　[furnace] roof　17.243

炉顶圈　[furnace] roof ring　17.244

炉拱　arch　17.242

炉罐　retort [chamber]　17.248

炉壳　[furnace] casing, [furnace] shell　17.232

炉料　charge　17.250

炉门　[furnace] door　17.235

炉室　[furnace] chamber　17.239

*炉膛　[furnace] chamber　17.239

卤钨灯　tungsten halogen lamp　22.164

露点　dew point　17.031

露点温度　dew-point temperature　27.053

露天气候　open-air climate　27.039

录波器　oscillograph　26.076

陆上交通灯具　luminaire for land-traffic　22.297

铝包钢线　aluminium-clad steel wire　05.010

铝合金绞线　aluminium alloy stranded conductor　05.008

铝绞线　aluminium stranded conductor　05.007

铝空气电池　aluminium-air cell　24.029

氯代联苯　askarel　03.016

氯化锌干电池　zinc chloride dry cell　24.026

滤波电抗器　filter reactor　08.241

滤波电容器　filter capacitor　11.013

滤波器　filter　01.613

滤光片　filter　22.085

滤光器　filter　22.084

乱真信号　spurious signal　30.050

轮周输出功率　output at the wheel rim　20.158

螺磁性 helimagnetism 04.066

螺口灯头 screw cap, screw base 22.230

螺栓形结构 stud-mounted construction 15.072

螺纹隔爆接合面 threaded flameproof joint 25.043

螺线管 solenoid 01.587

螺线管感应器 solenoid inductor, cylindrical inductor 17.156

螺线管执行器 solenoid actuator 16.181

螺旋式熔断器 screw type fuse 10.004

螺旋输送式炉 screw conveyor furnace 17.286

螺旋线圈 helical coil 08.121

螺旋形电阻体 spiral resistor 17.076

螺旋形扇叶 spiral sector 21.106

螺旋形元件 helical element 02.032

螺旋扎紧带 spiral binder tape 05.124

螺柱焊机 stud welding machine 18.030

螺柱焊枪 stud welding gun 18.055

逻辑图 logic diagram 01.949

逻辑系统 logic system 01.054

裸导体 bare conductor 05.003

裸电线 bare wire 05.002

裸光纤 bare fiber 05.270

落地灯 standard lamp, floor lamp 22.310

*落地罐式断路器 dead tank circuit-breaker 09.068

落地[式电风]扇 pedestal fan 23.013

M

*马丁耐热 Martens thermal endurance 03.170

马丁温度 Martens temperature 03.170

马克斯发生器 Marx generator 21.137

埋封 embedding 03.222

埋封胶 embedding compound 03.046

*埋弧电阻炉 submerged arc furnace, submerged resistance furnace 17.129

埋弧焊机 submerged arc welding machine 18.005

埋弧加热 submerged arc heating, arc resistance heating 17.112

埋弧炉 submerged arc furnace, submerged resistance furnace 17.129

埋入深度 burial depth 05.163

埋入式电极盐浴炉 salt bath furnace with submerged electrodes 17.095

麦克斯韦 maxwell 01.893

脉波数 pulse number 15.385

脉冲 pulse 01.075

脉冲变压器 pulse transformer 21.132

脉冲测速发电机 pulse tachogenerator 07.143

脉冲重复频率 pulse repetition rate, pulse repetition frequency, PRF 21.204

脉冲磁铁 pulsed magnet 21.133

脉冲电容器 impulse capacitor 11.029

脉冲发射 impulse emission 30.009

脉冲发生器 pulse generator 30.117

脉冲控制 pulse control, chopper control 16.075

脉冲控制因数 pulse control factor 15.412

脉冲宽度 pulse duration, pulse width 01.091

脉冲量 pulsed quantity 01.058

脉冲频率控制 pulse frequency control 15.361

脉冲骚扰 impulsive disturbance 30.033

脉冲上升时间 pulse rise time 01.092

脉冲条件热阻抗 thermal impedance under pulse conditions 15.067

脉冲调制器 pulse modulator 21.131

脉冲响应 impulse response 16.189

脉冲形成线 pulse forming line 21.140

脉冲噪声 impulsive noise 30.020

脉动电流 pulsating current 01.514

脉动电压 pulsating voltage 01.513

脉动量 pulsating quantity 01.057

脉动因数 pulsation factor 01.519

脉宽控制 pulse width control, pulse duration control 15.360

脉宽调制 pulse width modulation, PWM, pulse-duration modulation, PDM 15.364

满带 filled band 02.222

满功率因数试验 unity power-factor test 07.622

满容量分接 full-power tapping 08.154

满载 full load 01.757

满载最大加速度 maximum full load acceleration 27.192

慢动继电器 slow-operate relay 14.111

慢动作触头 slow-action contact 09.260

慢速放电率容量 slow-discharge-rate capacity 24.145

漫反射 diffuse reflection 22.067

漫射 diffusion 22.013

漫射挡板 diffusing screen, diffusing panel 22.325

漫射器 diffuser 22.092

*漫射体 diffuser 22.092

漫射因数 diffusion factor 22.097

漫射照明 diffused lighting 22.261

漫透射 diffuse transmission 22.076

毛发护理电器 hair care appliance 23.127

毛坯 block 02.111

帽槽 clevis 06.066

帽式吹发器 helmet-type hair dryer 23.129

帽窝 socket 06.064

霉菌 mould 27.116

霉菌试验 mould test 27.210

煤电钻 electric coal drill 19.068

镁干电池 magnesium dry cell 24.027

美容电器 beauty making appliance 23.125

门极 gate [electrode] 15.056

门极保护作用 gate protection action 15.380

门极不触发电流 gate non-trigger current 15.204

门极不触发电压 gate non-trigger voltage 15.187

门极触发电流 gate trigger current 15.203

门极触发电压 gate trigger voltage 15.186

门极电流 gate current 15.199

门极电压 gate voltage 15.181

门极反向电流 reverse gate current 15.202

门极反向电压 reverse gate voltage 15.184

门极反向峰值电压 peak reverse gate voltage 15.185

门极峰值功率 peak gate power 15.216

门极关断电流 gate turn-off current 15.205

门极关断电压 gate turn-off voltage 15.188

门极关断晶闸管 gate turn-off thyristor, GTO 15.111

门极关断晶闸管模块 gate turn-off thyristor module 15.138

门极关断晶闸管组件 gate turn-off thyristor assemble 15.139

N门极晶闸管 N-gate thyristor 15.116

P门极晶闸管 P-gate thyristor 15.115

门极控制 gate control 15.363

[门极控制]关断时间 gate controlled turn-off time 15.209

[门极控制]开通时间 gate controlled turn-on time 15.208

[门极控制]上升时间 gate controlled rise time 15.211

[门极控制]延迟时间 gate controlled delay time 15.210

门极抑制 gate suppression 15.381

门极正向电流 forward gate current 15.200

门极正向电压 forward gate voltage 15.182

门极正向峰值电流 peak forward gate current 15.201

门极正向峰值电压 peak forward gate voltage 15.183

MOS门控晶闸管 MOS controlled thyristor, MCT 15.121

门区 gate region 15.059

锰铜 manganin 02.012

*米利肯导线 Milliken conductor 05.081

密度分布 density distribution 02.084

密度计 densitometer 22.147

密封衬垫 sealing gasket 25.034

密封电缆头 sealing end pothead 05.130

密封式 sealed type 01.681

密封箱 stuffing box 05.148

密封蓄电池 sealed cell 24.087

密实度 packing 25.064

免维护蓄电池 maintenance-free cell 24.096

*面板灯 panel lamp, dashboard lamp 22.199

面包片烘烤器 toaster 23.094

面电荷密度 surface [electric] charge density 01.170

面电阻率 surface resistivity 03.125

面积分 surface integral 01.020

面接触 surface contact 09.020

描述函数 describing function 16.207

灭磁断路器 field discharge circuit-breaker 09.086

灭弧管 arc-extinguishing tube 09.244

灭弧间隙 gap in arcing chamber 13.025

灭弧腔 arcing chamber 13.029

灭弧栅　arc-chute　09.238

*灭弧室　arc-control device, arc-extinguishing chamber　09.237

灭弧装置　arc-control device, arc-extinguishing chamber　09.237

民用和建筑用灯具　luminaire for civil use and building　22.294

敏感度阈值　susceptibility threshold　30.082

敏感系数　coefficient of sensitivity　02.021

敏感元件　[electric] sensor　16.157

明度　lightness　22.116

明适应　light adaptation　22.101

明视觉　photopic vision　22.103

命令　command　16.082

*GTO模块　gate turn-off thyristor module　15.138

*GTR模块　power transistor module　15.136

模拟[测量]仪表　analogue [measuring] instrument　26.022

模拟器件　analogue device　16.134

模拟熔断体　dummy fuse-link　10.032

模拟试验　simulation test　02.169

模拟手　artificial hand　30.119

模拟系统　analogue system　01.051

模拟信号　analogue signal　16.124

模数　module　01.658

模数尺寸系列　modular dimension series　01.660

模数网格　modular grid　01.661

模/数转换器　analogue-to-digital converter, A/D converter　16.166

模塑　moulding　03.213

模压外壳断路器　moulded case circuit-breaker　09.081

磨砂玻壳　frosted bulb　22.227

磨蚀性　abrasion　02.163

磨损　wear　02.154

摩[尔]　mole　01.901

摩尔反应热　molar reaction heat　17.025

摩尔还原热　molar reduction heat　17.026

*末级施控元件　final controlling element　16.049

母线　busbar　01.584

母线保护装置　protection equipment for bus-bar　14.134

母线式电流互感器　bus type current transformer　08.270

穆尔[光]灯　Moore [light] lamp, Moore [light] tube　22.209

N

钠[蒸气]灯　sodium [vapor] lamp　22.174

氖灯　neon tube　22.210

耐电弧性　arc resistance　03.134

耐电离辐射性　ionized radiation resistance　03.192

耐短路变压器　short-circuit-proof transformer　08.063

耐放电击穿性　resistance to breakdown by discharge　03.190

耐故障能力　fault withstandability　29.030

耐化学性　chemical resistance　03.165

耐火材料热区　refractory hot spot　17.113

耐火电缆　fire-resistant cable　05.059

耐久能力　endurance　24.052

耐久性　durability　28.069

耐久性试验　endurance test　23.213

耐漏液性　leakproof　24.046

耐磨性　resistance to wear　02.162

耐气候性　weatherability　03.191

耐燃性　flame resistance　03.166

耐热等级　thermal endurance class　03.186

耐热概貌　thermal endurance profile　03.189

耐热性　thermal endurance　03.183

耐受电压　withstand voltage　12.031

耐[受电]压试验　withstand voltage test　12.050

耐受浪涌电流　withstand surge current　13.080

耐污绝缘子　anti-pollution insulator　06.020

耐油性　oil resistance　03.164

耐摺性　folding endurance　03.182

耐震灯　rough service lamp　22.166

奈尔壁　Néel wall　04.026

奈尔点　Néel point, Néel temperature　04.070

*奈尔温度　Néel point, Néel temperature　04.070

奈培　neper　01.900

*襄封式　encapsulated type　01.729

挠性表面加热器 flexible surface heater 17.068

挠性载体 flexible carrier 17.067

内靶 internal target 21.175

内禀磁性 intrinsic magnetic properties 04.058

内部放电 internal discharge 01.792

内部感应器 internal inductor 17.160

内部枪 internal gun, vacuum gun 17.211

内部熔丝 internal fuse 11.038

内衬层 inner covering 05.115

内定子 internal stator 07.357

内反射 internal reflection 05.326

* 内间隙 gap in arcing chamber 13.025

内建电场 internal electric field 15.023

内胶装绝缘子 insulator with internal fittings 06.048

内接线 internal wiring 19.085

内绝缘 internal insulation 12.027

内燃机发电机组 internal combustion set 07.041

内束流 internal beam current 21.209

内氧化法 internal oxidation 02.076

内转子 internal rotor 07.359

内转子式磁滞同步电动机 internal rotor hysteresis synchronous motor 07.163

内装式 built-in type 01.673

能带 energy band 02.212

能工作时间 up time 28.099

能耗率 specific energy consumption 20.184

能耗制动 dynamic braking 07.593

能级 energy level 02.216

能见范围 visual range 22.125

能量不稳定度 energy instability 21.192

能量范围 energy range 21.193

能量容量 energy capacity 24.127

能量散度 energy spread 21.190

能量损失 energy loss 21.189

能量梯度 energy gradient 21.191

能量效率 energy efficiency, watt-hour efficiency 24.136

能量增益 energy gain 21.188

能隙 energy gap 02.215

逆变效率 inversion efficiency 15.430

逆变因数 inversion factor 15.390

逆导二极晶闸管 reverse conducting diode thyristor 15.112

逆导[三极]晶闸管 reverse conducting triode thyristor 15.113

逆电流继电器 reverse-current relay 14.087

逆电流脱扣器 reverse-current release 09.232

逆反射 retro-reflection, reflex reflection 22.068

年最大日平均相对湿度 annual extreme daily mean relative humidity 27.058

年最大相对湿度 annual maximum relative humidity 27.062

年最低温度 annual minimum temperature 27.045

年最高日平均温度 annual extreme daily mean temperature 27.046

年最高温度 annual maximum temperature 27.044

年最小相对湿度 annual minimum relative humidity 27.063

黏带 adhesive tape 03.092

黏度 viscosity 03.152

黏合剂 binder 02.104

黏合云母 built-up mica 03.106

黏接 adhesion 06.102

[黏性]阻尼系数 [viscous] damping coefficient 27.165

黏重 adhesive weight 20.171

黏着系数 adhesion coefficient 20.141

鸟啄 unfirm closing 14.235

脲醛模塑料 urea moulding material 03.078

啮齿动物 rodent 27.118

镍铬合金 nichrome 02.013

凝固点 solidifying point 17.028

凝结水量 condensing capacity 23.184

凝露 condensation 27.070

凝露耐受电压 dew-withstand voltage 12.039

凝露试验 condensation test 27.158

牛[顿] newton 01.876

扭转机构 torsional device 09.212

扭转轴 torque shaft 07.313

钮扣灯 button light 22.383

浓差极化 concentration polarization 24.006

农用灯具 luminaire for agriculture use 22.292

欧[姆] ohm 01.888

*欧姆表 ohmmeter 26.065

欧姆定律 Ohm's law 01.244

欧姆极化 ohmic polarization 24.008

欧姆接触 ohmic contact 15.015

偶然失效 accidental failure, random failure 28.087

O

偶然失效期 accidental failure period 28.110

耦合 coupling 01.440

耦合电容器 coupling capacitor 11.018

耦合腔 coupling cavity 21.126

耦合绕组 coupling winding 08.113

耦合谐振 coupled resonance 21.040

爬电距离 creepage distance 01.789

爬行 creeping 07.590

拍 beat 01.141

拍频 beat frequency 01.142

拍数 number of beats 07.530

排气阀 vent valve 24.123

排气扇 ventilating fan 23.017

排气式避雷器 expulsion type arrester 13.003

排气式蓄电池 vented cell, open cell 24.084

排气元件 expulsion element 13.027

排液装置 drain 25.024

盘荷波导 disk-loaded waveguide 21.123

盘式 disk type 01.682

盘式装料装置 pan charger 17.256

盘形悬式绝缘子 cap and pin insulator 06.028

判别元件 discriminating element 14.163

旁轭 return yoke 08.195

旁联系统 standby system 28.141

旁路臂 by-pass arm 15.320

旁路电流 by-pass current 11.083

旁路开关 by-pass switch 11.084

*旁路线 bridging conductor, by-pass conductor 20.064

旁置导电轨 side conductor rail 20.036

抛物线型分布 parabolic profile 05.318

跑道光信号 runway lights 22.350

跑道路面灯 runway surface lights 22.357

泡畴记忆 bubble domain memory 04.032

泡克耳斯效应 Pockels effect 01.269

P

泡沫塑料绝缘 cellular plastic insulation 05.106

配电板 distribution panelboard 09.117

配电变压器 distribution transformer 08.010

配电电器 distribution apparatus 09.050

配电开关板 distribution switchboard 09.116

配合尺寸 fit dimension 01.665

佩尔捷系数 Peltier coefficient 02.047

佩尔捷效应 Peltier effect 01.266

喷流扇 jet fan 23.025

喷射式熔断器 expulsion fuse 10.013

喷雾电熨斗 spray electric iron 23.065

喷嘴 nozzle 17.229

膨胀器 expander 08.305

碰撞 bump 27.095

碰撞试验 bump test 27.204

皮肤护理电器 skin care appliance 23.126

皮重 tare weight 20.165

偏差 deviation 01.855

偏移系数 off-set coefficient 16.201

偏振辐射 polarized radiation 01.144

偏置继电器 biased relay 14.122

偏转 deflection 21.029

偏转板 deflector, deflecting plate 21.157

偏转磁铁 deflecting magnet 21.155

偏转电极 deflecting electrode 21.156

偏转电压 deflecting voltage 21.213

偏转线圈 deflecting coil 21.162

片电阻 sheet resistor 02.014

片间绝缘 lamination insulation 07.262

片云母 mica splitting 03.103

漂移 drift 26.135

漂移管 drift tube 21.134

漂洗性能试验 test of rinsing performance 23.225

拼装式 split mounting type 01.678

频带 frequency band 01.072

频繁操作断路器 increased operating frequency circuit-breaker 09.076

频率 frequency 01.071

频率表 frequency meter 26.059

频率继电器 frequency relay 14.090

频率敏感性 frequency sensitivity 07.500

频率响应 frequency response 16.190

频率响应特性 frequency response characteristic 07.416

频率型遥测仪 frequency type telemeter 16.220

频敏变阻器 frequency-sensitive rheostat 09.184

频谱 [frequency] spectrum 22.007

频闪灯 stroboscopic lamp 22.218

频闪效应 stroboscopic effect 22.131

频域 frequency domain 27.091

品质 quality 28.001

品质保证 quality assurance, QA 28.005

品质保证期 quality guarantee period 28.038

品质成本 quality related cost 28.014

品质反馈 quality feedback 28.015

品质方针 quality policy 28.003

品质管理 quality management, QM 28.004

品质环 quality loop 28.002

品质计划 quality plan 28.010

品质监督 quality supervision, quality surveillance 28.013

品质控制 quality control, QC 28.007

品质认证 quality certification 28.006

品质审核 quality audit 28.011

品质体系 quality system 28.009

品质体系评审 quality system review 28.012

品质因数 quality factor, Q factor 01.781

品质指标 quality index 28.016

平板电极 plate electrode 17.192

平板电炉 hot plate 23.076

平板式感应加热器 induction platen heater 17.184

平板形结构 disk construction 15.074

平波电抗器 smoothing reactor 08.237

平底形结构 flat base construction 15.073

平复励直流电机 flat compounded DC machine 07.089

平衡电极电位 equilibrium electrode potential 24.041

平衡电抗器 interphase reactor 08.238

平衡多相电源 balanced polyphase source 01.551

平衡多相系统 balanced polyphase system 01.553

平衡二端口网络 balanced two-port network 01.478

平衡负载 balanced load 01.854

平衡轨道 equilibrium orbit 21.005

平衡继电器 balance relay 14.117

平衡桥式转换 balanced bridge transition 20.208

平衡绕组 balancing winding 08.112

平衡试验 balance test 07.634

平衡温度 equilibrium temperature 15.382

平衡载流子 equilibrium carrier 02.241

*平滑电感器 choke, smoothing inductor 09.197

平滑压力 smoothed pressure 25.052

平均磁场 average magnetic field 21.226

平均电压 mean voltage 24.142

平均海平面 mean sea level 27.076

平均可靠寿命 mean Q-percentile life 28.116

平均可用度 mean availability 28.133

平均失效率 mean failure rate 28.127

*平均寿命 mean time to failure, MTTF, mean life 28.114

平均无故障工作时间 mean time between failures, MTBF 28.120

平均误差 mean error 26.125

平均修复率 mean repair rate 28.131

平均修复时间 mean time to repair, MTTR 28.129

平均值 mean value 01.082

平均值检波器 average detector 30.126

平均柱面照度 mean cylindrical illuminance 22.040

平面波 plane wave 01.119

*平面布置图 layout plan 01.972

平面步进电机 two-axis stepping motor 07.154

平面敷设 flat formation 05.154

平面隔爆接合面 flanged flameproof joint 25.044
平面工艺 planar technique 15.037
平面控制器 face plate controller 09.121
平面图 plan, topographical plan 01.971
平面正弦波 plane sinusoidal wave 01.121
平台 platform 17.141
平特性 flat characteristic 18.089
评估可靠度 assessed reliability 28.123
屏蔽 screen 01.579
屏蔽电缆 shielded type cable 05.036
屏蔽接头 shielded joint 05.143

屏蔽室 shielded enclosure, screened room 30.110
屏蔽线 shielding conductor 08.200
屏蔽效能 screening effectiveness 30.071
屏式 panel-type 01.674
坡印亭矢量 Poynting vector 01.386
破坏性放电 disruptive discharge 12.056
*普朗泰极板 Planté plate 24.102
普通人员 ordinary person 29.047
普通[三极]晶闸管 triode thyristor 15.109
普通型电器 ordinary appliance 23.005
普通型干电池 standard type dry cell 24.014

Q

期望值 desired value 28.034
漆包 enamelling 05.208
漆包机 enamelling machine 05.244
漆包绝缘 enamel insulation 05.107
漆包线 enamelled wire 05.015
漆包线漆 wire enamel 03.039
齐纳击穿 Zener breakdown, tunnel breakdown 15.028
起步阻力 breakaway force 20.150
起电 electrification 01.173
起动 starting 07.547
*Y-△起动 star-delta starting 07.564
起动变阻器 starting rheostat 09.183
起动电动机 starting motor 07.036
起动电极 starting electrode 22.237
起动电抗器 starting reactor 08.236
起动电流 starting current 07.382
起动惯频特性 starting inertia-frequency characteristic 07.519
起动矩频特性 starting torque-frequency characteristic 07.517
起动开关 starting switch 07.330
起动能力 starting capability 24.053
起动频率 starting frequency 07.521
起动器 starter 09.135
起动绕组 starting winding 07.220
起动试验 starting test 07.627
起动用蓄电池组 starter battery 24.081
起动元件 starting element 14.162

起动值 starting value 14.165
起动转矩 starting torque 07.371
起动自耦变压器 starting auto-transformer 08.031
起痕时间 time-to-tracking 03.139
起痕指数 tracking index 03.140
起泡 blistering 02.119
起始冲击响应谱 initial shock response spectrum 27.186
起始磁导率 initial permeability 01.338
起始磁化曲线 initial magnetization curve 01.320
起始放电电压 incipient discharge voltage 05.178
起始瞬态恢复电压 initial transient recovery voltage, ITRV 09.285
起重电磁铁 lifting electromagnet 09.190
器件换相 device commutation 15.350
器身 core and winding assembly 08.196
气动接触器 pneumatic contactor 09.130
气动起动器 pneumatic starter 09.146
*气干漆 cold curing varnish 03.050
气候 climate 27.036
气候防护式 weather-proof type 01.711
气候顺序试验 climate sequence test 27.163
气孔 pore 02.117
气密式 hermetic type, air-tight type 01.728
气密外壳 hermetically sealed 25.033
*气塞 vent plug 24.117
气体保护弧焊机 gas shielded arc welding machine 18.006
气体导电 gas conduction 01.246

气体电弧 gaseous arc 09.001

气体放电灯 gaseous discharge lamp 22.170

气体含量 gas content 03.150

气体继电器 gas relay, Buchholz relay 08.186

*气体绝缘金属封闭开关设备 gas insulated metal-enclosed switchgear, GIS 09.043

气体绝缘套管 gas insulated bushing 06.044

气体流通保压 pressurization by continuous circulation of protective gas 25.068

气隙 air gap 01.591

气-油密封系统 gas-oil sealed system 08.139

汽轮发电机 turbo-generator, turbine-type generator 07.047

汽轮发电机组 turbo-generator set 07.040

卡口灯头 bayonet cap, bayonet base 22.231

牵出同步 pulling out of synchronism 07.558

*牵出转矩 breakdown torque, pull-out torque 07.375

牵入同步 pulling into synchronism 07.557

牵入转矩 pull-in torque 07.374

牵入转矩试验 pull-in test 07.628

牵引变压器 traction transformer 08.032

牵引电磁铁 tractive electromagnet 09.189

牵引电动机 traction motor 07.093

牵引电抗器 traction reactor 08.248

*牵引净重 payload, net weight hauled 20.176

牵引力 tractive effort 20.143

牵引式炉 drawing furnace 17.289

牵引用蓄电池组 traction battery 24.082

牵引运输量 gross traffic hauled 20.182

*牵引载荷 gross load hauled, trailing load 20.172

牵引总重 gross load hauled, trailing load 20.172

铅包电缆 lead covered cable 05.035

铅酸蓄电池 lead-acid cell 24.074

铅浴炉 lead bath furnace 17.092

迁移率 mobility 02.252

钳式电流互感器 split core type current transformer 08.277

前灯 headlamp 22.363

前接熔断器 front-connected fuse 10.021

前进波 progressive wave 01.120

前馈控制 feed forward control 16.053

前倾式电刷 reaction brush 02.129

前室 vestibule 17.246

前向波 forward wave 01.125

前缀符号 prefix sign 01.917

潜动 creeping 14.234

潜热 latent heat 17.027

潜水式 submersible type 01.725

潜在危险 potential hazard 29.038

嵌顶灯[具] downlight 22.306

嵌入安装式 flush-type 01.675

嵌入绕组 fed-in winding 07.252

嵌入式灯[具] recessed lighting fitting 22.305

嵌入式加热元件 embedded heating element 17.054

欠电流继电器 under-current relay 14.086

欠电压 under-voltage 01.768

欠电压保护 under-voltage protection 29.122

欠电压继电器 under-voltage relay 14.082

欠电压脱扣器 under-voltage release 09.231

欠范围保护 underreaching protection 14.029

欠复励直流电机 under-compounded DC machine 07.090

欠载 underload 01.759

腔共振频率 cavity resonant frequency 21.234

腔激励功率 cavity excitation power 21.239

腔相位移 cavity phase shift 21.238

强冲击试验 high impact shock test 27.203

*强聚焦 alternating gradient focusing, strong focusing 21.019

强迫换相 forced commutation 15.345

强迫冷却 forced cooling 01.649

强迫热对流 thermal forced convection 17.039

强迫通风式 forced-ventilated type 01.709

强迫响应 forced response 16.191

强迫油循环导向风冷式 forced-directed-oil and forced-air cooled type 01.698

强迫油循环导向水冷式 forced-directed-oil and water cooled type 01.699

强迫油循环风冷式 forced-oil and forced-air cooled type 01.696

强迫油循环水冷式 forced-oil and water cooled type 01.697

强迫振荡 forced oscillation 01.112

强相 wild phase, leading phase 17.114

强制 forcing 16.092

强制特性 forced characteristic 15.433

桥接导线 bridging conductor, by-pass conductor 20.064

桥接时间 bridging time 14.221

桥接 T 形网络 bridged-T network 01.485

桥式材料转移 bridge material transfer 02.097

桥式联结 bridge connection 15.331

桥式转换 bridge transition 20.207

切断比 interruptive ratio 13.060

切割板 septum 21.158

切割磁铁 septum magnet 21.153

切割电极 cutting electrode 17.190

切割机 cutting-off machine 02.185

切换 switching 01.621

切换开关 diverter switch 08.166

切换值 switching value 14.166

切换转矩 switching torque 07.546

切片机 slicing machine 23.099

琴键开关 keyboard switch 23.146

轻载试验 light load test 07.620

氢处理 hydrogen treatment 03.196

氢气冷却式 hydrogen-cooled type 01.692

氢氧燃料电池 hydrogen-oxygen fuel cell 24.150

倾倒式炉 tilting furnace 17.273

倾炉架 tilting cradle 17.175

倾炉系统 tilting system 17.142

清洁电器 cleaning appliance 23.042

清漆 varnish 03.033

擎住电流 latching current 15.193

球面降低因数 spherical reduction factor 22.036

球窝连接 ball and socket coupling 06.061

球隙 sphere-gap 12.109

球压试验 ball pressure test 23.217

趋肤效应 skin effect 01.286

区熔 zone melting and refining 17.303

区熔生长 growing by zone melting 15.030

区熔提纯 zone refining 15.031

区熔夷平 zone levelling 15.032

曲路隔爆接合物 labyrinth flameproof joint 25.047

曲折形联结 zigzag connection 01.628

屈服强度 yield strength 03.179

驱动机构 driving mechanism 08.173

取暖电器 warming appliance 23.109

*取样 sampling 01.805

取整函数 bracket function 01.048

去电化电流 de-electrification current 03.129

去极化电流 depolarization current 03.128

*去污室 burn-off chamber, dewaxing chamber 17.241

全波电阻焊电源 full-wave resistance welding power source 18.065

全充电[状]态 fully charged state 24.066

全导管式排气扇 fully ducted ventilating fan 23.021

全电流 total current 01.231

全封闭风扇通风空气冷却式 totally-enclosed fan-ventilated air-cooled type 01.693

全封闭风扇通风式 totally-enclosed fan-ventilated type 01.690

全封闭式 totally enclosed type 01.705

全封闭水冷却式 totally-enclosed water-cooled type 01.694

全辐射体 full radiator 17.044

全绝缘电流互感器 fully insulated current transformer 08.269

全控联结 fully controllable connection 15.336

全密封蓄电池 hermetically sealed cell 24.088

*全面品质管理 total quality control, TQC 28.008

全面品质控制 total quality control, TQC 28.008

*全内反射角 critical angle, total internal reflection angle 05.327

全气孔率 true porosity 02.153

全压起动 direct-on-line starting, across-the line starting 07.563

全自保护变压器 completely self-protected distribution transformer 08.062

全自动洗衣机 single-container washing and extracting machine 23.056

缺陷 defect 28.035

裙 shed 06.060

群聚 bunching 21.048

群控 group control 16.058

群速[度] group velocity 01.139

R

燃点　kindling point　03.145

燃弧时差　difference of arcing time　09.341

燃弧时间　arcing time　09.334

燃料电池　fuel cell　24.147

燃料电池系统　fuel-cell system　24.149

燃料电池系统标准热效率　fuel-cell-system standard thermal efficiency　24.159

燃料电池系统能量－容积比　fuel-cell-system energy-to-volume ratio　24.157

燃料电池系统能量－重量比　fuel-cell-system energy-to-weight ratio　24.158

燃料电池组　fuel battery　24.148

燃料电池组功率－容积比　fuel-battery power-to-volume ratio　24.155

燃料电池组功率－重量比　fuel-battery power-to-weight ratio　24.156

燃料消耗率　specific fuel consumption　20.185

燃气轮发电机组　gas turbine set　07.042

燃烧灯　combustion lamp　22.192

燃烧试验　burning test　23.219

燃烧速度　burning rate　02.155

扰动　disturbance　16.120

绕包　lapping　05.209

绕包角　lapping angle　05.198

绕包节距　lay of lapping　05.201

绕包绝缘　lapped insulation　05.095

绕包线　lapped wire　05.014

绕线机　coil winding machine　07.648

绕线式电流互感器　wound-primary type current transformer　08.271

绕线转子感应电动机　wound-rotor induction motor　07.069

绕组电阻测定　determination of winding resistance　08.208

绕组端部　winding overhang　07.201

绕组端部支架　winding overhang support　07.273

绕组节距　winding pitch　07.209

绕组线　winding wire, magnet wire　05.013

绕组因数　winding factor　07.208

热崩溃　thermal runaway　13.032

热泵式空调器　heat pump type air conditioner　23.030

热壁真空炉　hot wall vacuum furnace　17.270

热变形温度　heat distortion temperature　03.172

热冲击试验　thermal shock test　03.235

热传导　heat conduction　17.033

热磁处理　thermomagnetic treatment　04.038

热导率　thermal conductivity　17.035

热电　pyroelectricity　01.215

热电池　thermal cell　24.030

*热电动势　Seebeck EMF, thermal EMF　02.051

热电动势稳定性　thermal EMF stability　02.052

热电偶　thermocouple　02.038

热－电牵引　thermo-electric traction　20.002

热对流　thermal convection　17.037

热风器　fan heater　23.111

热风温升　temperature rise of hot wind　23.210

热辐射　thermal radiation　17.042

热辐射体　thermal radiator　17.043

热固化　hot curing　03.205

热固化漆　hot curing varnish　03.049

热固性塑料　thermoset plastics　03.081

热过载保护　thermal-overload protection　11.095

热过载脱扣器　thermal-overload release　09.228

热混合　hot mixing　02.172

热击穿　thermal breakdown　15.027

热机[械性能]试验　thermal-mechanical performance test　06.107

热极限电流　thermal current limit　25.072

热降额因数　thermal derating factor　15.064

热绝缘　thermal insulation　17.018

热扩散　thermal diffusion　17.034

热扩散率　thermal diffusivity　17.036

热老化试验　thermal ageing test　03.229

热离子发射　thermionic emission　01.189

热力发电机组　thermal generating set　07.039

热量试验　calorimetric test　07.611

热[炉状]态　hot state　17.305

热面　hot face　17.098

热敏电阻　thermistor　07.331

热敏电阻器　thermistor　09.196

热偏转率　thermal deflection rate　02.025

热平衡　thermal equilibrium, thermal stability
　01.845

热起动灯　hot-start lamp, preheat lamp　22.180

热容　thermal capacitance　15.068

热容[量]　heat capacity　17.023

热失控　thermal runaway　24.058

热失重法　thermogravimetry　03.232

热时间　heat time　18.104

热寿命　thermal life　03.184

热寿命图　thermal life graph　03.185

热双金属　thermo-bimetal　02.015

热双金属组元层　component of thermo-bimetal
　02.018

热水器　water heater　23.067

热塑性塑料　thermoplastics　03.082

热损失　thermal loss　17.016

热态电阻　hot resistance　02.160

＊热稳定　thermal equilibrium, thermal stability
　01.845

热稳定试验　thermal stability test　11.069

热稳定性　thermal stability　01.846

＊热稳定性试验　short-time withstand current test
　09.431

热稳定状态　thermal steady state　17.306

热析　sweating　02.116

热效应　thermal effect　27.032

热压　hot pressing　02.175

热延时开关　thermal time-delay switch　09.176

热阴极　hot cathode　22.239

热阴极灯　hot cathode lamp　22.178

＊热震试验　thermal shock test　03.235

热致中性化状态　thermally neutralized state, virgin
　state　01.314

热转移媒质　heat transfer agent　01.645

热阻　thermal resistance　01.847

＊人工电源网络　line impedance stabilization net-
　work, LISN, artificial mains network　30.118

人工污秽试验　artificial pollution test　12.101

人力操作　dependent manual operation　09.357

人力操作机构　dependent manual operating mecha-
　nism　09.206

人力[操作]起动器　manual starter　09.140

人力储能操作　independent manual operation
　09.360

人力储能操作机构　independent manual operating
　mechanism　09.209

人力控制　manual control　01.742

人身伤害　bodily injury　29.025

人体总阻抗　total impedance of a human body
　29.080

人为噪声　man-made noise　30.018

人行横道光信号　pedestrian crossing lights　22.381

认可过载　recognized overload　25.073

认证试验　certification test　28.058

日用电器　household and similar [electrical] appli-
　ance　23.001

熔点　melting point　17.029

熔断短路电流　fused short-circuit current　10.053

熔断焦耳积分　operating Joule-integral　10.048

熔断器　fuse　10.001

熔断器插片　fuse-blade　10.040

熔断器底座　fuse-base, fuse-mount　10.035

熔断器支持件　fuse-holder　10.036

熔断器组合单元　fuse combination unit　10.024

熔断时间　operating time　10.045

熔断体　fuse-link　10.026

熔断体－隔离器　fuse-disconnector　09.095

熔断体－隔离器式开关　fuse-switch-disconnector
　09.111

熔断体－开关　fuse-switch　09.114

熔断体载体　fuse-carrier　10.034

熔敷粉末　coating powder　03.048

熔沟　channel　17.183

熔沟式感应炉　induction channel furnace, core type
　induction furnace　17.171

熔管　cartridge　10.033

熔化电耗　specific electric energy consumption for
　melt-down　17.317

熔化[弧焊电]极　consumable arc welding electrode
　18.057

熔化极惰性气体保护焊枪　MIG gun　18.051

熔化极惰性气体保护弧焊机　metal inert-gas arc

welding machine, MIG arc welding machine 18.009

熔化时间 melt-down time, melting time 17.308

熔化速度比 melting-speed ratio 10.060

熔化[速]率 melting rate, speed of melting 17.316

熔件 fuse-element 10.025

熔炼加料量 melting charge 17.314

熔炼周期 melting cycle 17.307

熔渗 infiltration 02.072

容尘量 dust containing capacity 23.201

容抗 capacitive reactance 01.432

容量温度系数 temperature coefficient of capacity 24.140

容许营业载荷 permitted payload 20.167

冗余 redundancy 28.142

*冗余系统 standby system 28.141

揉面机 dough kneading machine 23.104

[柔软]复合材料 composite [flexible] material 03.094

柔软云母材料 flexible mica material 03.109

柔性石墨 flexible graphite 02.148

蠕动 crawling 07.589

乳白玻壳 opal bulb 22.228

软磁材料 soft magnetic material 04.002

软导线 flexible conductor 05.077

软电缆 flexible cable 05.040

软定位器 pull-off 20.072

*软化点 softening temperature, softening point 03.169

软化温度 softening temperature, softening point 03.169

软联结 flexible connection 09.007

软套管 sleeving 03.086

软线 cord 05.041

软轴传动电动工具 flexible shaft drive electric tool 19.004

瑞利区 Rayleigh region 04.092

润滑性 lubrification 02.164

*弱聚焦 constant-gradient focusing, weak focusing 21.018

弱相 dead phase, lagging phase 17.115

S

塞止接头 stop joint 05.140

三刺激值 tristimulus values 22.050

三次绕组 tertiary winding 08.133

三电枢电动机 triple-armature motor 07.095

*三角形敷设 trifoil formation 05.153

三角形联结 delta connection 01.627

三角形扇叶 triangular sector 21.107

三聚氰胺玻璃纤维增强模塑料 glass fiber reinforced melamine moulding material 03.079

三聚氰胺石棉塑料 asbestos-filled melamine plastics 03.080

三联机车 triple locomotive 20.019

三色系统 trichromatic system, colorimetric system 22.049

三线式电流互感器 three-wire type current transformer 08.284

三相点 triple point 17.030

三相三柱旁轭式铁心 three-phase five-limb core 08.107

三相三柱式铁心 three-phase three-limb core 08.106

三相中性点电抗器 three-phase neutral reactor 08.235

三芯分支盒 trifurcating box, trifurcator 05.133

三芯分支接头 trifurcating joint 05.139

三叶形敷设 trifoil formation 05.153

三元四极透镜 quadrupole triplet lens 21.148

*伞 shed 06.060

散度 divergence 01.017

散光灯 projector 22.314

散焦 defocusing 21.028

散嵌绕组 random winding 07.251

散热件 heat sink 15.075

散热器 radiator 08.187

散热试验样品 heat-dissipating specimen 27.028

散热体 radiator 15.076

散束器 debuncher 21.130

*骚扰 disturbance 16.120

骚扰场强　disturbance field strength　30.058

骚扰电平　disturbance level　30.066

骚扰电压　disturbance voltage　30.057

骚扰功率　disturbance power　30.061

扫描　scanning　21.051

扫描不均匀性　non-uniformity of scanning　21.267

扫描磁铁　scanning magnet　21.165

扫描宽度　scanning width　21.264

扫描面积　scanning area　21.265

扫描频率　scanning frequency　21.266

扫描器　scanner　21.163

扫描线圈　scanning coil　21.164

扫频　sweep　27.177

扫频速率　sweep rate　27.178

色纯度　colorimetric purity　22.060

色刺激　color stimulus　22.048

色调　hue　22.114

色度　chrominance　22.057

色度测量　colorimetry　22.140

色度计　colorimeter　22.143

* 色度系统　trichromatic system, colorimetric system　22.049

色度学　colorimetry　22.141

色空间　color space　22.062

色品　chromaticity　22.056

色品度　chromaticness　22.117

色[品]坐标　chromaticity co-ordinates　22.051

色散　dispersion　22.015

色散媒质　dispersive medium　01.140

色[视]觉　color vision　22.112

色温　color temperature　22.026

砂粒材料　sand material　25.059

刹车灯　stop lamp　22.370

沙尘试验　sand and dust test　27.159

纱包线　cotton covered wire　05.016

筛选试验　screening test　28.154

* 栅极　gate [electrode]　15.056

MOS栅控晶体管　MOS gate bipolar transistor, MGT　15.133

* 栅区　gate region　15.059

栅-源电压　gate-source voltage　15.234

闪点　flash point　03.144

闪光对焊机　flash butt welding machine　18.025

闪光信号　flashing light　22.380

闪络　flashover　01.794

闪烁　flicker　22.129

闪烁光信号　blinking light　22.361

闪烁计数器　scintillation counter　26.113

闪烁探测器　scintillation detector　26.098

扇形磁场　sector magnetic field　21.222

扇形磁铁　sector magnet　21.104

扇形导线　sector-shaped conductor　05.079

扇形叶片　sector　21.105

伤害　harm　29.043

商用电器　commercial [electrical] appliance　23.003

上升率抑制器　rate-of-rise suppressor　15.302

上升时间　rise time　16.194

上升特性　rising characteristic　15.435

烧结　sintering　02.073

烧结炉　sintering furnace　02.182

烧结式极板　sintered plate　24.108

少数载流子　minority carrier　02.239

少[数载流]子寿命　minority carrier life time　02.256

少油断路器　oil-minimum circuit-breaker　09.070

舌簧触点　reed contact　14.159

舌簧继电器　reed relay　14.068

舍比乌斯电机　Scherbius machine　07.160

舍比乌斯[电气]传动　Scherbius [electric] drive　16.014

摄影灯　photoflood lamp　22.202

摄影棚投光灯　studio floodlight　22.326

[摄影]闪光灯　photoflash lamp　22.203

射频变压器　radio-freqnency transformer　21.120

射频单腔加速器　radio-frequency single cavity accelerator　21.085

射频电极　radio-frequency electrode　21.112

射频电缆　radio-frequency cable　05.064

射频发生器　radio-freqnency generator　21.119

射频干扰　radio-frequency interference, RFI　30.041

射频共振器　radio-freqnency resonator　21.121

射频静电四[电]极　radio-frequency electrostatic quadrupole　21.151

射频脉冲长度　radio-frequency pulse length　21.235

射频四极直线加速器 radio-frequency quadrupole linac 21.086

射频稳定度 radio-frequency stability 21.229

射频无反射室 radio-frequency anechoic enclosure 30.109

射频直线加速器 radio-frequency linear accelerator, radio-frequency linac 21.080

X 射线场 X-ray field 21.039

X 射线辐照 X-ray irradiation 21.060

设备最高电压 highest voltage for equipment 12.025

设定值 set-point 16.119

设计评审 design review 28.017

砷化镓半导体 GaAs semiconductor 02.193

伸臂范围 arm's reach 29.087

深度－剂量曲线 depth-dose curve 21.258

深度控制 depth control 05.165

渗滤咖啡壶 coffee percolator 23.081

声功率级 sound power level 08.005

声级试验 sound level test 08.217

声强级 sound intensity level 08.007

声压级 sound pressure level 08.006

声震 sonic boom 27.107

*生坯 compact, green compact 02.110

生长结 grown junction 15.013

升降式炉 elevator furnace 17.271

升温时间 heating-up time 23.209

升压变压器 step-up transformer 08.011

升压补偿联结 boost and buck connection 15.338

升压机 booster 07.099

剩余冲击响应谱 residual shock response spectrum 27.187

剩余磁感应强度 remanent magnetic induction 04.074

剩余磁化强度 remanent magnetization 04.076

剩余磁极化强度 remanent magnetic polarization 04.075

剩余电极化 residual electric polarization 01.211

剩余电极化强度 residual electric polarization 01.212

剩余电流 residual current 01.784

剩余电流[动作]保护器 residual current operated protective device 09.106

剩余电流断路器 residual current circuit-breaker 09.088

剩余电流互感器 residual current transformer 08.266

剩余电压 residual voltage 01.785

剩余电压互感器 residual voltage transformer 08.268

剩余电压绕组 residual voltage winding 08.302

剩余损耗 residual loss 04.090

剩余压力 residual pressure 13.070

失步 out of synchronism, out of step 01.752

失步开断电流 out-of-phase breaking current 09.292

失步转矩 synchronous pull-out torque 07.376

失触发 triggering failure 15.374

失能眩光 disability glare 22.106

失通 firing failure 15.373

失相 out of phase 01.101

失效 failure 28.072

失效分析 failure analysis 28.077

失效[概率]分布 failure probability distribution 28.166

失效机理 failure mechanism 28.079

失效率 failure rate 28.126

失效模式 failure mode 28.075

失效判据 failure criteria 28.074

失效前平均[工作]时间 mean time to failure, MTTF, mean life 28.114

失效原因 failure cause 28.076

失效状态 failure state 28.078

失泽物 tarnish 02.090

施控系统 controlling system 16.019

施控元件 controlling element 16.143

*施拉革电动机 Schrage motor 07.024

施照体 illuminant 22.052

施主 donor 02.228

施主电离能 ionizing energy of donor 02.233

施主能级 donor [energy] level 02.230

湿度修正因数 humidity correction factor 12.066

湿耐受电压 wet-withstand voltage 12.038

湿热试验 damp heat test 27.151

湿润张力 wetting tension 03.173

湿式非荷电蓄电池 drained discharged cell 24.094

湿式荷电蓄电池　drained charged cell　24.091
湿试验　wet test　12.100
石膏电剪　electric plaster-bandage shear　19.073
石膏电锯　electric plaster-bandage saw　19.072
石蜡基油　paraffinic oil　03.008
石墨电极　graphite electrode　02.147
石墨化　graphitization　02.179
石墨化度　degree of graphitization　02.149
石墨化炉　graphitizing furnace　02.183
石英光纤　silicon fiber　05.271
* t_E 时间　time t_E　25.075
时间常数　time constant　01.150
时[间程]序　time program　01.804
时间－电流区　time-current zone　10.054
时间－电流区限值　time-current zone limits
　　10.055
时间－电流特性　time-current characteristic
　　10.050
时间－负荷耐受强度　time-load withstand strength
　　06.090
时间继电器　time-delay relay　14.078
时间响应　time response　16.188
时间－行程特性　time-travel diagram　09.354
时序表图　time sequence chart　01.955
时域　time domain　27.090
食品加工机　food preparation machine　23.098
食品冷冻箱　food freezer　23.040
实地布局法　topographical layout　01.945
实际焦点　actual focal spot　21.063
实际空载直流电压　real no-load direct voltage
　　15.395
实心磁极同步电动机　solid-pole synchronous motor
　　07.052
实心导线　solid conductor　05.071
实心绝缘子　solid-core insulator　06.018
实心转子　solid rotor　07.360
识别标记　identification mark　01.919
矢量　vector [quantity]　01.003
矢量场　vector field　01.008
矢量功率　vector power　01.528
矢[量]积　vector product　01.006
矢量控制　vector control　16.076
* 矢势　vector potential　01.029

矢位　vector potential　01.029
使用极限　operating limit　02.024
使用寿命　useful life, service life　28.118
使用条件　service condition　01.811
使用质量　service mass　24.051
始动　breakaway　07.548
始动电压　breakaway voltage　07.510
示波器　oscilloscope　26.075
事故　accident　29.013
事故分析　accident analysis　29.019
事故概率　accident probability　29.017
事故率　accident rate　29.018
事故危险　accident hazard　29.016
事故预防　prevention of accident　29.020
事故原因　accident cause　29.015
势垒　potential barrier　15.005
适时值　just value　14.177
适应　adaptation　22.099
适用期　pot life, working life　03.194
释放　releasing　14.013
释放安匝　release ampere-turns　14.204
释放电流　release current　09.303
释放时间　release time　14.218
释放源　source of release　25.020
释放值　releasing value　14.171
释放状态　release condition　14.003
市电供电电器　mains powered appliance　23.008
室内气候　indoor climate　27.040
室温固化　cold curing　03.204
室温固化漆　cold curing varnish　03.050
室形指数　room index　22.276
视场　visual field, viewing field　22.121
视角　visual angle, viewing angle　22.123
视觉　vision　22.102
[视觉]饱和度　[vision] saturation　22.115
视觉舒适概率　visual comfort probability　22.124
视亮度　luminosity, brightness　22.113
* 视在功率　apparent power　01.524
视在原点　virtual origin　12.085
试验　test　28.053
试验变压器　testing transformer　08.028
试验场地　test site　30.113
试验[持续]时间　test duration　28.065

试验方式　test duty　09.414

试验模型　test model　03.237

试验容器　test chamber　25.035

试验室可靠性试验　laboratory reliability test
　28.157

试验数据　test data　28.159

试验顺序　sequence of tests　27.022

试验位置　test position　09.393

试验系列　test series　09.415

试验箱　test chamber　27.143

试验样品　test specimen　27.027

试样　specimen　28.021

试指检查　test finger check　23.211

收缩率　shrinkage　03.175

手柄　handle　19.084

[手持]面罩　face shield　18.061

手持式　hand-held type　01.672

手持式电动工具　hand-held electric tool　19.002

手持式电动坡口机　hand-held electric beveller
　19.022

手动复归继电器　hand-reset relay　14.109

*手动控制　manual control　01.742

手提灯　hand lamp　22.311

首件检验　first item inspection　28.046

首开极因数　first-pole-to-clear factor　09.328

守恒通量　conservative flux　01.013

寿命　life　28.113

受电杆　trolley-pole boom　20.123

受电杆座　trolley-base　20.124

受电弓　pantograph　20.127

受电弓通过限界　clearance gauge for pantographs
　20.205

受电器　current collector　20.118

受电头　trolley-head　20.122

受控[变]量　controlled variable　16.115

受控点　controlled point　27.181

受控电流源　controlled current source　01.439

受控电压源　controlled voltage source　01.438

受控气氛　controlled atmosphere　17.295

受控系统　controlled system　16.018

受主　acceptor　02.229

受主电离能　ionizing energy of acceptor　02.234

受主能级　acceptor [energy] level　02.231

枢轴支架　pivot support frame　17.176

输出　output　01.747

输出[变]量　output variable　16.114

输出导抗　output immittance　01.494

输出电路　output circuit　14.143

输出频率稳定性　output frequency stability　15.431

输出特性　output characteristic　07.488

输出相[位]移　output phase shift　01.748

输出斜率　output voltage gradient　07.480

输电带　charge-carrying belt　21.100

输电线路　[power] transmission line　30.004

输配电设备　equipment for power transmission and
　distribution　12.024

输入　input　01.746

输入[变]量　input variable　16.113

输入单元　input unit　16.147

输入导抗　input immittance　01.493

输入电路　input circuit　14.142

输入电容　input capacitance　15.239

输入激励量　input energizing quantity　14.201

输入元件　input element　16.141

输送管　feed tube　05.171

熟练人员　skilled person　29.045

树　tree　01.463

树[枝]形系统　tree'd system　01.469

树脂　resin　03.028

树脂浇注设备　resin-casting installation　07.660

树脂浇注式变压器　cast-resin type transformer
　08.051

树脂浇注式互感器　cast-resin type instrument trans-
　former　08.272

树脂黏合剂　resin binder　02.106

树脂黏合石墨电刷　resin-bonded graphite brush
　02.127

束斑尺寸　beam spot size　21.202

束斑[点]　beam spot　21.062

束负载　beam loading　21.053

束缚电子　bound electron　01.181

束功率　beam power　21.198

束合　bunching　05.207

束合导线　bunched conductor　05.075

束加速电压　beam accelerating voltage　17.205

束均匀度　beam uniformity　21.201

束[流] beam [current] 21.195

束流传输 beam transport 21.009

束流发射度 beam emittance 21.207

束流负载因数 beam duty factor 21.205

束流监测器 beam current monitor 21.182

束流脉冲宽度 beam pulse width 21.203

束流能量 beam energy 21.186

束流品质 quality of beam 21.054

束流强度 beam intensity 21.196

束流强度分布 beam intensity distribution 21.197

束流引出效率 beam extraction efficiency 21.249

束团 beam bunches 21.052

束稳定度 beam stability 21.200

束线机 bunching machine, buncher 05.234

束阻抗 beam impedance 21.199

庶极 consequent pole 01.297

数据单 data sheet 01.973

数/模转换器 digital-to-analogue converter, D/A converter 16.167

数值孔径 numerical aperture, NA 05.319

数字测量系统 digital measuring system 26.019

数字[测量]仪表 digital [measuring] instrument 26.023

数字电流表 digital ammeter 26.082

数字电压表 digital voltmeter 26.081

数字电阻表 digital ohmmeter 26.083

数字记录仪 digital recorder 26.040

数字继电器 digital relay 14.129

数字器件 digital device 16.135

数字式保护装置 digital protection equipment 14.139

数字式遥测发送器 digital telemeter transmitter 16.222

数字系统 digital system 01.052

数字信号 digital signal 16.127

数字遥测 digital telemetering 16.210

刷镀 brush plating 24.180

刷架 brush rocker 07.300

刷握 brush holder 07.299

刷形放电 brush discharge 01.281

衰减 attenuation 01.145

衰减常数 attenuation constant 05.183

衰减光谱特性 attenuation spectral dependency 05.330

衰减正弦量 damped sinusoidal quantity 01.065

甩干桶 spin dryer tube 23.171

甩干衣量 drying cloth capacity 23.206

霜凇 air hoar 27.066

双变流器 double convertor 15.272

双变流器的变流组 convertor section of double convertor 15.297

双波绕组 duplex wave winding 07.243

双侧齿轮机构 bilateral gearing 20.107

双侧传动 bilateral transmission 20.217

双层绕组 two-layer winding 07.249

双重绝缘 double insulation 29.056

双电枢电动机 double-armature motor 07.094

双电枢共轴电动机 tandem motor 07.097

双叠绕组 duplex lap winding 07.242

双断触点 double-break contact 14.157

双断点触头组 double-break contact assembly 09.262

双断口隔离器 double-break disconnector 09.093

双功能电压互感器 dual-purpose voltage transformer 08.283

双换向器电动机 double-commutator motor 07.096

双机运行 assisted running 20.189

双架空线接触网 double overhead contact line 20.049

双绞机 twinning machine 05.236

双接触导线的悬链 catenary suspension with two contact wires 20.057

双接触导线系统 double-contact wire system 20.055

双馈异步电机 double-fed asynchronous machine 07.062

双联机车 twin locomotive 20.018

双螺旋灯丝 coiled-coil filament 22.223

双面内氧化法 double-face internal oxidation 02.078

双面上胶带 double-faced tape 03.074

双拍联结 double-way connection 15.330

双绕组变压器 two-winding transformer 08.047

双绕组同步发电机 double-wound synchronous generator 07.049

双刃电剪 electric plate shear, electric swivel shear 19.013

双熔体熔断器 dual-element fuse 10.008

双速磁滞同步电动机 two-speed hysteresis synchronous motor 07.164

双套电刷推斥电动机 Deri motor 07.071

双桶洗衣机 double-container washing and extracting machine 23.055

双脱扣器 dual release 09.234

双蛙绕组 duplex frog-leg winding 07.244

双稳态继电器 bistable relay 14.058

双稳态继电器状态 condition of a bistable relay 14.009

双线圈感应分流器 double inductive shunt 20.100

双向[电子]阀 bidirectional [electronic] valve 15.291

双向二极晶闸管 bidirectional diode thyristor, diac 15.118

双向晶体管 bidirectional transistor 15.131

双向开关 two-direction switch 09.115

双向拉抻 biaxial stretching 03.212

双向[三极]晶闸管 bidirectional triode thyristor, triac 15.119

双象限变流器 two-quadrant convertor 15.265

双芯电缆 twin cable 05.025

双T形网络 twin-T network 01.487

双悬链 double catenary suspension 20.058

双值电容电动机 two-value capacitor motor 07.187

水解稳定性 hydrolytic stability 03.151

水冷却器 water cooler 08.190

水轮发电机 hydraulic generator 07.048

水轮发电机组 hydroelectric set 07.043

水密式 water-tight type 01.718

水箱式热水器 cistern type water heater 23.072

瞬变现象 transient phenomena 01.848

瞬接触点 snap-on contact 14.151

瞬时动作 instantaneous operation 09.381

瞬时功率 instantaneous power 01.523

瞬时脱扣器 instantaneous release 09.220

瞬时值 instantaneous value 01.081

瞬态 transient state 01.105

瞬态电抗 transient reactance 07.436

瞬态电流 transient current 01.235

瞬态电压 transient voltage 07.428

瞬态短路时间常数 transient short-circuit time constant 07.391

瞬态过电压 transient overvoltage 12.016

瞬态恢复电压 transient recovery voltage, TRV 09.282

瞬态恢复电压上升率 rate of rise of transient recovery voltage, RRRV 09.289

瞬态恢复电压时延 time-delay of transient recovery voltage 09.286

瞬态恢复电压振幅因数 amplitude factor of transient recovery voltage 09.287

瞬态开路时间常数 transient open circuit time constant 07.390

瞬态偏差 transient deviation 16.200

瞬态热阻抗 transient thermal impedance 15.066

瞬态数字记录仪 transient digital recorder 26.041

顺磁性 paramagnetism 04.061

顺控 sequential control 16.062

顺序表图 sequence chart 01.954

顺序程序 sequential program 16.061

顺序控制器 sequential controller 16.165

顺序相控 sequential phase control 15.358

*斯科特联结 Scott connection 01.630

司机失知手柄 dead-man's handle 20.115

丝包线 silk covered wire 05.017

死带 dead band, dead zone 16.187

死区 dead zone 14.233

死亡事故 fatal accident 29.024

死线圈 dummy coil 07.198

四端环流器 4 port circulator 21.136

四极磁铁 quadrupole magnet 21.150

四极磁透镜 magnetic quadrupole lens 21.146

四极静电透镜 electrostatic quadrupole lens 21.147

四象限变流器 four quadrant convertor 15.266

伺服电[动]机 servomotor 07.144

伺服电机执行器 servomotor actuator 16.174

伺服系统 servo system 16.030

松套光纤 loose tube fiber 05.278

送丝装置 wire feed unit 18.047

速饱和电流互感器 rapidly saturable current transformer 08.278

速度比 speed ratio 20.164

速度传感器 velocity transducer 27.195

速度幅值 velocity amplitude 27.171

速敏变压比 speed-sensitive transformation ratio 07.498

速敏输出电压 speed-sensitive output voltage 07.495

塑料薄膜 plastic film 03.087

塑料成形加工 plastic processing 03.210

塑料光纤 plastic fiber 05.272

塑料绝缘 plastic insulation 05.104

塑料片材 plastic sheet 03.083

塑料片卷 plastic sheeting 03.084

*塑料外壳式断路器 moulded case circuit-breaker 09.081

塑型云母板 heat formable micanite 03.108

酸处理 acid treatment 03.195

酸性蓄电池 acid cell 24.073

酸值 acid number 03.147

随动传动 follower drive 16.016

随动控制 follow-up control 16.057

随机抽样 random sampling 28.024

随机分隔 random separation 29.127

随机偏差 random deviation 26.139

随机骚扰 random disturbance 30.035

随机噪声 random noise 30.021

随机振动 random vibration 27.087

隧道二极管 tunnel diode 15.103

*隧道击穿 Zener breakdown, tunnel breakdown 15.028

隧道式炉 tunnel furnace 17.279

隧道效应 tunnel effect 15.022

损耗 loss 01.760

损耗比 loss ratio 08.097

损耗角 loss angle 01.780

*损耗角正切试验 dissipation factor test, loss tangent test 12.051

损耗-温度特性测定 determination of loss-temperature characteristic 11.070

锁定保护装置 lockout protection device 11.087

锁扣机构 latching device 09.216

锁扣接触器 latched contactor 09.128

锁扣式按钮 latched push-button 09.154

T

他定时限量度继电器 dependent-time measuring relay 14.056

他冷式 separately cooled type 01.714

他励直流电机 separately excited DC machine 07.080

台车式炉 bogie hearth furnace 17.274

台灯 table lamp 22.309

台地[式电风]扇 slide fan 23.012

台面工艺 mesa technique 15.039

台[式电风]扇 table fan 23.011

台灶 table cooker 23.089

太阳常数 solar constant 27.082

太阳辐射 solar radiation 27.079

太阳光谱 solar spectrum 27.083

弹簧传动 spring transmission 20.224

弹性齿轮机构 resilient gearing 20.108

弹性触头 spring contact 02.054

弹性模数 modulus of elasticity 02.022

弹性体 elastomer 03.112

弹性压缩 elastic compression 03.158

碳[电阻片]柱 carbon [resistor] pile 02.142

碳弧灯 carbon arc lamp 22.185

碳弧气刨碳棒 arc-air gouging carbon 02.133

碳化硅阀式避雷器 silicon carbide valve type arrester 13.006

碳化物沉积 carbonaceous deposits 02.089

碳石墨触点 carbon-graphite contact 02.143

碳石墨电刷 carbon-graphite brush 02.122

碳石墨制品 carbon-graphite product 02.101

碳质黏合剂 carbon binder 02.105

探测电缆 exploration cable 05.054

探头 probe 21.181

探针检查 pin check 23.212

汤姆孙电动势 Thomson EMF 02.049

汤姆孙系数 Thomson coefficient 02.048

汤姆孙效应 Thomson effect 01.267

陶瓷绝缘材料 ceramic insulating material 03.113

套管电压分接 bushing potential tap 06.068

套管热稳定试验 thermal stability test for bushing 06.104

套管式电流互感器 bushing type current transformer 08.276

套管试验分接 bushing test tap 06.069

套筒轴 quill shaft 07.314

套筒轴承 sleeve bearing 07.320

特低电压照明 extra-low voltage lighting 22.254

特低压电热毯 extra-low voltage blanket 23.124

特高[电]压 ultra-high voltage, UHV 01.225

特殊函数旋转变压器 special function resolver 07.131

特殊紧固件 special fastener 25.026

特殊气氛 special atmosphere 17.294

特殊用途 special purpose 01.668

特殊用途电动机 special purpose motor 07.027

特[斯拉] tesla 01.883

特性 characteristic 01.771

* I^2t 特性 I^2t characteristic 10.049

特性角 characteristic angle 14.213

特性量 characteristic quantity 14.206

特性曲线 characteristic curve 01.772

特性阻抗 characteristic impedance 05.185

特征标志光信号 character light, code light 22.338

特征频率 characteristic frequency 30.107

梯度 gradient 01.027

梯形网络 ladder network 01.486

体电荷密度 volume [electric] charge density 01.169

体电流密度 volume current density 24.167

体电阻 volume resistance 03.126

体电阻率 volume resistivity 02.006

体积分 volume integral 01.021

替代测量 substitution measurement 26.009

天空辐射 sky radiation 27.080

天空视见线 no-sky line 22.284

天空因数 sky factor 22.283

天然石墨电刷 natural graphite brush 02.123

添加剂 additive 02.107

填充时间 filling time 21.206

填充物 filler 05.113

* 填充因数 fill-in ratio 05.200

填塞机 ramming machine 02.187

填柱电刷 cored brush 02.139

条件处理 conditioning 03.227

条件短路电流 conditional short-circuit current 09.311

调变度因数 flutter factor 21.232

调磁变速比 flexibility ratio 20.163

调磁调速 variable field [speed] control 16.035

调光器 dimmer 22.241

调节继电器 regulating relay 14.107

调速比 speed ratio 23.199

调速变阻器 speed regulating rheostat 09.185

调速电动机 adjustable-speed motor 07.033

调速电气传动 adjustable speed electric drive, variable speed electric drive 16.006

调速器 speed regulator 23.157

调温电熨斗 thermostatic iron 23.063

调谐 tuning 01.770

调压传动 variable voltage electric drive 16.008

调压范围 range of regulation 08.234

调压器 voltage regulator 08.002

调压绕组 regulating winding 08.231

调压调速 variable voltage [speed] control 16.034

调整 adjustment 26.132

调整线圈 trim coil 21.108

调制作用 modulating action 16.094

铁磁录波器 ferromagnetic oscillograph 26.092

铁磁谐振 ferro-resonance 11.097

铁磁性 ferromagnetism 04.062

铁磁液体 ferrofluid 04.014

* 铁轭 yoke 01.590

铁耗 iron loss 01.761

铁镍蓄电池 nickel-iron cell 24.076

* 铁心 [magnetic] core 01.589

铁心叠压机 stacking machine 07.665

铁心端板 core end plate 07.282

铁心径向通风槽 core ventilating duct 07.285

铁心[损耗]试验 core test 07.632

铁心轴向通风孔 core ventilating hole 07.286

铁心柱 core limb 08.194

铁氧体 [magnetic] ferrite 04.015

02.063

铜耗　copper loss　01.762

铜皮线　tinsel conductor　05.084

铜钨[合金]触头　copper-tungsten [alloy] contact　02.060

桶式油箱　barrel type tank　08.183

统计安全因数　statistical safety factor　12.043

统计冲击耐受电压　statistical impulse withstand voltage　12.035

统计过电压　statistical overvoltage　12.018

投光灯　floodlight　22.315

投光照明　floodlighting　22.264

＊投影灯　projector lamp, projection lamp　22.201

投影式聚光灯　profile spotlight　22.330

投运试验　commissioning test　28.062

透镜式聚光灯　lens spotlight　22.329

透明玻壳　clear bulb　22.226

透明体　transparent body　22.086

透气度　air permeability　03.156

透入深度　depth of penetration　17.150

透射　transmission　22.011

透射比　transmittance, transmission factor　22.077

透射率　transmissivity　22.078

＊透射因数　transmittance, transmission factor　22.077

透水性　water penetration　03.160

凸出安装式　protruding type　01.677

凸焊机　projection welding machine　18.022

凸极　salient pole　07.288

凸极电机　salient pole machine　07.008

凸极同步感应电动机　salient pole synchronous induction motor　07.055

凸轮控制器　cam controller　09.120

突变结　abrupt junction　15.007

突变失效　sudden failure　28.083

突变折射率分布　step index profile　05.316

突变折射率光纤　step index fiber　05.264

突然短路试验　sudden short-circuit test　07.619

图　drawing　01.935

图形符号　graphic symbol　01.905

涂层电极　coated electrode　17.121

涂敷　coating　03.220

涂膏式极板　grid type plate, pasted plate　24.103

土豆削皮机　potato peeler　23.105

团粒束　cluster beam　21.015

推斥电动机　repulsion motor　07.070

推斥感应电动机　repulsion induction motor　07.074

推斥起动感应电动机　repulsion start induction motor　07.073

推拉运行　push-pull running　20.192

推力轴承　thrust bearing　07.317

推送式炉　pusher furnace　17.288

推送运行　propelling movement　20.191

推送装置　pusher　17.255

退出　disengaging　14.010

退出百分数　disengaging percentage　14.212

退出比　disengaging ratio　14.211

退出时间　disengaging time　14.225

退出值　disengaging value　14.167

退磁　demagnetization　04.079

退磁磁场　demagnetizing field　01.344

退磁曲线　demagnetization curve　04.078

退磁因数　demagnetization factor　04.083

退火　annealing　05.204

退火玻璃　annealed glass　06.097

拖车　trailer　20.013

脱出拉力　pull strength　02.157

脱管机　winding arbor extraction press　08.309

脱扣　tripping　09.408

脱扣机构　tripping device　09.218

脱扣器　release　09.219

脱模剂　release agent　03.121

脱溶硬化合金　precipitation hardened alloy　04.007

脱水效率试验　test of water extracting efficiency　23.226

驼峰　meniscus　17.151

驼峰调车机车　hump locomotive　20.022

W

蛙绕组　frog-leg winding　07.238

瓦块轴承　pad type bearing　07.322

瓦时计　watt-hour meter　26.068

*瓦时效率　energy efficiency, watt-hour efficiency　24.136

瓦[特]　watt　01.887

*瓦特表　wattmeter　26.054

瓦[特小]时　watt-hour　01.882

外靶　external target　21.176

外被层　serving　05.126

外部换相　external commutation　15.342

外部换相逆变器　externally commutated inverter　15.274

外部枪　external gun, separately pumped electron gun　17.210

外部熔断器　fuses for external protection　11.091

外定子　external stator　07.356

外观检验　visual inspection　28.050

外护套　oversheath　05.117

外加电压腐蚀　corrosion associated with externally applied voltage　27.125

外加故障保护　applied-fault protection　29.124

*外间隙　external series gap　13.024

外胶装绝缘子　insulator with external fittings　06.049

外界可导电部分　extraneous conductive part　29.084

外绝缘　external insulation　12.026

外壳　enclosure　01.578

外壳爆裂　rupture of case　11.092

外壳防护代码　protection code of enclosure　01.685

外壳防护型式　protection type of enclosure　01.684

外壳鼓胀　swelling of case　11.089

外露可导电部分　exposed conductive part　29.083

外能灭弧室　external-energy extinguishing chamber　09.240

外施电压　applied voltage　09.279

外施电压试验　applied voltage test　08.218

外束流　external beam current　21.210

[外斯]磁畴　[Weiss] domain　04.071

外特性　external characteristic　18.087

外推可靠度　extrapolated reliability　28.124

外形尺寸　overall dimension, outline size　01.657

外形检验　outline inspection　28.051

外延　epitaxy　15.040

外延结　epitaxy junction　15.014

外转子　external rotor　07.358

外转子式磁滞同步电动机　external rotor hysteresis synchronous motor　07.162

弯曲比　bend ratio　05.164

弯曲度　camber　06.075

弯曲负荷下的偏移　deflection under bending load　06.076

弯转磁铁　bending magnet　21.152

顽磁　magnetic remanence　04.077

烷基苯　alkyl benzene　03.012

烷基代芳香烃　alkyl aromatic hydrocarbon　03.011

烷基萘　alkyl naphthalene　03.013

完全短路　solid short-circuit　29.031

完全浸入式套管　completely immersed bushing　06.006

完全失效　complete failure　28.089

完全有气候防护场所　totally weather-protected location　27.131

万向电钻　all-direction electric drill　19.010

万向节驱动　cardan shaft drive　20.223

万用表　universal instrument　26.066

网侧表观功率　apparent power on line side　08.081

网侧电流　current on line side　08.083

网侧电压　voltage on line side　08.085

网侧绕组　line side winding　08.114

网格点　grid point　01.663

网格线　grid line　01.662

网孔　mesh　01.467

网孔电流　mesh current　01.468

网络　network　01.456

网络地图　network map, topographical map　01.976

网络端 terminal of a network 01.473

网络分析 network analysis 01.471

网络平面图 planar graph 01.470

网络试验 network test 09.418

网络图 graph of a network 01.459

网络拓扑学 topology of networks 01.455

网络综合 network synthesis 01.472

网罩 guard 23.154

往复机构 reciprocating device 09.211

微安表 microammeter 26.051

微波发射器 microwave emitter 17.200

微波发生器 microwave generator 21.135

微波加热 microwave heating 17.199

微波加热成套设备 microwave heating installation 17.202

微波加热器 microwave applicator 17.201

微波炉 microwave oven 23.095

微波纵联保护 microwave-pilot protection 14.036

微波[纵联]保护装置 microwave-pilot protection equipment 14.138

微差测量 differential measurement 26.008

微差[测量]仪表 differential [measuring] instrument 26.027

微动开关 sensitive switch 09.169

微分磁导率 differential permeability 01.342

微分电路 differentiating circuit 01.641

微分控制 derivative control 16.071

微分作用 derivative action, D-action 16.107

微分作用时间常数 derivative-action time constant 16.206

微分作用系数 derivative-action coefficient 16.204

微伏表 microvoltmeter 26.053

微合金工艺 micro-alloy technique 15.038

微晶尺寸 crystallite size 02.150

微气候 micro-climate 27.041

微生物 microbe 27.114

微束等离子弧焊机 micro-plasma arc welding machine 18.011

微隙开关 micro-gap switch 23.147

微型灯 miniature lamp 22.196

危险 hazard 29.032

危险控制 hazard control 29.128

危险信号 danger signal 29.110

危险性 risk 29.042

韦[伯] weber 01.884

韦布尔分布 Weibull distribution 28.168

* 韦内尔特极 control electrode, Wehnelt electrode 18.064

维持电流 holding current 15.192

维持时间 hold time 18.107

维持因数 maintenance factor 22.279

维弧装置 arc-maintaining device 18.042

维护 preventive maintenance 28.094

维护时间 preventive maintenance time 28.106

维修 maintenance 28.093

维修时间 maintenance time 28.107

尾灯 rear lamp, tail lamp 22.372

未化成干态蓄电池 unformed dry cell 24.095

未激励状态 unenergized condition 14.007

未遂事故 near accident 29.022

位式作用 step action 16.099

位移传感器 displacement transducer 27.194

位移电流 displacement current 01.243

位移幅值 displacement amplitude 27.170

位移因数 displacement factor, power factor of the fundamental 01.537

位置传感器 position transducer 07.334

位置代号 location designation 01.913

位置光信号 position lights 22.345

位置简图 location diagram 01.969

位置开关 position switch 09.174

位置图 location drawing 01.970

位置指示器 position indicating device 09.269

温度变化试验 change-of-temperature test 27.155

温度补偿电机 temperature-compensated electric machine 07.174

温度 - 电阻曲线 temperature-resistance curve 02.037

温度计法测温 thermometer method of temperature determination 08.221

温度继电器 temperature relay 14.073

温度敏感性 temperature sensitivity 07.502

温度梯度 temperature gradient 27.050

温度稳定性 temperature stability 27.142

温度系数 temperature coefficient 01.844

温度循环试验 temperature cycle test 06.106

温度指数　temperature index　03.187

温度组别　temperature class　25.006

温控器　thermostat　23.150

温曲率　flexivity　02.019

温升　temperature rise　01.841

温升试验　temperature-rise test　08.212

温室效应　green house effect　27.084

文字符号　letter symbol　01.902

纹波　ripple　01.079

纹波电压　ripple voltage　15.401

* 纹波含量　RMS-ripple factor, ripple content　01.520

纹波系数　ripple coefficient, ripple ratio　07.499

稳并励直流电机　stabilized shunt DC machine　07.091

稳定　stabilization　15.247

稳定电压调整值　stabilized voltage regulation　15.400

稳定电源　stabilized power supply　15.285

稳定非工作温度　stabilized non-operating temperature　07.644

稳定工作温度　stabilized operating temperature　07.643

稳定化绝缘子　stabilized insulator　06.021

稳定剂　stabilizer　03.118

稳定加速度　steady acceleration　27.093

稳定绕组　stabilizing winding　08.111

稳定输出特性　stabilized output characteristic　15.436

稳定随机噪声　stationary random noise　30.024

稳定温度　stable temperature　01.814

稳定温升　stable temperature rise　01.842

稳定性　stability　01.833

稳定性误差　stability error　26.137

稳定噪声　stationary noise　30.022

稳流电源　stabilized current power supply　16.151

稳流特性　stabilized current characteristic　15.438

稳频电源　constant-frequency power supply　16.152

稳态　steady state　01.104

稳态短路电流　steady short-circuit current　07.385

稳态加速度试验　steady state acceleration test　27.201

稳态偏差　steady state deviation　16.199

稳态湿热试验　steady state damp heat test　27.154

稳态数值孔径　equilibrium numerical aperture　05.322

稳压电路　voltage stabilizing circuit　01.643

稳压电源　stabilized voltage power supply　16.150

稳压特性　stabilized voltage characteristic　15.437

紊流等离子枪　turbulent plasma torch　17.226

涡流　eddy current　01.242

涡流损耗　eddy-current loss　04.088

涡流性时间效应　time effect of eddy current　04.054

涡流制动　eddy-current braking　07.599

卧式绕线机　horizontal coil winding machine　07.650

沃德－伦纳德[电气]传动　Ward-Leonard [electric] drive　16.011

沃德－伦纳德发电机组　Ward-Leonard generator set　07.158

沃德－伦纳德系统　Ward-Leonard system　16.043

钨带灯　tungsten ribbon lamp　22.213

钨弧光灯　tungsten arc lamp　22.189

钨极惰性气体保护焊炬　TIG torch　18.050

钨极惰性气体保护弧焊机　tungsten inert-gas arc welding machine, TIG arc welding machine　18.008

钨准直器　tungsten collimator　21.179

污[秽]层　pollution layer　06.067

污[秽]层电导　pollution layer conductance　06.077

污[秽]层电导率　pollution layer conductivity　06.079

污秽耐压试验　withstand pollution test　12.102

污染物　contaminant　02.088

污闪　pollution flashover　06.083

污闪试验　pollution flashover test　12.103

无槽[电枢]直流电动机　slotless[-armature] direct current motor　07.178

无槽电枢直流伺服电机　slotless-armature DC servomotor　07.146

无磁滞曲线　anhysteretic curve　01.330

无磁滞状态　anhysteretic state　01.316

无电流时间　dead time　09.337

无定形碳　amorphous carbon　02.103

无防护式　unprotected type　01.702

无感电路　non-inductive circuit　01.396

无功电流　reactive current　01.535

无功功率　reactive power　01.527

无功功率表　varmeter　26.055

无故障工作时间　time between failures　28.119

无轨电车　trolley bus　20.029

无轨电车滑块　carbon current collector for trolleybus　02.145

无火花换向区　black band　07.585

无火花换向区试验　black-band test　07.631

无机材料套管　inorganic material bushing　06.038

无机绝缘材料　inorganic insulating material　03.002

无间隙避雷器　arrester without gaps　13.009

无静差控制　astatic control　16.072

无励磁分接开关　off-circuit tap-changer　08.165

无励磁调压变压器　off-circuit-tap-changing transformer　08.016

无起动器荧光灯　starterless fluorescent lamp　22.182

无气候防护场所　non-weather-protected location　27.133

无溶剂可聚合树脂复合物　solventless polymerisable resinous compound　03.044

无事故　accident free　29.021

无输出触点的静态继电器　static relay without output contact　14.076

无刷感应移相器　brushless induction phase shifter　07.135

无刷结构　brushless structure　07.352

无刷励磁机　brushless exciter　07.020

无刷力矩电机　brushless torque motor　07.168

无刷旋转变压器　brushless resolver　07.132

无刷直流测速发电机　brushless DC tachogenerator　07.141

无刷直流电动机　brushless DC motor　07.092

无刷直流伺服电机　brushless DC servomotor　07.151

无刷自整角机　brushless synchro　07.121

* 无天[空]界线　no-sky line　22.284

无填料管式熔断器　non-powder-filled cartridge fuse　10.003

无危害变压器　fail-safe transformer　08.065

无危险火花金属　non-sparking metal　25.025

无纬绑扎带　unidirectional binding tape　03.072

无线电干扰滤波器　radio-interference filter　30.100

无线电和电视干扰抑制器　radio and television interference suppressor　30.099

无线电[频率]骚扰　radio [-frequency] disturbance　30.032

无线电[频率]噪声　radio [-frequency] noise　30.019

无泄漏蓄电池　unspillable cell　24.086

* 无心感应炉　induction crucible furnace, coreless induction furnace　17.170

无需求时间　non-required time　28.103

无旋场　irrotational field　01.026

无影灯　softlight　22.332

无用信号　unwanted signal, undesired signal　30.051

无源电路　passive [electric] circuit　01.403

无源[电路]元件　passive [electric circuit] element　01.401

* 伍德灯　black light lamp, Wood's lamp　22.211

雾灯　fog lamp, adverse weather lamp　22.367

雾化粉末　atomized powder　02.068

雾凇　rime　27.067

误差补偿　error compensation　08.254

误差信号　error signal　16.123

误触发　false triggering　15.375

误动　unwanted operation　14.018

误动作　misoperation　09.385

误通　false firing　15.372

误用　misuse　29.044

误用失效　misuse failure　28.081

X

析气 gassing 24.048
西[门子] siemens 01.889
吸尘能力 dust removal ability 23.200
吸尘软管 dust pick-up hose 23.166
吸顶灯[具] ceiling fitting, surface-mounted luminaire 22.303
吸合 attracting 09.407
吸合电流 attract current 09.302
吸气液体 gas-absorbing liquid 03.021
吸湿器 dehydrating breather 08.192
吸湿性 moisture absorption 03.161
吸收 absorption 22.012
吸收比 absorptance, absorption factor 22.080
吸收比测定 determination of absorption ratio 08.210
吸收材料 absorber 30.072
吸收电流 absorption current 01.237
吸收剂量 absorbed dose 21.254
吸收率 absorptivity 22.081
吸收钳 absorbing clamp 30.120
吸收式冰箱 absorption type refrigerator 23.038
＊吸收因数 absorptance, absorption factor 22.080
吸水式吸尘器 water-suction cleaning appliance 23.044
吸水性 water absorption 03.162
吸油性 oil absorption 03.163
稀土永磁[体] rare earth permanent magnet 04.021
洗涤容量 washing capacity 23.205
洗涤时间 washing time 23.204
洗涤桶 washing tube 23.168
洗地毯机 rug shampooer 23.049
洗净性能试验 test of washing performance 23.223
洗碗机 dishwasher 23.097
洗衣机 washing machine 23.050
IT 系统 IT system 29.140
TN 系统 TN system 29.138
TT 系统 TT system 29.139
系统安全 system safety 29.005

系统间电磁兼容性 inter-system electromagnetic compatibility 30.075
系统控制设备 system control equipment 15.300
系统内电磁兼容性 intra-system electromagnetic compatibility 30.076
系统偏差 system deviation 16.197
系统图 system diagram 01.946
系统用天线 system antenna 30.007
系统阻抗比 system impedance ratio 14.236
下降特性 falling characteristic 15.434
先断后通转换触点 change-over break before make contact 14.155
先通后断转换触点 change-over make before break contact 14.154
纤维板 fiber board 03.068
纤维材料 fiber material 03.056
纤维光学 fiberoptics 05.249
纤维绝缘 fiber insulation 05.101
纤维吸取能力 fibric removal ability 23.203
纤芯 fiber core 05.298
纤芯不圆度 fiber core non-circularity 05.335
衔铁 armature 14.160
显色性 color rendering property 22.134
显色指数 color rendering index 22.135
现场可靠性试验 field reliability test 28.158
现场试验 field test 28.061
现场数据 field data 28.160
[陷]阱 trap 02.237
限定符号 qualifying symbol 01.908
限弧件 muffler 10.038
限流电抗器 current-limiting reactor 08.244
限流电路 limited current circuit 29.133
限流断路器 current-limiting circuit-breaker 09.074
限流范围 current-limiting range 10.063
限流间隙 active gap 13.018
限流熔断器 current-limiting fuse 10.017
限流熔断体 current-limiting fuse-link 10.028
限流式过电流保护装置 current-limiting overcurrent

protective device 29.149

限流特性 current-limiting characteristic 10.061

限位开关 limit switch 09.167

限温器 temperature limiter 23.151

限制速度 speed restriction 20.134

*线棒 half-coil, bar 07.192

线棒绝缘 bar insulation 07.266

线电荷密度 linear [electric] charge density 01.171

线段 section 08.197

线积分 line integral 01.019

线[间]电压 line voltage, voltage between lines 01.540

线接触 line contact 09.019

线路端子 line terminal 08.204

线路瞬态恢复电压峰值因数 peak factor of line transient recovery voltage 09.288

线路压降补偿器 line-drop compensator 08.230

线路柱式绝缘子 line-post insulator 06.008

线路阻抗稳定网络 line impedance stabilization network, LISN, artificial mains network 30.118

线膨胀系数 coefficient of linear expansion 03.180

线圈 coil 01.586

线圈包带机 coil taping machine 07.654

线圈边 coil side 07.193

线圈边槽部 embedded coil side 07.195

线圈导磁体 coil flux guide 17.178

线圈端部 end winding 07.200

线圈节距 coil span, coil pitch 07.199

线圈绝缘 coil insulation 07.265

线圈冷却护套 cooling and protection shield for a coil 17.174

线圈形状因数 coil shape factor 17.197

线圈涨形机 coil spreading machine 07.653

线圈转接开关 coil switching link 17.179

线芯 core 05.085

*线芯屏蔽 insulation screen, core screen 05.111

线性电路 linear [electric] circuit 01.393

线性[电路]元件 linear [circuit] element 01.405

线性电源 linear power supply 15.286

线性化机械特性 linearizing speed-torque characteristic 07.545

线性上升波前截断冲击 linearly rising front cho-

pped impulse 12.089

线性上升冲击伏秒特性曲线 voltage/time curve for linearly rising impulse 12.091

线性衰减系数 linear attenuation coefficient, linear extinction coefficient 22.082

线性温度范围 linearity temperature range 02.023

线性误差 linearity error 07.479

线性吸收系数 linear absorption coefficient 22.083

线性系统 linear system 16.021

*线性消光系数 linear attenuation coefficient, linear extinction coefficient 22.082

线性旋转变压器 linear resolver 07.129

*线匝 turn 01.585

[线]匝绝缘 turn insulation 07.263

线轴式绝缘子 spool insulator 06.051

相比起痕指数 comparative tracking index 03.141

相对磁导率 relative permeability 01.311

相对电容率 relative permittivity 01.203

相对复电容率 relative complex permittivity 03.130

相对密度 relative density 02.085

相对湿度 relative humidity 27.055

相对温度指数 relative temperature index, RTI 03.188

相对误差 relative error 26.122

相干光纤束 coherent fiber bundle, aligned fiber bundle 05.282

相容性 compatibility 03.157

箱式充气开关设备 cubicle gas-insulated switchgear 09.044

箱式负极板 box negative plate 24.104

箱式金属封闭开关设备 cubicle switchgear 09.041

箱式炉 box type furnace 17.265

详细逻辑图 detail logic diagram 01.950

*响应频率 starting frequency 07.521

响应时间 response time 01.802

相电压 phase voltage 01.543

相对地过电压标幺值 phase-to-earth overvoltage per unit 12.019

相间变压器 interphase transformer 08.037

相间电流平衡保护 current phase-balance protection 14.039

相间过电压标幺值 phase-to-phase overvoltage per unit 12.020

相间线圈绝缘 phase coil insulation 07.271

相角 phase angle 16.192

＊相控 phase control 01.743

相控范围 phase control range 15.409

相控功率 phase control power 15.396

相控理想空载直流电压 controlled ideal no-load direct voltage 15.392

相控因数 phase control factor 15.410

相控约定空载直流电压 controlled conventional no-load direct voltage 15.394

相量 phasor 01.066

相绕组 phase winding 08.116

相速 phase velocity 01.138

相[位] phase 01.067

相[位]摆动 phase swinging 07.576

相位比较保护 phase-comparison protection 14.037

相位比较继电器 phase-comparator relay 14.101

相位标记 phase mark 01.933

相位表 phase meter 26.060

相[位]差 phase difference 01.095

相位基准电压 phase reference voltage 07.451

相[位]聚焦 phase focusing 21.020

相位控制 phase control 01.743

相位零位 null position in phase 07.482

相位特性 phase characteristic 07.489

相位稳定度 phase stability 21.231

相位误差 phase error 07.481

相[位]移 phase displacement 01.094

相位移校验 phase displacement verification 08.215

相[位]振荡 phase oscillation 21.034

相序 phase sequence, sequential order of the phases 01.546

相序导纳 cyclic admittance 01.163

相序电抗 cyclic reactance 01.164

相序继电器 phase-sequence relay 14.102

相序试验 phase-sequence test 07.637

相序阻抗 cyclic impedance 01.162

相移常数 phase-shift constant 05.184

相移控制器 phase-shift controller 18.068

项目代号 item designation 01.911

橡皮绝缘 rubber insulation 05.103

肖特基势垒二极管 Schottky barrier diode 15.104

消弧电抗器 arc-suppression reactor 08.239

消弧角 arcing horn 06.072

＊消弧线圈 arc-suppression reactor 08.239

消声装置 noise eliminator 23.167

小半波 minor loop 09.012

小电感开断电流 small inductive breaking current 09.298

小功率齿轮电动机 small-power gear-motor 07.176

小功率电动机 small-power motor 07.175

小功率机车 small-power locomotive 20.027

小时牵引力 tractive effort at hourly rating, hourly tractive effort 20.148

小时输出功率 one-hour rated output 20.157

小时速度 speed at one-hour rating, one-hour speed 20.137

效果散光灯 effects projector 22.331

效率 efficiency 01.763

楔形触头 wedge contact 09.258

协调位置 aligned position 07.469

斜槽因数 skew factor 07.296

斜底式炉 sloping hearth furnace, gravity feed furnace 17.290

＊斜角冲击截波 linearly rising front chopped impulse 12.089

斜角灯具 angle lighting fitting 22.291

斜悬链 inclined catenary 20.062

谐波次数 harmonic number, harmonic order 01.080

谐波[分量] harmonics [component] 01.078

谐波含量 harmonic content 01.093

谐波加速 harmonic acceleration 21.004

谐波试验 harmonic test 07.625

谐波线圈 harmonic coil 21.103

＊谐波序数 harmonic number, harmonic order 01.080

谐波因数 harmonic factor, distortion factor 01.509

谐振 resonance 01.115

谐振测量 resonance measurement 26.012

蓄电池 storage cell, secondary cell, accumulator 24.071
蓄电池电力牵引 battery electric traction 20.003
蓄电池盖 cover, lid 24.122
蓄电池壳 container 24.115
蓄电池容量 battery capacity 24.126
蓄电池组 storage battery, secondary battery 24.072
序贯抽样 sequential sampling 28.025
续流 follow current 13.038
续流臂 freewheeling arm 15.321
悬臂 bracket, cantilever 20.069
悬浮熔炼 levitation melting 17.302
悬挂炉顶 suspended roof 17.245
悬链 catenary suspension 20.050
悬式绝缘子 suspension insulator 06.057
旋磁材料 gyromagnetic material 04.005
旋磁效应 gyromagnetic effect 04.055
旋磁谐振损耗 gyromagnetic resonance loss 04.091
旋度 curl, rotation 01.025
旋钮 knob 23.148
旋[转按]钮 turn button 09.153
旋转变流机 rotary convertor 07.103
旋转变压器 [electric] resolver 07.127
旋转场 rotating field 01.011
旋转电弧焊机 rotating arc welding machine 18.014

旋转电机 electric rotating machine 07.002
旋转开关 rotary switch 23.145
旋转[控制]开关 rotary [control] switch 09.170
旋转式感应同步器 rotary inductosyn 07.137
旋转悬臂 hinged cantilever 20.075
旋转座 swivel gantry 17.143
选频电压表 frequency-selective voltmeter 30.116
选相继电器 phase-selector relay 14.100
*选择开关 change-over switch, selector switch 09.101
选择性 selectivity 14.023
*选择性保护 overcurrent discrimination, selective protection 10.051
选择性断开 selective opening 09.402
*选择性分 selective opening 09.402
选择性脱扣器 selective release 09.235
眩光 glare 22.132
雪崩电压 avalanche voltage 15.026
雪崩击穿 avalanche breakdown 15.025
雪崩整流管 avalanche rectifier diode 15.097
雪载 snow load 27.073
循环 cycle 01.069
循环磁状态 cyclic magnetic state 01.315
循环电流 circulating current 08.156
循环矫顽力 cyclic coercivity 01.334
循环湿热试验 cyclic damp heat test 27.153

Y

压磁效应 piezomagnetic effect 04.056
压电 piezoelectricity 01.214
压电效应 piezoelectric effect 01.261
压粉 moulding powder 02.108
压降特性 drooping characteristic 18.088
压块 compact, green compact 02.110
压力重叠 pressure piling 25.016
压力释放装置 pressure-relief device 13.020
压力试验 pressure test 25.054
压力箱 pressure tank, pressure reservoir 05.149
压力型电缆 pressure cable 05.042
压力型终端 pressure type termination 05.135
压铝 aluminium extrusion 05.222

压铝机 aluminium press 05.241
压敏黏带 pressure-sensitive adhesive tape 03.093
压气电缆 external gas pressure cable 05.048
压铅 lead extrusion 05.221
压铅机 lead press 05.240
压缩比 compression ratio 23.194
压缩空气断路器 air-blast circuit-breaker 09.064
压缩喷嘴 constriction nozzle 18.056
压缩气体断路器 gas-blast circuit-breaker 09.063
压缩式冰箱 compressor type refrigerator 23.039
压线装置 cord grip 23.153
压延 calendering 03.215

压纸板　pressboard　03.066

压制　pressing　02.174

亚铁磁性　ferrimagnetism　04.064

亚同步磁阻电动机　subsynchronous reluctance motor　07.059

烟尘探测器　smoke detector　29.104

盐度　salinity　06.082

盐雾　salt fog, salt mist　27.071

盐雾法　saline fog method　12.105

盐雾试验　salt mist test　27.211

盐浴炉　salt bath furnace　17.090

盐浴炉变压器　salt bath furnace transformer　08.024

研磨性　polishing property　02.161

岩石电钻　electric rock rotary drill　19.067

延长三角形联结　extended delta connection　01.632

* 延迟　dead time, delay　16.195

延时动作　time-delay operation　09.382

延时动作按钮　delayed action push-button　09.162

延时复位按钮　delayed reset push-button　09.159

延时脱扣器　delayed release　09.221

延时型漏电［动作］保护器　time-delay leakage current operated protective device　09.109

延时型剩余电流［动作］保护器　time-delay residual current operated protective device　09.107

［颜］色　color　22.111

颜色代码　color code　01.922

颜色匹配　color matching　22.063

衍射　diffraction　22.017

验收检验　acceptance inspection　28.052

阳极　anode　01.569

阳极材料转移　anode material transfer　02.093

阳极电弧　anode arc　02.091

阳极电压　anode-to-cathode voltage, anode voltage　15.169

阳极［电压－电流］特性　anode ［voltage-current］ characteristic　15.170

阳极辉光　anode glow, positive glow　01.278

氧化膜绝缘　anodized insulation　05.108

氧化稳定性　oxidation stability　03.149

氧化锌避雷器　zinc oxide arrester　13.008

氧化性气氛　oxidizing atmosphere　17.296

样本　sample　28.018

样品　sample　28.019

摇头机构　oscillating mechanism　23.155

摇头角度　angle of oscillation　23.198

摇头控制装置　oscillation controller　23.156

遥测　telemetering, remote metering　16.208

遥控　telecontrol, remote control　16.209

遥控数据记录　remote data logging　16.211

遥控站　remote station　16.223

遥控站监测设备　remote station supervisory equipment　16.224

舀出式炉　bale out furnace　17.263

钥匙操作按钮　key operated push-button　09.161

叶片式电暖器　fin type radiator　23.114

夜灯　night light　22.200

液孔塞　vent plug　24.117

液体绝缘套管　liquid insulated bushing　06.043

液位指示器　electrolyte level indicator　24.119

一般符号　general symbol　01.907

一般漫射照明　general diffused lighting　22.257

一般照明　general lighting　22.247

一次被覆层　primary coating　05.300

一次被覆光纤　primary coating fiber　05.267

一次抽样　single sampling　28.026

一次传输参数　primary transmission parameter　05.181

一次电流　primary current　08.079

一次电压　primary voltage　08.077

一次光源　primary light source　22.151

一次继电器　primary relay　14.050

一次绕组　primary winding　08.131

一端口网络　one-port network, two-terminal network　01.475

一小时机电试验　one-hour electromechanical test　06.105

一致性　consistency　14.226

伊尔格纳发电机组　Ilgner generator set　07.159

伊尔格纳系统　Ilgner system　16.044

移动式　movable-type　01.670

移动式偏转管　movable deflection tube　21.160

移动照明　portable lighting　22.250

移相变压器　phase-shifting transformer　08.039

移相参数　phase-shifting parameter　07.483

移相电容器 phase-shifting capacitor 11.033

移相器 phase shifter 01.599

仪表保安因数 instrument security factor 08.297

抑制 suppression 30.069

抑制布线技术 suppressive wiring technique 30.101

抑制电容器 suppression capacitor 30.103

抑制特性 suppression characteristic 30.093

抑制元件 suppression element, suppression component 30.095

易及部分 readily accessible part 29.085

易攀登部分 readily climbable part 29.088

异步电动机 asynchronous motor 07.066

异步电机 asynchronous machine 07.061

异步电抗 asynchronous reactance 07.434

异步电阻 asynchronous resistance 07.442

异步发电机 asynchronous generator 07.064

异步运行 asynchronous operation 07.556

异步阻抗 asynchronous impedance 07.431

异槽绕组 split throw winding 07.232

异极电机 heteropolar machine 07.004

异形导线 shaped conductor 05.078

*Q因数 quality factor, Q factor 01.781

阴极 cathode 01.570

阴极材料转移 cathode material transfer 02.094

阴极电弧 cathode arc 02.092

银触头 silver contact 02.059

银铁[合金]触头 silver-iron [alloy] contact 02.065

银钨[合金]触头 silver-tungsten [alloy] contact 02.062

银氧化镉触头 silver-cadmium oxide contact 02.061

饮水冷却器 water cooler 23.041

引出 extraction 21.055

引出窗 extraction window 21.170

引出磁铁 extraction magnet 21.169

引出电极 extraction electrode 21.167

引出电压 extraction voltage 21.248

引出管 extraction tube 21.168

引出通道 extraction channel 21.056

引导电弧 pilot arc 17.218

引弧环 arcing ring 06.070

引弧装置 arc-initiating device 18.041

引燃 ignition 01.274

引燃温度 ignition temperature 25.007

隐极 non-salient pole 07.287

隐极电机 non-salient pole machine 07.009

印刷绕组直流伺服电机 printed-armature DC servomotor 07.148

印制电路板 printed-circuit board 01.574

印制绕组结构 printed-circuit structure 07.354

印制绕组直流电动机 printed-circuit direct current motor 07.177

窖室变压器 vault-type transformer 08.043

*应急冷却 standby cooling, emergency cooling 01.654

应急系统 emergency system 29.141

应急照明 emergency lighting 22.251

应力腐蚀 stress corrosion 27.126

营业载荷 payload, net weight hauled 20.176

荧光 fluorescence 22.159

荧光灯 fluorescent lamp 22.176

影响量 influencing quantity, influence quantity 01.856

影响量基准值 reference value of an influencing quantity 14.199

影响系数 influence coefficient 26.136

影响因素 influencing factor 14.198

*硬磁材料 permanent magnetic material, hard magnetic material 04.003

硬横跨 rolled steel single beam 20.070

硬碳质电刷 hard carbon brush 02.121

硬挺度 stiffness 03.174

硬质云母板 flat micanite 03.107

映象电弧炉 image arc furnace 17.128

永磁材料 permanent magnetic material, hard magnetic material 04.003

永磁发电机 permanent magnet generator 07.015

永磁[体] permanent magnet 04.018

永磁同步电动机 permanent magnet synchronous motor 07.057

油顶起轴承 oil-jacked bearing 07.323

油断路器 oil circuit-breaker 09.065

油浸开关装置 oil-immersed switching device 09.058

油浸式 oil-immersed type 01.731

油浸纸套管 oil-impregnated paper bushing 06.040

油开关 oil switch 09.099

油位计 oil level indicator 08.193

油箱 transformer tank 08.182

油浴炉 oil bath furnace 17.091

有防护式 protected type 01.703

有功电流 active current 01.534

有功功率 active power 01.526

有罐炉 retort furnace 17.085

有轨电车 tramcar, streetcar 20.028

有或无继电器 all-or-nothing relay 14.046

有机半导体 organic semiconductor 02.202

有机玻璃 polymethyl methacrylate plastics 03.076

有机硅瓷漆 silicone enamel 03.052

有机硅浸渍漆 silicone impregnating varnish 03.036

有机绝缘材料 organic insulating material 03.003

有机酯 organic ester 03.014

有气候防护场所 weather-protected location 27.130

有色体 colored body 22.089

有填料管式熔断器 powder-filled cartridge fuse 10.002

有限辐射频率 restricted-radiation frequency 30.014

有限转角力矩电机 limited angle torque motor 07.171

有效磁场比 effective field ratio 20.162

有效磁导率 effective permeability 01.343

有效电抗 effective reactance 01.428

有效电压过冲 effective voltage overshoot 18.084

有效电阻 effective resistance 01.418

有效分路阻抗 effective shunt impedance 21.237

有效辐照面积 effective area of irradiation 21.262

* 有效光通量 utilized flux 22.274

有效接地变压器 effectively grounded transformer, effectively earthed transformer 08.057

有效接地电路 effectively grounded circuit 29.136

* 有效空间 working space, effective space 27.144

有效量程 effective range 26.142

有效热 useful heat 17.014

* 有效使用期 pot life, working life 03.194

有效数值孔径 effective numerical aperture 05.321

有效纤芯直径 effective core diameter 05.323

* 有效性 availability 28.068

有效营业载荷 effective payload 20.168

* 有效值 root-mean-square value, RMS value, effective value 01.083

* 有心感应炉 induction channel furnace, core type induction furnace 17.171

有用信号 wanted signal 30.049

有源电路 active [electric] circuit 01.404

有源[电路]元件 active [electric circuit] element 01.402

有载电压 on-load voltage 01.851

有载分接开关 on-load tap-changer 08.164

有载调压变压器 on-load-tap-changing transformer 08.015

有载运行 on-load operation 01.753

釉 glaze 06.094

诱发环境 induced environment 27.004

余树 co-tree 01.464

余象 after image 22.126

雨凇 glaze 27.068

宇宙干扰 cosmic interference 30.043

浴炉 bath furnace 17.089

浴盆曲线 bath-tub curve 28.112

裕度角 [commutation] margin angle 15.406

预沉积污层法 pre-deposited pollution method, solid layer method 12.104

预处理 preconditioning 03.226

预击穿时间 pre-arcing time 09.335

预计可靠度 predicted reliability 28.125

预加速 pre-acceleration 21.010

预浸渍材料 pre-impregnated material 03.071

预浸渍纸绝缘 pre-impregnated paper insulation 05.097

预期电流 prospective current 09.313

预期短路电流 prospective short-circuit current 09.310

预期对称电流 prospective symmetrical current 09.315

预期分断电流 prospective breaking current 09.290

预期峰值电流 prospective peak current 09.314

允许连续电流 allowable continuous current 10.043

允许式保护 permissive protection 14.028

运动黏度 kinematic viscosity 03.154

运流电流 convection current 01.233

运输量 traffic 20.180

运输条件 transportation condition 27.138

运行惯频特性 running inertia-frequency characteristic 07.520

运行矩频特性 running torque-frequency characteristic 07.518

运行能力 serviceability 03.242

运行频率 running frequency 07.522

运行条件 service conditions 03.240

运行温度 operating temperature 01.815

运行要求 service requirement 03.241

熨平宽度 ironing width 23.207

熨平压力 ironing pressure 23.208

Z

匝 turn 01.585

匝间绝缘 interturn insulation 07.264

匝间试验 interturn test, turn-to-turn test 07.640

匝[数]比 turn ratio 08.103

匝数补偿 turn compensation 08.255

杂散光 stray light 22.154

杂质 impurity 02.205

杂质补偿 impurity compensation 15.034

杂质带 impurity band 02.227

杂质能级 impurity [energy] level 02.226

杂质浓度过渡区 impurity concentration transition region 15.004

载波继电保护 carrier-relaying protection 14.034

载波耦合装置 carrier-frequency coupling device 11.044

载波纵联保护 carrier-pilot protection 14.035

载波[纵联]保护装置 carrier-pilot protection equipment 14.137

载流量 ampacity, current-carrying capacity 05.179

载流子 [charge] carrier 01.172

载流子存储 charge carrier storage 02.255

再插入 reinsertion 11.080

再插入电流 reinsertion current 11.081

再插入电压 reinsertion voltage 11.082

再处理 reconditioning 03.197

再生 reclaiming 03.198

再生臂 regenerative arm 15.323

*再生制动 regenerative braking 07.596

再现性 reproducibility 28.037

暂态过电压 temporary overvoltage 12.011

早期失效 early failure 28.086

早期失效期 early failure period 28.109

噪声 noise 27.104

噪声试验 noise test 07.647

皂化值 saponification value 03.148

泽贝克电动势 Seebeck EMF, thermal EMF 02.051

泽贝克系数 Seebeck coefficient 02.050

泽贝克效应 Seebeck effect 01.265

增安型电气设备 increased safety electrical apparatus 25.071

增量磁导率 incremental permeability 01.340

增量磁滞回线 incremental hysteresis loop 01.327

增量继电器 increment relay 14.121

增强材料 reinforcing material 03.120

增强塑料 reinforced plastics 03.085

增塑剂 plasticizer 03.117

增压变压器 booster transformer 08.013

闸室 lock chamber 17.249

窄带干扰 narrow-band interference 30.046

窄带随机振动 narrow-band random vibration 27.100

窄带随机振动试验 narrow-band random vibration test 27.208

窄角灯具 narrow angle lighting fitting 22.289

粘铜 copper picking 02.166

斩波电阻焊电源 chopped-wave resistance welding power source 18.066

*斩波控制 pulse control, chopper control 16.075

占积率 fill-in ratio 05.200

站间平均速度 average speed between stops

20.131

站用柜式开关设备　station type cubicle switchgear　09.045

张弛振荡　relaxation oscillation　01.113

张力调整器　tensioning device　20.080

张量磁导率　tensor permeability　01.335

张量磁化率　tensor susceptibility　04.095

障碍光信号　obstruction lights　22.352

障碍限界　obstruction gauge limit　20.203

着火危险　fire hazard　29.036

沼气矿井　gassy mine　25.019

照度计　illuminance meter　22.144

照度均匀比　uniformity ratio of illuminance　22.278

照明　lighting　22.243

照明标柱　illuminated bollard, guard post　22.382

照明技术　lighting technology　22.244

照明控制台　lighting console　22.242

照明品质　quality of lighting　22.245

*照明器　lighting fitting, luminaire　22.286

照明有效性因数　lighting effectiveness factor　22.095

照射剂量　exposure dose　29.051

照射量计　exposure meter　26.104

照射量率计　exposure ratemeter　26.106

罩极电动机　shaded pole motor　07.182

罩极线圈　shading coil　07.260

罩式炉　bell furnace　17.267

兆欧表　megohmmeter　26.061

遮光　cut-off　22.317

遮光角　cut-off angle　22.318

遮栏　barrier　29.095

折射　refraction　22.014

折射率　refractive index　22.098

折射率分布　refraction index profile　05.315

折射器　refractor　22.321

折线悬链　polygonal catenary　20.063

锗半导体　Ge semiconductor　02.191

真菌　fungi　27.115

真空重熔　vacuum remelting　17.301

真空重熔电弧炉　vacuum remelting arc furnace　17.130

真空抽气系统　vacuum-pumping system　21.184

真空储存　vacuum storage　11.048

真空处理　vacuum treatment　03.200

真空灯　vacuum lamp　22.162

真空电弧　vacuum arc　09.002

*真空电子枪　internal gun, vacuum gun　17.211

真空度　vacuum degree　23.202

真空断路器　vacuum circuit-breaker　09.067

真空接触器　vacuum contactor　09.133

真空[绝对]磁导率　[absolute] permeability of vacuum, magnetic constant　01.361

真空绝对电容率　absolute permittivity of vacuum, electric constant　01.201

真空开关装置　vacuum switching device　09.059

真空炉　vacuum furnace　17.268

真空起动器　vacuum starter　09.141

真空熔炼　vacuum melting　17.300

真空室　vacuum chamber　21.122

真空脱气　vacuum degassing　11.047

真空吸尘器　vacuum cleaner　23.043

真空-压力浸渍设备　vacuum-pressure impregnation plant　07.659

真空自耗电弧炉　vacuum consumable electrode arc furnace　17.132

真实温度　true temperature　02.036

真值　true value　26.116

针式绝缘子　pin insulator　06.033

针式支柱绝缘子　pedestal post insulator　06.011

针形电阻体　pin resistor　17.075

针焰试验　needle flame test　23.222

针状材料转移　needle material transfer　02.098

枕木电镐　electric vibrate tie tamper　19.065

震底式炉　shaker hearth furnace　17.291

震底输送装置　shaker conveyor　17.257

振荡　oscillation　01.109

振荡放电试验　oscillating discharge test　11.072

振荡回路试验　oscillating circuit test　09.419

振荡量　oscillating quantity　01.060

振荡器　oscillator　01.604

振动　vibration　27.085

振动频率　vibration frequency　27.169

振动强度试验　vibration strength test　27.198

振动试验　vibration test　27.205

振动输送装置　vibratory feed, vibratory conveyor　17.258

正向特性近似直线 straight line approximation of forward characteristic 15.158

正向通道 forward path 16.087

[正向]斜率电阻 [forward] slope resistance 15.160

[正向]阈值电压 [forward] threshold voltage 15.159

正向转折 forward breakover 15.090

正序 positive sequence 01.155

正序电抗 positive sequence reactance 07.439

正序电阻 positive sequence resistance 07.443

正序分量 positive sequence component 01.158

正序继电器 positive-phase-sequence relay 14.105

正压外壳 pressurized enclosure 25.066

正压型电气设备 pressurized electrical apparatus 25.065

正余弦函数误差 sine-cosine function error 07.476

正余弦旋转变压器 sine-cosine resolver 07.128

支路 branch 01.457

支柱绝缘子 post insulator 06.010

支柱绝缘子叠柱 post insulator stack 06.017

支柱式电流互感器 support type current transformer 08.273

知觉 perception 22.108

织物磨损测定 determination of textile wear 23.224

直灯丝 straight filament 22.221

直接测量 direct measurement 26.004

直接传动电动工具 direct drive electric tool 19.003

直接电弧加热 direct arc heating 17.110

直接电弧炉 direct arc furnace 17.126

直接电加热 direct electric heating 17.008

直接电阻加热 direct resistance heating 17.050

直接电阻加热设备 direct resistance heating equipment 17.083

直接电阻炉 direct resistance furnace 17.084

直接感应加热 direct induction heating 17.146

直接过[电]流脱扣器 direct overcurrent release 09.225

*直接弧等离子枪 transferred arc plasma torch, direct arc plasma torch 17.223

直接换相 direct commutation 15.351

直接接触 direct contact 29.039

直接接触防护 protection against direct contact, basic protection 29.120

直接雷击保护 direct [lightning] stroke protection 13.076

直接冷却 direct cooling 01.646

直接耦合式电容换相 direct coupled capacitor commutation 15.348

直接起动器 direct-on-line starter 09.137

直接驱动 direct drive 20.215

直接试验 direct test 09.416

直接受控系统 directly controlled system 16.031

直接透射 direct transmission 22.075

直接引入 direct entry 25.031

直接照明 direct lighting 22.255

*直接直流变流器 DC chopper convertor, direct DC convertor 15.262

直接转矩控制 direct torque control 16.078

直接作用式仪表 direct acting instrument 26.029

直控牵引设备 directly controlled traction equipment 20.088

直流 direct current 01.517

直流变流器 [electronic] DC convertor 15.261

直流波形因数 DC form factor 01.522

直流测速发电机 direct current tachogenerator 07.140

直流电动发电机 dynamotor 07.079

直流电动机 DC motor 07.078

直流电机 direct current machine 07.075

直流[电力]电子开关 electronic DC [power] switch 15.279

直流电气传动 direct current electric drive 16.002

直流电容器 direct current capacitor 11.009

直流电压 direct voltage 01.518

直流电阻焊电源 direct current resistance welding power source 18.067

直流动态短路比 DC dynamic short-circuit ratio 18.082

直流断路器 DC circuit-breaker 09.085

直流发电机 DC generator 07.077

直流分量 direct component 01.515

直流[分量]抑制器 direct current suppressor 18.043

直流高压发生器 high voltage direct current generator 12.116

直流功率 direct current power 01.531

直流弧焊发电机 direct current arc welding generator 18.032

直流互感器 direct current instrument transformer 08.258

直流换向器电机 DC commutator machine 07.076

直流均压机 direct current balancer 07.100

直流力矩电机 direct current torque motor 07.169

直流绕组 direct current winding 08.138

直流稳速电动机 DC motor with stabilized speed 07.172

直流延缓电压 direct current holdover voltage 13.066

直流斩波器 DC chopper convertor, direct DC convertor 15.262

直流制动 DC injection braking, DC braking 07.595

直埋光缆 direct burial fiber cable 05.287

直通 conduction through 15.376

直通接头 straight-joint 05.137

直线步进电机 linear stepping motor 07.155

直线电动机 linear motor 07.037

直线电气传动 linear motion electric drive 16.010

直线加速器 linear accelerator, linac 21.078

直线结构 linear structure 07.353

直线式感应同步器 linear inductosyn 07.138

直向砂轮机 electric straight grinder 19.029

直轴分量 direct-axis component 01.107

植物群 flora 27.113

执行器 actuator 16.173

执行装置 final controlling element 16.049

指零测量 null measurement 26.010

指令 instruction 16.083

指示[测量]仪表 indicating [measuring] instrument 26.024

指示灯 indicator light 20.096

指示控制开关 indicating control switch 09.164

指示器 indicating device, indicator 01.616

指示熔断器 indicating fuse 10.015

指示值 indicated value 26.119

指数分布 exponential distribution 28.167

止口隔爆接合物 spigot flameproof joint 25.046

纸板 board 03.065

纸包机 paper lapping machine 05.245

纸介电容器 paper capacitor 11.024

纸绝缘电缆 paper insulated cable 05.034

致颤[电流]阈值 threshold of ventricular fibrillation current 29.075

致命[电流]阈值 threshold of deadly current 29.074

制冰能力 ice-making capacity 23.186

制动电磁铁 braking electromagnet 09.188

制动电动机 brake motor 07.191

制动电流 restraint current 14.230

制动力 braking force 20.144

制动试验 braking test 07.609

制动系数 restraint coefficient 14.231

制动转矩 braking torque 07.377

制冷电器 refrigerating appliance 23.034

制冷量 refrigerating capacity 23.182

制冷容积 refrigerating volume 23.187

制冷系统 refrigerating system 23.158

制冷压缩机 refrigerant compressor 23.159

制热量 heating capacity 23.183

智能测量仪表 intelligent measuring instrument 26.046

*质量 quality 28.001

质量电阻率 mass resistivity 02.007

质谱摄谱仪 mass spectrograph 26.112

质谱仪 mass spectrometer 26.111

质子静电加速器 proton electrostatic accelerator 21.074

质子直线加速器 proton linear accelerator 21.082

滞后 lag 01.097

滞后角 angle of retard 15.407

*滞后相 dead phase, lagging phase 17.115

中[电]压 medium voltage 01.222

中断 interruption 16.084

中间导电轨 center conductor rail 20.034

中间电压 intermediate voltage 11.058

中间电压端子 intermediate voltage terminal 11.040

中间继电器 auxiliary relay 14.077

中间检测 intermediate examination and measurement 27.024

中间开断隔离器 center-break disconnector 09.092

中间开断开关装置 center-break switching device 09.055

中间视觉 mesopic vision 22.105

中间线 mid-line 01.556

中间轴 jack shaft 07.310

中介继电器 interposing relay 14.118

中频 medium frequency 01.859

中频变压器 medium frequency transformer 08.021

中频感应加热器 medium frequency induction heater 17.165

中位转换触点 change-over contact with neutral position 14.156

中温热电偶 medium temperature thermocouple 02.040

中心磁场 central magnetic field 21.221

中性导体 neutral conductor 29.154

中性点 neutral point 01.544

中性点端子 neutral terminal 08.205

中性点非有效接地系统 system with non-effectively earthed neutral 12.003

中性点接地变压器 neutral grounded transformer, neutral earthed transformer 08.061

中性点接地电抗器 neutral earthing reactor 08.242

中性点绝缘系统 isolated neutral system 12.007

中性点有效接地系统 system with effectively earthed neutral 12.002

中性点直接接地系统 solidly earthed neutral system 12.005

中性化 neutralization 04.081

中性气氛 neutral atmosphere 17.298

中性区 neutral zone, neutral region 01.545

中性区段 neutral section, phase break 20.079

中性区控制 neutral zone control 16.074

中[性]线 neutral line 01.555

中性状态 neutral state 01.363

中央视场 central visual field 22.122

中子发生器 neutron generator 21.091

中子束 neutron beam 21.012

钟罩式油箱 bell type tank 08.184

终端 termination 01.567

终端盒 terminal box 05.131

*终端头 sealing end pothead 05.130

终止电压 final voltage 24.129

终止控制 termination control 15.359

终止状态 final condition 14.006

种类代号 kind designation 01.912

重点照明 accent lighting 22.249

重力加速度 acceleration of gravity 27.092

*重力输送式炉 sloping hearth furnace, gravity feed furnace 17.290

重量转移 weight transfer 20.142

周 cycle 01.068

周波变流器 cycloconvertor 15.260

周期 period 01.055

周期产量 production per cycle 17.315

周期分量 periodic component 01.061

周期工作制 periodic duty 01.825

周期量 periodic quantity 01.056

周期偏差 periodic deviation 26.138

周期振动 periodic vibration 27.086

周围空气温度 ambient air temperature 01.813

轴[承]衬 bearing liner 07.326

轴承间隙 bearing clearance 07.328

轴承压力 bearing pressure 07.329

轴承座 bearing pedestal 07.327

轴电压试验 shaft-voltage test 07.635

轴挂电动机 axle hung motor 20.104

轴挂发电机 axle hung generator 20.105

轴间误差 interaxis error 07.477

轴颈轴承 journal bearing 07.319

轴流扇 axial flow fan 23.022

轴耦合 on-axis coupling 21.042

轴耦合腔 on-axis coupling cavity 21.128

*轴瓦 bearing liner 07.326

轴向聚焦 axial focusing 21.023

轴向注入 axial injection 21.047

轴载重 axle load 20.170

皱纹金属护套 corrugated metallic sheath 05.119

昼光灯 daylight lamp 22.208

昼光因数 daylight factor 22.285

逐级控制 step-by-step control 08.163

烛形灯 candle lamp 22.167

主保护 main protection 14.025

主保护装置 main protection equipment 14.130

主臂 principal arm 15.310

主变压器 main transformer 08.038

主标记 main marking 01.924

主波长 dominant wavelength 22.058

主承力索 main catenary 20.052

主触头 main contact 09.246

主磁路 main magnetic circuit 01.443

主磁通 main flux 01.444

主电弧 main arc 17.219

主电极 main electrode 22.236

主电流 principal current 15.189

主电路 main circuit 01.636

主电压 principal voltage 15.168

主[电压－电流]特性 principal [voltage-current] characteristic 15.171

主端子 main terminal 15.081

主发电机 main generator 20.112

主反馈通道 main feedback path 16.089

*主回路 main circuit 01.636

主励磁机 main exciter 07.018

主令传动 master drive 16.015

主令开关 master switch 09.166

主令控制器 master controller 09.123

主绕组 main winding 07.215

主线芯 master core 05.086

柱上式 pole-mounting type 01.683

贮存 storage 27.136

贮存期 storage period 28.040

贮存寿命 storage life, shelf life 28.117

贮存条件 storage condition 27.137

贮热式房间电暖器 [thermal] storage room heater 23.112

贮水式热水器 storage water heater 23.069

注入 injection 21.045

注入能量 injection energy 21.187

注入器 injector 21.095

注塑 injection moulding 03.214

驻波 standing wave 01.122

驻波电子直线加速器 standing wave electron linear accelerator 21.084

专用 definite purpose 01.666

专用电动机 definite purpose motor 07.026

转换 change-over switching, transition 01.736

转换触点 change-over contact 14.150

转换触头 change-over contact 09.252

转换开关 change-over switch, selector switch 09.101

*A/D 转换器 analogue-to-digital converter, A/D converter 16.166

*D/A 转换器 digital-to-analogue converter, D/A converter 16.167

转换时间 change-over time 14.219

转换选择器 change-over selector 08.168

*转接 change-over switching, transition 01.736

转向灯 direction indicator lamp 22.374

转移弧等离子枪 transferred arc plasma torch, direct arc plasma torch 17.223

转折点 breakover point 15.089

转折电流 breakover current 15.191

转折电压 breakover voltage 15.172

转差率 slip 07.426

转差率调节器 slip regulator 07.335

转差频率控制 slip frequency control 16.077

转底式炉 rotary hearth furnace 17.282

转动惯量 moment of inertia 07.378

转动惯量系数 coefficient of rotary inertia 20.139

转罐式炉 rotary retort furnace 17.275

转矩波动系数 torque ripple coefficient 07.541

转盘电极 rotating disc electrode 17.191

转速调整率 speed regulation 07.581

转速调整特性 speed regulation characteristic 07.413

转速周期性波动 cyclic irregularity 07.574

转向试验 rotation test 07.636

转子 rotor 07.337

转子变阻起动器 rheostatic rotor starter 09.143

转子串接电阻起动 rotor resistance starting 07.569

转子磁轭 rotor yoke 07.295

转子离心铸铝机 centrifugal casting machine for rotor 07.669

转子绕嵌机 rotor winding machine 07.657

转子绕组 rotor winding 07.217

转子压铸机　diecasting machine for rotor　07.668
转子支架　spider　07.340
转子转角　angle of rotor　07.457
装铠　armouring　05.223
装铠机　armouring machine　05.242
装料时间　charge time　17.311
装饰灯　decorative lamp　22.194
装饰灯串　decorative chain, decorative string　22.313
装载限界　loading gauge　20.202
撞击器　striker　10.039
撞击熔断器　striker fuse　10.014
状态变量　state variable　16.118
锥形转子电机　conical rotor machine　07.011
追逐　hunting　07.575
准峰值电压表　quasi-peak voltmeter　30.123
准峰值检波器　quasi-peak detector　30.122
准脉冲骚扰　quasi-impulsive disturbance　30.036
准脉冲噪声　quasi-impulsive noise　30.025
准确度　accuracy　26.127
准确度等级　accuracy class　26.129
准确度限值因数　accuracy limit factor　08.298
准直　collimation　21.050
准直角　angle of collimation　22.320
准直透镜　collimating lens　21.149
着陆灯　landing light　22.348
着陆区投光灯　landing-area floodlight　22.346
灼热丝试验　glow-wire test　23.220
紫外线　ultra-violet ray　22.004
紫外线灯　ultra-violet lamp　22.216
子样　subsample　28.020
[自]保持继电器　latching relay　14.059
自焙电极　self-baking electrode　17.119
自持按钮　self-maintained push-button　09.157
自持放电试验　self-sustained discharge test　11.071
自持气体导电　self-maintained gas conduction　01.247
自定时限量度继电器　independent-time measuring relay　14.055
自动重[闭]合　auto-reclosing　09.403
自动重合操作　auto-reclosing operation　09.371
自动重合机构　automatic reclosing device　09.204
自动磁场减弱　automatic field weakening　20.213

自动短路保护　automatic short-circuit protection　29.123
自动复归继电器　automatically reset relay　14.110
自动弧焊机　automatic arc welding machine　18.004
自动化　automation　16.046
自动降杆器　pole retriever　20.126
自动控制　automatic control　01.741
自动控制器　automatic controller　16.158
自动控制站　automatic control station　16.154
自动控制装置　automatic control equipment　16.153
自动连通　automatic switching on　15.439
自动切断　automatic switching off　15.440
自动绕线机　automatic coil winding machine　07.649
自动调节　automatic regulation　07.421
自动稳相　autophasing　21.037
自动张力调整器　automatic tension regulator　20.081
自动转接设备　automatic transfer equipment　16.155
自发磁化　spontaneous magnetization　04.043
自放电　self-discharge　24.050
自复熔断器　self-mending fuse　10.007
自感[系数]　self-inductance　01.380
自感应　self-induction　01.379
自耗电极　consumable electrode　17.325
自换相　self-commutation　15.347
自换相变流器　self-commutated convertor　15.273
自换相逆变器　self-commutated inverter　15.275
自恢复绝缘　self-restoring insulation　12.029
自减速试验　retardation test　07.615
自聚焦光纤　self-focusing fiber　05.269
自控牵引设备　automatic traction equipment　20.087
自冷式　self-cooled type　01.713
自励直流电机　self-excited DC machine　07.081
自能灭弧室　self-energy extinguishing chamber　09.239
自耦变压器　auto-transformer　08.049
自耦变压器带电换接起动　closed[-circuit] transition auto-transformer starting　07.567

自耦变压器断电换接起动 open [circuit] transition auto-transformer starting 07.566

自耦变压器起动 auto-transformer starting 07.565

自耦变压器起动器 auto-transformer starter 09.138

自耦式互感器 instrument auto-transformer 08.260

自然环境 natural environment 27.003

自然冷却 natural cooling, convection cooling 01.648

自然气氛 natural atmosphere 17.293

自然热对流 thermal natural convection 17.038

自然特性 natural characteristic 15.432

自然通风场所 naturally ventilated area 25.021

自然噪声 natural noise 30.016

自容式压力型电缆 self-contained pressure cable 05.043

自适应控制系统 adaptive control system 16.024

自锁 autolocking 09.405

自调 self-regulation 07.419

自通风式 self-ventilated type 01.708

自退磁磁场强度 self-demagnetization field strength 04.082

自熄 self-extinguishing 03.167

自显故障 self-revealing fault 25.036

自由按钮 free push-button 09.158

自由出风式排气扇 free outlet ventilating fan 23.020

自由电子 free electron 01.180

自由跌落试验 free-fall test 27.206

自由辐射频率 free-radiation frequency 30.013

自由进风式排气扇 free inlet ventilating fan 23.019

自由空气条件 free air condition 27.030

自由脱扣 trip-free 09.411

自由脱扣机械开关装置 trip-free mechanical switching device 09.054

自由振荡 free oscillation 01.111

自由振荡频率 free oscillation frequency 21.240

自愈式电容器 self-healing capacitor 11.028

*自镇流汞灯 blended lamp, self-ballasted mercury lamp 22.207

自整步 motor synchronizing 07.552

自整步时间 self-aligning time 07.468

自整角变压器 synchro transformer 07.124

自整角发送机 synchro transmitter 07.122

自整角机 synchro, selsyn 07.118

自整角接收机 synchro receiver 07.123

自制动时间 self-braking time 07.511

自转 spinning 07.600

自阻尼导线 self-damping conductor 05.011

自作用控制器 self-operated controller 16.160

字母数字符号 alphanumeric notation 01.923

综合光缆 composite fiber cable 05.291

综合起动器 combined starter 09.148

综合试验 combined test 27.020

综合特性 composite characteristic 15.442

综合通信电缆 composite communication cable 05.065

总辐射 global radiation 27.081

总耗散功率 total power dissipation 15.153

总和[测量]仪表 summation [measuring] instrument 26.028

总接地屏蔽电缆 collectively shielded cable 05.030

总线 bus 16.171

总运输量 total gross traffic 20.181

总振幅 total amplitude 01.089

总值零位电压 total null voltage 07.452

总阻力 total resistance 20.151

纵包 longitudinal covering 05.219

纵波 longitudinal wave 01.123

纵吹灭弧室 axial-blast extinguishing chamber 09.241

纵横吹灭弧室 mixed-blast extinguishing chamber 09.243

纵绝缘 longitudinal insulation 12.028

纵联保护 pilot protection 14.031

纵倾 longitudinal inclination 27.109

纵向磁通加热 longitudinal flux heating 17.147

纵向平直度 lengthwise flatness 02.029

纵摇 pitching 27.111

阻挡物 obstacle 29.096

阻化油 inhibited oil 03.023

阻火器 flame arrester 29.160

阻抗 impedance 01.421

阻抗不均匀性 impedance irregularity 05.192

阻抗电压　impedance voltage　08.099

阻抗继电器　impedance relay　14.092

阻抗接地系统　impedance earthed system　12.006

阻抗模　modulus of impedance　01.422

阻抗压降　impedance drop　07.579

阻尼　damping　01.146

阻尼比　damping ratio　27.166

阻尼电抗器　damping reactor　08.247

阻尼绕组　damping winding, amortisseur winding　07.219

阻尼系数　damping coefficient　01.149

阻尼振荡　damped oscillation　01.110

阻尼装置　damping device　11.086

阻燃剂　fire retardant　03.122

阻燃结构　flame-retarding construction　29.099

阻性直流电压调整值　resistive direct voltage regulation　15.398

组合标记　composite marking　01.930

组合电器　composite apparatus　09.048

组合护套　composite sheath　05.121

组合极板组　plate pack　24.121

组合式　composite type　01.734

组合式互感器　combined instrument transformer　08.259

组合试验　composite test　27.021

组合微波炉　combination microwave cooking appliance　23.096

组合装置　assembly　09.201

* GTO组件　gate turn-off thyristor assemble　15.139

最初起动电流　breakaway starting current　07.383

最初起动转矩　breakaway torque　07.370

最大爆炸压力混合物　highest explosive pressure mixture　25.012

最大短路电流　maximum short-circuit current　18.092

最大短路功率　maximum short-circuit power　18.093

最大分断电流　maximum breaking current　10.057

最大关断电流　maximum turn-off current　15.213

最大焊接功率　maximum welding power　18.094

最大集电极峰值电流　maximum peak collector current　15.225

* 最大开断电流　maximum breaking current　10.057

最大空载转速　maximum no-load speed　07.531

最大连续定额　maximum continuous rating　07.365

最大排气范围　maximum zone of expulsion　13.073

最大试验安全间隙　maximum experimental safe gap, MESG　25.050

* 最大同步转矩　synchronous pull-out torque　07.376

最大线性工作转速　maximum linear operation speed　07.490

最大需量计　maximum demand meter　26.084

最大许可间隙　maximum permitted gap　25.051

最大预期峰值电流　maximum prospective peak current　09.317

最大允许电流　maximum permissible current　11.078

最大允许剂量　maximum permissible dose　29.052

最大转矩　breakdown torque, pull-out torque　07.375

最大转矩试验　pull-out test, breakdown test　07.629

最低[闭]合操作电压　minimum closing voltage　09.278

最高连续运行温度　maximum continuous operating temperature　17.021

最高允许电压　maximum permissible voltage　11.075

最后检测　final examination and measurement　27.026

最热点温度　hottest spot temperature　08.074

最小安全高度　minimum safe height　25.061

最小点燃电流　minimum igniting current, MIC　25.014

最小分断电流　minimum breaking current　10.056

* 最小开断电流　minimum breaking current　10.056

最小转矩　pull-up torque　07.373

最易传爆混合物　most transmittable mixture　25.013

最易点燃混合物　most easily ignitable mixture　25.011

最优控制　optimal control　16.067

最优控制系统　optimal control system　16.023
最终检验　final inspection　28.048
＊D 作用　derivative action, D-action　16.107
＊D² 作用　second derivative action　16.108

＊I 作用　integral action, I-action　16.106
＊P 作用　proportional action, P-action　16.104
作用方式　type of action　16.093
座式轴承　pedestal bearing　07.316